JN013923

Software Design plus

Hinemos ではじめる 実践 ジョブ管理・自動化入門

NTTデータ先端技術株式会社、
設楽貴洋、小泉界、青木悠一／株式会社アトミテック
石黒淳、新川陽大／株式会社クニエ（著）
澤井健（監修）

技術評論社

はじめに

本書は、ITシステムの運用管理、その中でもジョブ管理とさまざまな自動化を対象に、統合運用管理ソフトウェアHinemosを用いて試しやすい実践的なユースケースの紹介とともにその操作方法を解説します。

Hinemosの機能紹介や、簡単な使い方については公式ドキュメントに記載されていますが、ジョブ管理や自動化は細やかな制御が求められるため機能が多く存在したり、実践的に使うためには利用シーン(ユースケース)の理解が必要です。そのため、初めてジョブ管理や自動化を導入する方が理解しやすいようにユースケースを基にして手を動かして学べるスタートアップ的な内容としてまとめました。

- ターゲット
  - ジョブ管理の導入
    Hinemosを用いてサーバをまたがった処理フローを統合管理
  - さまざまな自動化の導入
    Hinemosを用いて障害検知からの自動復旧や、クラウドやRPA運用の自動化・効率化

- こんな方におすすめ
  - これからジョブ管理を始める方
  - システム運用でさまざまな自動化を推進しようと考えている方

本書で扱うHinemosは、執筆時点の最新バージョンであるHinemos ver.7.0.1のサブスクリプションです。Hinemosサブスクリプションとは、エンタープライズシステムの運用管理にHinemosをご利用いただく際、ご活用いただけるソフトウェア・アップデート・トレーニング・サポートをまとめてご利用いただくことが可能となる権利です。

本書は9章構成になっています。第1章では導入として、ジョブ管理やHinemosとは何かを解説します。次に第2章から第4章にかけて、Hinemosをセットアップしてジョブ管理を試してみる方法を解説します。第5章から第8章にかけて、ジョブ管理やさまざまな自動化で求められる機能を順に解説します。最後の第9章では、ジョブ管理やさまざまな自動化の運用開始に向けて考えるべきこと、押さえるべきことをトピックごとに解説します。

最後に、本書を執筆するにあたって出版までご支援いただいた技術評論社の池本様に感謝申し上げます。
本書の内容が、ITシステムの運用管理者の日常業務の助けになれば幸いです。

令和5年3月1日
(監修) 澤井　健

本書に寄せて

昨今、DX(デジタルトランスフォーメーション)が叫ばれる中、より一層ITシステムの重要性が高まっております。ITシステムは構築して終わりではなく、適切な運用を行わなければ意味がありません。そのITシステムの運用を担うことを目的とし、約20年前に立ち上げたのが、Hinemosプロジェクトです。運用すべきITシステムの様相は、オンプレミスからクラウドさらにはハイブリッドクラウドと言ったようにさまざまな進化を遂げてきました。もちろんHinemosも最適な運用を実現すべき進化を続けています。このたび、大きく進化したHinemos最新版を元とする書籍が刊行されるとのこと、本書籍が、多くの方のITシステム運用にお役に立つことを心より祈願いたします。

Hinemos企画・考案者　トリート・エフ合同会社　代表執行役員社長　藤塚勤也

ITの力で新たな価値を生み出すデジタルソリューションの推進により、ITサービスが事業に与える影響は日に日に大きくなっています。システム数は増え、アーキテクチャも複雑化する中で、もはや人手に頼ったシステム運用では安定的なサービス提供は難しく、運用の自動化への取り組みは必須とも言えます。

Hinemosは、統合運用管理ソフトウェアとして、運用に必要なさまざまな機能を網羅的に提供する製品に成長しました。

おかげさまで解説本も3冊目となりますが、今回は、運用の自動化を実現するジョブ管理・自動化の機能に的を絞ってお届けします。日頃から、製品の開発・保守や案件導入で活躍し、Hinemosを知り尽くしたエンジニア達が気合を入れて書き上げました。システム運用を自動化することで、サービス品質の向上、運用の効率化に取り組む皆さまのお役に立てば幸いです。

NTTデータ先端技術株式会社　大上貴充

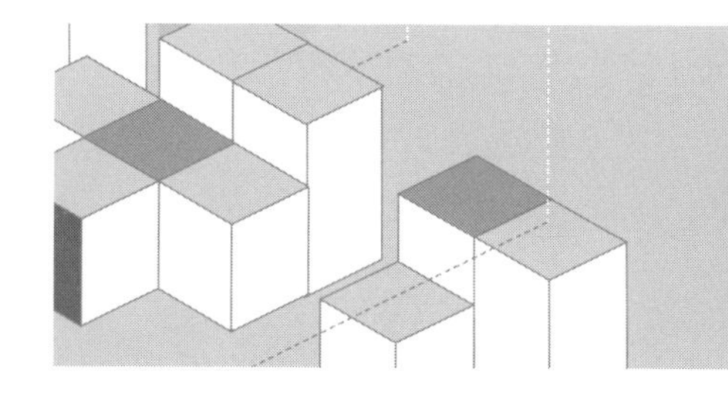

目次

COLUMN Contents

本書で使用している用語の基礎知識

本書で使用しているHinemosおよびHinemosに関する技術的な用語を説明します。

- **運用管理サーバ**
  システム構成のリポジトリを一元的に管理し、管理対象機器の死活監視や、サーバ間をまたがったジョブネットの実行制御といったシステム全体の運用を担う役割のサーバ。

- **Hinemosマネージャ**
  Hinemosの根幹となる機能をもつHinemosのコンポーネントの1つ。運用管理サーバにインストールする。

- **Hinemosエージェント**
  Hinemosの管理対象にインストールすることで、高度な監視やジョブの実行制御が可能になるHinemosのコンポーネントの1つ。

- **Hinemosクライアント**
  運用管理者、オペレータがHinemosを操作をするために使用する、運用管理端末(PC端末)で表示するインタフェース。運用管理端末にインストールするリッチクライアントと、運用管理サーバにインストールするWebクライアント(Hinemos Webクライアント)の2種類がある。

- **Hinemosコンポーネント**
  Hinemosを構成する要素のHinemosマネージャ、Hinemosエージェント、Hinemosクライアントを指す。

- **リポジトリ**
  Hinemosの管理対象のサーバ、NW機器、ストレージ装置などのIPネットワーク機器の情報を登録するデータベース。

- **ノード**
  Hinemosのリポジトリに登録する管理対象。サーバ、NW機器、ストレージ装置などをノードとしてリポジトリに登録し、このノードに対して監視やジョブを実行する。

- **スコープ**
  ノードをグループでまとめたもの。スコープ単位で監視やジョブを実行できるため、Webサーバのノードを集めたスコープといった、特徴ごとにスコープを作成する。

- **ファシリティID/ファシリティ名**
  ノードやスコープをリポジトリに登録する際の共通の識別子(ID)と名前。ノードやスコープを通して、このIDはユニークである必要がある。

- **監視**
  システムの正常性や障害のチェックをするHinemosの機能。

- **通知**
  システムの正常性や障害をユーザに伝えるHinemosの機能。

- **重要度**
  Hinemosから通知する際に、正常なのか障害状態なのかを識別するための重要さの段階。危険、警告、情報、不明の4段階がある。

- **ジョブ**
  複数のサーバ上で処理(スクリプト、コマンドなど)をフローに従って順に実行するHinemosの機能。コマンドやスクリプトを実行する処理自体も指す。

- **ジョブネット**
  ジョブやジョブネットをグルーピングするもの。

- **ジョブユニット**
  ジョブやジョブネットをグルーピングするもののうち、最上位のジョブネットとなり、ジョブの閲覧権限が設定可能なもの。ジョブネットやジョブを作成する際は、最初に必ずジョブユニットを作成する必要がある。

- **パースペクティブ**
  Hinemosクライアントで表示する画面の単位。たとえば、ジョブの登録や変更を行う場合は、ジョブマップエディタパースペクティブを表示すると、ジョブの登録や変更に関するビューがすべて表示される。

- **ビュー**
  Hinemosクライアントのパースペクティブ上に表示する画面の単位。たとえば、監視設定の一覧を確認したい場合は、[監視設定[一覧]]ビューを表示する。

- **ダイアログ**
  Hinemosクライアントで登録や変更などの操作を行った場合に表示されるウィンドウ画面。

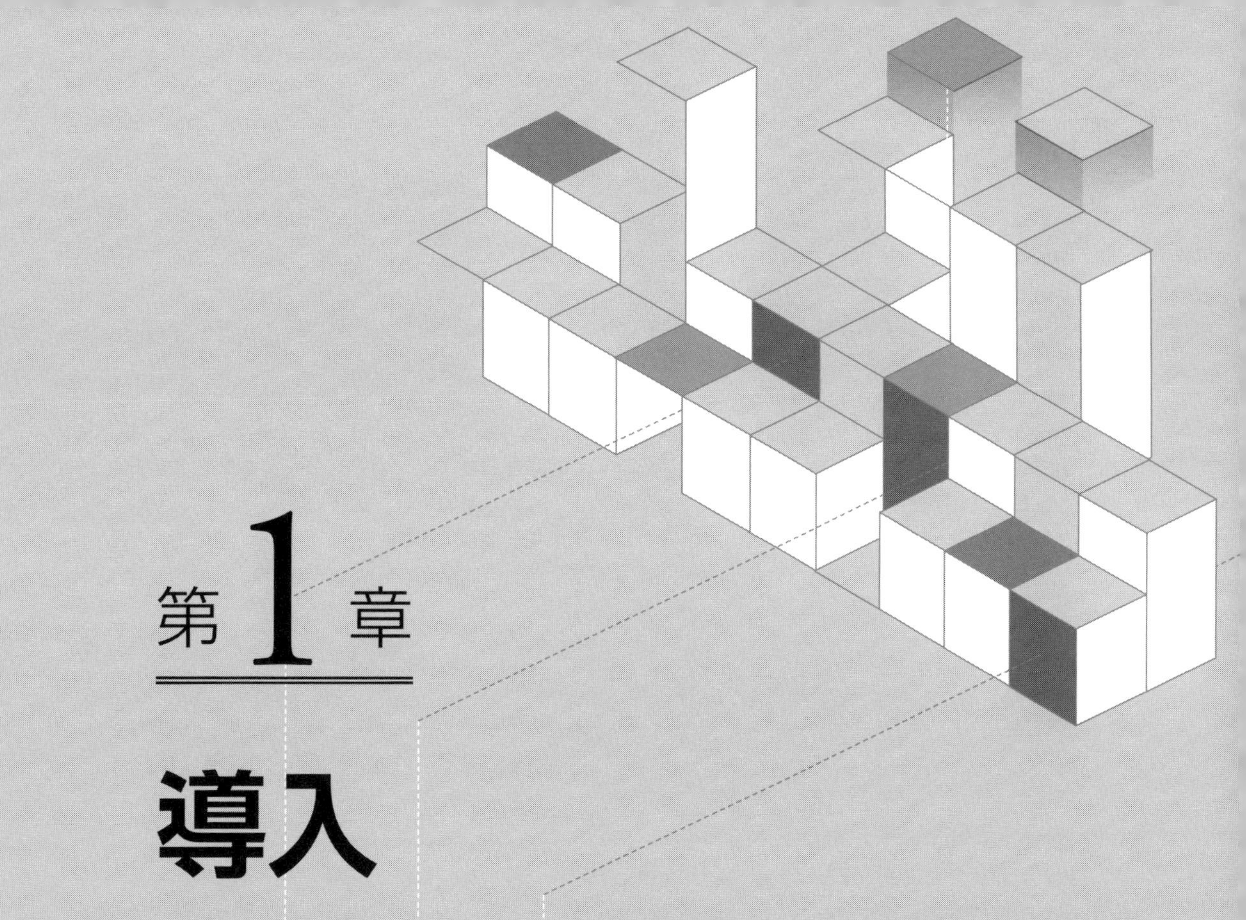

第1章

導入

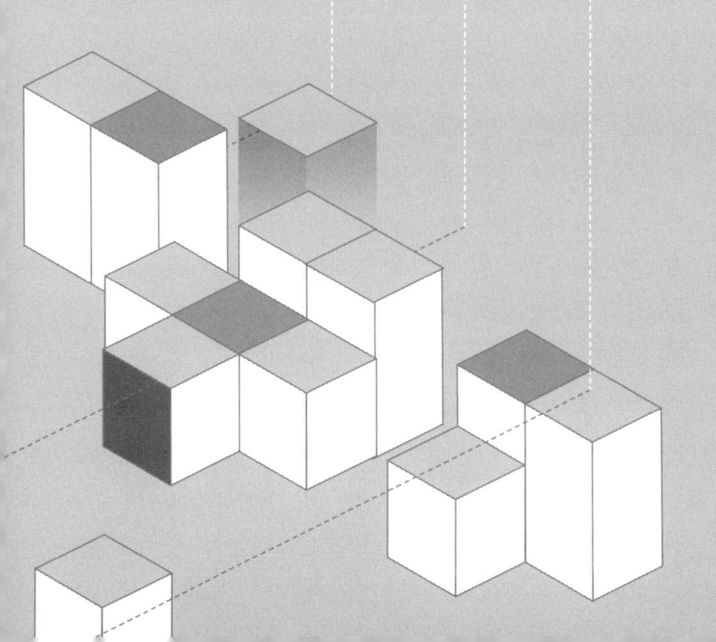

1.1 本章の説明

本章では、統合運用管理ソフトウェアHinemosの全体像、ジョブ管理とは何か、Hinemosのジョブ機能の3点を紹介します。

本書のターゲットはITシステムの運用管理におけるジョブ管理とさまざまな自動化です。パブリッククラウド全盛期の今においても、クラウドにて提供される自動化やスケジューラの機能だけでは満足できず、ジョブ管理の製品を導入することも一般的です。

ITシステムの自動化はさまざまなカットで語られますが(たとえば、監視製品を監視の自動化と表現するケースもあります)、これは単独で考え実現するものではありません。ITシステムの自動化には、ITシステムの統合運用管理、そして、自動化を実現するために重要なジョブ管理とは何かを押さえる必要があります。

そこで、統合運用管理ソフトウェアHinemosの全体像から統合運用管理のイメージをつかんでいただき、そこからジョブ管理とは何か、Hinemosの持つジョブ機能の概要といったステップを踏んで理解を深めていきます。

1.2 Hinemosとは

本節では、統合運用管理ソフトウェアHinemosのコンセプトから歴史、特長などの全体像を解説します。

Hinemosのコンセプト

Hinemosは、監視機能やジョブ機能といった運用管理ツールに求められる基本機能を提供するとともに、システムの多種多様なデータを「収集・蓄積」し、それらを「見える化・分析」することで、システムに対する各種アクションの「自動化・自律運用」を行う「運用アナリティクス」を実現します。これにより、DXを推進するITシステムの監視や自動化を統合します(**図1.1**)。

図1.1　運用アナリティクス

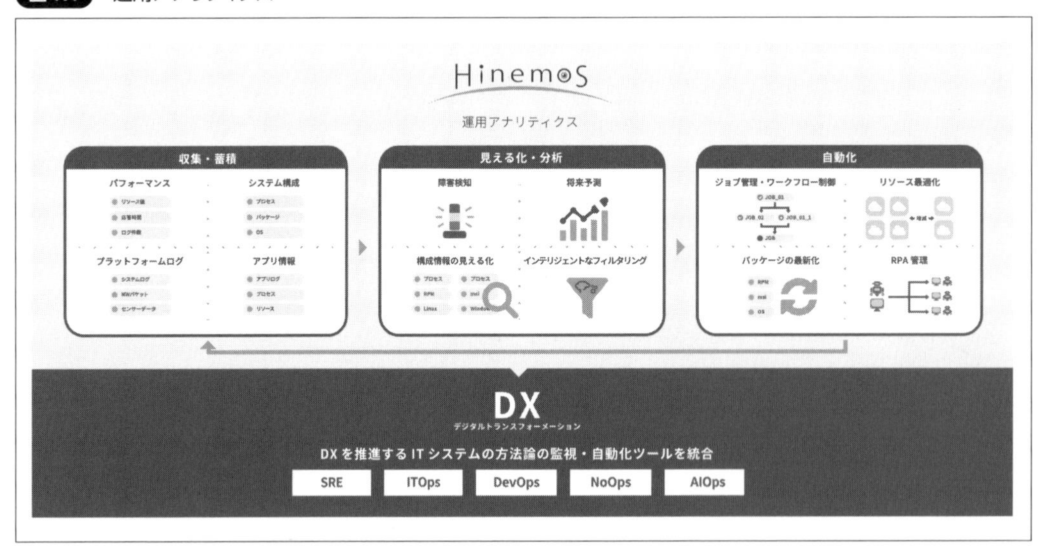

Hinemosの歴史

Hinemosは2004年にNTTデータの藤塚 勤也らの企画のもと、独立行政法人 情報処理推進機構(以下、IPA)のオープンソースソフトウェア活用基盤整備事業の成果として生まれました。

> オープンソースソフトウェア活用基盤整備事業　2004年度(平成16年度)成果報告集
> `http://www.ipa.go.jp/about/jigyoseika/04fy-pro/open.html`

2005年8月にver.1.0をリリースしてからバージョンアップを経て、最近では2022年3月にver.7.0をリリースしました。この17年間の間に、管理対象のプラットフォームの拡大や機能追加を行い、統合運用管理ソフトウェアの名に相応しい成長を遂げました(**図1.2**)。

図1.2 Hinemosの歴史

2005.8 リリース
IPA公募により
Hinemos誕生
2008.10 リリース
高可用性構成
商用UNIX対応
2015.5 リリース
環境構築機能
Webクライアント
2018.2 リリース
運用アナリティクス
ITILツール連携
Ver.1
Ver.2
Ver.3
Ver.4
Ver.5
Ver. 6.0
Ver. 6.1
Ver. 6.2
Ver. 7.0
2006.3 リリース
監視機能充実
対応プラットフォーム
の拡張
2012.4 リリース
クラウド管理機能
ジョブ管理の進化
2017.2 リリース
収集蓄積・見える化・
自動化による
「攻めの運用」
2019.4 リリース
構成情報管理
オペレーション
サポート
2022.3
リリース

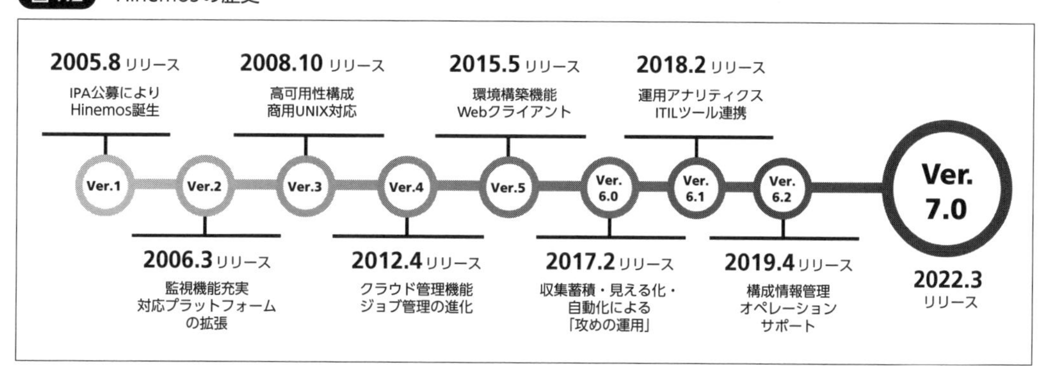

Hinemosの特長

Hinemosの特長を挙げると、次の4つになります(**図1.3**)。

図1.3 Hinemosの特長

①全機能ワンパッケージ
運用管理市場では単機能ツールが多い
Hinemosはワンパッケージで統合運用管理の機能を提供
ライセンス費用、機能間連携、エンジニア育成の課題を解決
②日本製&グローバル対応
海外製品だと画面が英語、サポートも英語と、敷居が高い
Hinemosは日本製・日本語表示・日本語サポートが当たり前
海外展開に向けた英語表示・英語サポートも完備
③オペレータ向けの簡単な操作感
海外製品やSE向け製品は難易度が高く、運用開始後に維持困難
Hinemosはオペレータが運用・操作することを前提に設計
作り込み不要ですべてGUIで直感的に操作が可能
④仮想化・クラウド対応
運用管理市場はクラウド対応が遅く、
さまざまな運用課題がある
Hinemosは早期から機能・ライセンス費用共にクラウド対応
中でも代表的な特長は、Hinemosミッションクリティカル機能

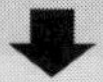

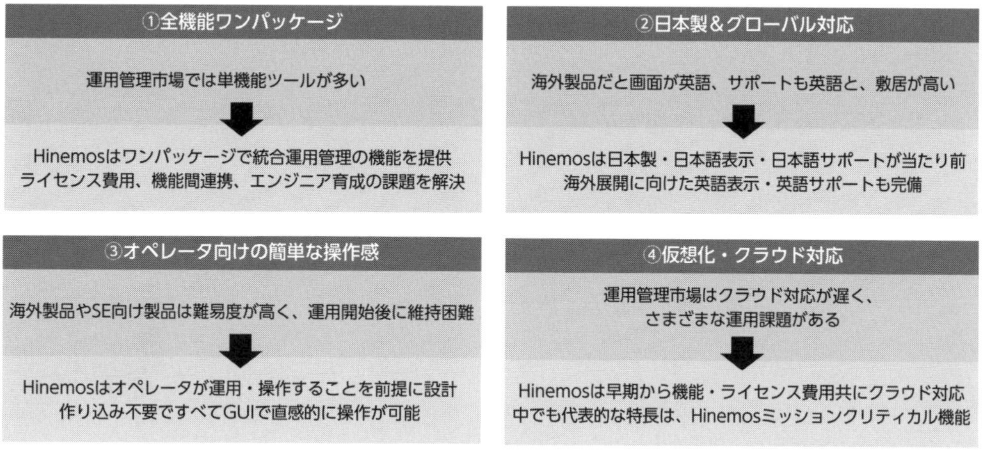

① 全機能ワンパッケージ

運用管理市場では、監視ツールやジョブ管理製品という単語があるように、なぜか単機能ツールが多いです。特に監視ツールに至っては、世の中の至る所で"単機能ツールとして"存在しています。

Hinemosは、監視だけではなくジョブ管理などの統合運用管理に必要な機能をワンパッケージで提供しています。これにより、ライセンス費用がシンプルで、機能間連携も考える必要なく、製品別でのエンジニア育成が不要になります。

② 日本製&グローバル対応

運用管理の製品は、オペレータが画面を見て運用を行うケースが多いため、海外製品では画面が英語だけであったり、サポートも英語で時差があるなど、そもそもの導入のハードルが高いです。

Hinemosは、日本製・日本語表示・日本語サポートが当たり前で、しかもグローバル対応として英語表示・英語サポートも完備しています。

③ オペレータ向けの簡単な操作感

運用管理で注意すべきは、誰が扱う想定の製品かにあります。海外製品やSE向け製品は難易度が高く、作り込みをすれば何でもできるという謳(うた)い文句で導入を進め、運用開始後にオペレータが維持困難になるというケースをよく聞きます。開発中はエンジニアがいるため問題に気づかず、後の工程になってから発覚して、最後はその製品が塩漬けになって誰も触れなくなってしまう場合があります。

Hinemosは、オペレータが運用・操作することを前提に設計されています。そのため、作り込み不要ですべてGUIで直感的に操作が可能です。

④ 仮想化・クラウド対応

実は運用管理市場はクラウド対応が遅かったという背景がありました。これは、既存の運用管理製品がクラウドに対応が難しいという技術的な課題があったからです。

Hinemosは、早期から動作プラットフォームとしてクラウドに対応し、クラウド専用の機能を具備し、クラウドに適したライセンス体系のソフトウェアとして提供しています。

COLUMN　Hinemosのバージョン表記

Hinemosのバージョン表記は、3つのバージョン番号の数字「x.y.z」からなります。

最初の2つのxとyはメジャーバージョン番号です。ver.7.0では「7」と「0」に該当します。最後のzはマイナーバージョン番号です。ver.7.0.1では「1」に該当します。

メジャーバージョン番号は、機能や仕様が変更する場合に採番されるバージョン番号になります。そのため、メジャーバージョンアップの際には、大きな機能追加やアーキテクチャの改善が施されます。よって、メジャーバージョンをまたがるバージョンアップにおける設定の移行についてはユーザの判断が必要になりますが、これを簡易に実現するバージョンアップツールが提供されています。

メジャーバージョンのうち、先頭の数字はHinemosマネージャの動作するOSプラットフォームやアーキテクチャなどが大きく変更された場合、または当該バージョンのシリーズコンセプトが変更になった場合に採番されます。

メジャーバージョンのうち、2番目の数字はHinemosマネージャの動作するOSプラットフォームやアーキテクチャなどは維持したまま、または、1つ目の数字のバージョンのシリーズコンセプトを維持したまま、機能追加や機能／仕様改善を行った場合に採番されます。

マイナーバージョン番号は、同一メジャーバージョン番号内での不具合修正や性能改善などを行ったメンテナンスリリースに採番される番号です（ただし、各種の不具合修正を行うに際して仕様や機能の変更、改善が含まれるケースもあります）。そのため、原則、設定の移行が可能であり、前のバージョンからの設定のバックアップを使用してのバージョンアップが可能です（**図1.4**）。

図1.4 Hinemosのバージョン表記

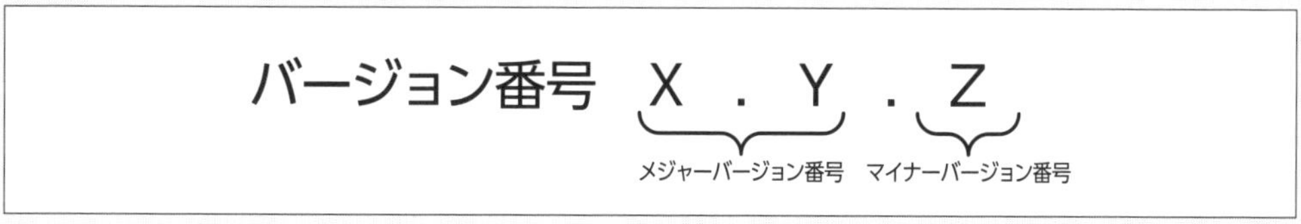

バージョン番号 X . Y . Z

メジャーバージョン番号（X . Y） マイナーバージョン番号（Z）

1.3 ジョブ管理とは

本節では、ジョブ管理とは何か、その目的やジョブ管理製品の市場動向に関して解説します。

ジョブ管理とは

「ジョブ管理」という用語は日本独特なものであり、グローバルでは「ジョブスケジューラ」や「タスクスケジューラ」の方が一般的です。しかしその内容は変わらず「複数のサーバをまたがった処理フローを一元管理する」ことを意味します。この1つ1つの処理を「ジョブ」や「タスク」という用語で表現します（本書では「ジョブ」で統一します）。そして、この複数のサーバをまたがった処理フローを「ジョブネット」と表現します（ジョブネットを「ジョブやジョブネットをグルーピングするもの」と表現する場合もありますが、ここでは「個々のジョブが異なる複数のサーバで実行されること」を強調して、このように表現します）（**図1.5**）。

図1.5 ジョブとジョブネット

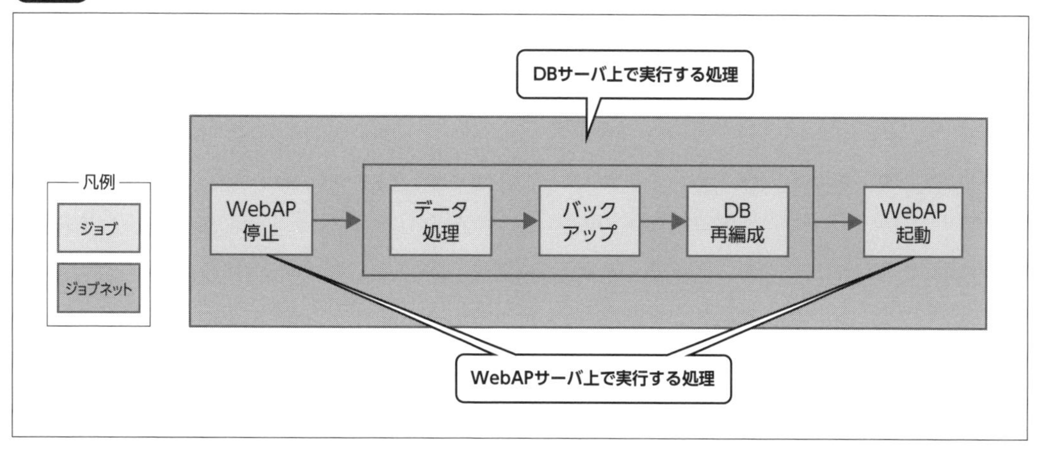

ジョブ管理の必要性

ITシステムのオープン化が進むことで、WebサーバやDBサーバといった単機能サーバによる多数のサーバで構成されるシステムアーキテクチャが一般的になってきました。プラットフォームがオンプレミス環境だけではなくVMwareのような仮想化環境、そしてIaaSを中心に使用するクラウド環境でもこのアーキテクチャは変わりません。

そのため、たとえばメンテナンス前に行うシステム閉塞の処理フロー(ジョブネット)を考えただけでも、Webサーバの停止→APサーバの停止→DBサーバの停止といった複数サーバ間の処理(ジョブ)の連携が必要です。

もちろん、単一サーバ内で完結する処理の場合、Windowsだとタスクスケジューラ、Linuxだとcronを使用することで決まった時間に処理を起動することは可能です。しかし、複数のサーバをまたがって直接・並列実行を制御するには、各処理の実行結果(戻り値や標準出力、標準エラー)を集約し、これを使って次の処理開始(または中止)の判定を行い、対象のサーバに次の指示を出すというのを、一元的に管理する必要があります。これを、ユーザが何かしらの作り込みを行って自身で制御するのは非常に困難です。

ジョブ管理で必須となる機能

ジョブ管理という機能の中では、必須となるさまざまなサブ機能があります。次のとおり、わかりやすい形でまとめてみましたので紹介します。

- **ジョブの作成に関する機能(第3章)**
  ジョブを作成、つまりジョブネットを定義する機能です。複数サーバをまたがる処理フローを視覚的にもわかりやすく、その順序性や実行する条件を定義できる必要があります。

- **ジョブの実行に関する機能(第4章)**
  定義したジョブネットを実行する機能です。ジョブネットが実行されるたびに、ジョブセッションという形でセッションを生成し、そのジョブセッションの状態遷移も視覚的にわかりやすく表示できる必要があります。ほかにも、再実行や中断といった運用オペレーションも可能である必要があります。

- **さまざまな実行制御(第5章)**
  ジョブネットの順序性のほかにも、処理の開始や終了の遅延を監視したり、多重実行制御や一時的に保留やスキップを行うといった、さまざまな実行制御に対応する必要があります。

- **さまざまな実行契機(第6章)**
  ジョブネットを手動で起動するほかに、決まったスケジュールで起動したり、ファイルなど外部システムとの連携として起動するなどの、さまざまな実行契機に対応する必要があります。

- **さまざまなジョブ(第7章)**
  単にコマンドを起動するだけではなく、ファイルの作成や変更をチェックしたり、ほかにもクラウドの操作やRPAロボットの実行、何度も利用するジョブを参照するといった、さまざまな処理に対応する必要があります。

● **実行結果の通知・出力・連携する機能(第8章)**

ジョブの異常(コマンドの戻り値が1など)が発生すると警告灯を点灯しメールを発報したり、月次レポートとして実行結果のサマリを出力したり、別の運用管理のマネージャに実行結果を連携してシステム全体を自動化する機能も必要です。

● **設計と運用に関する機能(第9章)**

ジョブネットの定義と実行という直接的な機能だけではなく、設計や定義をExcel等で管理し、ジョブネットの変更があった場合に安全に定義変更を行うなどの、設計と運用に関する細やかな機能も必要です。そして、非常に重要なのがジョブ管理を行う製品自身の高可用性も求められます。ジョブ管理の停止は業務処理やサービス解放・閉塞などにダイレクトに影響するためです。これは管理対象となるシステムが、オンプレミス環境、仮想化環境、クラウド環境にかかわらず、すべての環境において実現が必須です。

ジョブ管理製品の市場動向と選定ポイント

運用管理市場において、多種多様な種類が存在する監視ツールとは異なり、ジョブ管理を行える製品は数が非常に少ないです。しかし、海外ベンダの製品のシェアが圧倒的に高いソフトウェア市場において、運用管理、特にジョブ管理はこの数少ない日本製の製品がシェアを占めています。

これらのジョブ管理製品で共通的に言えることは、基本的にCPUのコア数でライセンス費用がスケールするというライセンス体系ということです。そのため、ジョブ管理の対象のサーバ数が増えるだけではなく、サーバ数が少なくてもハイパフォーマンスなサーバでジョブ管理を実行した場合に、ライセンス費用が非常に高額になる傾向があります。

この市場動向と前節で触れた運用管理市場のクラウド対応が遅かったという事実から、ジョブ管理製品の選定ポイントは、次のとおりに考えることができます。

● **選定ポイント①　ジョブ管理の製品を最初に選定する**

運用管理の製品としては最初に監視ツールの導入に目が行きがちですが、ジョブ管理製品の方が種類が少なく、動作要件も厳しいことから、最初に選択すべきです。逆に、監視ツールは選択が最後になったとしても何かしらの選択肢が残るほど、世の中にありふれています。

● **選定ポイント②　クラウドの対応状況をしっかり確認する**

いまだにクラウド上のジョブ管理製品において、動作要件がグレーな場合があったりします。動作プラットフォームとして対応していないというケースだけでなく、特に大きな問題になるのはジョブ管理製品自体の可用性構成を組む際のOSやNW、サポートに関する制約が挙げられます。この点を最初に押さえないと、後から大きなトラブルを生むことになります。

実はHinemosを選定すると、クラウドに十分に対応し、それ自身が監視機能も備えているため、統合運用管理を行う製品に適しているという形になっています。

1.4 Hinemosのジョブ機能とは

本節では、Hinemosの機能の全体像から、ジョブ機能とその周辺機能の関係を解説します。

Hinemosの機能の全体像とジョブ機能

Hinemosの機能は大きく**図1.6**の9個の機能からなります。Hinemosのジョブ機能は、この中の自動化機能の中に含まれます。

図1.6 Hinemosの機能の全体像

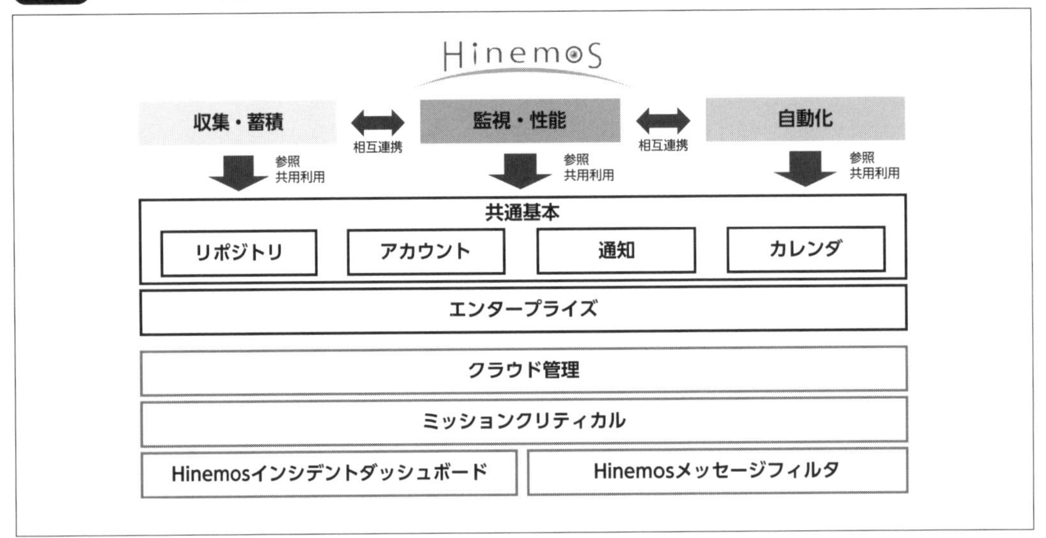

Hinemosは、ジョブ機能とその周辺機能と合わせて、前節で紹介したジョブ管理で必須となる機能をすべて有しています。

Hinemosのジョブ機能の周辺機能

ジョブ機能の周辺機能として重要な機能は、次の4つの機能になります。

- 共通基本

  管理対象システムを定義する「リポジトリ」、ユーザのアクセス制御を行う「アカウント」、正常／異常を知らせる「通知」、業務カレンダを定義する「カレンダ」の4機能からなる共通基本機能です。これらは、運用管理製品なら必須となる機能であり、Hinemosは監視機能でもジョブ機能と同じ共通基本機能の設定を使用できるため、無駄な設計・設定を行わなくて済みます。本機能は第2章と第5章で簡単に触れます。

- エンタープライズ

  エンタープライズ運用に必要なさまざまな機能群を提供しています。本機能は各章で使用しています。

● クラウド管理

管理対象システムがクラウド上に構築されている場合にも、オンプレミス環境と同様な運用にて実現するクラウド専用の機能です。本機能は第7章、第8章、第9章で簡単に触れます。

● ミッションクリティカル

ジョブ機能のコアコンポーネントとなるHinemosマネージャの多重化により可用性を高める機能です。本機能は第9章で簡単に触れます。

COLUMN Hinemosの自動化機能

Hinemosの自動化機能は、業務自動化を司る「ジョブ機能」、構築自動化を司る「環境構築機能」、PC業務自動化を司る「RPA管理機能」から構成されます。

本書では、この中のジョブ機能を中心に使い方を紹介します。その中で、RPA管理機能の自動化にかかわる部分も紹介します。ほかにも、運用自動化(Runbook Automation)、クラウドリソース制御といったキーワードもありますが、わかりやすさも兼ねてすべてジョブ機能の流れで紹介を進めます。

ここでは、以降の章で扱わない「環境構築機能」について簡単に触れておきます。

● 環境構築機能

エージェントレスでOS上の環境構築に必要な一連の作業を定型化する機能で、具体的には次の自動化が可能です。

- パッケージのインストール
- パッケージのバージョンアップ
- コンポーネントの起動
- 設定ファイルの配布・置換差分確認

簡単に言うと、AnsibleやChef、Puppetのようなツールと同程度の操作が可能な機能です。これらのツール類も導入する際にはさまざまなセットアップが必要になりますが、Hinemosに環境構築機能があることで、監視やジョブだけではなくサーバ導入時の環境構築も自動化もHinemosの仕組みだけで実現できます(**図1.7**)。

図1.7 Hinemosの環境構築機能

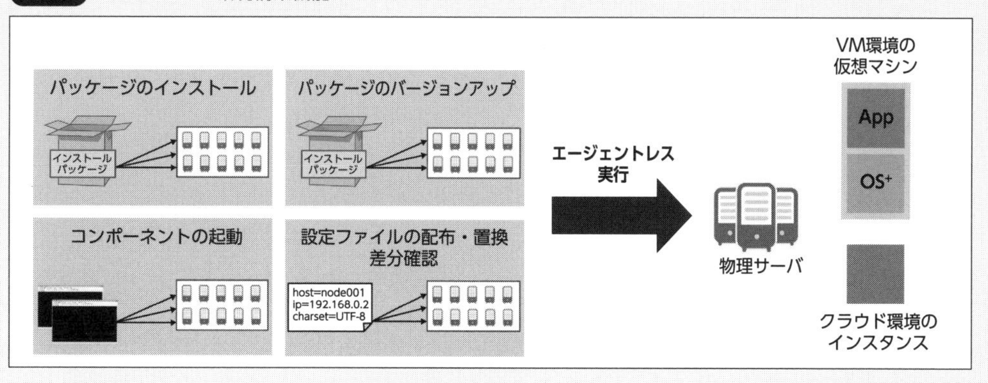

第2章 基本的なセットアップ

2.1 本章の説明

本章では、Hinemosのジョブ機能を試すために、Hinemosのインストールと基本的な設定(共通基本機能)を行います。

Hinemosのインストールは、Hinemosのジョブ機能を簡易に確認するためのスモールセットのシステム構成を対象に行います。

共通基本機能とは、次のものを表します。

- **リポジトリ**
  対象のシステム構成を管理する

- **通知**
  異常が発生した際に画面表示や警告灯の点灯やメールを送付する等の制御を行う

- **アカウント**
  ログインするユーザの権限を管理する

- **カレンダ**
  業務カレンダとして監視やジョブの実行の稼働・非稼働を定義する

ジョブ機能の基本的な動作を試すために、リポジトリ、通知、アカウントに関する基本的な設定を簡単に紹介します。

そして、このインストールした環境をもとに、第3章ではジョブの設定を、続く第4章ではジョブの実行や操作を試してみるという、スタートアップ風に使い方を解説します。

本章および、第3章から第8章で解説する基本となる情報として、Hinemosの基本構成、本書で使用するシステム構成、本章で使用するパッケージの3点を説明します。

2.1.1 Hinemosの基本構成

Hinemosは、監視やジョブを制御する「Hinemosマネージャ」、管理対象サーバでジョブを実行したりログファイルを監視する「Hinemosエージェント」、ユーザが設定や結果を確認するインタフェース「Hinemosクライアント」の3つのコンポーネントで構成されます。

Hinemosを構成する要素を図で表すと**図2.1**のようになります。

図2.1 Hinemosの構成要素

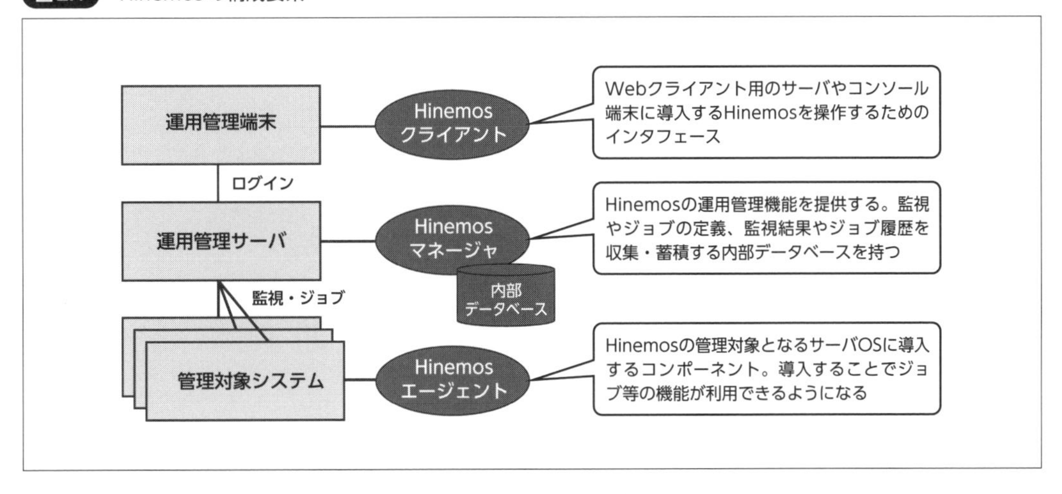

Hinemos マネージャ

一般的にシステムの運用管理では、システム構成をリポジトリとして一元的に管理し、管理対象機器の死活監視や、サーバ間をまたがったジョブネットの実行制御を行います。このようなシステムの監視やジョブを制御する、いわゆる「運用管理サーバ」に導入するHinemosの心臓部的なコンポーネントがHinemosマネージャです。Hinemosの設定や監視結果やジョブ実行履歴は、Hinemosマネージャ内にある内部データベースに蓄積され、運用管理者はHinemosクライアントからその情報を操作、確認できます。また、通知機能を利用してほかの運用システムとの連携も可能です。

Hinemosの基本機能はすべてHinemosマネージャに集約されています。そのため、Hinemosマネージャを導入した1台のサーバがあれば、それ以外の複雑な環境構築をせずにすべての基本機能が利用できます。

Hinemos クライアント

Hinemosクライアントは、運用管理者がHinemosマネージャを操作するためのユーザインタフェースです。管理対象サーバの登録、監視やジョブフローの定義、障害検知のための通知設定などがHinemosクライアントから行えます。運用管理者が運用端末にインストールして使用するHinemosリッチクライアントと、ブラウザからWeb経由でアクセスするHinemos Webクライアント(以降はWebクライアントと表記)の2つがあります。Hinemosクライアントは監視やジョブの設定情報を保持せず、Hinemosマネージャの内部データベースが保持します。

Hinemos エージェント

Hinemosエージェントは、管理対象サーバ上でのジョブ制御、ログファイルの監視など、Hinemosの一部の高度な機能を使用するために必要なコンポーネントです。また、Hinemosエージェントをインストールすると、Hinemosの機能で必要なOSの環境設定も行います。

Hinemosの多くの機能はエージェントレスで利用可能ですが、ジョブ機能を使用する場合は、管理対象サーバにHinemosエージェントをインストールする必要があります。

2.1.2 本書で使用するシステム構成

本書では、次のようなシステム構成を前提にインストールや操作を解説します。ノードとは、Hinemosの用語で管理対象の機器(サーバやネットワーク機器など)を表すものです。インストールした後は、管理対象ノードへの操作はIPアドレスやホスト名ではなく、ファシリティIDというノードやスコープ(ノードをグループ化したもの)を一意に特定するIDに対して行うため、適宜読み替えて使用してください。

また、OSについても基本的にはHinemosの動作対応OSであれば問題ありませんが、本書では**表2.1**のOSを前提に解説します。

表2.1 解説で使用するインストール環境

OS名
Windows 11
Red Hat Enterprise Linux 8.6
Windows Server 2022

Windows 11を1台、Red Hat Enterprise Linux 8.6を2台、Windows Server 2022を1台、計4台のサーバ／PCの環境でサーバ構成を組みます。それぞれのホスト名をClient、Manager、LinuxAgent、WindowsAgentとします。各サーバ／PCの役割を**図2.2**、**表2.2**に示します。すべてのサーバ／PCで時刻同期の設定がされているものとします。

図2.2 サーバ構成（概要）

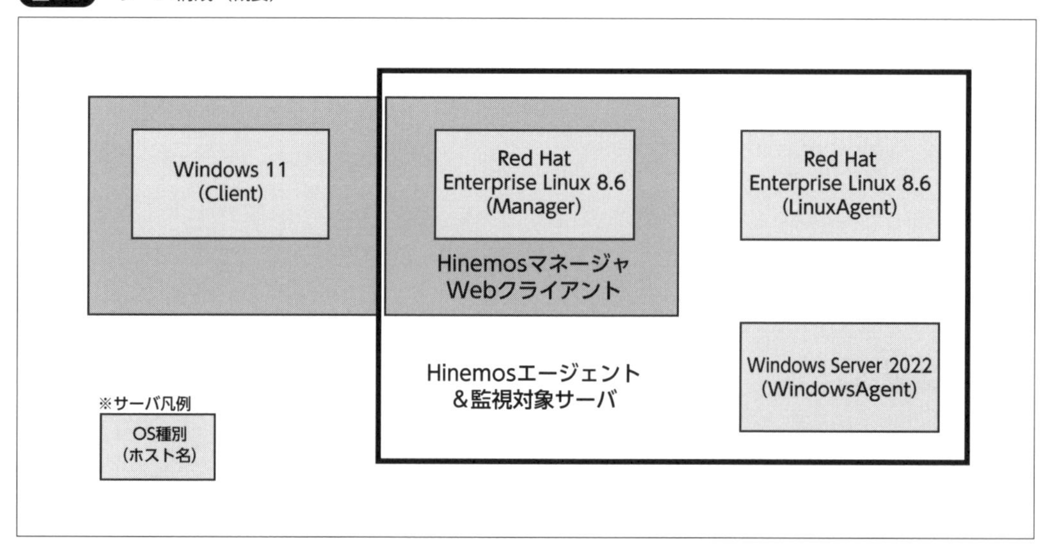

表2.2　構築する環境の情報

環境	ホスト名	OS	IPアドレス	インストールするコンポーネント
運用端末（※）	Client	Windows 11	192.168.0.1	
Hinemosマネージャ	Manager	Red Hat Enterprise Linux 8.6	192.168.0.2	Hinemosマネージャ（Linux版）
				Webクライアント（Linux版）
				Hinemosエージェント（Linux版）
管理対象ノード1	LinuxAgent	Red Hat Enterprise Linux 8.6	192.168.0.3	Hinemosエージェント（Linux版）
管理対象ノード2	WindowsAgent	Windows Server 2022	192.168.0.4	Hinemosエージェント（Windows版）

※運用管理者がブラウザからWeb経由でHinemosクライアントにアクセスするための運用端末

Red Hat Enterprise Linux 8.6は、**表2.3**でインストールした環境とします。

表2.3　Red Hat Enterprise Linux 8.6のインストール設定

言語	日本語
キーボード	日本語
ホスト名	（前述のサーバ構成のとおり）
タイムゾーン	アジア／東京
ベース環境	サーバ（GUI使用）

2.1.3 本章で使用するパッケージ

2022年12月現在のHinemosの最新版であるver.7.0.1を利用して解説します。Hinemosのインストールパッケージや各機能で必要となるパッケージは、Hinemosカスタマーポータルから入手可能です。本書で必要となるインストールパッケージついて、**表2.4**に一覧を記載します。

表2.4　インストールパッケージ

コンポーネント	パッケージ
Hinemosマネージャ（Linux版）	hinemos-7.0-manager-7.0.1-1.el8.x86_64.rpm
	patch_manager_activation_for7.0.1_yyyymmdd.tar.gz
	yyyymm_xxx_enterprise
Hinemos Webクライアント（Linux版）	hinemos-7.0-web-7.0.1-1.el8.x86_64.rpm
Hinemosエージェント（Linux版）	hinemos-7.0-agent-7.0.1-1.el.noarch.rpm
Hinemosエージェント（Windows版）	HinemosAgentInstaller-7.0.1_win.msi

2.2 インストール

本節では、**図2.2**で示した環境に対して、Hinemosのインストールを進めていきます。まず最初に、一番重要なHinemosマネージャのインストールを行い、その後にHinemosクライアントをインストールして、Hinemosにログインができるかを確認します。最後に、管理対象サーバにHinemosエージェントをインストールして、ジョブが実行できる環境を構築します。

2.2.1 Hinemosマネージャのインストール

ホスト名がManagerであるRed Hat Enterprise LinuxへHinemosマネージャをインストールします。

インストール前の準備（OS）

■ SELinuxの無効化

HinemosマネージャをインストールするサーバではSELinuxを無効にしてください。/etc/selinux/configの中のSELINUX変数がdisabledとなっているかを確認してください。enforcingやpermissiveとなっている場合は、disabledに変更してOSを再起動してください。SELinuxの有効、無効の切り替えは必ずOSの再起動が必要です(**図2.3**)。

図2.3 SELinuxの無効化設定

```
[root]#cat /etc/selinux/config

# This file controls the state of SELinux on the system.
# SELINUX= can take one of these three values:
#     enforcing - SELinux security policy is enforced.
#     permissive - SELinux prints warnings instead of enforcing.
#     disabled - No SELinux policy is loaded.
SELINUX=disabled

...
```

■ firewalldの無効化

OSインストール直後のデフォルトのfirewalldの設定では、WebクライアントやHinemosエージェント、各監視サーバからのHinemosマネージャへの通信が拒否されます。

商用環境では必要に応じてファイアウォールなどで別途通信制御を行う必要がありますが、本書では、まずは簡易に機能を扱うために、firewalldを無効化した環境をベースに作業を行います。firewalldはRed Hat Enterprise Linux 8.6ではデフォルトで有効化されているため、**図2.4**のコマンドで無効化し、OS起動時に自動起動しないように設定を行います。

図2.4 firewalldの無効化

```
[root]#systemctl stop firewalld
[root]#systemctl disable firewalld
Removed /etc/systemd/system/multi-user.target.wants/firewalld.service.
Removed /etc/systemd/system/dbus-org.fedoraproject.FirewallD1.service.
[root]#systemctl list-unit-files | grep firewalld
firewalld.service                                  disabled
```

■ OpenJDK8がインストールされているかの確認およびインストール

Hinemos7.0系のマネージャはJava8で動作するため、Java8が事前にインストールされている必要があります。本章では、OpenJDK8のパッケージを使用します。

rpmコマンドで、java-1.8.0-openjdkパッケージがインストールされているかを確認してください(図2.5)。

図2.5 OpenJDKの確認

```
[root]#rpm -qa | grep java-1.8.0-openjdk
java-1.8.0-openjdk-1.8.0.322.b06-11.el8.x86_64
```

図2.5のように表示されない場合は、Red Hat Enterprise Linuxに同梱されているjava-1.8.0-openjdkパッケージをインストールしてください(図2.6)。

図2.6 OpenJDK8インストール

```
[root]# yum install java-1.8.0-openjdk
```

■ その他必要なパッケージについて

その他にもHinemos ver.7.0のマネージャを動作させるために、次のパッケージをインストールしておく必要があります。

- vim-common
  Java8のインストールと同様、yumコマンドでインストールしてください。

インストール

Hinemosマネージャ本体のインストールには次のパッケージが必要です。

- hinemos-7.0-manager-7.0.1-1.el8.x86_64.rpm

Hinemosマネージャのインストールパッケージは、/tmpに配置されているものとします。

- /tmp/hinemos-7.0-manager-7.0.1-1.el8.x86_64.rpm

rootユーザで/tmp/ディレクトリに移動し、rpmコマンドによりインストールを行います(図2.7)。

図2.7　Hinemosマネージャのインストール

```
[root]#cd /tmp
[root]#rpm -ivh hinemos-7.0-manager-7.0.1-1.el8.x86_64.rpm
Verifying...                          ################################# [100%]
準備しています...                  ################################# [100%]
更新中 / インストール中...
   1:hinemos-7.0-manager-0:7.0.1-1.el8################################# [100%]
情報:'systemctl enable snmpd.service'へ転送しています。
Created symlink /etc/systemd/system/multi-user.target.wants/snmpd.service → /usr/
➡lib/systemd/system/snmpd.service.
Redirecting to /bin/systemctl start snmpd.service
Created symlink /etc/systemd/system/multi-user.target.wants/hinemos_manager.
➡service → /usr/lib/systemd/system/hinemos_manager.service.
Created symlink /etc/systemd/system/multi-user.target.wants/hinemos_pg.service  →
➡/usr/lib/systemd/system/hinemos_pg.service.
```

インストール時に自動起動の設定も自動で行われるため、サービス登録などを個別に行う必要はありません。

図2.8のようにOSのサービスとして登録されていることが確認できます。

図2.8　Hinemosマネージャのサービス登録の確認

```
[root]#systemctl list-unit-files | grep hinemos_manager
hinemos_manager.service                    enabled
```

エンタープライズ機能の有効化

エンタープライズ機能の有効化には、サブスクリプションに含まれる次のパッチとアクティベーションキーファイルが必要となります。

- patch_manager_activation_for7.0.1_yyyymmdd.tar.gz
- yyyymm_xxx_enterprise

Hinemosマネージャのインストールに引き続き、必要なファイルは/tmpに配置されているものとします。tarコマンドでパッチを展開し、パッチとアクティベーションキーファイルを必要なディレクトリにコピーして配置します(図2.9)。

図2.9　エンタープライズ機能のセットアップ

```
[root]#tar -xvf patch_manager_activation_for7.0.1_yyyymmdd.tar.gz
patch_manager_activation_for7.0.1_yyyymmdd/
patch_manager_activation_for7.0.1_yyyymmdd/README.txt
patch_manager_activation_for7.0.1_yyyymmdd/Publish.jar
[root]#cp -p /tmp/patch_manager_activation_for7.0.1_yyyymmdd/Publish.jar /opt/
➡hinemos/lib/
cp: '/opt/hinemos/lib/Publish.jar' を上書きしますか? y
[root]#chown hinemos:hinemos /opt/hinemos/lib/Publish.jar
```

```
[root]#cp -p /tmp/yyyymm_xxx_enterprise /opt/hinemos/etc/
```


Hinemos マネージャの起動

OSのサービスとして登録されたHinemosマネージャを起動します(図2.10)。

図2.10 Hinemosマネージャサービスを起動

```
[root]#service hinemos_manager start
Redirecting to /bin/systemctl start hinemos_manager.service
```

serviceコマンドでHinemosマネージャが起動しているかどうかを確認できます(図2.11)。

図2.11 Hinemosマネージャの起動確認

```
[root]#service hinemos_manager status
Redirecting to /bin/systemctl status hinemos_manager.service
● hinemos_manager.service - Hinemos Manager
   Loaded: loaded (/usr/lib/systemd/system/hinemos_manager.service; enabled;
➡vendor preset: disabled)
   Active: active (running) since Sat 2022-11-26 17:54:24 JST; 1min 13s ago
  Process: 27240 ExecStop=/opt/hinemos/bin/jvm_stop.sh (code=exited, status=0/
➡SUCCESS)
  Process: 27318 ExecStart=/opt/hinemos/bin/jvm_start.sh -W (code=exited,
➡status=0/SUCCESS)
 Main PID: 27384 (java)
    Tasks: 77 (limit: 17800)
   Memory: 609.9M
   CGroup: /system.slice/hinemos_manager.service
           └─27384 /usr/lib/jvm/jre-1.8.0-openjdk/bin/java -Djdk.xml.entityEx...

11月 26 17:54:23 Manager systemd[1]: Starting Hinemos Manager...
11月 26 17:54:23 Manager jvm_start.sh[27318]: waiting for Java Virtual Machine
➡startup...
11月 26 17:54:24 Manager jvm_start.sh[27318]: Java Virtual Machine started (with
➡-W option)
11月 26 17:54:24 Manager systemd[1]: Started Hinemos Manager.
```

Hinemos マネージャのログファイル削除運用の設定

ログファイルの増大によるディスク領域の圧迫を避けるため、最終更新日から一定の期間(31日)経過したHinemosマネージャのログファイルを削除スクリプトを日次で実行するように設定します(図2.12)。

図2.12 Hinemosマネージャのログファイル削除運用の設定

```
[root]#cp -p /opt/hinemos/contrib/hinemos_manager  /etc/cron.daily/
```

Hinemosのログの詳細は「9.6.3　ログファイルの管理」を参照してください。

2.2.2 Hinemos Webクライアントのインストール

ホスト名がManagerであるRed Hat Enterprise LinuxへWebクライアントをインストールします。Webクライアントは Hinemosマネージャとは別のサーバでも構築可能ですが、「2.1.2　本書で使用するシステム構成」に記載したとおりHinemosマネージャと同じサーバに構築します。

インストール前の準備（OS）

■ OpenJDK8がインストールされているかの確認およびインストール

「2.2.1　Hinemosマネージャのインストール」を参照して同じように確認してください。

■ その他必要なパッケージについて

その他にも次のパッケージをインストールしておく必要があります。

- unzip
- google-noto-sans-cjk-ttc-fonts

Java8のインストールと同様、yumコマンドでインストールしてください。

インストール

Webクライアント本体のインストールには次のパッケージが必要です。

- hinemos-7.0-web-7.0.1-1.el8.x86_64.rpm

Webクライアントのインストールパッケージは、/tmpに配置されているものとします。

- /tmp/hinemos-7.0-web-7.0.1-1.el8.x86_64.rpm

rootユーザで/tmp/ディレクトリに移動し、rpmコマンドによりインストールを行います(**図2.13**)。

図2.13 Hinemosクライアントのインストール

```
[root]#cd /tmp
[root]#rpm -ivh hinemos-7.0-web-7.0.1-1.el8.x86_64.rpm
Verifying...                          ################################# [100%]
準備しています...                     ################################# [100%]
更新中 / インストール中...
   1:hinemos-7.0-web-0:7.0.1-1.el8    ################################# [100%]
Created symlink /etc/systemd/system/multi-user.target.wants/hinemos_web.service →
➡/usr/lib/systemd/system/hinemos_web.service.
```

インストール時に自動起動の設定も自動で行われるため、サービス登録などを個別に行う必要はありません。**図2.14**のようにOSのサービスとして登録されていることが確認できます。

図2.14 Webクライアントのサービス登録の確認

```
[root]#systemctl list-unit-files | grep hinemos_web
hinemos_web.service                          enabled
```

Webクライアントの起動

OSのサービスとして登録されたWebクライアントを起動します(図2.15)。

図2.15 Hinemos Webクライアントサービスを起動

```
[root]#service hinemos_web start
Redirecting to /bin/systemctl start hinemos_web.service
```

serviceコマンドでHinemos Webクライアントが起動しているかどうかを確認できます(図2.16)。

図2.16 Hinemos Webクライアントの起動確認

```
[root]#service hinemos_web status
Redirecting to /bin/systemctl status hinemos_web.service
● hinemos_web.service - Hinemos Web
   Loaded: loaded (/usr/lib/systemd/system/hinemos_web.service; enabled; vendor
➡preset: disabled)
   Active: active (running) since Sat 2022-11-26 18:00:10 JST; 1min 36s ago
  Process: 27630 ExecStop=/opt/hinemos_web/bin/tomcat_stop.sh -q (code=exited,
➡status=0/SUCCESS)
  Process: 27704 ExecStart=/opt/hinemos_web/bin/tomcat_start.sh -Wq (code=exited,
➡status=0/SUCCESS)
 Main PID: 27762 (java)
    Tasks: 33 (limit: 17800)
   Memory: 262.5M
   CGroup: /system.slice/hinemos_web.service
           └─27762 /usr/lib/jvm/jre-1.8.0-openjdk/bin/java -Djava.uti...

11月 26 18:00:10 Manager systemd[1]: Starting Hinemos Web...
11月 26 18:00:10 Manager tomcat_start.sh[27743]: clearing temporary tomcat data
11月 26 18:00:10 Manager tomcat_start.sh[27743]: successful in clearing temporary
➡tomcat data.
11月 26 18:00:10 Manager tomcat_start.sh[27704]: waiting for WebClient startup...
11月 26 18:00:10 Manager tomcat_start.sh[27756]: Tomcat started.
11月 26 18:00:10 Manager tomcat_start.sh[27704]: WebClient started. (with -W
➡option)
11月 26 18:00:10 Manager systemd[1]: Started Hinemos Web.
```

Webクライアントの起動後、WebブラウザからWebクライアントにアクセスします(図2.17)。

図2.17　Webブラウザへの入力例

Webクライアントのログインダイアログが表示されますので、Hinemosマネージャが起動している状態でHinemosマネージャへのログイン情報を入力し、[ログイン]ボタンをクリックします(**図2.18**、**表2.5**)。

図2.18　Webクライアントのログインダイアログ

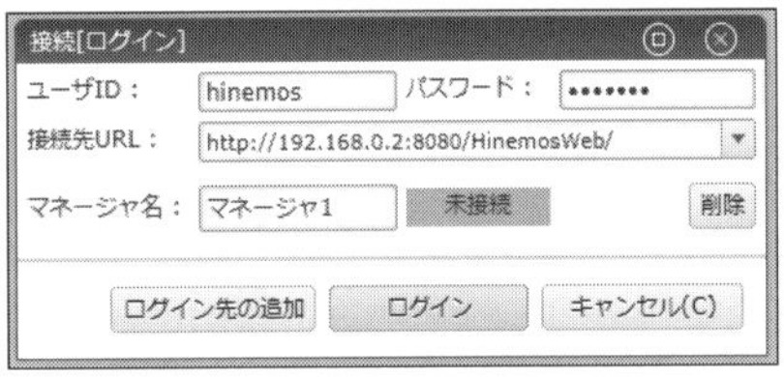

表2.5　ログインダイアログの入力項目

ユーザID	hinemos (デフォルトで用意されているユーザ)
パスワード	hinemos (hinemosユーザの初期パスワード)
接続先URL	http://192.168.0.2:8080/HinemosWeb/
マネージャ名	マネージャ1

ログインが成功すると、確認ダイアログが表示されます。[OK]ボタンをクリックすると、Webクライアントの初期画面に遷移します。

Webクライアントの初期画面ではスタートアップのパースペクティブが表示されます(**図2.19**)。

図2.19 Webクライアントの初期画面

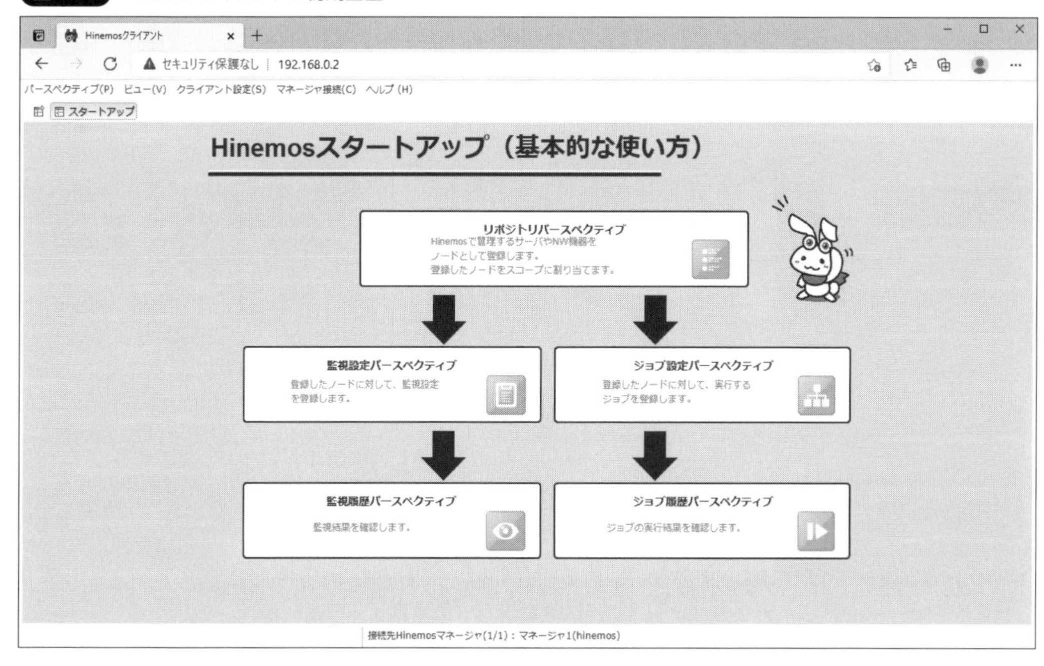

Hinemos Web クライアントのログファイル削除運用の設定

ログファイルの増大によるディスク領域の圧迫を避けるため、最終更新日から一定の期間(31日)経過したHinemos Webクライアントのログファイルを削除スクリプトを日次で実行するように設定します(図2.20)。

図2.20 Hinemos Webクライアントのログファイル削除運用の設定

```
[root]#cp -p /opt/hinemos_web/contrib/hinemos_web /etc/cron.daily/
```

Hinemosのログの詳細は「9.6.3　ログファイルの管理」を参照してください。

2.2.3 Hinemos エージェント (Linux 版) のインストール

ホスト名がLinuxAgentであるRed Hat Enterprise LinuxへHinemosエージェントをインストールします。

インストール前の準備（OS）

■ firewalld の無効化

Hinemosマネージャを動作させるManagerと同様に、簡易に機能を扱うために、firewalldを無効化した環境をベースに作業を行います。設定方法は「2.2.1　Hinemosマネージャのインストール」を参照してください。

■ OpenJDK8がインストールされているかの確認およびインストール

「2.2.1　Hinemosマネージャのインストール」を参照して同じように確認してください。

■ その他必要なパッケージについて

その他にも次のパッケージをインストールしておく必要があります。

- openssh-clients
  Java8のインストールと同様、yumコマンドでインストールしてください。

インストール

Hinemosエージェントのインストールには次のパッケージが必要です。

- hinemos-7.0-agent-7.0.1-1.el.noarch.rpm

Hinemosエージェントのインストールパッケージは、/tmpに配置されているものとします。

- /tmp/hinemos-7.0-agent-7.0.1-1.el.noarch.rpm

rootユーザで/tmp/ディレクトリに移動し、rpmコマンドによりインストールを行います。**図2.21**のように、インストール時にHINEMOS_MANAGER=[Hinemosマネージャのアドレス、またはホスト名]と指定することで、インストーラが自動で接続先の設定を行います。

図2.21　Hinemosエージェントのインストール

```
[root]#cd /tmp
[root]#HINEMOS_MANAGER=192.168.0.2  rpm -ivh hinemos-7.0-agent-7.0.1-1.el.noarch.
➡rpm
Verifying...                          ################################# [100%]
準備しています...                     ################################# [100%]
更新中 / インストール中...
   1:hinemos-7.0-agent-0:7.0.1-1.el   ################################# [100%]
Redirecting to /bin/systemctl status rsyslog.service
Redirecting to /bin/systemctl restart rsyslog.service
```

インストール時に自動起動の設定も自動で行われるため、サービス登録などを個別に行う必要はありません。**図2.22**のようにOSのサービスとして登録されていることが確認できます。

図2.22　Hinemosエージェントのサービス登録の確認

```
[root]#systemctl list-unit-files | grep hinemos_agent
hinemos_agent.service                      generated
```

Hinemosエージェントの起動

OSのサービスとして登録されたHinemosエージェントを起動します(**図2.23**)。

図2.23 Hinemosエージェントサービスを起動

```
[root]#service hinemos_agent start
Starting hinemos_agent (via systemctl):                    [  OK  ]
```

serviceコマンドでHinemosエージェントが起動しているかどうかを確認できます(図2.24)。

図2.24 Hinemosエージェントの起動確認

```
[root]#service hinemos_agent status
Hinemos Agent (PID 3200) is running...
```

次の節で管理対象のノード登録を行うため、ホスト名がManagerであるRed Hat Enterprise Linuxにも前述のとおりHinemosエージェントをインストールし、起動しておいてください。

COLUMN マネージャとエージェントのインストール順

同一のサーバにマネージャとエージェントをインストールする場合は、(1)マネージャ、(2)エージェントの順にインストールしてください。

マネージャを先にインストールすることで、エージェントインストール時にマネージャとの接続に必要となる設定が自動で行われます。

2.2.4 Hinemosエージェント(Windows版)のインストール

ホスト名がWindowsAgentであるWindowsへHinemosエージェントをインストールします。

インストール前の準備(OS)

■ Windowsファイアウォールの無効化

Hinemosマネージャと同様に簡易に機能を扱うために、Windowsファイアウォールを無効化した環境をベースに作業を行います。商用環境では必要に応じてファイアウォールなどで別途通信制御を行う必要があります。

[スタート]→[コントロールパネル]から[Windowsファイアウォール]を選択し、すべて無効にしてください。

■ Java SE 8のインストール

Oracle Java SE 8のインストーラをダウンロードしてインストールしてください。

インストール

Hinemosエージェントのインストールには次のパッケージが必要です。

- HinemosAgentInstaller-7.0.1_win.msi

Hinemosエージェントのインストールパッケージは、デスクトップに配置されているものとします。

Hinemosエージェントのインストールは、msiのインストーラに従い対話的に行います。Hinemosエージェントのインストーラは、Administratorユーザまたは、管理者権限を持つWindowsユーザで実行する必要があります。本書では、Administratorユーザにて操作を行います。

まず、HinemosAgentInstaller-7.0.1_win.msiを実行してインストーラを起動します(**図2.25**)。

図2.25　Hinemosエージェントのインストール（1）

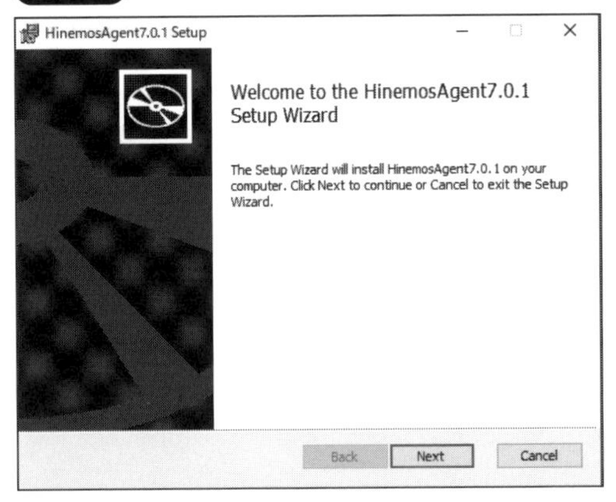

[Next]をクリックすると、Hinemosエージェントのライセンスの同意を求める画面が表示されます。HinemosはGPL v2のライセンスで公開されています(**図2.26**)。

図2.26　Hinemosエージェントのインストール（2）

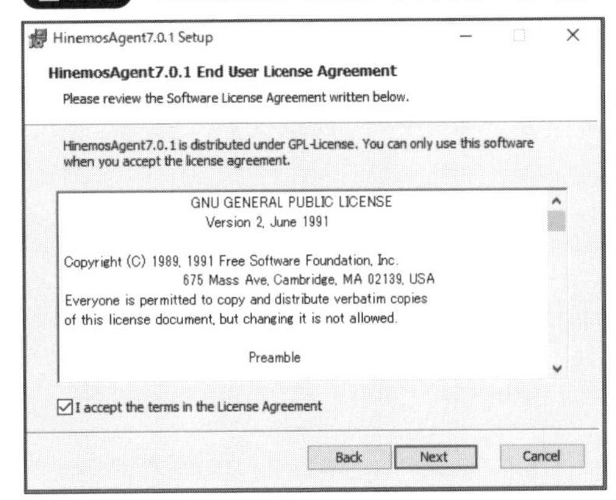

内容を確認したら[I accept the terms in the License Agreement]にチェックを入れて[Next]をクリックします。

次に、Hinemosエージェントのインストール先ディレクトリの設定の画面に移ります(**図2.27**)。

図2.27　Hinemosエージェントのインストール（3）

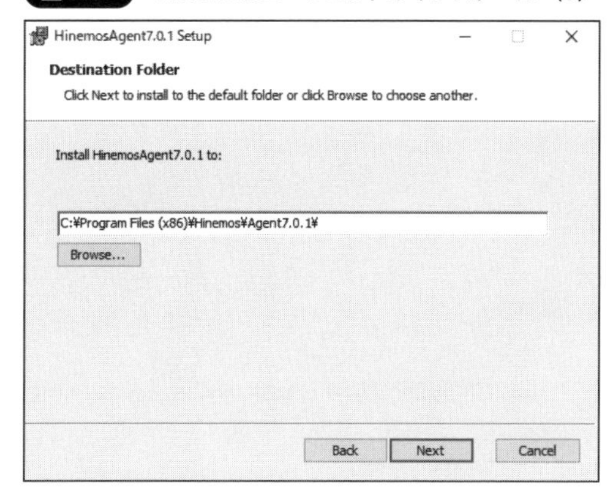

本書では、Hinemosエージェントはデフォルトのインストール先ディレクトリにインストールしますので、何も変更せずに[Next]をクリックします。

次に、HinemosマネージャとHinemosエージェントの接続に関する設定を行う画面に移ります(**図2.28**)。

図2.28　Hinemosエージェントのインストール（4）

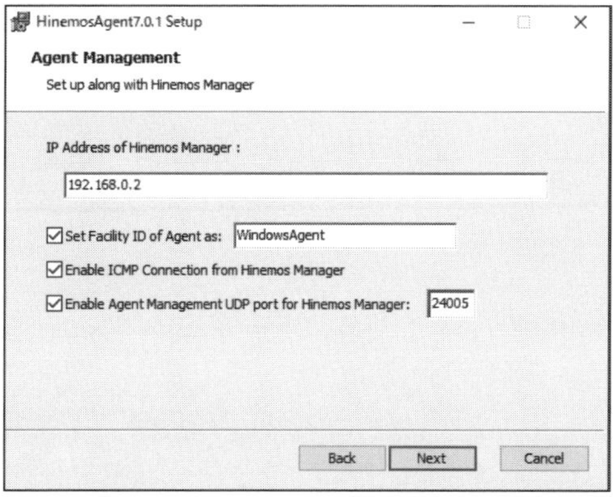

[IP Address of Hinemos Manager :]ではHinemosマネージャのIPアドレスを入力します。そして、[Set Facility ID of Agent as:]をチェックし、「WindowsAgent」を入力します。その他の設定はデフォルトのままにして、[Next]をクリックします。

画面の指示に従い[Service Registration]の画面まで進め、[Regist using JDK Location specified and start HinemosAgent7.0.1 Service]を選択します。すぐ下のテキストボックスにはJDKのインストールディレクトリを入力します。この設定を行うことで、インストーラは、指定されたJDKを使用してHinemosエージェントを起動するようにWindowsサービスを登録し、そのサービスを自動起動します(**図2.29**)。

図2.29　Hinemosエージェントのインストール（5）

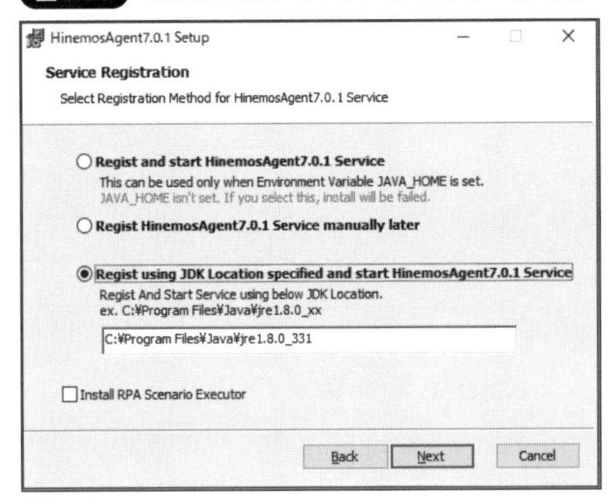

JDKのインストールディレクトリを入力後、[Next]をクリックします。

次に、Hinemosエージェントのインストールの最終確認を行う画面に移ります(**図2.30**)。

図2.30　Hinemosエージェントのインストール（6）

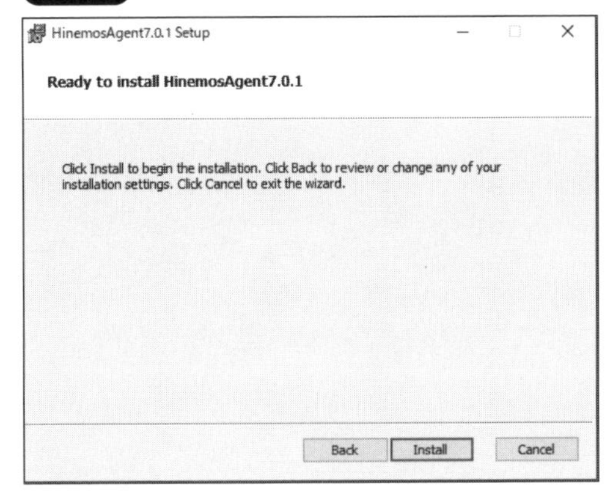

[Install]をクリックすると、これまで行ってきた設定に従いインストールが開始されます。インストールが終了するとウィザード終了の画面に移りますので、[Finish]をクリックしてインストーラを終了します。

Hinemosエージェントの起動

Hinemosエージェントをインストールする際に、HinemosエージェントのWindowsサービス登録と起動を自動で行う設定を選択したので、別途起動する必要はありません。

Windowsのサービス一覧でHinemosエージェントが起動しているかどうかを確認できます。

[スタート]→[Windows管理ツール]→[サービス]をクリックして[サービス]を表示します。サービスの一覧の中にある[Hinemos_7.0_Agent]サービスが[実行中]の状態であれば、Hinemosエージェントは起動しています(**図2.31**)。

図2.31 Hinemosエージェントの起動確認

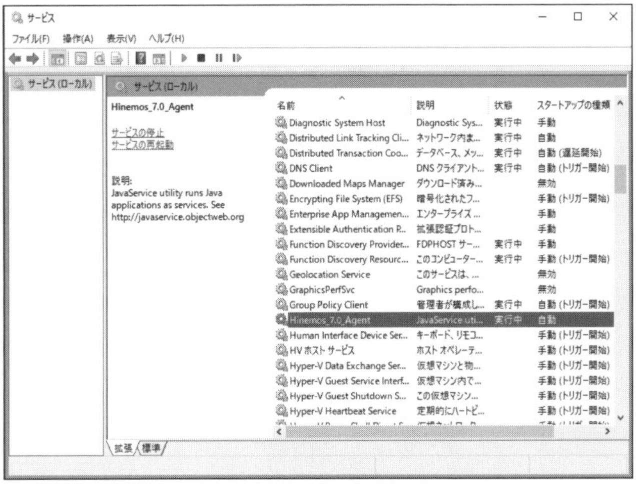

2.3 管理対象を設定（リポジトリ機能）

本節では、Hinemosの根幹となるリポジトリ機能を使用して、管理対象の設定を行います。

Hinemosを初めて使用する人がHinemosクライアントからHinemosマネージャに接続し、一番最初に行う作業は管理対象を「ノード」として「リポジトリ」に登録することです。本書では、ホスト名Client（Windows PC）を除くManager（Linuxサーバ）、LinuxAgent（Linuxサーバ）、WindowsAgent（Windowsサーバ）の3台を「ノード」として登録します。そしてスコープを作成し、登録したノードをそのスコープに割り当てます。

2.3.1 リポジトリ機能の概要

リポジトリ機能では「システム構成」と「マシン構成の管理」（構成情報管理）が行えます。「システム構成」の管理ではHinemosで管理するシステムのネットワーク構成やサーバの役割（WebサーバやAPサーバなど）の論理構成、物理的な構成などを管理できます。「マシン構成」の管理では個々のサーバのOSやインストールされたパッケージなどのソフトウェア、サーバに接続されたDISKやNICなどハードウェアを管理できます。

Hinemosではサーバ機器やネットワーク装置などの1つ1つの管理対象を「ノード」と呼びます。「ノード」は、用途、OS、プロダクト、システム、などといったカテゴリで自由にグループ化でき、このグループを「スコープ」と呼びます。Hinemosはこの「ノード」と「スコープ」を「リポジトリ」に登録し、ジョブの実行対象として各種機能から選択できます。

2.3.2 管理対象の登録（ノード）

リポジトリの管理は［リポジトリ］パースペクティブで行います。メニューバーの［パースペクティブ］→［リポジトリ］をクリックし、［リポジトリ］パースペクティブを表示します。［リポジトリ［ノード］］ビューの［作成］アクションより、リポジトリに「ノード」を登録してみます。

［リポジトリ［ノード］］ビューの［作成］ボタンをクリックします(**図2.32**)。

図2.32　［リポジトリ］パースペクティブと［リポジトリ［ノード］］ビューの［作成］ボタン

［作成］ボタンをクリックすると、［リポジトリ［ノードの作成・変更］］ダイアログが表示されますので、このダイアログに必要な情報(ノードプロパティに該当)を入力して［登録］ボタンをクリックするとノードがリポジトリに登録されます。

この［リポジトリ［ノードの作成・変更］］ダイアログの中で入力が必須となるノードプロパティは次のとおりです。必須入力項目はピンクのセルで表現されます。

- **ファシリティID**
- **ファシリティ名**
- **プラットフォーム**
- **IPアドレス**
- **ノード名**

ノードプロパティは手動入力以外にデバイスサーチを利用して自動入力が可能です。デバイスサーチを利用して、まずは、Hinemosマネージャ自身であるLinuxサーバを登録してみます。

［リポジトリ［ノードの作成・変更］］ダイアログの上部の［デバイスサーチ］と表示された枠の中の次の4つの項目を入力して［Search］ボタンをクリックしてください(**図2.33**、**表2.6**)。

図2.33　［リポジトリ［ノード作成・変更］］ダイアログでデバイスサーチ

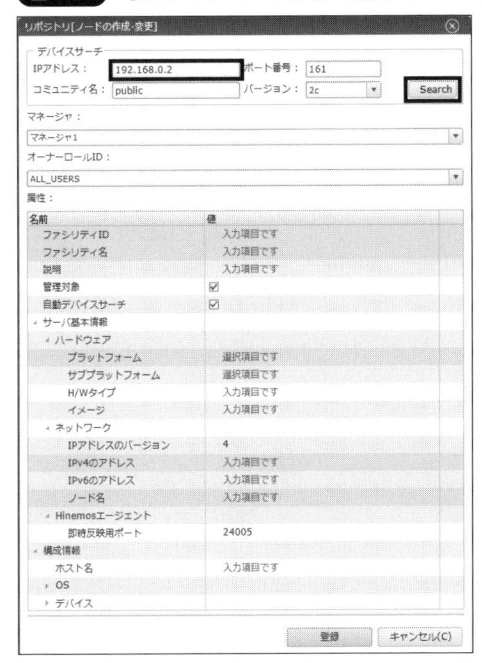

表2.6　Managerの登録

項目名	値
IPアドレス	192.168.0.2
ポート番号	161
コミュニティ名	public
バージョン	2c

すると、SNMPで取得可能なノードプロパティが自動で入力され、ファシリティIDとファシリティ名にはサーバのホスト名と同じ「Manager」が自動入力されます（**図2.34**）。

図2.34　[リポジトリ［ノードの作成・変更］] ダイアログでノード登録

最後に、[登録]ボタンをクリックすればノードの登録が完了します。

同様に、LinuxAgentとWindowsAgentも上記の表のIPアドレスの部分だけを変更し、デバイスサーチを利用してノードを登録してみてください。3台ともノード登録が終わると、**図2.35**のように[リポジトリ[ノード]]ビューに3台のノードが一覧で表示されます。

図2.35　[リポジトリ] パースペクティブ（ノード登録直後）

マネージャ	ファシリティID	ファシリティ名	プラットフォーム	IPアドレス	説明	オーナーロールID
マネージャ1	LinuxAgent	LinuxAgent	LINUX	192.168.0.3	Auto detect at Tue Nov 22 10:...	ALL_USERS
マネージャ1	Manager	Manager	LINUX	192.168.0.2	Auto detect at Tue Nov 22 10:...	ALL_USERS
マネージャ1	WindowsAgent	WindowsAgent	WINDOWS	192.168.0.4	Auto detect at Tue Nov 22 10:...	ALL_USERS

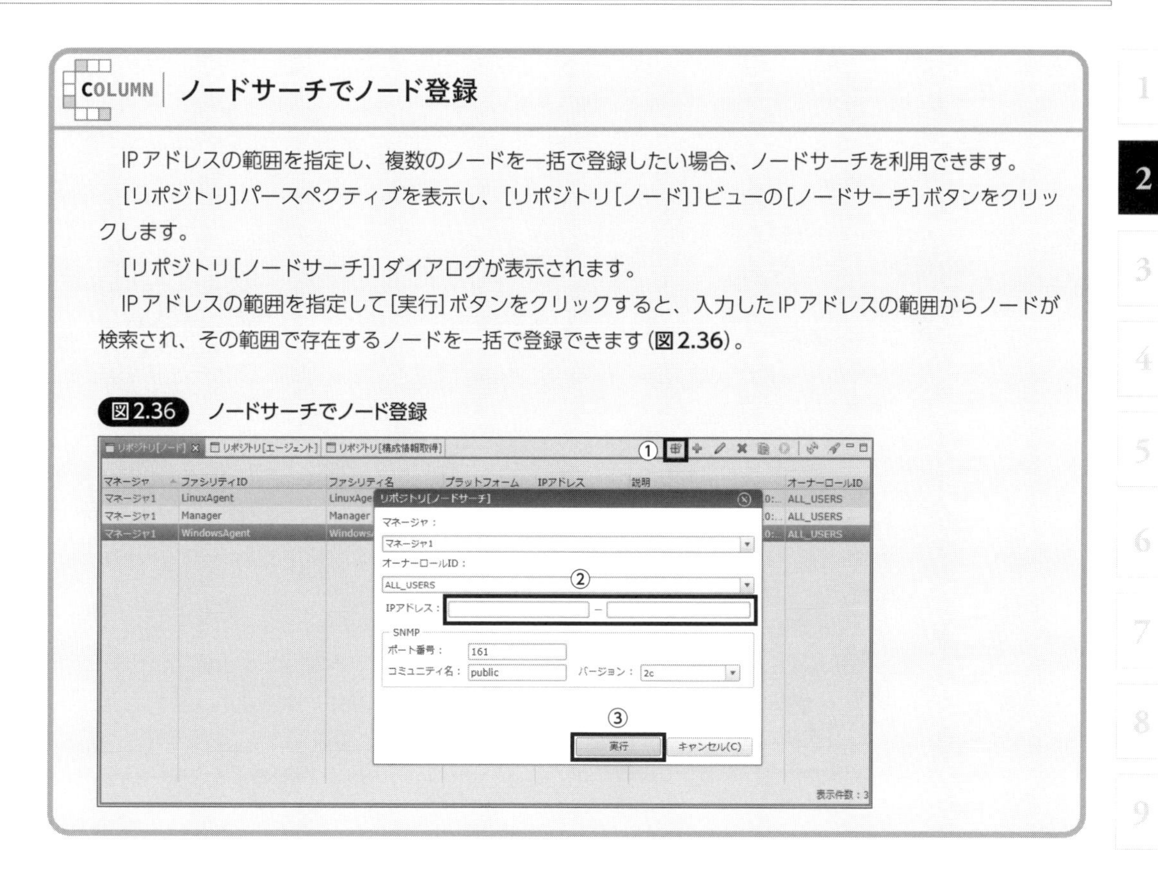

COLUMN ノードサーチでノード登録

IPアドレスの範囲を指定し、複数のノードを一括で登録したい場合、ノードサーチを利用できます。

[リポジトリ]パースペクティブを表示し、[リポジトリ[ノード]]ビューの[ノードサーチ]ボタンをクリックします。

[リポジトリ[ノードサーチ]]ダイアログが表示されます。

IPアドレスの範囲を指定して[実行]ボタンをクリックすると、入力したIPアドレスの範囲からノードが検索され、その範囲で存在するノードを一括で登録できます（**図2.36**）。

図2.36 ノードサーチでノード登録

識別されているエージェントの確認方法

Hinemosエージェントをインストールしたノードが Hinemosのリポジトリにノードとして登録されていれば、そのノードはエージェントとして識別されます。今回はManager、LinuxAgent、WindowsAgentの3台すべてにHinemosエージェントがインストールされているので、これらのノードはエージェントとして識別されます。

[リポジトリ]パースペクティブの[リポジトリ[エージェント]]ビューでエージェントが識別されているかを確認できます。識別されている場合は一覧に対象のノードが表示されます（**図2.37**）。

図2.37 [リポジトリ [エージェント]] ビュー

マネージャ	ファシリティID	ファシリティ名	起動時刻	最終接続時刻	ジョブ多重度	アップデート
マネージャ1	Manager	Manager	2022/11/18 12:5...	2022/11/22 12:42...	run=0,wait=0	済
マネージャ1	LinuxAgent	LinuxAgent	2022/11/08 18:4...	2022/11/22 12:42...	run=0,wait=0	済
マネージャ1	WindowsAgent	WindowsAgent	2022/11/08 18:4...	2022/11/22 12:42...	run=0,wait=0	済

表示件数：3

エージェントが識別されない場合

ここでは、よくあるエージェントが識別されない例について紹介します。

- **エージェントのサービスが起動していない**

  Linux環境の場合はhinemos_agentが起動しているか（"service hinemos_agent status"コマンド）を確認してください。

  Windows環境の場合はHinemos_7.0_Agentが起動しているか（[コントロールパネル]→[管理ツール]→[サービス]のサービス一覧の[状態]）を確認してください。

- **エージェントの設定で接続先マネージャのIPアドレスが誤っている**

  Agent.properties の "managerAddress=http://xxx.xxx.xxx.xxx:8081/HinemosWeb/" の xxx.xxx.xxx.xxx部分がマネージャのIPアドレスと同じになっていることを確認してください。

  Agent.propertiesは次のパスに存在します。

  - **Linux環境の場合：/opt/hinemos_agent/conf/Agent.properties**
  - **Windows環境の場合：C:\Program Files (x86)\Hinemos\Agent7.0.x\conf\Agent.properties またはC:\Program Files\Hinemos\Agent7.0.x\conf\Agent.properties**

- **ノードプロパティのIPアドレスとホスト名の組み合わせと、ノードに設定されているIPアドレスとホスト名の組み合わせが異なっている**

  Hinemosではノードの IPアドレスとホスト名の組み合わせでエージェントが識別されるので、[リポジトリ[ノード]]パースペクティブの[リポジトリ[プロパティ]]ビューで次のことを確認してください。

  - **サーバ基本情報－ネットワーク－IPv4のアドレス：該当のノードのIPv4アドレスと一致しているか**
  - **サーバ基本情報－ネットワーク－ホスト名：該当のノードのホスト名と一致しているか**

  ※ノードのホスト名はLinux、Windows共に「hostname」コマンドで確認してください。

2.3.3 管理対象のグループ化（スコープ）

今回は**図2.38**に示すようなスコープを設定していきます。

図2.38 登録するスコープ構成

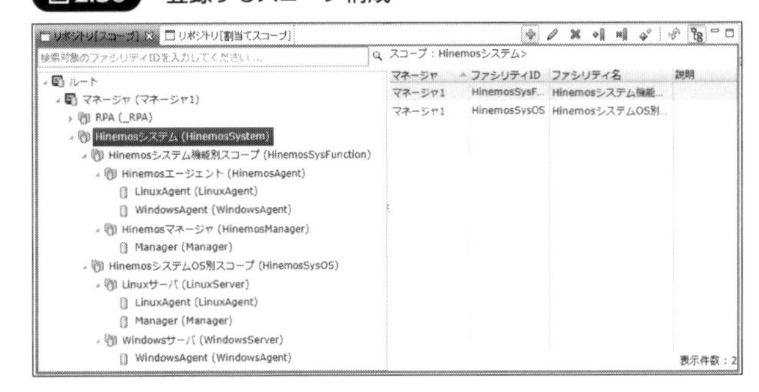

具体的には、今回の環境を次の構成で表現します。

- 「Hinemosシステム」として、スコープを作成
- Hinemosシステムを OS別、機能別としてカテゴリ分けするため、「Hinemosシステム OS別スコープ」「Hinemosシステム機能別スコープ」を作成
- Hinemosシステム OS別スコープを「Linuxサーバ」「Windowsサーバ」にカテゴリ分けし、該当するノードを割り当てる
- Hinemosシステム機能別スコープを「Hinemosマネージャ」「Hinemosエージェント」にカテゴリ分けし、該当するノードを割り当てる

スコープの作成

スコープの作成は[リポジトリ[スコープ]]ビューで行います。まず、作成するスコープの親となるスコープをスコープツリーから選択し、その後、作成するスコープの情報を入力します。例えると、Windowsでのフォルダ作成のイメージです。スコープの配下にさらにスコープを作成でき、階層構造を作ることができます。なお、インストール直後から存在する組み込みスコープの配下にはスコープの作成は行えません。そのため、ここではスコープツリーの「マネージャ」直下にスコープを作成していくことになります（**図2.39**）。

図2.39　[リポジトリ［スコープ］］ビュー（インストール直後の状態）

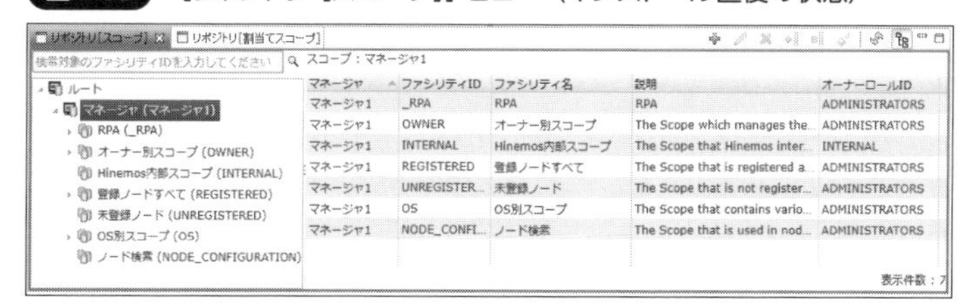

まず、[リポジトリ[スコープ]]ビューの「マネージャ1」をクリックしてください。[作成]ボタンがクリック可能になります。[作成]ボタンをクリックすると、[リポジトリ[スコープの作成・変更]]ダイアログが表示されます（**図2.40**）。

図2.40　[リポジトリ［スコープの作成・変更］］ダイアログ

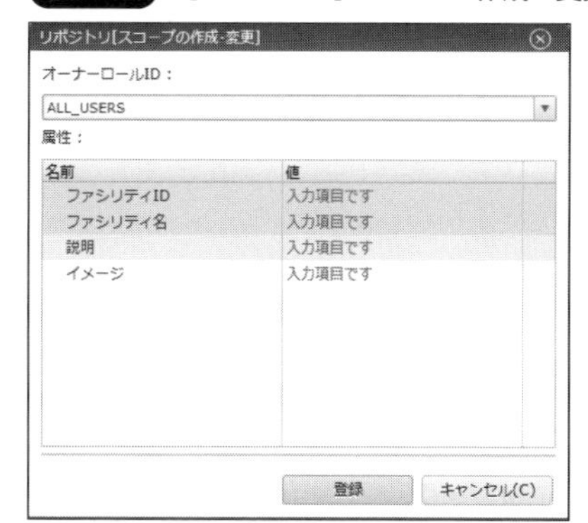

［リポジトリ［スコープの作成・変更］］ダイアログの必須入力項目はファシリティIDとファシリティ名だけです。**表2.7**の内容を入力して［登録］ボタンをクリックすると、スコープの作成が完了します。

表2.7 HinemosSystemスコープの登録

親スコープ	「マネージャ1」（ルートスコープ）
ファシリティID	HinemosSystem
ファシリティ名	Hinemosシステム

同様に、**表2.8**の6つのスコープを順に作成してください。

表2.8 登録するスコープ

親スコープ	ファシリティID	ファシリティ名
HinemosSystem	HinemosSysOS	HinemosシステムOS別スコープ
HinemosSystem	HinemosSysFunction	Hinemosシステム機能別スコープ
HinemosSysOS	LinuxServer	Linuxサーバ
HinemosSysOS	WindowsServer	Windowsサーバ
HinemosSysFunction	HinemosManager	Hinemosマネージャ
HinemosSysFunction	HinemosAgent	Hinemosエージェント

スコープへのノードの割り当て

スコープへのノードの割り当ても、スコープの作成と同じく、［リポジトリ［スコープ］］ビューで行います。最初にノードを割り当てたいスコープを1つ選択します。ここでは、「LinuxServer」スコープを選択してください（**図2.41**）。

図2.41 ［リポジトリ［スコープ］］ビューの［割当て］ボタン

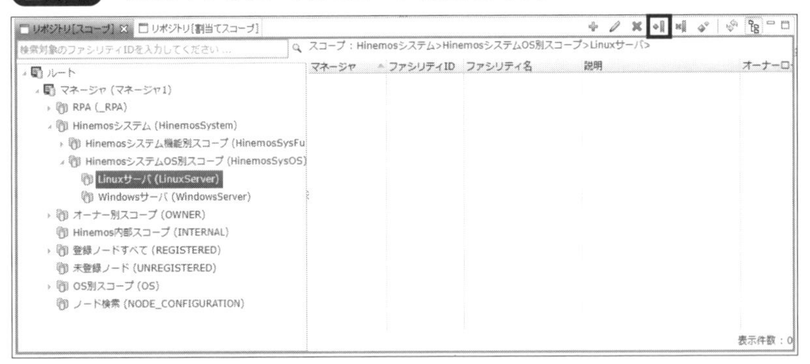

「LinuxServer」スコープを選択した状態で［割当て］ボタンをクリックすると、［リポジトリ［ノードの選択］］ダイアログが表示されます。このダイアログには、割り当てが可能なノード一覧が表示されます（**図2.42**）。

図2.42 ［リポジトリ［ノードの選択］］ダイアログ

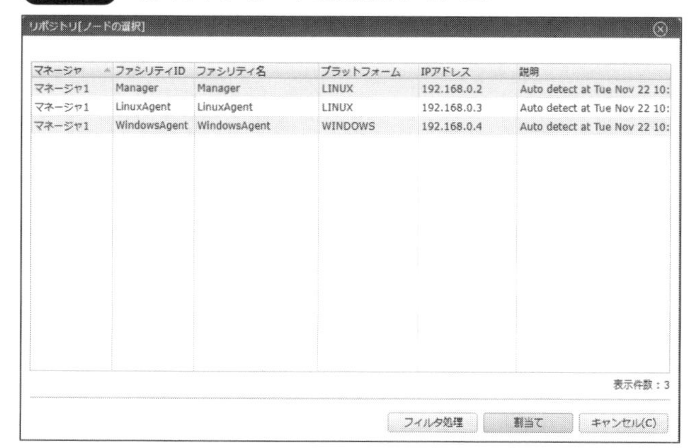

キーボードのCtrlキーを押しながら、Manager、LinuxAgentを選択して［割当て］ボタンをクリックすると、割り当てが完了します（**表2.9**）。

表2.9 LinuxServerスコープへのノード割り当て

親スコープ	LinuxServer
割り当てるノード	Manager、LinuxAgent

同様に**表2.10**に従って、他のスコープにもノードを割り当ててみます。

表2.10 スコープに割り当てるノードの一覧

親スコープ	割り当てるノード
WindowsServer	WindowsAgent
HinemosManager	Manager
HinemosAgent	LinuxAgent、WindowsAgent

2.4 通知の設定（通知機能）

本節では、通知機能を使用してジョブ用の通知を設定します。

2.4.1 通知機能の概要

通知機能とは「システムの正常性や障害をユーザに知らせる機能」または「対処を自動化する機能」のことです。単体で動作する機能ではなく、監視、ジョブなどの各種機能から実行される機能となります。

Hinemosではさまざまな手段で監視結果やジョブの実行結果などを通知する機能を備えています。**表2.11**に示す10種類の通知の手段が用意されています。

表2.11　通知の種類

通知の種類	機能
イベント通知	Hinemosクライアントの［監視履歴］パースペクティブの［監視履歴［イベント］］ビューに監視結果やジョブの実行結果をイベントとして時系列順に表示する
ステータス通知	Hinemosクライアントの［監視履歴］パースペクティブの［監視履歴［ステータス］］ビューに監視結果やジョブの実行結果の最新状態を表示する
メール通知	指定したメールアドレスに監視結果やジョブの実行結果をメールで送信する
ログエスカレーション通知	指定したsyslogサーバへ監視結果やジョブの実行結果をsyslog形式で送信する
コマンド通知	監視結果やジョブの実行結果を契機にHinemosマネージャ上で指定したコマンドを実行する。警告灯の点灯などに使用可能
ジョブ通知	監視結果を契機に指定したジョブを実行する。あらかじめジョブの作成が必要
環境構築通知	監視結果やジョブの実行結果を契機に指定した環境構築設定を実行する。あらかじめ環境構築設定の作成が必要
クラウド通知	監視結果やジョブの実行結果をAmazon EventBridge、Azure Event Gridに連携する
REST通知	監視結果やジョブの実行結果をRESTAPIの実行をもって通知する
メッセージ通知	監視結果やジョブの実行結果をHinemosメッセージフィルタに連携する

あらかじめ用意された通知を監視項目やジョブに対して割り当てられます。また、1つの監視項目やジョブに複数の通知を割り当てることもできます。

通知機能を使用することで、ジョブの実行結果を外部に連携できます。詳細は第8章を参照してください。

また、ジョブ通知を使用すると監視とジョブを簡単に連携できます。詳細は「6.5　監視連携（ジョブ通知）」を参照してください。

2.4.2　ジョブ用の通知設定

今回はイベント通知を設定します。イベント通知とは、ジョブの実行結果などのイベントを表し、Hinemosクライアントの画面から時系列順に確認できる通知です。

通知の設定は監視設定パースペクティブで行います。メニューバーの［パースペクティブ］→［監視設定］をクリックし、監視設定を表示します。［監視設定［通知］］ビューの右上のアイコンから［作成］ボタンをクリックします（**図2.43**）。

図2.43　通知の作成ボタン

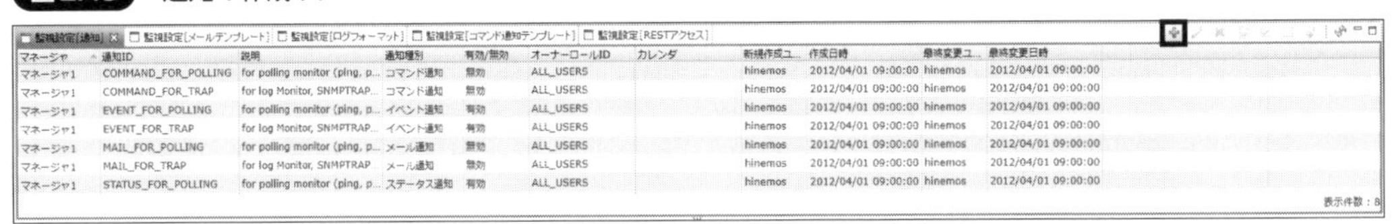

［通知種別］ダイアログから［イベント通知］を選択し、［次へ］をクリックします（**図2.44**）。

図2.44 イベント通知を選択

そして、[通知(イベント)[作成・変更]]ダイアログが表示されます(**図2.45**)。

図2.45 [通知（イベント）[作成・変更]] ダイアログ

[通知(イベント)[作成・変更]]ダイアログでは、入力必須項目は背景色がピンク色で表示されます。次のように入力します(**図2.46**)。

- **通知ID：EVENT_JOB_01**
- **重要度変化後の初回通知(カウント)：同じ重要度の監視結果が1回以上連続した場合に初めて通知する**
- **イベント通知(重要度)：すべてのチェックボックスでチェックを入れる**

図2.46　［通知（イベント）［作成・変更］］ダイアログで入力

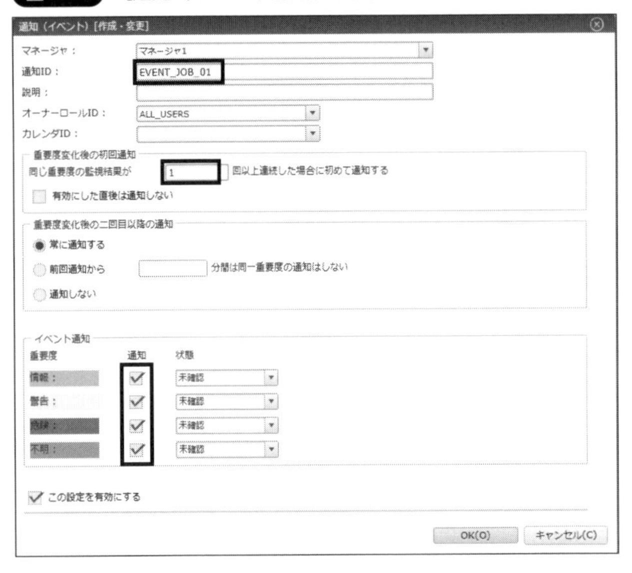

各項目について次のとおりに説明します。

- **通知ID：通知設定を識別するためのIDとして用いられる**
- **重要度変化後の初回通知（カウント）：ジョブの実行結果の重要度が変化した後、カウントで指定された回数と同じ重要度が連続した場合に、初めて通知される**
- **イベント通知（重要度）：チェックボックスにチェックを入れると、ジョブの実行結果の重要度がチェックされた項目だった場合に、［監視履歴［イベント］］ビューで通知される**

入力後、［OK］ボタンをクリックしてください。

以上でイベント通知の登録が完了です。

本章以降は、作成した通知を使用してHinemos Webクライアントの画面上でジョブの結果を［監視履歴［イベント］］ビューで確認できます。確認方法は「4.3.2　実行結果の確認」の「イベント通知の確認」を参照してください。

COLUMN　サーバの異常検知の設定

　ジョブが失敗した際、アプリケーションの問題か、環境の問題かの切り分けが重要となります。そのためには、サーバの死活状態やログ、リソースの監視が必要です。Hinemosはこのような場合に役立つ各種監視機能も備えています。あくまで参考例ですが、**表2.12**のような監視設定を行うことで、サーバのさまざまな異常検知を行うことができます。

表2.12　サーバの監視

監視の種別	Hinemosの監視機能
エージェントの死活状態	エージェント監視
サーバの死活状態	PING監視
OSシステムログ	システムログ監視
アプリケーションのログ	ログファイル監視
サーバのパフォーマンス情報	リソース監視

COLUMN　通知の抑制

　実際に運用を進めていくと、こういったときに通知したい、こういったときは通知したくない、といった制御を行う必要性が出てきます。通知の抑制はジョブではあまり使いませんが、よくある要件としては、次の2つが考えられます。

(1) 本来は対処不要な通知（誤検知・誤通知）を回避するため、異常な状態が連続して検出されたときだけ通知したい

(2) 一度異常状態である通知を受け取った後、その状態から変化がない場合は通知しない。また、正常である通知を受け取った後、状態が異常になるまでは通知しない

　これらを実現する方法として「通知の抑制」機能があります。これは「重要度変化後の初回通知」と「重要度変化後の二回目以降の通知」という2つの設定項目で制御できます。

- **重要度変化後の初回通知**
  重要度が変化した後、同じ重要度が何回連続したら通知するかを指定できます。
- **重要度変化後の二回目以降の通知**
  通知後に同じ重要度の通知が再度発生した場合の通知の取り扱いについて指定できます。
  常に通知する、常に通知しないに加え、一定時間は同じ重要度の通知を再度通知しない設定が可能です。

2.5 ユーザの設定（アカウント機能）

本書では、Hinemosのジョブ機能を試すことを目的としているため、Hinemosを操作するユーザはデフォルトで存在するhinemosユーザを使用することを前提とします。その前提のもと、本節ではHinemosのユーザとロールの概要を理解するため、アカウント機能について読み物として簡単に説明します。実際の運用業務で必要となるアカウントの設計に関しては、「9.3.4　運用業務のアカウント設計」を参照してください。

2.5.1 アカウント機能の概要

アカウント機能はHinemosを操作するユーザとロール（役割）を管理する機能です。アカウント機能を利用することで、ユーザごとに、機能の操作可否、設定の可視・不可視を制御できます。

Hinemosでは、ロールを利用して権限を管理しています。ロールとは役割の意味を表します。ロールの例としては、画面を操作するオペレータロールや、あらゆる権限を持った管理者ロールなどが挙げられます。ロールごとに役割に合ったふさわしい権限を付与して利用します。たとえば、OPERATOR_ROLEというオペレータが使用することを目的としたロールにはジョブの実行結果を閲覧する権限だけを付与したり、ADMIN_ROLEという管理用のロールにはジョブの実行結果を閲覧する権限のほかに設定を登録する権限を付与するといった使い方をします。

Hinemosにおけるユーザは、役割に応じてロールに所属します。たとえば、オペレータの役割のユーザAとユーザBがOPERATOR_ROLEに所属し、管理者の役割のユーザCとユーザDがADMIN_ROLEに所属します。1つのユーザが複数のロールに所属することも可能です。このように、ロールごとに権限を付与し、ユーザごとにロールに所属することで、同じ役割の人は同じ権限を保持することが可能です（**図2.47**）。

図2.47 ユーザとロールと権限

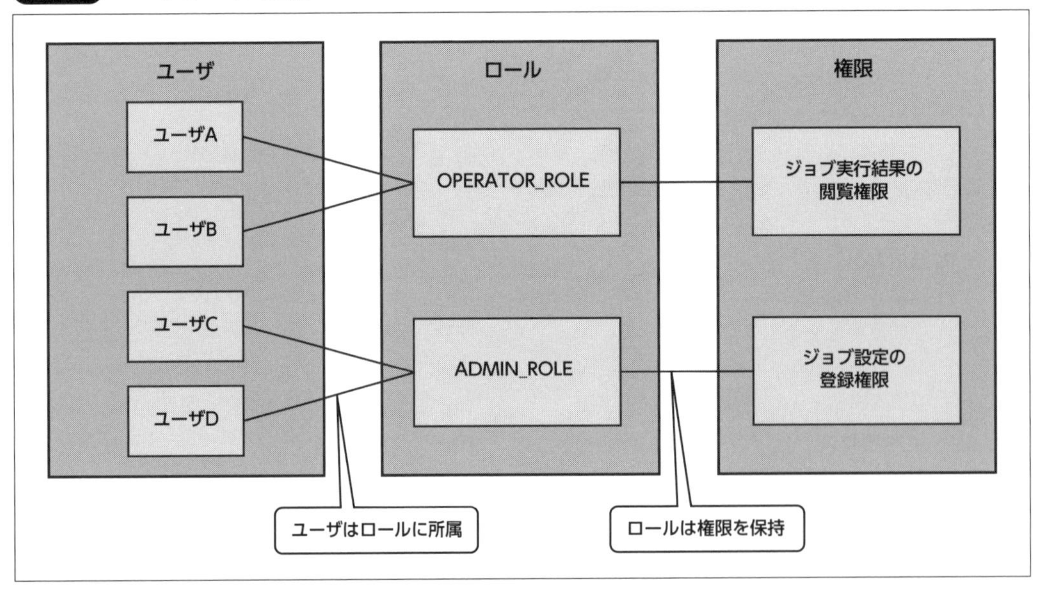

権限には、大きく2種類が存在します。1つは機能ごと（リポジトリ機能や監視設定機能など）の権限であるシステム権限です。もう1つは、設定ごとに存在する権限である、オーナーロールとオブジェクト権限です。

2.5.2 ユーザとロール

ユーザ

ユーザはHinemos上の各機能を操作するために必要なHinemos独自のユーザです。アカウントの設定画面より一覧の参照、作成、変更、削除やパスワード設定が可能です。

Hinemosでは、2種類のユーザが存在します。

- **システムユーザ：Hinemosにあらかじめ登録されているユーザのこと**
- **一般ユーザ：Hinemos利用者が登録するユーザのこと**

ユーザは複数のロールに所属できます。

ロール

ロールは権限を保持する概念であり、ユーザと同様にアカウントの設定画面より一覧の参照、作成、変更、削除が可能です。ユーザがロールに所属することで、初めてユーザはさまざまな権限を保持するようになります。

Hinemosインストール直後では次のようなシステムロールが用意されています。

- ADMINISTRATORS
  管理者用のロールです。このロールに所属する場合、全機能に対して管理者としての特権的な操作が可能です。また、メンテナンス機能やHinemosプロパティの設定といった管理者だけに制限されている機能が操作できます。

- ALL_USERS
  すべてのユーザが自動的に所属するロールです。ユーザが作成されると自動的にALL_USERSロールに所属します。すべてのユーザに対して一律に操作を許可したい、設定を共有したいなどの用途で使用します。

- INTERNAL
  Hinemosの内部エラーやセルフチェック機能で出力されるINTERNALイベントのオーナーロールとなるロールです。Hinemosマネージャ自体の運用をするユーザが所属するロールです。

Hinemosの利用者が登録する一般ロールも存在します。ユーザ、ロール、権限の設定については「9.3.4　運用業務のアカウント設計」を参照してください。

2.5.3 hinemosユーザ

Hinemosインストール直後では「hinemos」というシステムユーザが利用可能です。

「2.2.2　Hinemos Webクライアントのインストール」にてHinemosマネージャの起動後、最初にHinemosクライアントからログインしたユーザです。hinemosユーザはすべての権限を持っており、どのような操作や設定でも行えます。

hinemosユーザのパスワード変更

hinemosユーザのパスワードを変更していきます。

メニューバーの[パースペクティブ]→[アカウント]をクリックし、アカウントパースペクティブを表示します。[アカウント[ユーザ]]ビューの一覧からhinemosユーザを選択し[パスワード変更]ボタンをクリックします(**図2.48**)。

図2.48　[アカウント［ユーザ]] ビューの［パスワード変更] ボタン

[パスワード変更]ボタンをクリックすると、[アカウント[パスワード変更]]ダイアログが表示されますので、このダイアログに新しいパスワードを入力して[OK]ボタンをクリックします(**図2.49**)。

図2.49　[アカウント［パスワード変更]] ダイアログ

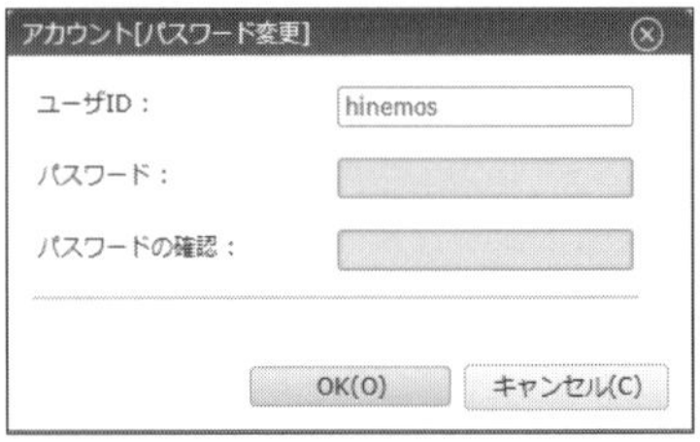

最後に、設定した新しいパスワードで再ログインしてみます。メニューバーの[マネージャ接続]→[接続]をクリックし、[接続[ログイン]]ダイアログを表示します。[接続[ログイン]]ダイアログで[ログアウト]ボタンをクリックします(**図2.50**)。

図2.50　ログアウト

[接続[ログイン]]ダイアログが未接続の状態になるので、設定した新しいパスワードを入力して[ログイン]ボタンをクリックし、ログインできることを確認します。

以上で、hinemosユーザのパスワード変更は完了です。

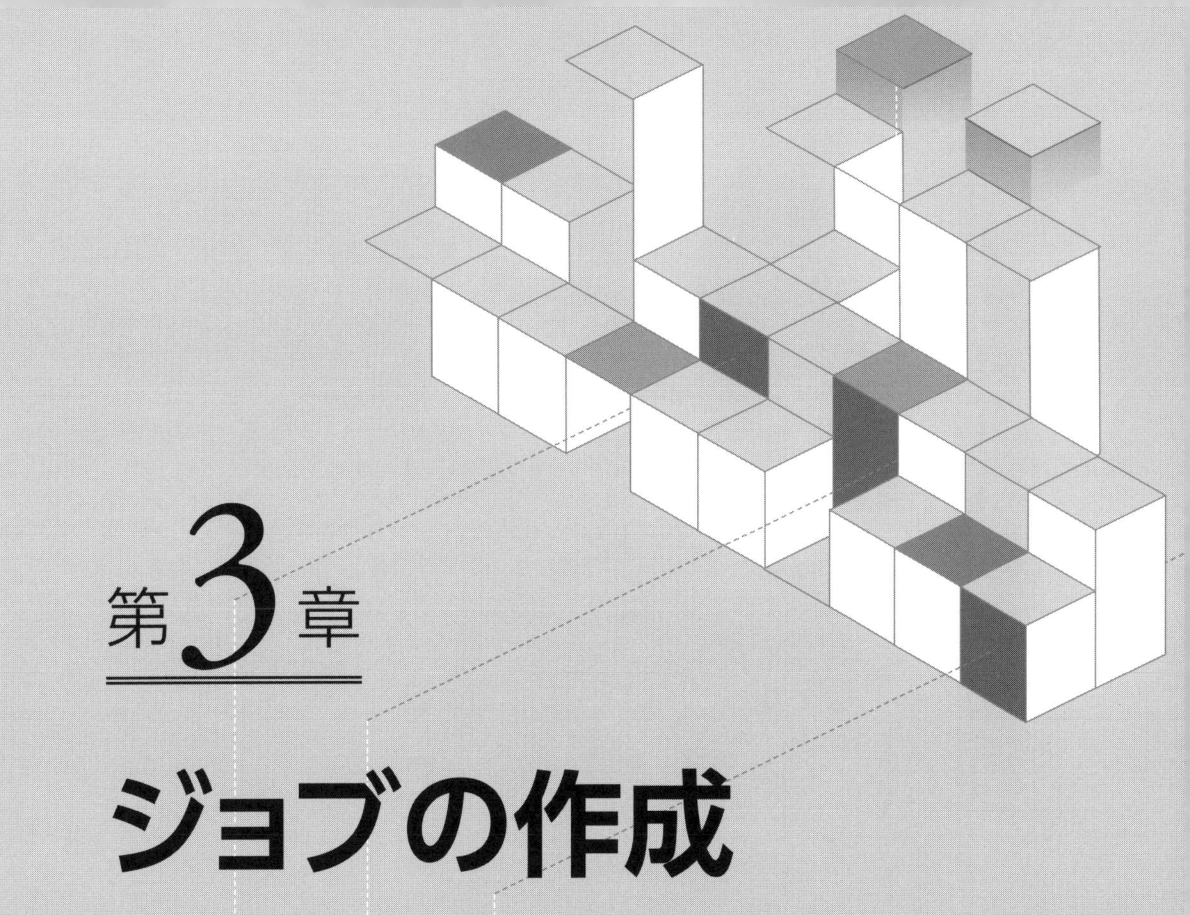

第3章

ジョブの作成

3.1 本章の説明

UNIX系OSのcrondやWindowsのタスクスケジューラは、1つのサーバ上での処理(スクリプト、コマンドなど)の制御を行います。そのため、複数サーバにまたがった処理をさせる場合は、複雑な設定や作り込みが必要です。Hinemosでは、これらの処理を1つの管理画面(Hinemosクライアント)で設定ができます。

本章では、第2章でインストールしたHinemosの環境を使ってジョブ定義を作成します。まず最初に、ジョブ定義の作成にあたり必要となる基礎知識(用語・画面)について解説します。次に、Hinemosジョブマップエディタを使ってジョブ定義を作成し、Hinemosマネージャに登録する方法について解説します。最後に、ジョブ定義の更新や修正を行いたい場合の編集方法を解説します。

本章で作成するジョブ定義は**図3.1**のとおりです。

図3.1 作成するジョブ定義

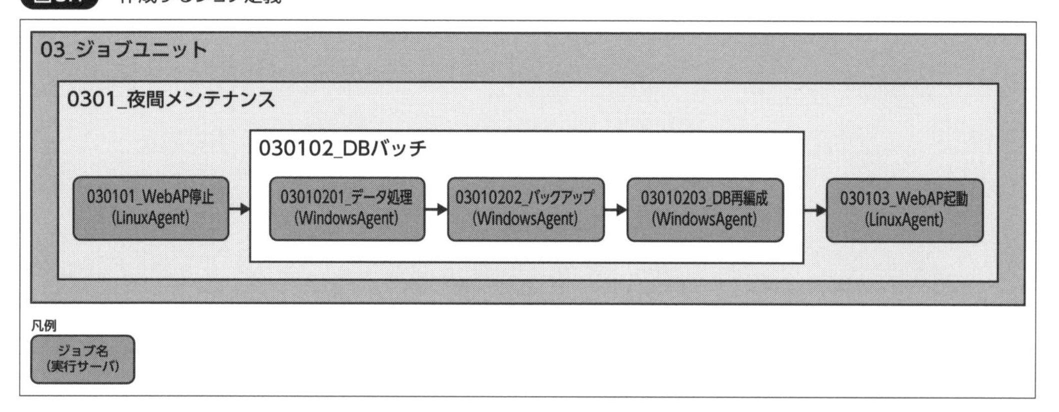

3.2 ジョブ定義の基本知識

本節では、ジョブ定義において必要となる基本知識を解説します。以降の章節を読み進める中で、ジョブ定義に関する用語がわからなくなったら、本節に立ち返って確認してください。

用語

ジョブ定義において重要な用語を解説します。

■ ジョブ定義

Hinemosで自動化する業務処理フローをジョブの設定として定義したものを指します。作成したジョブ定義はHinemosマネージャの内部データベースに登録されます。

■ ジョブユニット

ジョブ定義の最上位要素で、すべてのジョブネットとジョブは、ジョブユニット配下に設定します。ジョブ定義の作成・変更・削除やジョブの閲覧権限の設定はジョブユニット単位で行います。

■ ジョブネット

ジョブやジョブネットをグルーピングする要素です。ジョブネットには、さらに配下に複数のジョブネットを入れ子で設定することが可能です。

■ ジョブ

コマンドやスクリプトを実行するコマンドジョブなどの、ジョブ定義の最小単位です(**図3.2**)。ジョブの種類や各ジョブの詳細は、第7章を参照してください。

図3.2 ジョブ定義の例

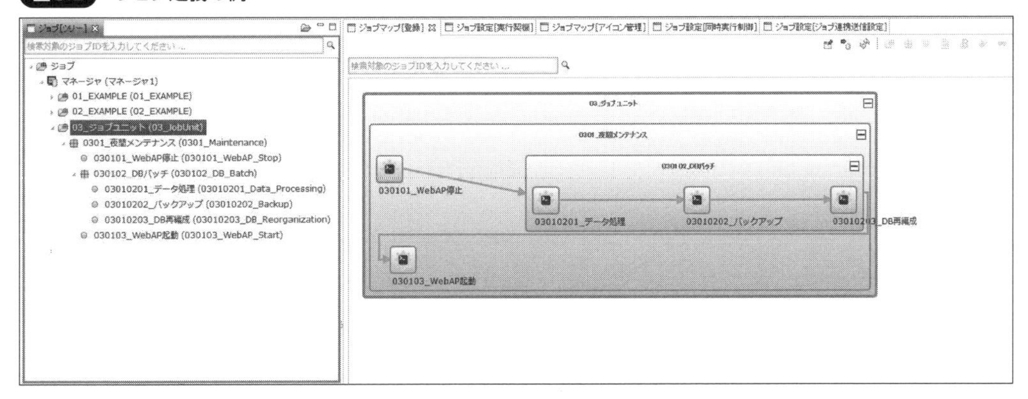

■ ジョブユニットIDとジョブID

ジョブユニットIDはジョブユニットに付与する識別子で、1台のHinemosマネージャ内でユニークとなる必要があります。ジョブIDは、ジョブネットとジョブに付与する識別子で、ジョブユニット内でユニークとなる必要があります。ジョブユニットID、ジョブIDともに任意の文字列を設定できますが、実環境では管理のためIDの設計が必要です。IDの設計については、「9.3.5　ID規約・命名規則化」を参照してください。

TIPS ジョブユニットID、ジョブIDに設定可能な文字列

ジョブユニットID、ジョブIDに設定可能な文字列は次のとおりです。

- 最大文字数：64文字
- 入力可能文字：半角英数字および記号「-」「_」「.」「@」

■ 終了状態と終了値

ジョブは実行が終了すると終了状態と終了値を決定します。終了状態は、正常、警告、異常からなり、その名のとおりジョブの終了状態を表します。終了値は終了状態によって決まる値で、終了状態ごとに任意の終了値を設定できます。終了状態や終了値は、後続ジョブの実行判断に使用することが可能で、たとえばジョブの終了状態が正常なら後続ジョブを実行するといった設定を行うことができます。終了状態、終了値がどのように決まるかについては、次のコラム「ジョブとジョブネットの終了状態、終了値決定の流れ」を参照してください。

COLUMN ジョブとジョブネットの終了状態、終了値決定の流れ

ジョブとジョブネットの終了状態と終了値がどのように決定されるかを説明します。ここでは代表的なものとしてコマンドジョブとジョブネットの終了状態、終了値決定の流れについて説明しますが、その他ジョブについては、「Hinemos ver.7.0 基本機能 マニュアル 7.1.3.10 終了状態と終了値」を参照してください。

■ジョブ（1ノード）の終了状態、終了値決定の流れ

まずは一番シンプルな例として、1ノードでだけジョブが実行されるコマンドジョブの終了値と終了状態が決まる流れを説明します。コマンドジョブではジョブで実行するコマンド（スクリプト）のリターンコードが判定に使用され、リターンコードの範囲に対して終了状態、終了値を指定可能です（**図3.3**）。

図3.3 コマンドジョブの終了値と終了状態決定の流れ

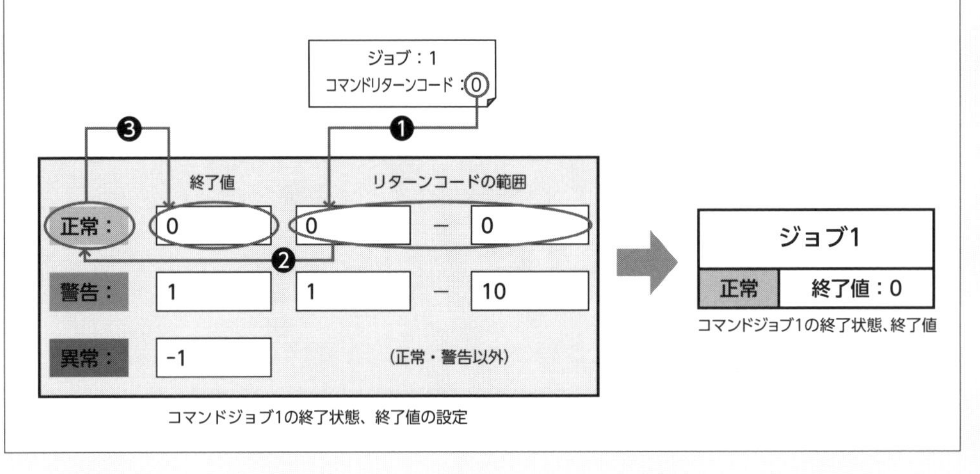

■ジョブ（複数ノード）の終了状態、終了値決定の流れ

次に実行対象にスコープを指定し、複数ノードでジョブを実行するコマンドジョブの場合の流れを説明します。基本的な流れは1ノードの場合と同じですが、複数のノードでコマンドを実行するジョブの場合、コマンドのリターンコードが複数となります。そのため、複数ノードの場合すべてのリターンコードに対して判定を行った中で、最も終了状態の重要度が高い終了値が採用されます。終了状態の重要度は異常が最も高く、正常が最も低い重要度となります。

スコープに対してジョブを実行した場合の終了状態、終了値決定の流れは次のとおりです。

1. ジョブで指定したコマンド（スクリプト）のリターンコードが複数決まる
2. 複数のリターンコードから、リターンコードの範囲に従って、終了状態が決まり、最も重要度の高い終了状態が採用される

1
2
3
4
5
6
7
8
9

3. 終了状態に対応する終了値がジョブの終了値として採用される

1ノードの場合とは、処理2が異なっていることがわかると思います。

■ ジョブネットの終了状態、終了値決定の流れ

ジョブネットの場合は、ジョブと異なりコマンド(スクリプト)を実行しません。そのため、終了状態、終了値決定の判定に使われる値は、コマンドのリターンコードではなく、ジョブネットに含まれるジョブの終了値です。また、ここで重要な点として、ジョブネットに含まれるすべてのジョブの終了値ではなく、後続ジョブが存在しないジョブの終了値だけがジョブネットの終了状態、終了値決定の判定に利用されます。**図3.4**の場合は、ジョブネットの終了判定に利用されるジョブはジョブ3とジョブ5だけとなります。

図3.4　後続ジョブが存在しないジョブ

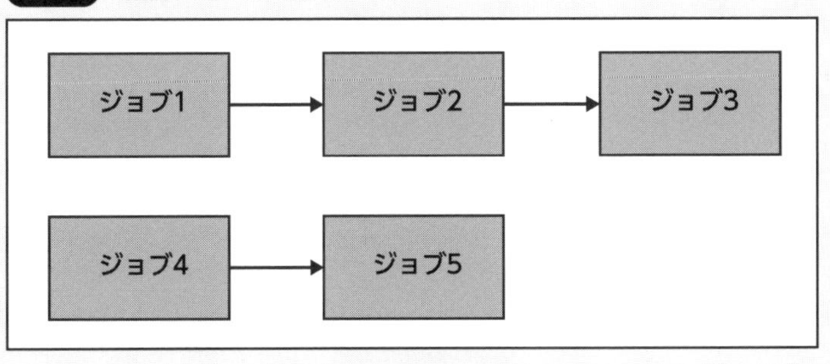

後続ジョブが存在しないジョブが複数存在する場合は、ジョブの終了値が複数となりますが、その中で、最も重要度が高い終了値が採用されます。

ジョブネットの終了状態、終了値決定の流れは次のとおりです。

1. ジョブネットに含まれるジョブやジョブネットなどの終了値が決まる
2. 複数の終了値から、後続ジョブが存在しないものだけを抽出する
3. 終了値の範囲に従って、終了状態が決まり、最も重要度の高い終了状態が採用される
4. 終了状態に対応する終了値がジョブの終了値として採用される

■ ジョブの制御

ジョブ・ジョブネットにはジョブを実行する条件である「待ち条件」や、一時的にジョブの実行を止めたい場合に設定可能な「保留・スキップ」、ジョブの開始・実行に遅延が生じた場合の制御を設定可能な「開始遅延・終了遅延」などさまざまな制御がジョブ・ジョブネットごとに設定可能です。

ジョブの制御については、第5章を参照してください。

画面

ジョブ定義において使用するHinemosクライアントの画面を説明します。Hinemosのジョブ機能の画面はクラシカルな表形式と、Hinemosジョブマップ(Hinemosジョブマップエディタ、Hinemosジョブマップビューア)の2種類があります。本書では、全体を通してHinemosジョブマップを前提に解説します。

■ [ジョブマップエディタ] パースペクティブ

ジョブ定義をグラフィカルな画面で作成・編集可能なHinemosクライアントの画面であり、次のようなビューから構成されます(**表3.1**、**図3.5**)。

表3.1 [ジョブマップエディタ] パースペクティブのビュー一覧

ビュー名	用途
[ジョブ [ツリー]] ビュー	登録済みのジョブ定義をツリー形式で表示する
[ジョブマップ [登録]] ビュー	ジョブ定義をグラフィカルに表示する。[ジョブ [ツリー]] ビューでジョブ定義をダブルクリックすると本ビューにジョブ定義が表示される。ジョブの作成・変更などが行える
[ジョブ設定 [実行契機]] ビュー	実行契機の一覧を表示する。実行契機の作成・変更などが行える
[ジョブマップ [アイコン管理]] ビュー	ジョブマップで使用するアイコンの一覧を表示する。アイコンの作成・変更などが行える
[ジョブ設定 [同時実行制御]] ビュー	同時実行制御キューの一覧を表示する。同時実行制御キューの作成・変更などが行える
[ジョブ設定 [ジョブ連携送信設定]] ビュー	ジョブ連携送信設定の一覧を表示する。ジョブ連携送信設定の作成・変更などが行える
[ジョブ [モジュール]] ビュー	モジュール登録したジョブの一覧をツリー形式で表示する

図3.5 [ジョブマップエディタ] パースペクティブ

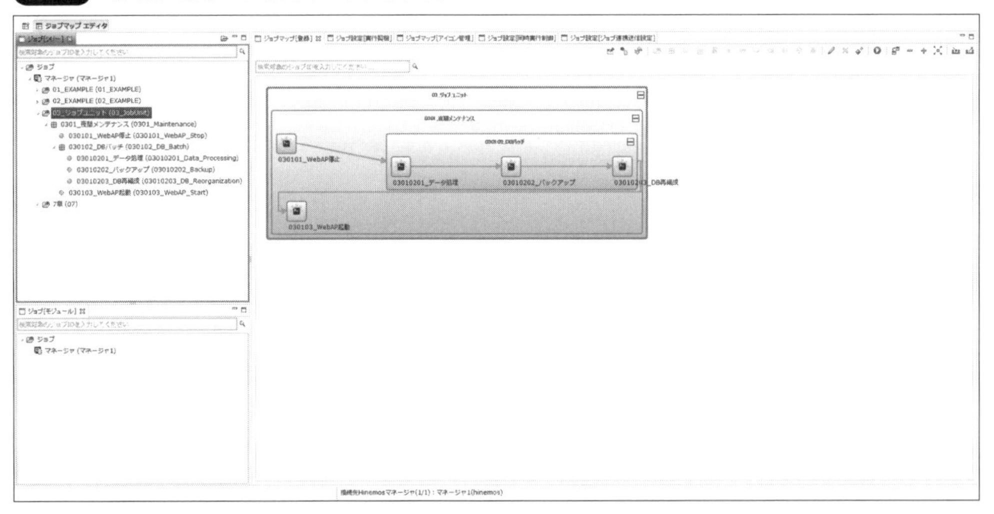

COLUMN Hinemos ジョブマップの表示方法の変更

Hinemosジョブマップでは、次のように表示を変更できます。

■ジョブネットの表示方法を変更する

ジョブネットは折りたたむことができ、対象のジョブネット配下のジョブを表示しないようにできます。これにより、同一階層のジョブだけを表示することが可能です(**図3.6**、**図3.7**)。

図3.6 ジョブネットの折りたたみ前

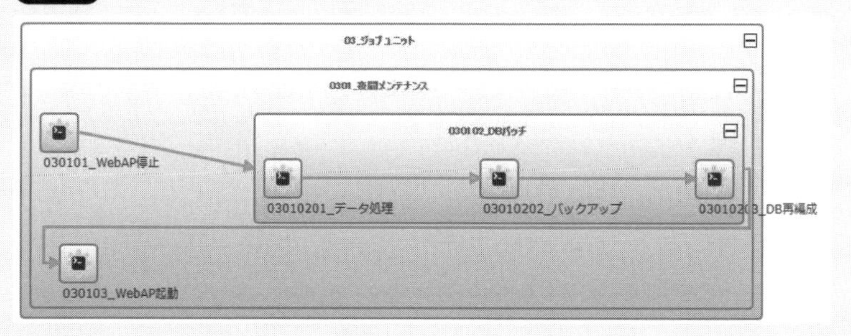

図3.7 ジョブネットの折りたたみ後

■Hinemos ジョブマップのXY軸を変更する

デフォルトの状態の場合、ジョブは左から右へ遷移します。XY軸を変更することで、上から下へ遷移するように表示を切り替えられます(**図3.8**)。

図3.8 XY軸の変更後のジョブ

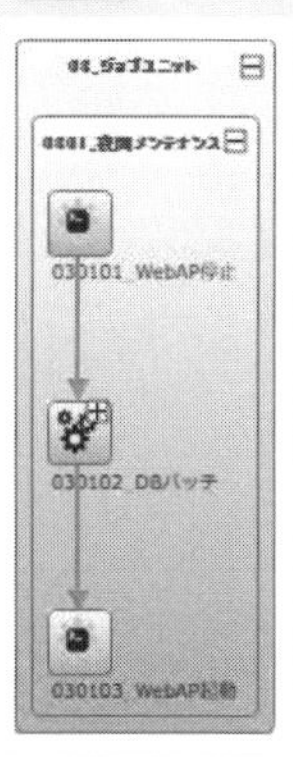

■ **Hinemos ジョブマップの表示を拡大／縮小する**

マップを縮小することで、ジョブの数が多くてもジョブの全体を見ることができます。反対にマップを拡大することも可能です。

■ **Hinemos ジョブマップの表示を自動調整する**

ウィンドウサイズに合わせて、Hinemosジョブマップの縮尺を自動調整できます。

■ **ジョブ ID またはジョブ名で表示する**

デフォルトでは、Hinemosジョブマップはジョブ IDが表示されますが、ジョブ名への切り替えも可能です。Hinemosクライアントのメニューで[クライアント設定]を選択し、エンタープライズオプションのHinemosジョブマップをクリックすると、Hinemosジョブマップに関する設定画面が表示されます。[ラベル表示]の項目でジョブIDまたはジョブ名を選択します(**図3.9**)。

図3.9　クライアント設定画面

第3章、第4章では[ラベル表示]をジョブ名に切り替えることを前提としています。

3.3 ジョブ定義の作成

本節では、基本的なジョブ定義の作成方法を紹介します。

作成するジョブ定義は、**表3.2**を参照してください。全部のジョブ定義が完成すると、**図3.1**のような構成となります。

表3.2　作成するジョブ一覧

項番	ジョブ種別	ジョブ名	ジョブID	親ジョブ（ジョブ名）	実行対象サーバ（ファシリティID）	実行コマンド	待ち条件設定対象	起動タイミング
1	ジョブユニット	03_ジョブユニット	03_JobUnit					
2	ジョブネット	0301_夜間メンテナンス	0301_Maintenance	03_ジョブユニット				
3	コマンドジョブ	030101_WebAP停止	030101_WebAP_Stop	0301_夜間メンテナンス	LinuxAgent	sleep 30		
4	ジョブネット	030102_DBバッチ	030102_DB_Batch	0301_夜間メンテナンス			○	コマンドジョブ「030101_WebAP停止」が正常終了したら起動する
5	コマンドジョブ	03010201_データ処理	03010201_Data_Processing	030102_DBバッチ	WindowsAgent	powershell.exe "Start-Sleep 30"		
6	コマンドジョブ	03010202_バックアップ	03010202_Backup	030102_DBバッチ	WindowsAgent	powershell.exe "Start-Sleep 60"	○	コマンドジョブ「03010201_データ処理」が正常終了したら起動する
7	コマンドジョブ	03010203_DB再編成	03010203_DB_Reorganization	030102_DBバッチ	WindowsAgent	powershell.exe "Start-Sleep 30"	○	コマンドジョブ「03010202_バックアップ」が正常終了したら起動する
8	コマンドジョブ	030103_WebAP起動	030103_WebAP_Start	0301_夜間メンテナンス	LinuxAgent	sleep 30	○	ジョブネット「030102_DBバッチ」が正常終了したら起動する

作成の進め方

まず初めに、すべてのジョブ・ジョブネットはジョブユニット配下に作成する必要があるため、ジョブユニットの作成から始めます。ジョブユニットの作成方法は、「3.3.1　ジョブユニットの作成」を参照してください。ジョブユニット作成後は、**表3.2**の項番の順で作成を進めていきます。ジョブ定義の作成方法は、ジョブユニット、ジョブネット、コマンドジョブごとにまとまっています。そのため、たとえば、項番2の「ジョブネット」であれば、「3.3.2　ジョブネットの作成」に作成手順があります。最後に、すべてのジョブ定義の作成が完了したら、待ち条件の設定を行います。待ち条件の設定方法は、「3.3.4　待ち条件の設定」を参照してください。

3.3.1　ジョブユニットの作成

本項では、ジョブ定義の最上位要素であるジョブユニットを作成します。

手順（1）

Hinemosクライアントを起動して、[ジョブマップエディタ]パースペクティブを開きます。

手順（2）

［ジョブ［ツリー］］ビューのジョブツリーから［マネージャ］を選択し、［ジョブマップ［登録］］ビューの［ジョブユニットの作成］ボタンをクリックします。ジョブ定義の編集は［ジョブ［ツリー］］ビューと［ジョブマップ［登録］］ビューで実施できますが、ジョブユニットの作成は［ジョブ［ツリー］］ビューでだけ実施できます（**図3.10**）。

図3.10　ジョブユニットの作成

手順（3）

［ジョブ［ジョブユニットの作成・変更］］ダイアログが表示され、「ジョブID」と「ジョブ名」を入力して、［OK］ボタンをクリックします（**図3.11**）。対象のジョブIDとジョブ名は、**表3.2**を参照してください。

図3.11　ジョブユニットのジョブIDとジョブ名

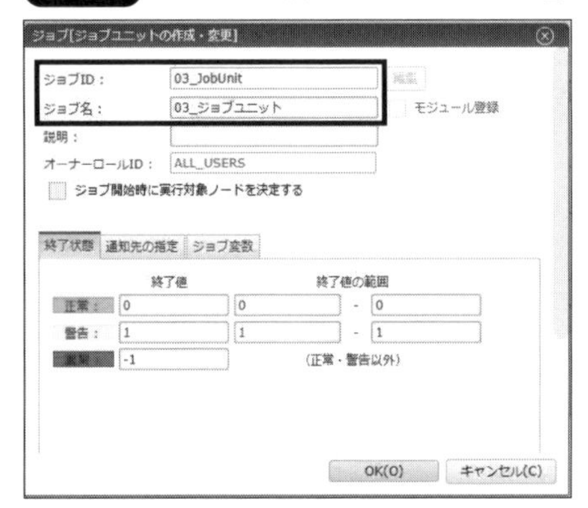

以上でジョブユニットが作成できました。

3.3.2　ジョブネットの作成

本項では、コマンドジョブをグルーピングするための要素であるジョブネットを作成します。

手順（1）

［ジョブマップ［登録］］ビューから、**表3.2**の親ジョブを選択し、［ジョブネットの作成］ボタンをクリックします（**図3.12**）。

図3.12　ジョブネットの作成

手順（2）

［ジョブ[ジョブネットの作成・変更]］ダイアログが表示され、「ジョブID」と「ジョブ名」を入力して、［OK］ボタンをクリックします（**図3.13**）。対象のジョブIDとジョブ名は、**表3.2**を参照してください。

図3.13 ジョブネットのジョブIDとジョブ名

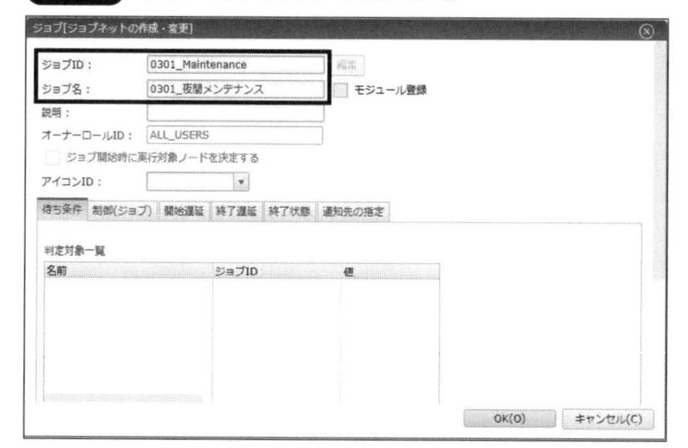

手順（3）

［通知先の指定］タブを開き、第2章で作成したイベント通知[EVENT_JOB_01]を選択して、［OK］ボタンをクリックします（**図3.14**）。

図3.14 通知設定

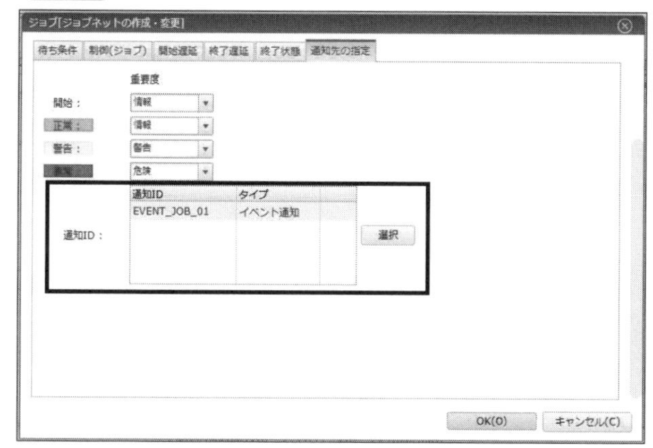

以上でジョブネットの作成ができました。

3.3.3 コマンドジョブの作成

本項では、コマンドを実行するジョブであるコマンドジョブを作成します。コマンドジョブの詳細は、「7.2　コマンドの実行(コマンドジョブ)」を参照してください。

手順 (1)

[ジョブマップ[登録]]ビューから、**表3.2**の親ジョブを選択し、[コマンドジョブの作成]ボタンをクリックします(**図3.15**)。

図3.15 コマンドジョブの作成

手順 (2)

[ジョブ[コマンドジョブの作成・変更]]ダイアログが表示され、「ジョブID」と「ジョブ名」を入力して、[OK]ボタンをクリックします(**図3.16**)。対象のジョブIDとジョブ名は、**表3.2**を参照してください。

図3.16 コマンドジョブのジョブIDとジョブ名

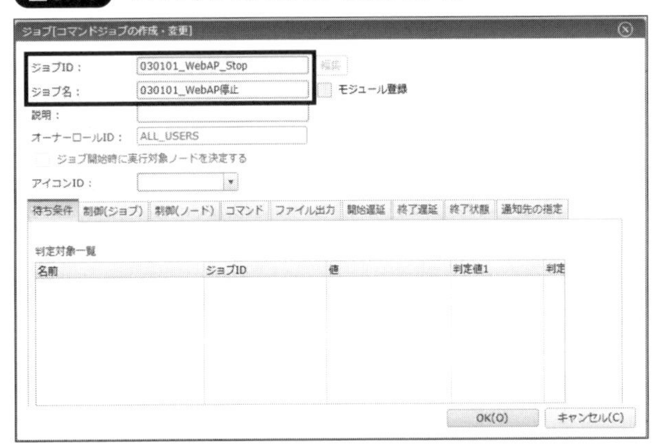

手順 (3)

[コマンド]タブを開き、コマンドジョブの実行対象とするスコープ、もしくはノードを指定します。指定するノードは、**表3.2**の実行対象サーバ(ファシリティID)を参照してください(**図3.17**、**図3.18**)。

図3.17 実行対象サーバの指定

図3.18 スコープ選択画面

手順（4）

起動コマンドの欄に、対象のノード上で実行する「コマンド」もしくは「シェルスクリプト」を入力します(**図3.19**)。入力するコマンドは、**表3.2**の実行コマンドを参照してください。

図3.19 起動コマンドの入力

以上でコマンドジョブの作成ができました。

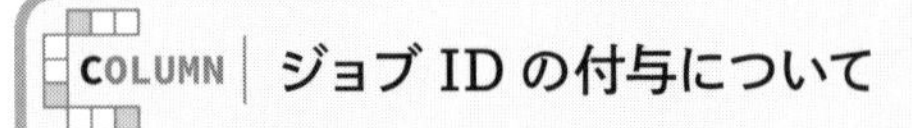

ジョブIDの付与について

Hinemosクライアントでジョブネットやコマンドジョブを一覧表示する場合、同一階層にあるものはジョブIDの名前順に整列されます。本節で作成するジョブは、下の階層のジョブが上の階層のジョブネット名の一部を引き継ぐようにジョブIDを付与することで、親子関係にあるジョブが整列するようにしています(**図3.20**)。ジョブID規約・命名規則の詳細については、「9.3.5　ID規約・命名規則化」を参照してください。

図3.20 ジョブツリー

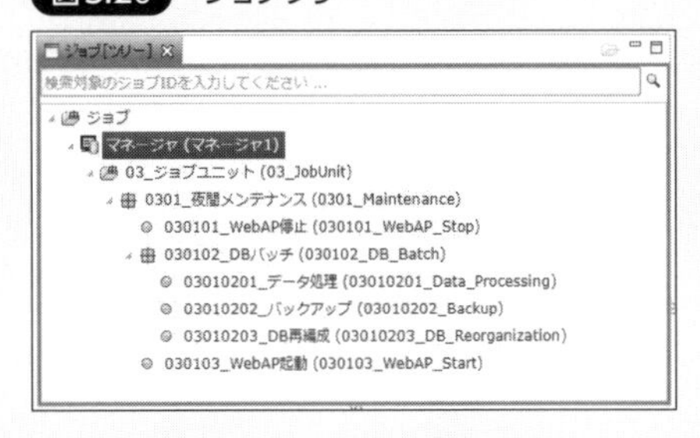

3.3.4 待ち条件の設定

本項では、ジョブ・ジョブネットの起動タイミングを制御する待ち条件を設定します。待ち条件は先行ジョブの終了状態などを条件にジョブ・ジョブネットの起動タイミングを決定する機能です。待ち条件の詳細については、第5章の「5.2　待ち条件」を参照してください。待ち条件の設定は、**表3.2**のジョブ定義をすべて作成してから行います。設定対象のジョブ・ジョブネットは、**表3.2**の待ち条件設定対象を確認してください。

先行ジョブの終了状態、終了値を待ち条件とする場合、[ジョブマップ[登録]]ビュー上で待ち条件を設定したいジョブ間にドラッグアンドドロップで矢印を引くことで簡単に待ち条件が設定可能です。それでは実際に待ち条件を設定してみましょう。

手順(1)

[ジョブマップ[登録]]ビューで、待ち条件を設定したいジョブ間をドラッグアンドドロップします。まずは、ジョブネット「030102_DBバッチ」に待ち条件を設定するため、コマンドジョブ「030101_WebAP停止」からジョブネット「030102_DBバッチ」にドラッグアンドドロップで矢印を引きます。

手順(2)

待ち条件としたいジョブにドロップすると、待ち条件群に追加するかを確認するダイアログが表示されます(**図3.21**)。

図3.21　待ち条件群への追加確認ダイアログ

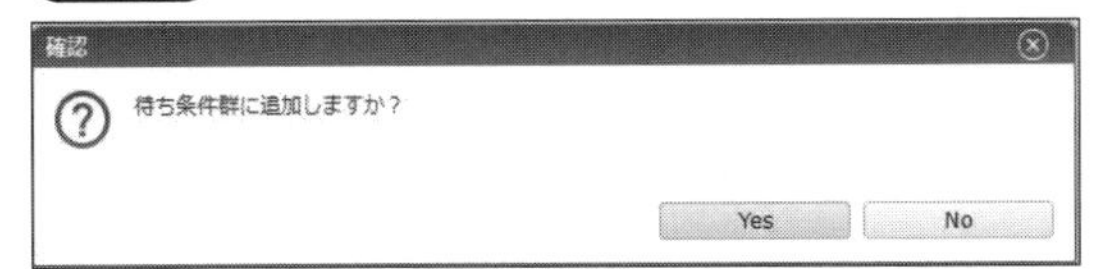

手順（3）

［確認］ダイアログで［No］ボタンをクリックし、［待ち条件］ダイアログを開きます。待ち条件が設定されていない（新規作成である）場合は、［No］を選択します。

手順（4）

次の設定項目を入力します（**表3.3**、**図3.22**）。

表3.3　待ち条件の設定項目（030102_DBバッチ）

設定対象ジョブ名	030102_DBバッチ
名前	ジョブ（終了状態）
ジョブID	030101_WebAP_Stop
値	正常

図3.22　030102_DBバッチの待ち条件設定画面

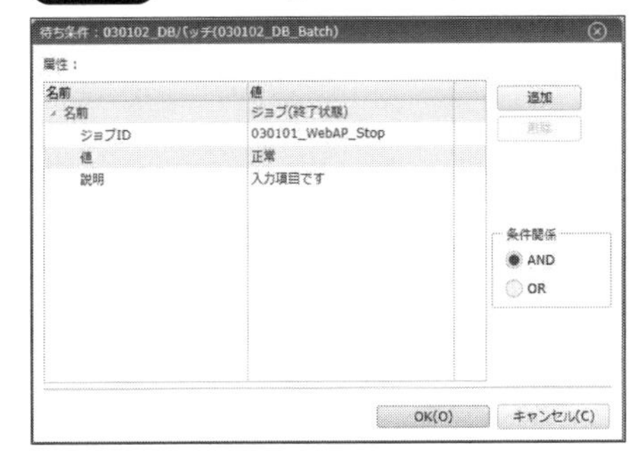

手順（5）

［OK］ボタンをクリックし、緑色の矢印が引かれていることを確認します（**図3.23**）。

図3.23　待ち条件の矢印

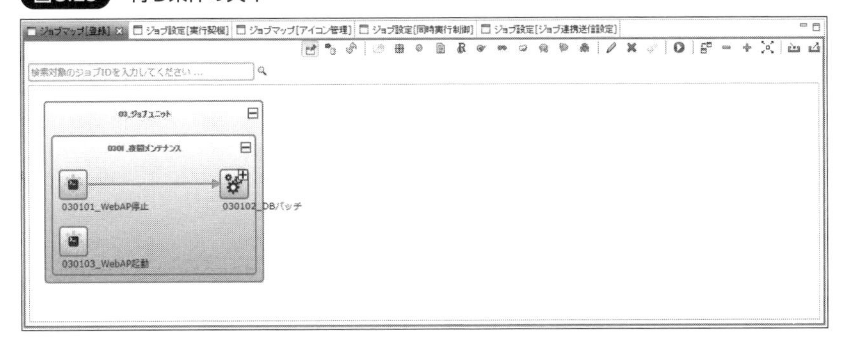

待ち条件に終了状態を指定した場合は、待ち条件矢印の色が変化します。終了状態以外を指定した場合や、2つ以上の待ち条件を指定した場合は、待ち条件矢印の色はグレーとなります(**表3.4**)。

表3.4　終了状態の矢印の色

終了状態	矢印の色
正常	緑
警告	黄
異常	赤
*	グレー

手順（6）

同様の手順で残りのジョブにも待ち条件を設定します。待ち条件の設定項目は**表3.5**を参照してください。

表3.5　待ち条件の設定項目一覧

設定対象ジョブ名	03010202_バックアップ	03010203_DB再編成	030103_WebAP起動
名前	ジョブ（終了状態）	ジョブ（終了状態）	ジョブ（終了状態）
ジョブID	03010201_Data_Processing	03010202_Backup	030102_DB_Batch
値	正常	正常	正常

以上で待ち条件の設定が完了しました。

3.4 ジョブ定義の登録

本節では、作成したジョブ定義を登録する方法について説明します。

ジョブ定義の登録は、作成したジョブユニット単位でHinemosマネージャの内部データベースに登録を行います。[ジョブ[ツリー]]ビューのジョブツリーからジョブユニットを選択し、[ジョブマップ[登録]]ビューの[登録]ボタンをクリックします(**図3.24、図3.25**)。

図3.24　ジョブの登録

図3.25　ジョブの登録完了

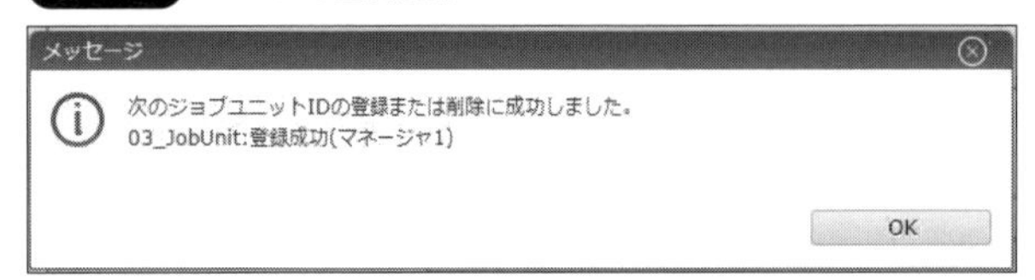

以上でジョブ定義(ジョブユニット、ジョブネット、コマンドジョブ)の登録ができました。

[ジョブ[ツリー]]ビューのジョブツリーからジョブユニットをダブルクリックすると、[ジョブマップ[登録]]ビューに、作成したジョブ定義全体がマップとして表示されます(**図3.26**)。

図3.26　[ジョブマップ［登録]] ビュー

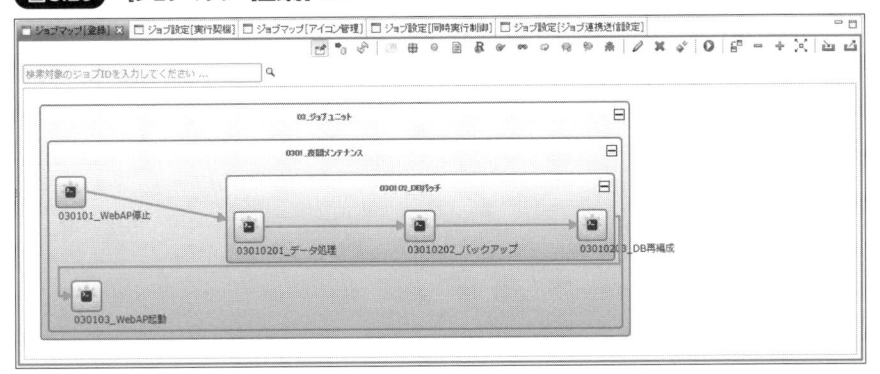

TIPS ジョブ定義の登録単位

ジョブ定義は常にジョブユニット単位で登録が行われます。たとえばジョブユニット配下の複数のコマンドジョブを新規に作成した場合、どれか1つのコマンドジョブの作成だけを反映することはできないので注意が必要です。ジョブ定義の編集を行う場合も同様で、ジョブユニット配下のジョブ・ジョブネットに加えた変更はジョブ定義の登録時にすべて反映されます。

3.5 ジョブ定義の編集

本節では、すでに登録済みのジョブ定義を編集する方法について説明します。

ジョブ定義の編集を行う場合、まず編集したいジョブ定義が存在するジョブユニットの編集モードを有効化する必要があります。その後、ジョブ定義の編集を行い、登録を行うことでジョブ定義の編集が反映されます。

3.5.1 ジョブ定義の編集手順

ジョブ定義の編集を行う手順は次のとおりです。

手順（1）

[ジョブ[ツリー]]ビューのジョブツリーからジョブユニットを選択し、[ジョブマップ[登録]]ビューの[編集モード]をクリックします(**図3.27**)。

図3.27　ジョブの編集

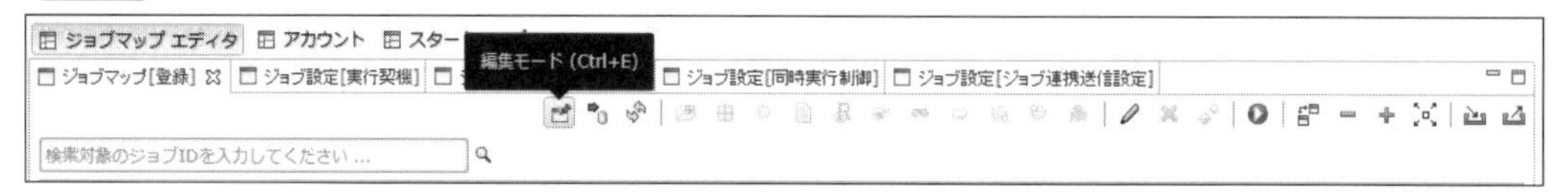

編集ができるようになると、ジョブユニットの横に[編集モード]と表示されます(**図3.28**)。

図3.28　編集モード

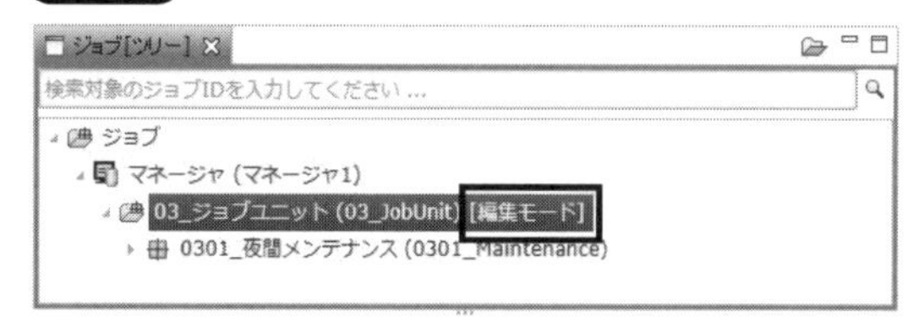

手順 (2)

[ジョブ[登録]]ビューから[03_ジョブユニット]をダブルクリックし、[ジョブ[ジョブユニットの作成・変更]]画面を表示します。

手順 (3)

[説明]欄に「3章で作成したジョブ」と入力し、[OK]をクリックします(**図3.29**)。

図3.29　ジョブを編集

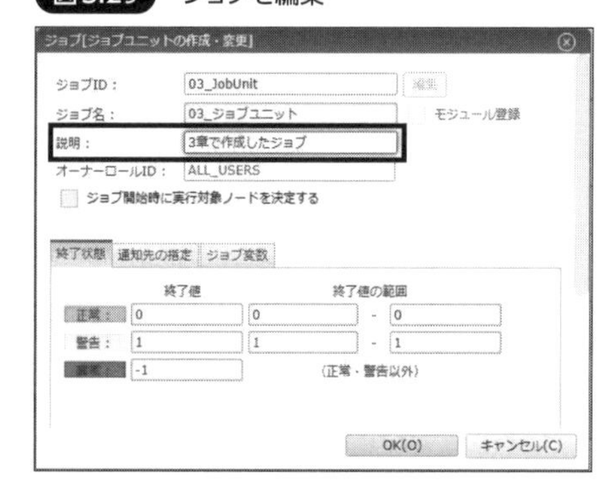

手順 (4)

[ジョブマップ[登録]]ビューの[登録]ボタンをクリックします。

以上で、ジョブ定義の編集ができました。

3.5.2 ジョブ定義に加えた編集のキャンセル

ジョブ定義に加えた編集を破棄して元の状態に戻したい場合、ジョブを登録せずに編集モードを解除すると、ジョブユニットの状態を編集モードに切り替える前の状態に戻すことができます。

編集モードの解除方法は、編集の有効化と同じ手順です。[ジョブ[ツリー]]ビューのジョブツリーからジョブユニットを選択し、[ジョブマップ[登録]]ビューの[編集モード]をクリックします。

「ジョブ定義の編集手順」の(4)でジョブを登録せずに編集モード解除すると、「03_ジョブユニット」の説明欄には、何も記載がされていない状態に戻ります(**図3.30**)。

図3.30 編集モード解除時のメッセージ

TIPS ジョブ定義編集の排他制御

Hinemosマネージャには複数のユーザ・クライアントが同時にログイン可能で、複数ユーザやクライアントから同時に同じジョブ定義を変更してしまうと、ジョブ定義が意図しない状態になってしまう可能性があります。それを防ぐため、Hinemosでは編集モードによるジョブユニット単位の排他制御を行っており、同一ジョブユニットは複数ユーザにより同時に編集できない仕組みとなっています。すでに編集モードが有効化されているジョブユニットは、他のユーザやクライアントから編集モードを有効化できません。

第4章

ジョブの実行

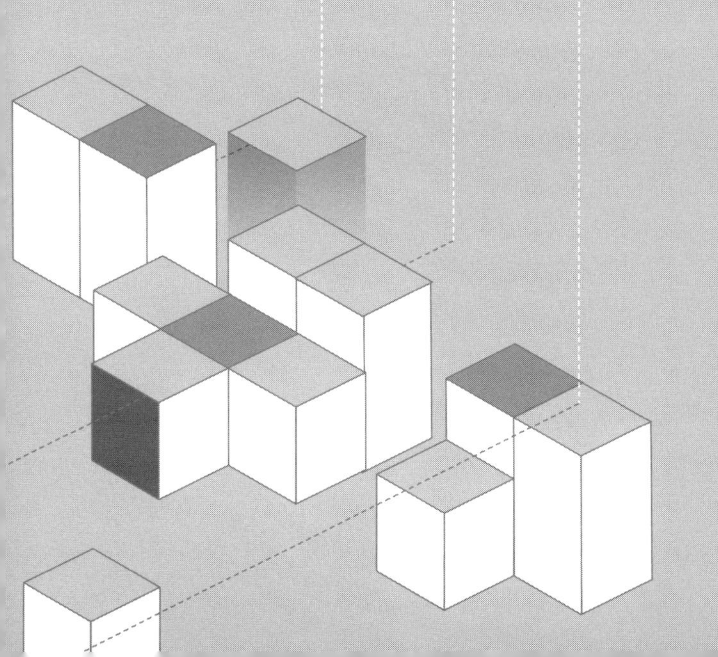

4.1 本章の説明

本章では、第3章で作成したジョブを使った即時実行と実行結果の確認方法や運用業務で使用する基本的なオペレーションを紹介します。まず、ジョブの実行や運用オペレーションで押さえておくべき基本知識について解説します。次に、第3章で作成したジョブの即時実行し、実行結果の確認を行います。最後に、ジョブの強制停止・再開と失敗したジョブの再実行の方法を紹介します。

4.2 ジョブ実行の基本知識

本節では、ジョブ実行において必要となる基本知識を解説します。以降の章節を読み進める中で、ジョブ実行に関する用語がわからなくなったら、本節に立ち返って確認してください。

用語

ジョブ実行において重要な用語を解説します。

■ジョブセッション

指定したジョブ・ジョブネットを実行するたびに作成され、ジョブ実行時点でのジョブ定義の複製とジョブの状態により構成されます。Hinemosマネージャの内部データベースに登録されます(**図4.1**)。

図4.1　ジョブセッション

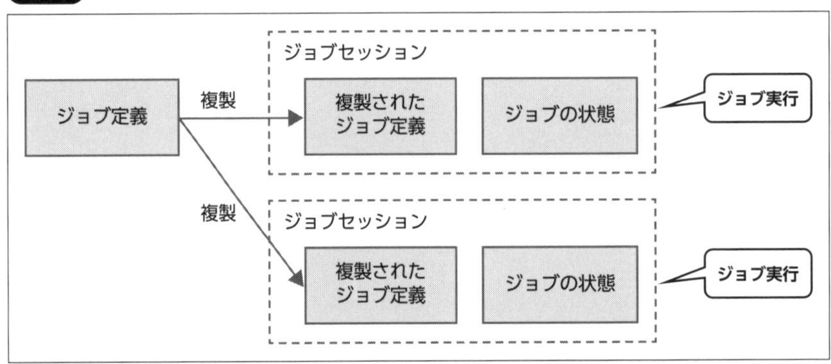

■ジョブの実行方法

ジョブの実行は即時実行のほかにスケジュール実行、マニュアル実行などさまざまな実行契機として用意されています。ジョブの実行方法の詳細は、第6章を参照してください。

■ジョブの状態

ジョブセッションで管理される、ジョブやジョブネットを実行し終了するまでの状態です。ジョブセッション生成時はすべて「待機」状態から開始し、状態遷移を経て「終了」状態となります(**図4.2**)。

図4.2　ステータス遷移図

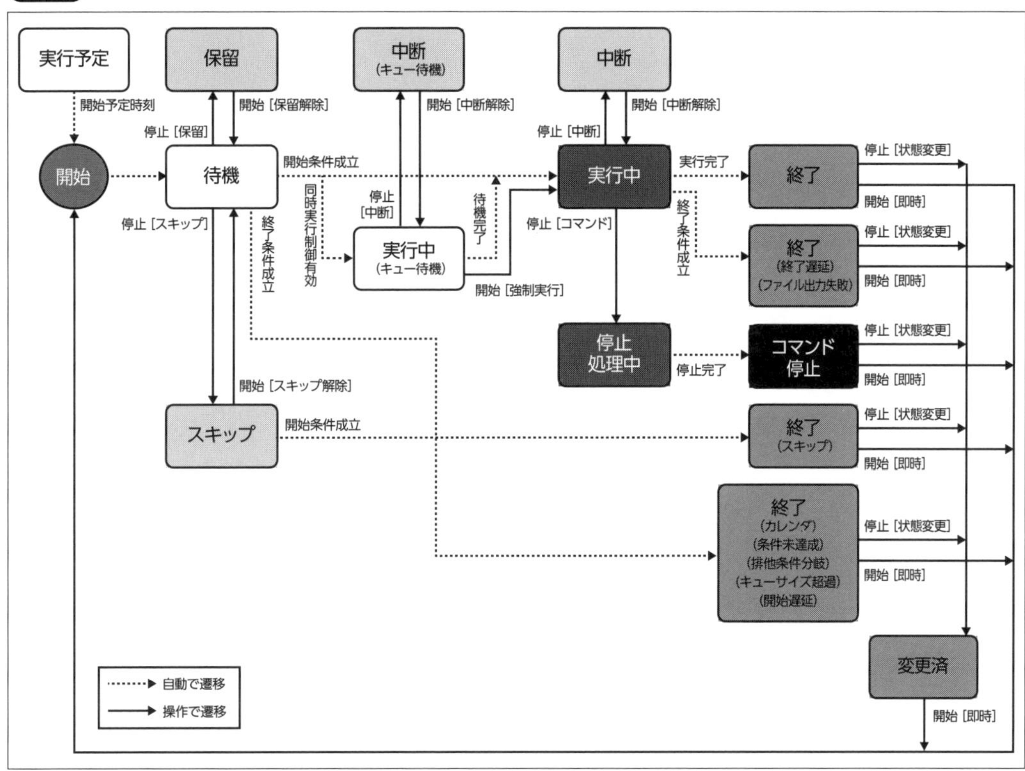

COLUMN　ジョブとノードの状態遷移

　Hinemosのジョブ機能では、ジョブの実行対象としてスコープを指定することで、1つのジョブ定義で複数のノードに対してジョブを実行できます。このため、ジョブとは別にノードもジョブの状態を持ち、**図4.3**のような状態遷移が行われます。

図4.3　ステータス遷移図_ノード

開始
待機
開始条件成立
実行中
実行完了
終了
停止［状態変更］
開始［即時］
停止［コマンド］
起動失敗
起動失敗
停止［状態変更］
開始［即時］
停止
処理中
停止完了
コマンド
停止
停止［状態変更］
開始［即時］
変更済
開始［即時］
自動で遷移
操作で遷移

画面

ジョブ実行において使用するHinemosクライアントの画面を説明します。

■ [ジョブマップビューア] パースペクティブ

ジョブ遷移をグラフィカルに表現するHinemosクライアントの画面であり、次のようなビューからなります(**図4.4**、**表4.1**)。

図4.4　[ジョブマップビューア] パースペクティブ

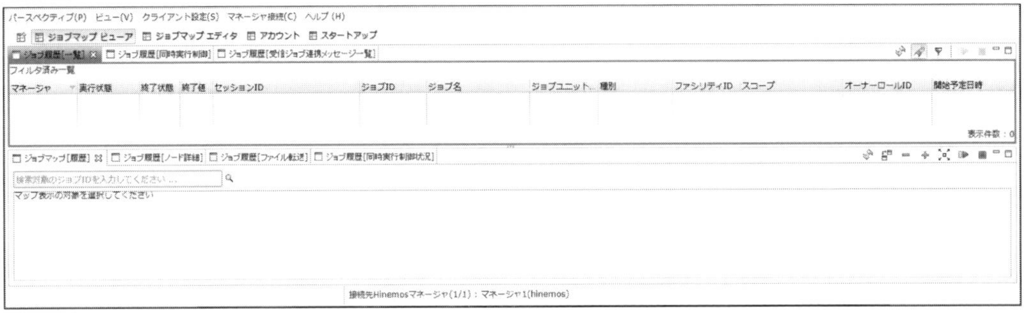

表4.1　[ジョブマップビューア] パースペクティブのビュー一覧

ビュー名	用途
[ジョブマップ [履歴]] ビュー	ジョブの実行状態をグラフィカルに表示する
[ジョブ履歴 [一覧]] ビュー	ジョブが実行された単位(ジョブセッション単位)でジョブ履歴の一覧を表示する
[ジョブ履歴 [同時実行制御]] ビュー	ジョブ同時実行制御キューで同時実行されているジョブの数を表示する
[ジョブ履歴 [ノード詳細]] ビュー	[ジョブマップ [履歴]] ビューで選択した各種ジョブについて、ノードごとの履歴を一覧で表示する
[ジョブ履歴 [ファイル転送]] ビュー	[ジョブマップ [履歴]] ビューで選択したファイル転送ジョブについて、ノードごとの履歴を一覧で表示する
[ジョブ履歴 [同時実行制御状況]] ビュー	キューに登録されているジョブの一覧を表示する
[ジョブ履歴 [受信ジョブ連携メッセージ一覧]] ビュー	受信ジョブ連携メッセージの一覧を表示する

■ [監視履歴] パースペクティブ

Hinemosの監視結果や、ジョブ機能をはじめとするHinemosの各種機能の開始・終了、機能の異常を表示する画面であり、次のようなビューからなります(**図4.5**、**表4.2**)。

図4.5 ［監視履歴］パースペクティブ

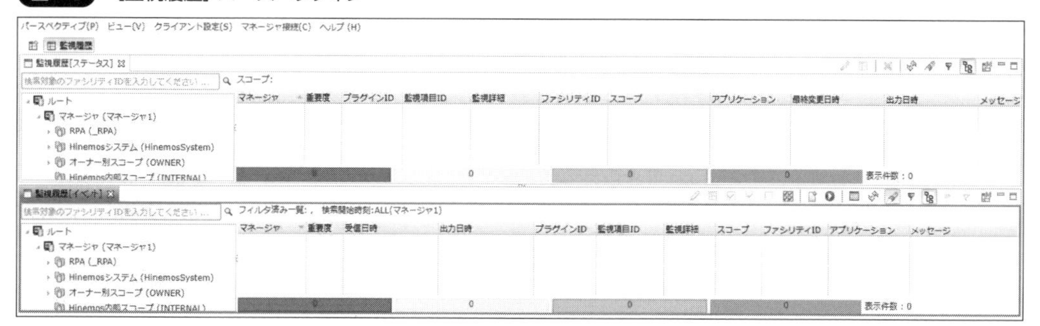

表4.2 ［監視履歴］パースペクティブのビュー一覧

ビュー名	用途
［監視履歴［ステータス］］ビュー	ノードのステータスを一覧表示する。ステータス通知による通知が表示される
［監視履歴［イベント］］ビュー	イベントを一覧表示する。イベント通知による通知や、Hinemosの内部で発生したイベントであるINTERNALイベントが表示される
［監視履歴［スコープ］］ビュー	スコープの状態を表示する。スコープごとのイベントやステータス情報を集約し、最も高い重要度を表示する

4.3 即時実行と実行結果の確認

本節では、ジョブの即時実行と実行結果の確認方法について紹介します。

4.3.1 即時実行

ジョブにはさまざまな実行方法があり、本節で解説する即時実行はジョブを手動実行する方法の1つです。手動実行には「即時実行」と「マニュアル実行契機」の2つの方法がありますが、即時実行は実行契機ではないジョブを簡易に起動する基本的かつ特殊な方法です。即時実行とマニュアル実行契機の違いは、「6.3 マニュアル実行契機」を参照してください。その他の手動実行以外の実行方法は、第6章を参照してください。

即時実行の方法

ジョブの即時実行の方法は簡単です。実行したいジョブやジョブネットを指定して、実行ボタンをクリックするだけです。今回はジョブネット「0301_夜間メンテナンス」を起動します。

1. ［ジョブマップエディタ］パースペクティブの［ジョブ［ツリー］］ビューから、第3章で作成したジョブネット「0301_夜間メンテナンス」を右クリックして［実行］を選択します。
2. 確認ダイアログが出るので［実行］をクリックします（図4.6）。

図4.6　ジョブの実行確認ダイアログ

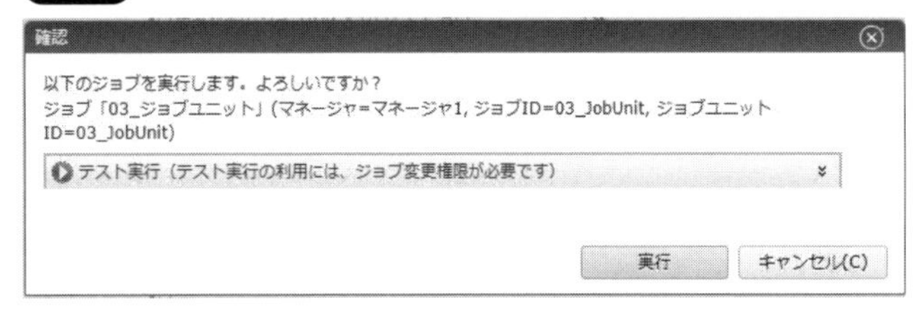

実行状況の確認

Hinemosのジョブの実行状況や実行結果の確認は、[ジョブマップビューア]パースペクティブを使用します。

■ ジョブセッション

ジョブネット「0301_夜間メンテナンス」を実行すると、これに対応するジョブセッションが[ジョブ履歴[一覧]]ビューに表示されます。実行状態が「実行中」となるジョブID「0301_Maintenance」のジョブセッションが確認できます。セッションIDはジョブ実行開始時刻から自動で生成されるIDのため、実行のたびに異なります(**図4.7**)。

図4.7　実行中のジョブセッション

ジョブ履歴[一覧]　ジョブ履歴[同時実行制御]　ジョブ履歴[受信ジョブ連携メッセージ一覧]

マネージャ	実行状態	終了状態	終了値	セッションID	ジョブID	ジョブ名	ジョブユニットID	種別	ファシリティID	スコープ	オーナーロールID	開始予定日時
マネージャ1	実行中			20221201130238-000	0301_Maintenance	0301_夜間メンテナンス	03_JobUnit	ジョブネット			ALL_USERS	2022/12/01 13:02:
マネージャ1	終了	正常	0	20221201015113-000	0301_Maintenance	0301_夜間メンテナンス	03_JobUnit	ジョブネット			ALL_USERS	2022/12/01 01:51:
マネージャ1	終了	正常	0	20221201015032-000	0301_Maintenance	0301_夜間メンテナンス	03_JobUnit	ジョブネット			ALL_USERS	2022/12/01 01:50:
マネージャ1	終了	正常	0	20221130222719-000	0301_Maintenance	0301_夜間メンテナンス	03_JobUnit	ジョブネット			ALL_USERS	2022/11/30 22:27:

表示件数：47

■ ジョブの進捗状況

[ジョブ履歴[一覧]]ビューの今回実行したジョブセッションを選択すると、[ジョブマップ[履歴]]ビューにジョブの進捗状況が表示されます。第3章でジョブを作成した際のジョブマップ[登録]ビューと同様にジョブフローが表示されますが、1つ1つのジョブやジョブネットの状態が色で確認できます(**図4.8**、**表4.3**、**表4.4**)。

図4.8　ジョブの進捗状況

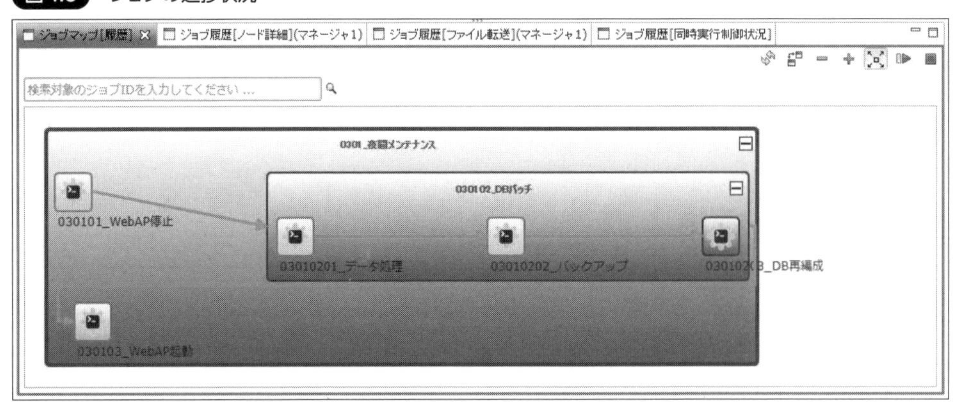

表4.3 終了状態のジョブの色

終了状態	ジョブの色
正常	緑
警告	黄
異常	赤

表4.4 実行状態のジョブの色

実行状態	ジョブの色
保留	黄
スキップ	黄
実行中	青
停止処理中	青
中断	黄
コマンド停止	赤
実行予定	灰色
待機	灰色

このまましばらく待つとジョブセッションが終了します。

4.3.2 実行結果の確認

Hinemosの実行結果の確認方法をさまざまなカットで紹介します。

ジョブセッションの結果の確認

今回実行したジョブネット「0301_夜間メンテナンス」のジョブセッション全体の結果の確認は、[ジョブ履歴[一覧]]ビューで行います。ジョブネット「0301_夜間メンテナンス」が正常に終了した場合、対応するジョブセッションの終了状態が「正常」、終了値が「0」になります。このようになっていない場合、ジョブ定義に誤りがあったか、環境問題の可能性があります(**図4.9**)。

図4.9 実行が完了したジョブセッション

ジョブ・ジョブネット単位の結果の確認

ジョブ・ジョブネット単位の結果の確認は、[ジョブマップ[履歴]]ビューで行います。ジョブネット「0301_夜間メンテナンス」配下のすべてのジョブネットとジョブが正常終了するため、すべてのジョブネットとジョブが緑色で表示されていると思います(**図4.10**)。

図4.10　すべて正常終了したジョブネットとジョブ

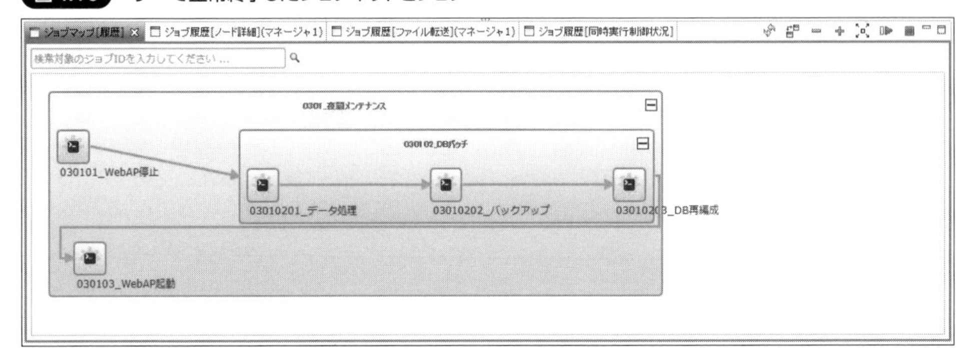

また、個々のジョブネットやジョブにカーソルを合わせると、ツールチップが表示され、ジョブネットやジョブの詳細な実行結果が確認できます(**図4.11**)。

図4.11　ジョブネットとジョブの詳細な結果

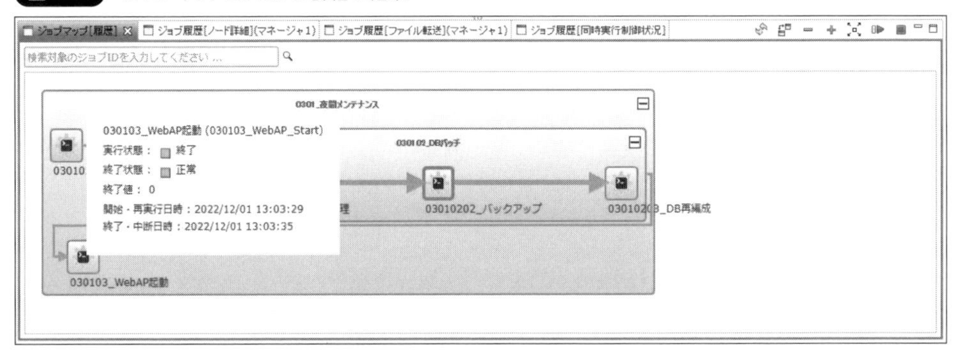

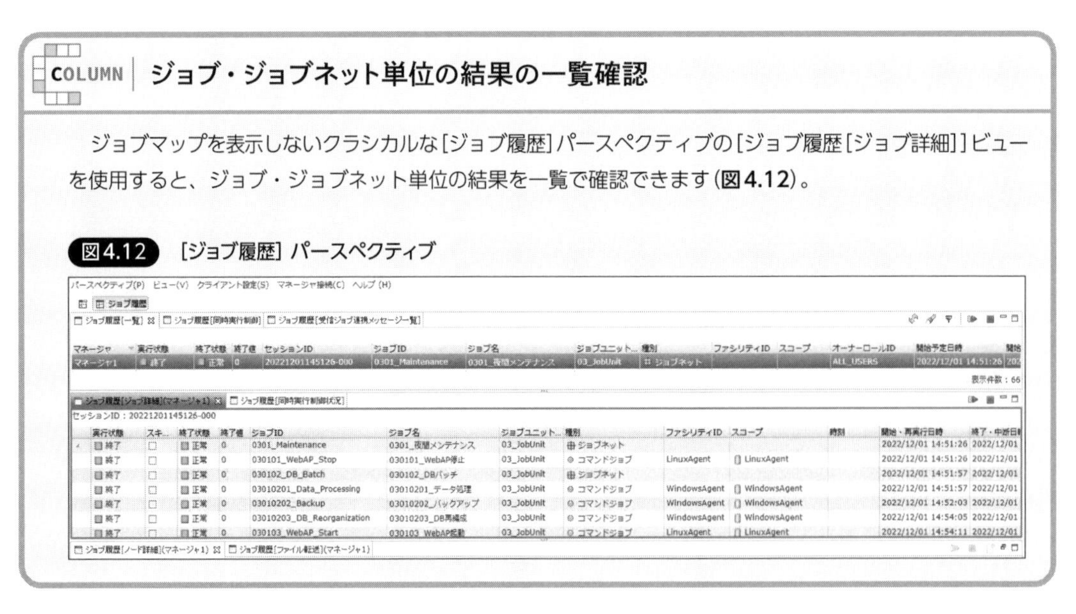

COLUMN　ジョブ・ジョブネット単位の結果の一覧確認

ジョブマップを表示しないクラシカルな[ジョブ履歴]パースペクティブの[ジョブ履歴[ジョブ詳細]]ビューを使用すると、ジョブ・ジョブネット単位の結果を一覧で確認できます(**図4.12**)。

図4.12　[ジョブ履歴] パースペクティブ

ノード単位の結果の確認

1つ1つのコマンドジョブでは、実行対象のファシリティIDを指定して、スコープや特定のノードに対してコマンドを実行します。そのため、何か異常が発生した際には個々のノードの実行結果の確認も重要です。

ノード単位の結果の確認は、[ジョブ履歴[ノード詳細]]ビューで行います。[ジョブマップ[履歴]]ビューで、ノード単位の結果を確認したいジョブをダブルクリックすると、[ジョブマップ[履歴]]ビューにノード単位の結果が表示されます(**図4.13**)。

図4.13　コマンドジョブ「030101_WebAP停止」の結果

ジョブマップ[履歴]　ジョブ履歴[ノード詳細](マネージャ1)　ジョブ履歴[ファイル転送](マネージャ1)　ジョブ履歴[同時実行制御状況]

セッションID：20221201132614-000,　ジョブID：030101_WebAP_Stop

実行状態	戻り値	ファシリティID	ファシリティ名	開始・再実行日時	終了・中断日時	実行時間	メッセージ
終了	0	LinuxAgent	LinuxAgent	2022/12/01 13:26:15	2022/12/01 13:26:45	00:00:30	[2022/12/01 13:26:45] stdout=, stderr=[2022/12/01 13:26:15] コマンド終了待ち[2022/12/01 13:26:14]...

コマンドジョブ「030101_WebAP停止」の「LinuxAgent」ノードの結果を確認してみます。各ノードでのコマンドの実行が終了しているため、「実行状態」が「終了」となっていると思います。ここで重要なのは、「終了状態」と「戻り値」、「メッセージ」です。

「戻り値」は言葉のとおり、実行したコマンドの戻り値そのものです。多くのコマンドやシェルスクリプトは戻り値により正常や異常を定義しているため、この値を見ることで、コマンドの実行結果を、Hinemosクライアントの表示だけで確認できます。また、「終了状態」は、ジョブ定義でユーザが指定した「戻り値」により決まります。そのため、「戻り値」と「終了状態」はセットで確認します(**図4.14**)。

終了状態については、「3.2　ジョブ定義の基本知識」を参照してください。

図4.14　戻り値と終了状態

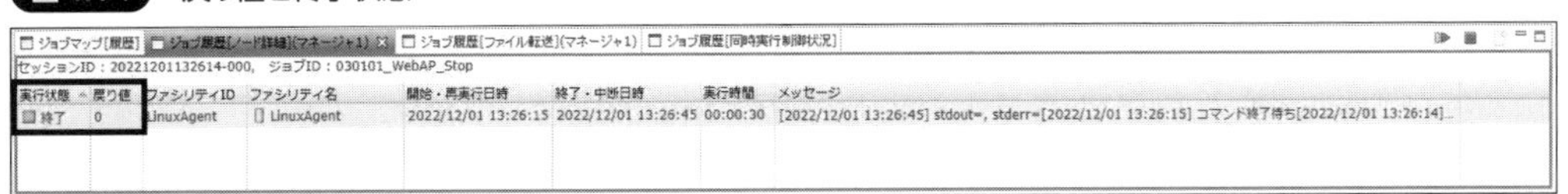

「メッセージ」は、コマンドジョブの場合は、実行したコマンドの標準出力と標準エラー出力を表示したものです(**図4.15**)。

図4.15　<一例>実際のメッセージ

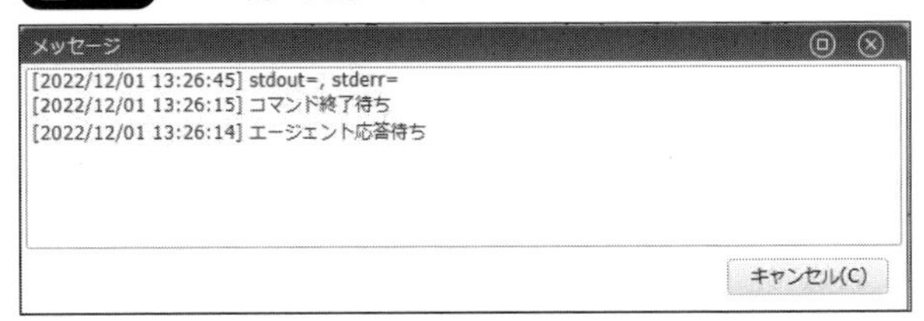

「メッセージ」は**リスト4.1**の形式で表示されます。

リスト4.1　「メッセージ」の出力形式

```
[（該当のメッセージを内部DBに格納した時刻）] stdout=（標準出力）, stderr=（標準エラー出力）
```

COLUMN　メッセージの出力サイズ上限

実行したコマンドの標準出力と標準エラー出力のサイズが非常に多い場合、「メッセージ」はデフォルト1024Byteで切り捨てるため、すべての出力が表示されない場合があります。Hinemosマネージャと Hinemosエージェント両方のパラメータを変更することで、実行したコマンドの標準出力と標準エラー出力のサイズ上限を調整できます。

■ Hinemos エージェント側の設定

Hinemosエージェントの設定ファイル「Agent.properties」に記載されている**表4.5**のパラメータの値を変更します。値の変更後は、Hinemosエージェントの再起動が必要です。

表4.5　Hinemosエージェントの設定

パラメータ	job.message.length
内容	Hinemosマネージャに送信するジョブの実行結果（標準出力、標準エラー出力）の最大バイト数
値種別	数値
デフォルト値	1024

■ Hinemos マネージャ側の設定

［メンテナンス］パースペクティブの［メンテナンス［Hinemosプロパティ］］ビューから**表4.6**のパラメータの値を変更します。

表4.6　Hinemosマネージャの設定

パラメータ	job.message.max.length
内容	ジョブ履歴［ノード詳細］ビューに表示される「メッセージ」の最大文字数
値種別	数値
デフォルト値	2048

ただし、たとえば10,000ノードから同時に各々100MBの標準出力と標準エラー出力が出力された場合、瞬間的に1GByteメッセージをHinemosマネージャが受け取ることになり、一時的な過負荷や内部DBの増大にかかわってきます。そのため、安定稼働の観点から、これらの値は極端に大きく拡張しないようにしてください。

イベント通知の確認

今回実行したジョブネット「0301_夜間メンテナンス」では、「通知先の指定」にてイベント通知を設定しました。これにより、ジョブセッションが終了するとイベント通知が発生し、[監視履歴[イベント]]ビューにて確認できます。

[監視履歴]パースペクティブを開くと、[監視履歴[イベント]]ビューに**図4.16**のようなイベントが表示されます。

図4.16　イベント通知の確認

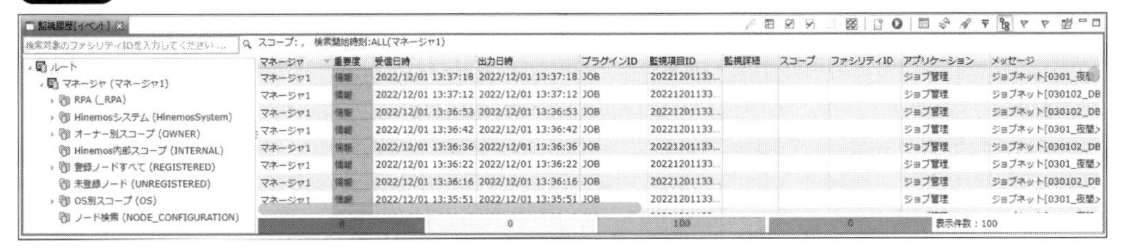

このイベントをクリックすると、[監視[イベントの詳細]]ダイアログが表示されます(**図4.17**)。通知されるメッセージ形式については、「Hinemos ver.7.0 基本機能マニュアル 9.2.1.11 ジョブ機能の通知」を参照してください。

図4.17　[監視［イベントの詳細］] ダイアログ

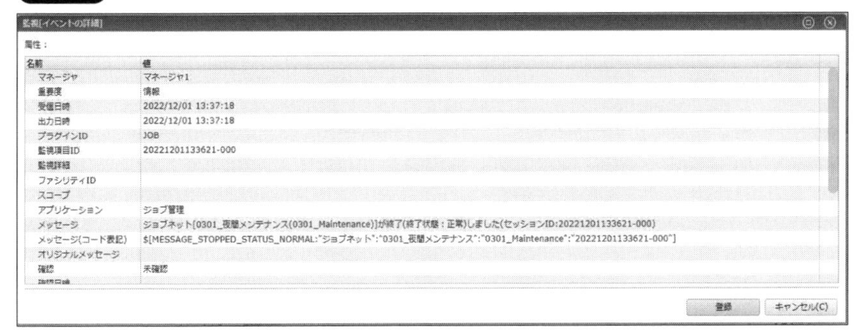

第3章と第4章の例ではイベント通知だけでしたが、運用体制に合わせてメール通知を使ったり、異常時には警告灯を点灯するなどさまざまな通知が指定できます。これらについては、「8.2　外部への通知」を参照してください。

COLUMN

ジョブセッションが失敗していたら

ジョブセッションが失敗した場合には、原因の特定が必要になります。ジョブ定義の多くはコマンドジョブになると思いますが、コマンドジョブの失敗は、基本的にジョブ定義の誤りか、環境問題のいずれかになります。代表的なコマンドジョブの異常時の確認ポイントを紹介します。

- **「Agent Timeout Error」とメッセージが表示される**

  このメッセージが[ジョブマップ[履歴]]ビューの「メッセージ」で表示される場合は、Hinemosマネージャから見てHinemosエージェントに接続できていない状況です。エージェントが識別されない原因については、2.3節のコラム「エージェントが識別されない場合」を確認してください。

- **実行するコマンドの設定ミス**

  コマンドジョブが異常終了する原因の多くは、実行するコマンドそのものの失敗です。多く考えられる理由は次のとおりです。

  - **コマンドのパスの誤り**

    カレントディレクトリを意識せずに相対パスでコマンドを指定している場合に発生します。基本的には、フルパスでコマンドを指定することが推奨されます。詳細は7.2節のコラム「コマンド実行時の環境変数」をご確認ください。

  - **実効ユーザの誤り**

    該当するコマンドを参照したり起動するユーザに制約がある場合です。ジョブ定義を適切な実行ユーザに変更するか、該当するシェルスクリプト等の権限を見直す等が必要です。

  - **環境変数の誤り**

    よくあるのがユーザがログインした環境で動作試験にて、シェルスクリプトがユーザログイン時に自動で付与される環境変数を暗黙で前提にした作りになっており、異なる環境(Hinemosだけではなくcronなど)では動作しないという問題です。詳細は7.2節のコラム「コマンド実行時の環境変数」をご確認ください。

4.4 運用オペレーション

前節までは、ジョブを実行しその実行と実行結果の確認をする方法を紹介しました。日々のジョブ運用では、ジョブの実行後(ジョブが実行中の状態のとき)に動作を変更したり、終了したジョブ(ジョブセッション)に対して再実行を行うオペレーションが必要となるケースがあります。

本節では、日々のジョブ運用で想定される運用オペレーションの中でも、ジョブセッションに対するオペレーションについて紹介します。

4.4.1 ジョブ実行中のオペレーション

ジョブ実行中のジョブセッションに対するオペレーションは、保留、スキップ、中断、停止の4つがあります(**表4.7**)。

表4.7 ジョブ実行中のオペレーション

オペレーション種別	条件	概要
保留	・ジョブセッションが終了していないこと ・保留したいジョブネット・ジョブの実行状態が「待機」であること	一時的にジョブを止める
スキップ	・ジョブセッションが終了していないこと ・スキップしたいジョブネット・ジョブの実行状態が「待機」であること	ジョブの実行を行わず、次のジョブを起動する
中断	・ジョブセッションが終了していないこと ・中断したいジョブネット・ジョブの実行状態が「実行中」であること	ジョブの実行を中断する(実行中のジョブのプロセスは停止しない)
停止	・ジョブセッションが終了していないこと ・停止したいジョブネット・ジョブの実行状態が「実行中」であること	ジョブの実行プロセスを停止する

これらのオペレーションをユースケースを基に解説していきます。

TIPS ジョブ定義の変更との違い

ジョブセッションは、ジョブ起動時のジョブ定義の複製(コピー)を元に動作します。そのため、ジョブが実行された後に元となったジョブ定義を変更しても、その変更はジョブセッションには影響を与えません。ジョブ定義の中でも保留やスキップを指定できますが、これはジョブ起動直後のタイミングで対象のジョブやジョブネットを保留、スキップしたい場合に使用します。詳細は、「5.4 保留とスキップ」を参照してください。本節では、あくまで実行中のジョブセッションに対するオペレーションとしての、保留やスキップを紹介します。

ジョブの保留

たとえば、夜間のDBのバックアップ処理が長時間掛かってしまい、このまま後続のDBの再編成処理を動作させたら、翌朝のサービス再開時間に間に合わない場合があるとします。その場合、DBの再編成処理はバックアップ処理の終了後も実行せずに保留にし、サービス再開のためのWebAPサーバの起動を優先することが考えられます。

ここではシンプルに、DBの再編成処理(コマンドジョブ「03010203_DB再編成」)を「保留」にし、処理を一時的に止めます。その後に「保留解除」により処理が再開されることを確認してみます。

まず、ユースケースからわかるように、ジョブセッションに対する保留の条件は次のとおりです。

- **ジョブセッションが終了していないこと**
- **保留したいジョブネット・ジョブの実行状態が「待機」であること**

ジョブセッションに対する保留のオペレーションは、[ジョブマップ[履歴]]ビューを使用します。まず、「4.3.1 即時実行」を参考に、ジョブネット「0301_夜間メンテナンス」を即時実行で実行してください。

■ジョブの保留

1. 保留のオペレーション

[ジョブマップビューア]パースペクティブの[ジョブマップ[履歴]]ビューから、コマンドジョブ「03010202_バックアップ」の実行状態が「実行中」かつ、コマンドジョブ「03010203_DB再編成」が実行状態が「待機」になるまで待ち、次の操作を行います。

1-1. コマンドジョブ「03010203_DB再編成」を右クリックし、[停止]を選択します(図4.18)。

図4.18 コマンドジョブ「03010203_DB再編成」の停止

1-2. [ジョブ[停止]]ダイアログから[停止[保留]]を選択し、[OK]ボタンをクリックします(図4.19)。

図4.19 ジョブ[停止]ダイアログ(保留)

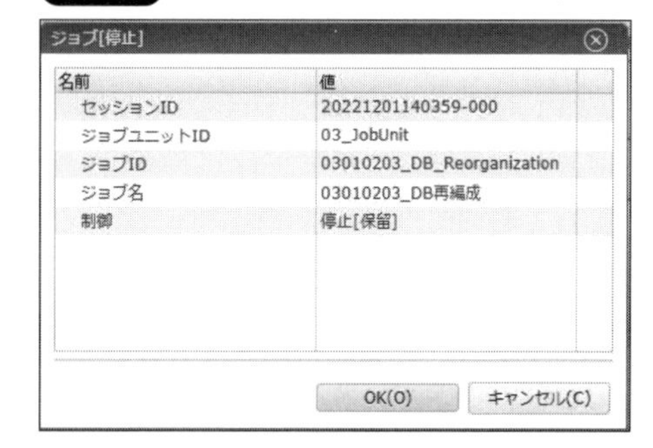

名前	値
セッションID	20221201140359-000
ジョブユニットID	03_JobUnit
ジョブID	03010203_DB_Reorganization
ジョブ名	03010203_DB再編成
制御	停止[保留]

2. 実行状態の確認

［ジョブマップ［履歴］］ビューより、コマンドジョブ「03010203_DB再編成」にカーソルを合わせてツールチップを表示し、実行状態が「保留中」になっていることを確認してください（図4.20）。

図4.20　コマンドジョブ「03010203_DB再編成」の保留（保留中）

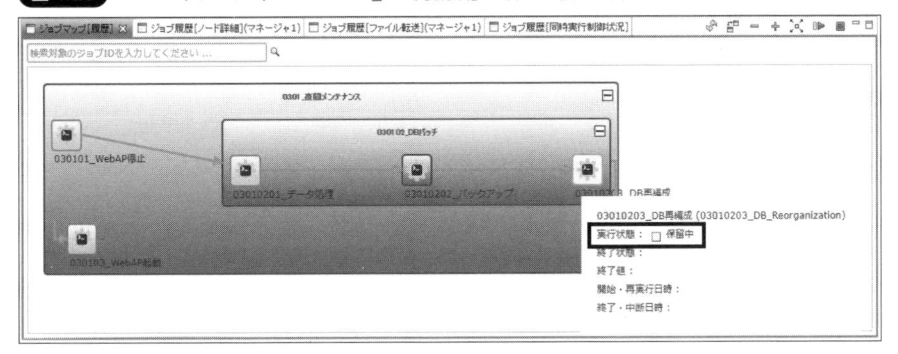

■ ジョブの保留解除

次に、コマンドジョブ「03010203_DB再編成」の保留を解除して処理を再開してみます。保留解除の基本的な操作は、保留と同様です。

1. 保留解除のオペレーション

1-1. コマンドジョブ「03010203_DB再編成」を右クリックし、［開始］を選択します（図4.21）。

図4.21　コマンドジョブ「03010203_DB再編成」の保留解除

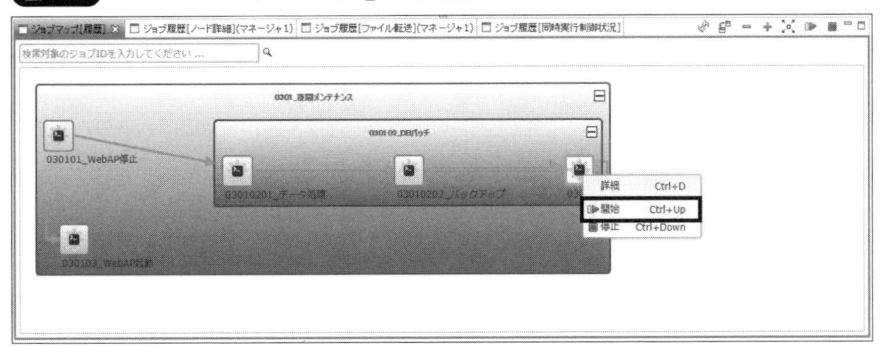

1-2. ［ジョブ［開始］］ダイアログから［開始［保留解除］］を選択し、［OK］ボタンをクリックします（図4.22）。

図4.22　[ジョブ［開始］］ダイアログ（保留解除）

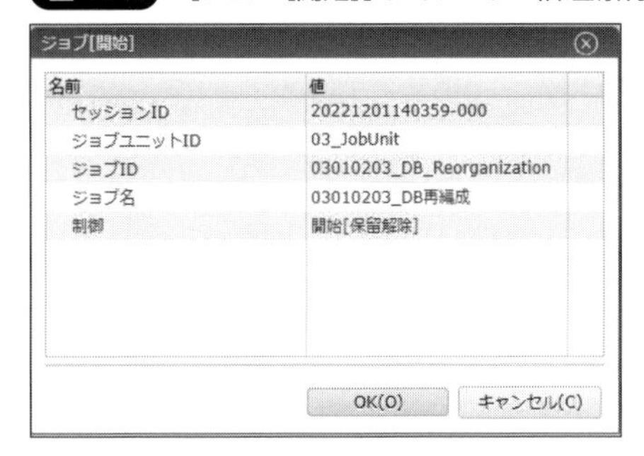

2. 実行状態の確認

　[ジョブマップ[履歴]]ビューより、コマンドジョブ「03010203_DB再編成」にカーソルを合わせてツールチップを表示し、実行状態が「実行中」になっていることを確認してください。なお、保留解除のジョブ実行処理の判定が毎分00秒のタイミングで行われるため、実行中になるまでに少し待つ可能性があります（**図4.23**）。

図4.23　コマンドジョブ「03010203_DB再編成」の保留解除（実行中）

ジョブのスキップ

　ジョブの保留と同様なユースケースを考えてみます。夜間のDBのバックアップ処理に長時間掛かってしまい、DBの再編成処理は実行しないで（スキップして）、直ちにサービス再開に向けてWebAPサーバの起動を行うことが考えられます。

　ここでは、DBの再編成処理（コマンドジョブ「03010203_DB再編成」）を「スキップ」して、直ちにWebAPサーバの起動（コマンドジョブ「030103_WebAP起動」）が行われることを確認します。

　まず、ユースケースからわかるように、ジョブセッションに対するスキップの条件は次のとおりです。

- **ジョブセッションが終了していないこと**
- **スキップしたいジョブネット・ジョブの実行状態が「待機」であること**

　また、ジョブセッションに対するスキップのオペレーションには、ジョブ定義に対する事前準備が必要です。第3章で作成したジョブ定義では設定していないため、次のコラム「スキップのための事前準備」を確認し、設定してください。

ジョブセッションに対するスキップのオペレーションも、[ジョブマップ[履歴]]ビューを使用します。まず、「4.3.1 即時実行」を参考に、ジョブネット「0301_夜間メンテナンス」を即時実行で実行してください。

COLUMN スキップのための事前準備

ジョブやジョブネットをスキップするということは、対象のジョブやジョブネットを指定の終了状態などにして終了させるということです。この設定は、ジョブ設定の[制御(ジョブ)]タブにある[スキップ]欄で指定します(**図4.24**)。

図4.24 [制御(ジョブ)]タブ

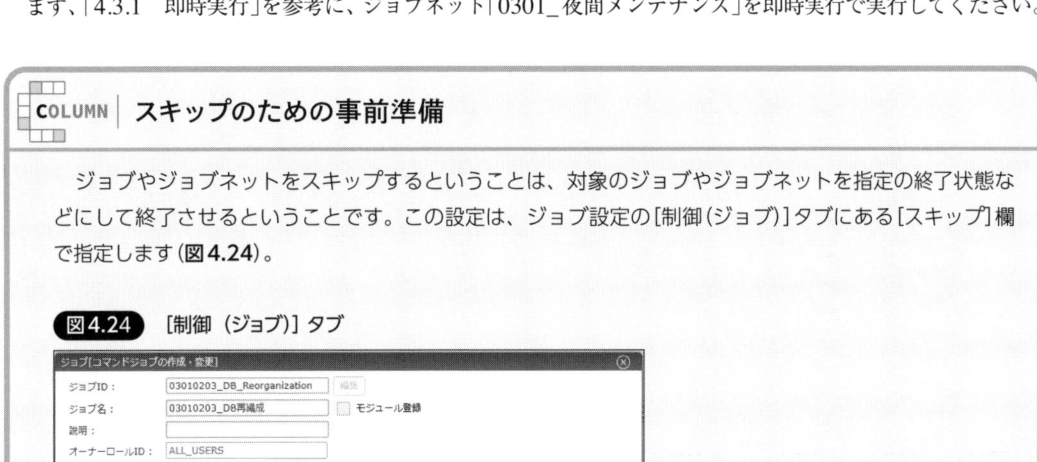

ジョブ定義のデフォルトの設定は、スキップ時の終了状態が「異常」となっているため、後続ジョブが起動する条件(待ち条件)が「正常」終了する場合、これを満たしません。スキップを「正常」で終了させたい場合は、ジョブセッションに対して、終了状態の指定を行うことはできないため、事前にジョブ定義に対して[制御(ジョブ)]タブから設定しておく必要があります。

ここでは、スキップするコマンドジョブ「03010203_DB再編成」の設定を**表4.8**のように設定してください。設定変更を行う際は、スキップにチェックを入れないと、変更ができません。終了状態と終了値を変更後に、チェックを外します。

表4.8 スキップ時の終了状態と終了値

スキップ	チェックなし
終了状態	正常
終了値	0

■ **ジョブのスキップ**

1. スキップのオペレーション

[ジョブマップビューア]パースペクティブの[ジョブマップ[履歴]]ビューから、コマンドジョブ「03010202_バックアップ」の実行状態が「実行中」かつ、コマンドジョブ「03010203_DB再編成」の実行状態が「待機」になるまで待ち、次の操作を行います。

1-1. コマンドジョブ「03010203_DB再編成」を右クリックし、[停止]を選択します(**図4.25**)。

図4.25　コマンドジョブ「03010203_DB再編成」の停止

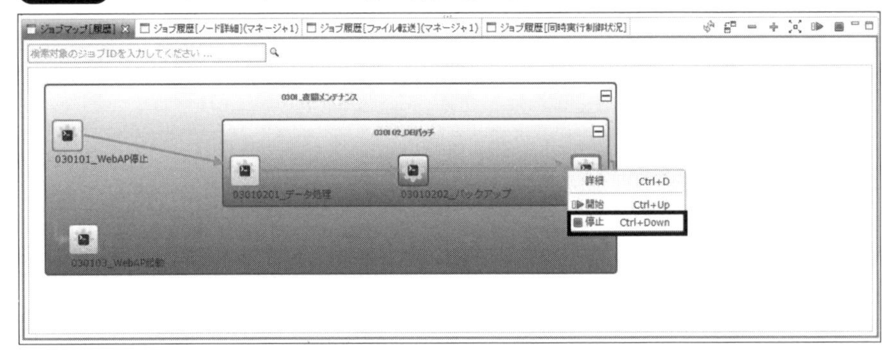

1-2. [ジョブ[停止]]ダイアログから[停止[スキップ]]を選択し、[OK]ボタンをクリックします(**図4.26**)。

図4.26　コマンドジョブ「03010203_DB再編成」のスキップ(スキップ前)

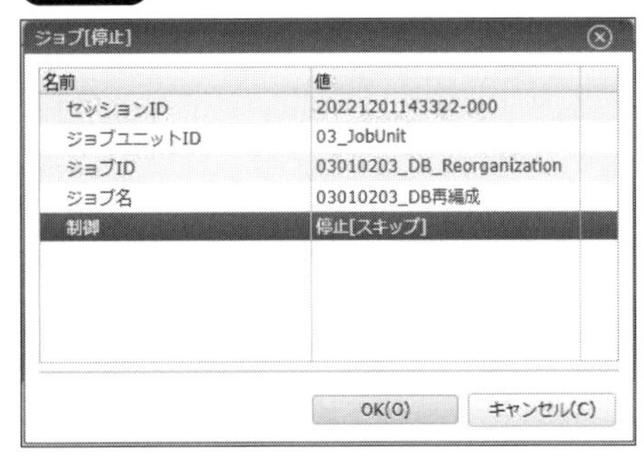

名前	値
セッションID	20221201143322-000
ジョブユニットID	03_JobUnit
ジョブID	03010203_DB_Reorganization
ジョブ名	03010203_DB再編成
制御	停止[スキップ]

2. 実行状態の確認

[ジョブマップ[履歴]]ビューより、コマンドジョブ「03010203_DB再編成」にカーソルを合わせてツールチップを表示し、実行状態が「スキップ」になっていることを確認してください(**図4.27**)。

図4.27　コマンドジョブ「03010203_DB再編成」のスキップ（スキップ中）

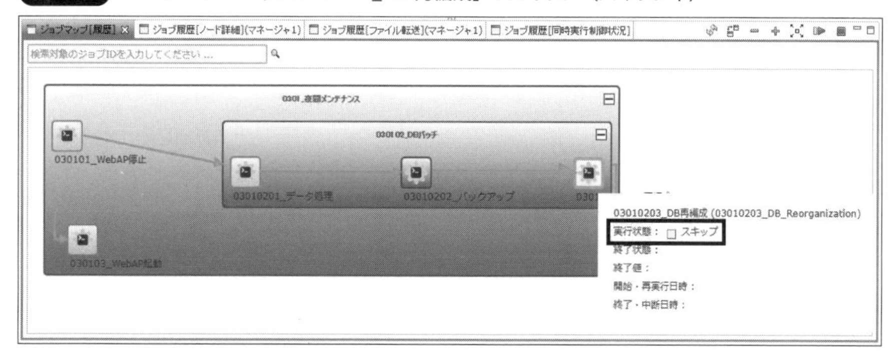

このままコマンドジョブ「03010202_バックアップ」が終了するのを待つと、コマンドジョブ「03010203_DB再編成」の実行状態が「終了（スキップ）」へと遷移し、実際にコマンドが実行されることなく終了します。そして、直ちに、後続のコマンドジョブ「030103_WebAP起動」が実行されます（**図4.28**）。

図4.28　コマンドジョブ「03010203_DB再編成」のスキップ（スキップ後）

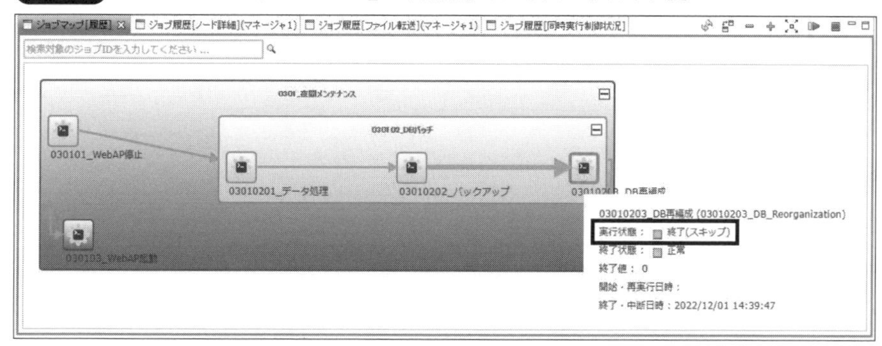

TIPS「保留」と「スキップ」の違い

保留とスキップは実行状態が「待機中」のジョブネットやジョブに行う似たような運用オペレーションですが、保留の場合はジョブが終了しません。そのため、後続ジョブも実行されません。一方、スキップの場合はジョブが終了するので、後続ジョブが実行されます。

ジョブの中断

ジョブの保留とスキップは、対象のジョブネットやジョブが実行中となる前の「待機」の状態で行うオペレーションでした。この後に紹介するジョブの中断と停止は、対象のジョブネットやジョブが「実行中」の状態で行うオペレーションです。

ジョブの保留と同様のユースケースで考えてみます。夜間のDBのバックアップ処理に長時間掛かってしまった場合、直ちにサービス再開に向けてWebAPサーバの起動を並行で手作業で実施しますが、その最中にDBのバックアップ処理が終了してしまうと後続のDBの再編成処理が動作してしまうので、DBのバックアップ処理自体を中断したいといったことが考えられます。

ここで注意すべきなのは、Hinemosのジョブを中断したからと言って、実際のバックアップ処理が途中で中断される訳ではないことです。あくまで、ジョブを終了せずに「中断」という状態に遷移させることを、ここではジョブの中断と言います。

まず、ユースケースからわかるように、ジョブセッションに対する中断の条件は次のとおりです。

- **ジョブセッションが終了していないこと**
- **中断したいジョブネット・ジョブの実行状態が「実行中」であること**

ジョブの中断と中断解除のオペレーションは、ジョブの保留と保留解除とほぼ同じオペレーションで実施できます。選択する項目が保留か中断か、保留解除か中断解除かの違いです。

そのため、ここでは詳細な手順は割愛しますので、ジョブの保留と保留解除のオペレーションを参考にして試してください。

ジョブの停止

ジョブの保留と同様のユースケースで考えてみます。夜間のDBのバックアップ処理に長時間掛かってしまった場合、バックアップ処理を終了(停止)することが考えられます。

ここでは、DBの再編成処理(コマンドジョブ「03010203_DB再編成」)を「終了」してみます。「終了」してしまうと、再開や解除といった操作はできなくなり、次に行えるのは「再実行」だけになります。

まず、ユースケースからわかるように、ジョブセッションに対するスキップの停止の条件は次のとおりです。

- **ジョブセッションが終了していないこと**
- **停止したいジョブネット・ジョブの実行状態が「実行中」であること**

また、ジョブセッションに対する停止のオペレーションには、ジョブ定義に対する事前準備が必要です。第3章で作成したジョブ定義では、デフォルトですでに設定済みです。詳細は、次のコラム「停止のための事前準備」を参照してください。

ジョブセッションに対する停止のオペレーションも、[ジョブマップ[履歴]]ビューを使用します。まず、「4.3.1　即時実行」を参考に、ジョブネット「0301_夜間メンテナンス」を即時実行で実行してください。

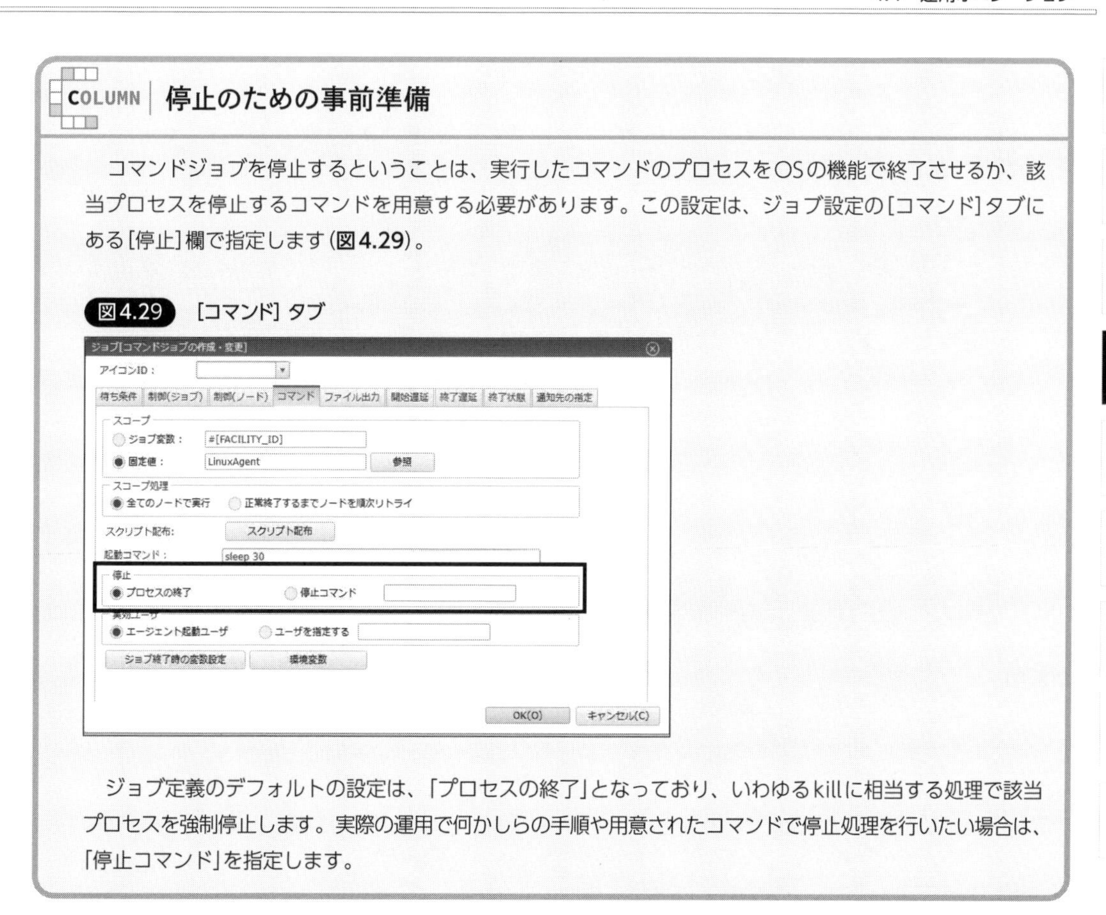

COLUMN

停止のための事前準備

コマンドジョブを停止するということは、実行したコマンドのプロセスをOSの機能で終了させるか、該当プロセスを停止するコマンドを用意する必要があります。この設定は、ジョブ設定の[コマンド]タブにある[停止]欄で指定します(**図4.29**)。

図4.29 [コマンド] タブ

ジョブ定義のデフォルトの設定は、「プロセスの終了」となっており、いわゆるkillに相当する処理で該当プロセスを強制停止します。実際の運用で何かしらの手順や用意されたコマンドで停止処理を行いたい場合は、「停止コマンド」を指定します。

■ ジョブの停止

1. 停止のオペレーション

   [ジョブマップビューア]パースペクティブの[ジョブマップ[履歴]]ビューから、コマンドジョブ「03010203_DB再編成」が実行中の際に、次の操作を行います。

   1-1. コマンドジョブ「03010203_DB再編成」を右クリックし、[停止]を選択します(図4.30)。

図4.30　コマンドジョブ「03010203_DB再編成」の停止

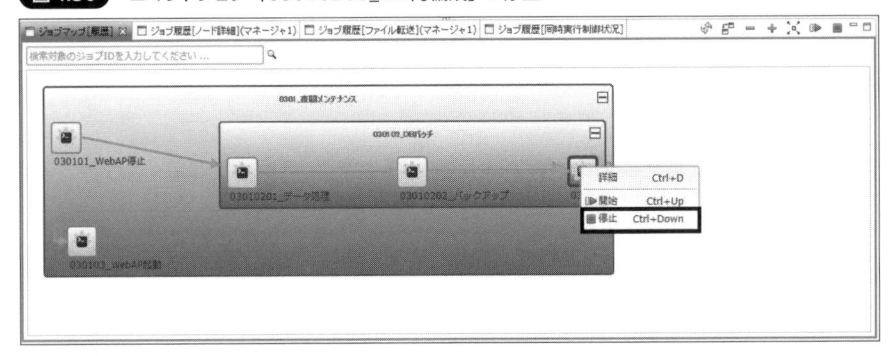

1-2. [ジョブ[停止]]ダイアログの[制御]から、[停止[コマンド]]を選択し、[OK]ボタンをクリックします(図4.31)。

図4.31　[停止［コマンド］]を選択

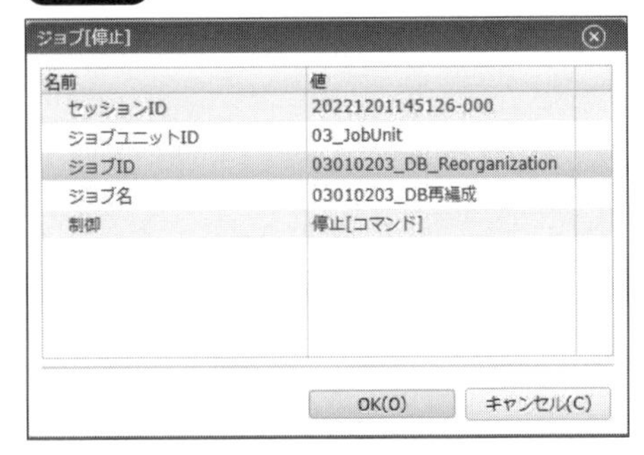

2. 実行状態の確認

[ジョブマップ[履歴]]ビューより、コマンドジョブ「03010203_DB再編成」にカーソルを合わせてツールチップを表示し、実行状態が「コマンド停止」になっていることを確認してください(**図4.32**)。

図4.32　コマンドジョブ「03010203_DB再編成」の停止（コマンド停止）

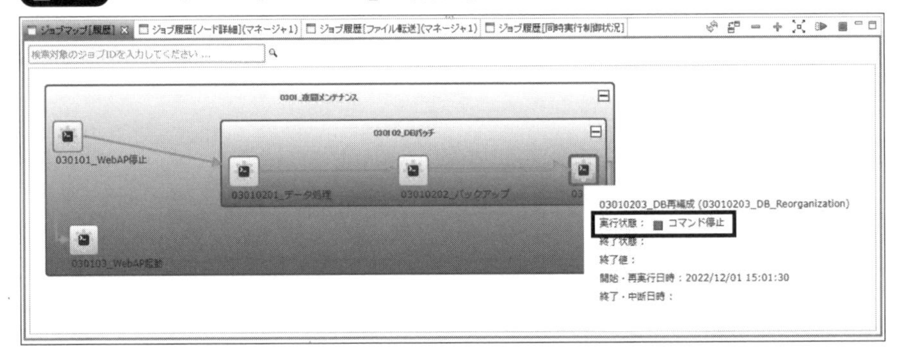

この「コマンド停止」は、ジョブとしての終了を意味しないため、ジョブセッションの実行状態は「実

行中」となります。ジョブを終了させるには[停止[状態変更]]というオペレーションが必要になります。続いて、ジョブを終了させるための操作を行います。

3. ジョブを終了させるための操作
   3-1. コマンドジョブ「03010203_DB再編成」を右クリックし、[停止]を選択します。
   3-2. [ジョブ[停止]]ダイアログが表示され、表4.9の設定を入力し、[OK]ボタンをクリックします(図4.33)。

表4.9 [ジョブ [停止]] ダイアログの設定値

制御	停止 [状態変更]
終了状態	正常
終了値	0

図4.33 [ジョブ [停止]] ダイアログ

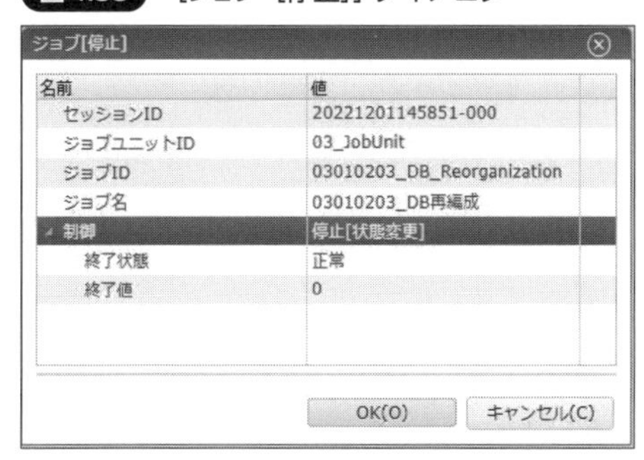

[停止[状態変更]]で終了状態を、「正常」に変更すると後続のジョブが動作し、「異常」に変更すると待ち条件を満たさないため、後続のジョブは動作しません。

4. 実行状態の確認
   [ジョブマップ[履歴]]ビューより、コマンドジョブ「03010203_DB再編成」にカーソルを合わせてツールチップを表示し、実行状態が「変更済」になっていることを確認してください(図4.34)。

図4.34 ジョブの実行状態の変更

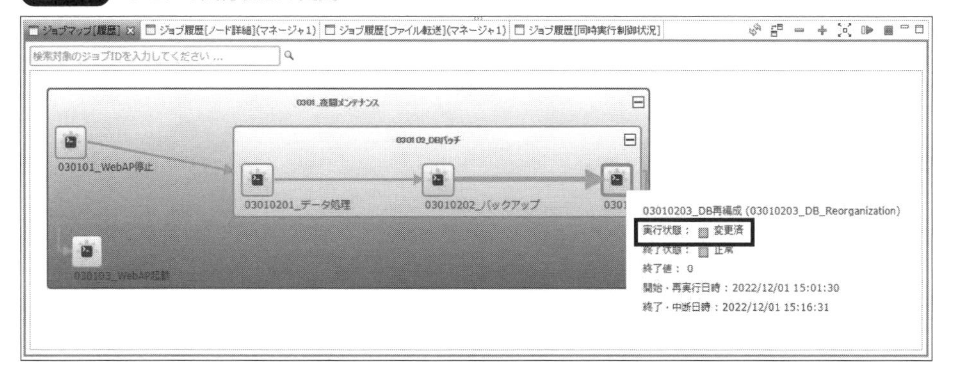

TIPS 「中断」と「停止」の違い

中断と停止は実行状態が「実行中」のジョブネットやジョブに行う似たような運用オペレーションですが、中断の場合は実行したコマンドによるプロセスには何の影響もなく、中断の解除ができます。一方、停止の場合は実行したコマンドによるプロセス自身を何かしらの形で停止させジョブ自身も終了するため、後続ジョブが実行されます。

COLUMN ジョブネットとスコープに対するオペレーション

本節で説明した運用オペレーションは、第3章で作成した1つのコマンドジョブに対して1つのノードだけが指定されているものを対象にしています。

Hinemosのジョブ機能では、ジョブネットや1つのコマンドジョブに対して複数のノードが割り当てられているスコープを指定したジョブに対する運用オペレーションも可能です。

このような場合に、当該オペレーションがどうなるかを簡単に紹介します。

■ ジョブネット

ジョブネットに対する運用オペレーションは、ジョブネット配下のジョブとジョブネットすべてに同オペレーションを実施したことになります。たとえば、コマンドジョブ「030202_バックアップ」が実行中のときに、ジョブネット「0301_夜間メンテナンス」を中断した場合、コマンドジョブ「03010202_バックアップ」も中断します。ただし、待機状態のジョブは中断されず、待機のままとなります(**図4.35**)。

図4.35 ジョブネットを中断したときのジョブマップ

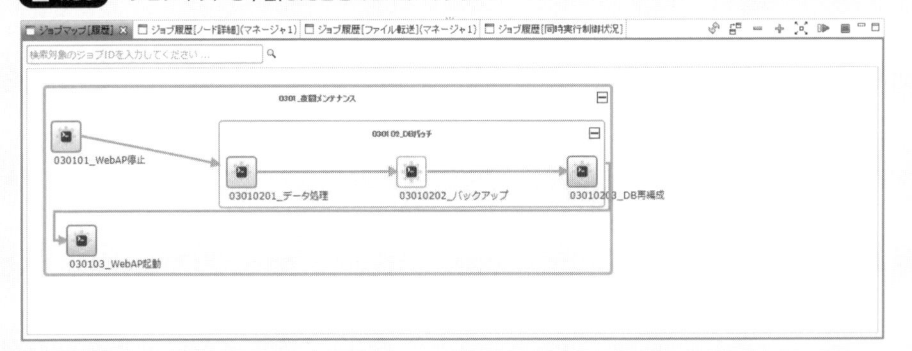

■ スコープ

複数のノードが割り当てられているスコープを指定したコマンドジョブに対する運用オペレーションは、1つ1つのノードに対して同オペレーションを実施したことに相当します。たとえば、コマンドジョブ「030101_WebAP停止」に第2章で作成したスコープ「Hinemosシステム > Hinemosシステム OS別スコープ > Linuxサーバ」を指定して実行した場合、ノード「LinuxAgent」と「Manager」それぞれでコマンドジョブ「030101_WebAP停止」のコマンドが実行されます。[ジョブ履歴[ノード詳細]]ビューでは、ノード「LinuxAgent」と「Manager」それぞれの実行結果を確認できます(**図4.36**)。

図4.36 スコープ指定による実行結果の確認

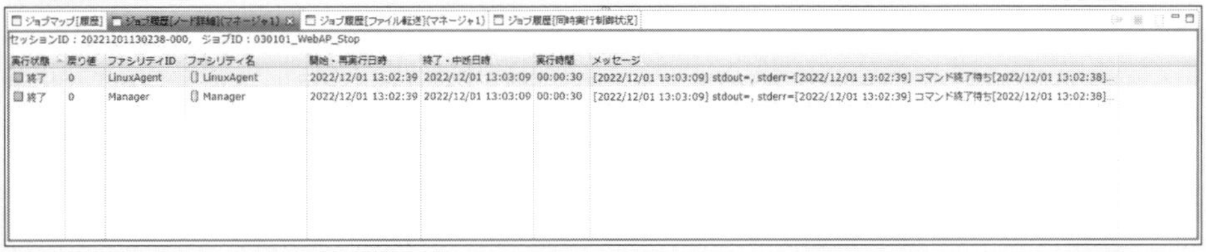

ジョブマップ[履歴] ジョブ履歴[ノード詳細](マネージャ1) ジョブ履歴[ファイル転送](マネージャ1) ジョブ履歴[同時実行制御状況]

セッションID：20221201130238-000, ジョブID：030101_WebAP_Stop

実行状態	戻り値	ファシリティID	ファシリティ名	開始・再実行日時	終了・中断日時	実行時間	メッセージ
終了	0	LinuxAgent	LinuxAgent	2022/12/01 13:02:39	2022/12/01 13:03:09	00:00:30	[2022/12/01 13:03:09] stdout=, stderr=[2022/12/01 13:02:39] コマンド終了待ち[2022/12/01 13:02:38]...
終了	0	Manager	Manager	2022/12/01 13:02:39	2022/12/01 13:03:09	00:00:30	[2022/12/01 13:03:09] stdout=, stderr=[2022/12/01 13:02:39] コマンド終了待ち[2022/12/01 13:02:38]...

4.4.2 ジョブ終了後のオペレーション

ジョブ終了後のジョブセッションに対する運用オペレーションには、一度終了したジョブネットやジョブを再度実行する「再実行」があります。

「再実行」のオペレーションは、対象のジョブセッションの実行状態が「実行中」でも「停止」でも可能です。しかし、「再実行」するジョブネットやジョブに後続ジョブがあった場合、後続ジョブの動作がジョブセッションの実行状態で大きく変わります。

本節では次の2つのユースケースを考えます。

- **実行中のジョブセッションに対する再実行**
  たとえば、コマンドジョブ「03010201_データ処理」で異常が発生し、ジョブが異常終了したとき、後続のコマンドジョブ「03010202_バックアップ」の待ち条件が満たされずに「待機」のままとなり、ジョブセッションが「実行中」のままの場合を考えます。

- **停止したジョブセッションに対する再実行**
  同様に、コマンドジョブ「03010201_データ処理」で異常が発生し、ジョブが異常終了したとき、後続のコマンドジョブ「03010202_バックアップ」のジョブ定義で、条件を満たさなければ異常終了するように定義されており、ジョブセッションが「停止」している場合を考えます。

これらのオペレーションをユースケースを基に解説していきます。

COLUMN ジョブの再実行の重要性

ジョブ設計の重要なポイントに"ジョブの再実行を加味しているか"があります。ジョブ単体(コマンドジョブ等)では、"再実行が可能な単位で作成されているか"が重要なポイントですが、ジョブ定義全体でも同様です。ジョブ定義の中のいずれかのジョブネットやジョブに異常があった際に、再実行をどうするかの方針が重要です。

シンプルにできるなら、最初から実行してもよいジョブ定義にします(即時実行やマニュアル実行契機で、再び実行する)。途中で異常終了したジョブやジョブネットから再開する場合、ジョブセッションが停止しているか否かで、後続ジョブがそのまま動作するか、後続ジョブを1つ1つ再実行するといったオペレーションが変わります。

ジョブ定義で実現したい業務内容によって要件が大きく変わるため、ベストプラクティスはありませんので、本節でHinemosのジョブセッションの再実行がどう変わるか、いろいろと試してみてください。

実行中のジョブセッションに対する再実行

■ 事前準備

1. ジョブ定義の編集

   第3章で作成したジョブ定義の中の次のコマンドジョブについて、[待ち条件]タブの[条件を満たさなければ終了する]のチェックを外します。

   ここでは、先行のジョブが正常終了でない場合、ジョブは終了せず待機状態になるよう設定します(**図4.37**)。

   - 03010202_バックアップ
   - 03010203_DB再編成
   - 030103_WebAP起動

図4.37　条件を満たさなければ終了する（チェックなし）

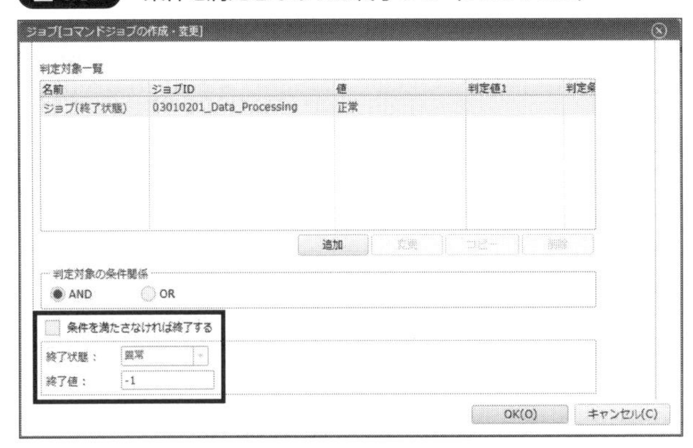

2. WindowsAgentノードのHinemosエージェントの停止

   コマンドジョブ「03010201_データ処理」の実行が確実に失敗するように、WindowsAgentノードのHinemosエージェントを停止します。

   Windowsサーバにログインし、[スタート]→[Windows管理ツール]→[サービス]をクリックして[サービス]を表示します。サービスの一覧の中にある[Hinemos_7.0_Agent]サービスを選択し、画面の左に表示されている[サービスの停止]をクリックしてHinemosエージェントを停止します(**図4.38**)。

図4.38　Hinemosエージェントの停止（Windowsサーバ）

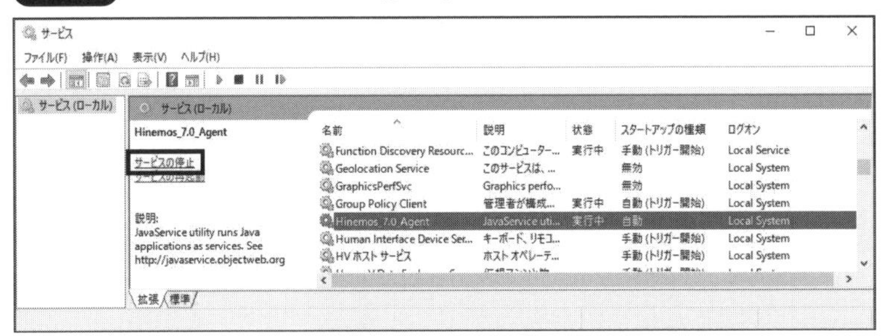

3. ジョブの実行

Hinemosエージェントが停止した状態でジョブネット「0301_夜間メンテナンス」を即時実行します。

4. ジョブの実行状況の確認

［ジョブマップ［履歴］］ビューから、コマンドジョブ「03010201_データ処理」は異常終了しますが、後続ジョブがすべて「待機」のままであることを確認します（**図4.39**）。

図4.39 コマンドジョブ「03010201_データ処理」の異常終了と後続ジョブの待機

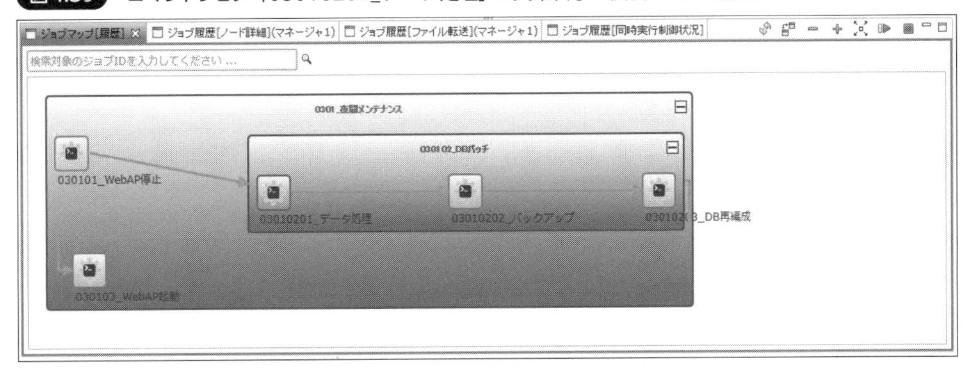

5. WindowsAgentノードのHinemosエージェントの起動

WindowsAgentノードのHinemosエージェントを起動し、再実行時にコマンドジョブ「03010201_データ処理」が成功するように準備します。

Windowsサーバにログインし、［スタート］→［Windows管理ツール］→［サービス］をクリックして［サービス］を表示します。サービスの一覧の中にある［Hinemos_7.0_Agent］サービスを選択し、画面の左に表示されている［サービスの開始］をクリックしてHinemosエージェントを開始します（**図4.40**）。

図4.40 Hinemosエージェントの起動（Windowsサーバ）

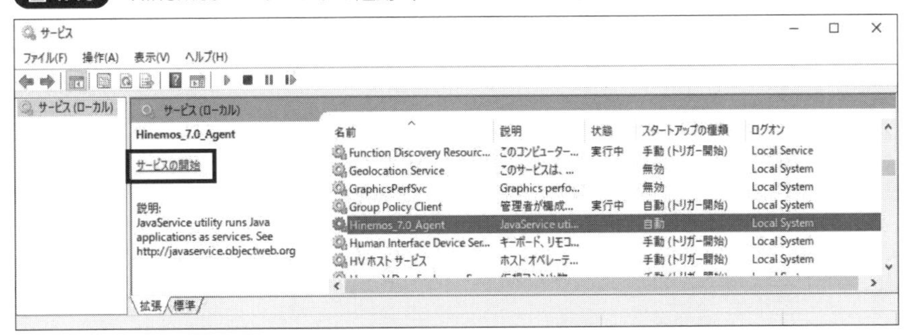

■ 再実行

ジョブセッションに対する停止のオペレーションも、［ジョブマップ［履歴］］ビューを使用します。コマンドジョブ「03010201_データ処理」が異常終了している状態で、コマンドジョブ「03010201_データ処理」を再実行してみます。WindowsAgentノードのHinemosエージェントは起動しているので、再実行は必ず成功します。

1. 再実行のオペレーション

[ジョブマップビューア]パースペクティブの[ジョブマップ[履歴]]ビューから、異常終了しているコマンドジョブ「03010201_データ処理」に対し、次の操作を行います。

1-1. コマンドジョブ「03010201_データ処理」右クリックして[開始]を選択します(図4.41)。

図4.41　コマンドジョブ「03010201_データ処理」の開始

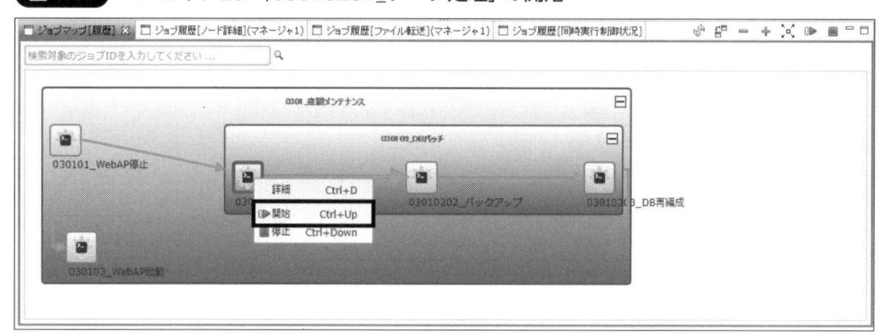

1-2. [ジョブ[開始]]ダイアログから[開始[即時]]を選択し、[OK]ボタンをクリックします(図4.42)。

図4.42　[開始［即時］]を選択

ジョブ[開始]

名前	値
セッションID	20221201154610-000
ジョブユニットID	03_JobUnit
ジョブID	03010201_Data_Processing
ジョブ名	03010201_データ処理
制御	開始[即時]

OK(O)　キャンセル(C)

2. 実行状態の確認

[ジョブマップ[履歴]]ビューから、コマンドジョブ「03010201_データ処理」が実行され正常終了すると、後続ジョブが順次開始されることが確認できます。

この操作では、ジョブセッションの実行状態が「実行中」であり、後続ジョブの実行状態が「待機」であれば実行できる状態のままであることがポイントです。

停止したジョブセッションに対する再実行

■ 事前準備

1. ジョブ定義の編集

第3章で作成したジョブ定義の中の次のコマンドジョブについて、[待ち条件]タブの[条件を満たさなければ終了する]のチェックを入れ、終了状態を[異常]、終了値を「-1」にします。

ここでは、デフォルトの設定である[条件を満たさなければ終了]のチェックが入っている場合、コマンドジョブ「03010201_データ処理」の異常終了と共に、後続ジョブすべてが異常終了し、ジョブセッションが停止することを確認します(**図4.43**)。

- 03010202_バックアップ
- 03010203_DB再編成
- 030103_WebAP起動

図4.43 条件を満たさなければ終了する(チェックあり)

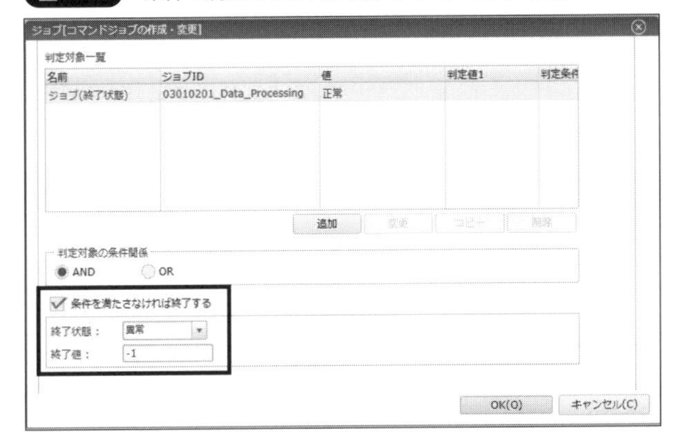

2. WindowsAgentノードのHinemosエージェントの停止

コマンドジョブ「03010201_データ処理」の実行が確実に失敗するように、WindowsAgentノードのHinemosエージェントを停止します。手順は、「4.4.2　ジョブ終了後のオペレーション」の「実行中のジョブセッションに対する再実行」を参照してください。

3. ジョブの実行

Hinemosエージェントが停止した状態でジョブネット「0301_夜間メンテナンス」を即時実行します。

4. ジョブの実行状況の確認

[ジョブマップ[履歴]]ビューから、コマンドジョブ「03010201_データ処理」が異常終了すると、後続ジョブもすべて異常終了することを確認します(**図4.44**)。

図4.44　コマンドジョブ「03010201_データ処理」の異常終了と後続ジョブの待機

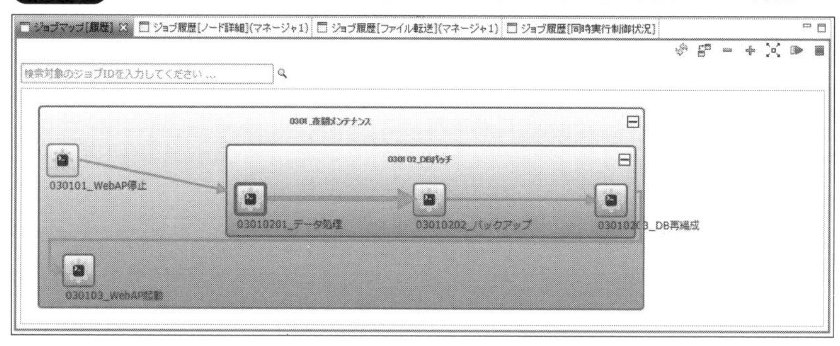

5. WindowsAgentノードのHinemosエージェントの起動
   WindowsAgentノードのHinemosエージェントを起動し、再実行時にコマンドジョブ「03010201_データ処理」が成功するように準備します。手順は、「4.4.2　ジョブ終了後のオペレーション」の「実行中のジョブセッションに対する再実行」を参照してください。

■ 再実行

ジョブセッションに対する停止のオペレーションも、[ジョブマップ[履歴]]ビューを使用します。コマンドジョブ「03010201_データ処理」が異常終了している状態で、コマンドジョブ「03010201_データ処理」を再実行してみます。WindowsAgentノードのHinemosエージェントは起動しているので、再実行は必ず成功します。

再実行のオペレーションは、「実行中のジョブセッションに対する再実行」のユースケースと同様です。

実行状態を確認すると、コマンドジョブ「03010201_データ処理」は実行され正常終了しますが、後続ジョブは再実行されず異常終了しました(**図4.45**)。

図4.45　再実行後のジョブマップ

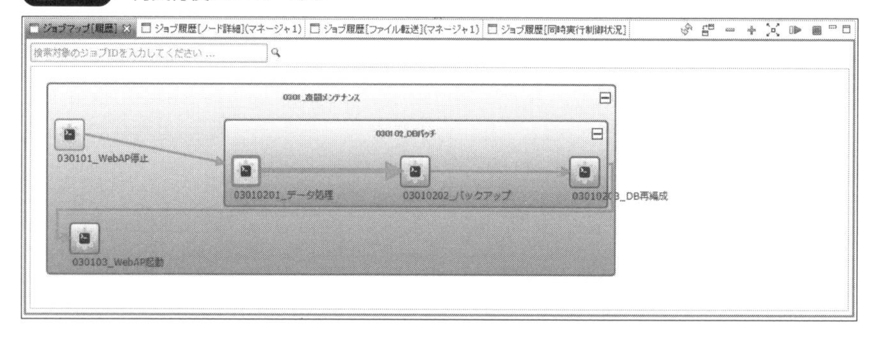

この操作では、ジョブセッションの実行状態が「停止」であり、後続ジョブの実行状態が「待機」ではなく「終了」していることがポイントです。

第5章

さまざまな実行制御

5.1 本章の説明

人件費の削減や作業ミスの抑止のため運用業務の自動化は欠かせません。単一サーバにて特定の処理を起動するだけなら、LinuxのCronやWindowsのタスクスケジューラといったOS標準機能でも十分です。しかし実際には、複数のサーバをまたがった処理(ジョブ)の順序性の制御や、処理の遅延検出、多重度や実行優先度の制御といった複雑な「実行制御」が求められます。

本章では、「実行制御」に関する運用での使いどころを紹介します(**表5.1**)。

表5.1 第5章の概要

節	各節の概要
5.2　待ち条件	先行ジョブが正常終了したら後続ジョブを起動するなどの、ジョブを起動する条件を定義する「待ち条件」を紹介する
5.3　カレンダ	営業日や営業時間といった日時でジョブを含む運用スケジュールの稼働／非稼働を定義する「カレンダ」を紹介する
5.4　保留とスキップ	実行予定のジョブの実行を見合わせたり実行を回避する「保留」と「スキップ」を紹介する
5.5　開始遅延・終了遅延	想定外に長期化したジョブの検知とアクションを行う「開始遅延」と「終了遅延」を紹介する
5.6　ジョブの繰り返し実行	バッチ処理（ジョブ）のリトライを行う「ジョブの繰り返し実行」を紹介する
5.7　同時実行制御	ジョブの排他制御や、競合を回避する「同時実行制御」を紹介する
5.8　ジョブ優先度	主系／副系の運用環境で主系でジョブの実行を優先する「ジョブ優先度」を紹介する

本章ではジョブユニット「05」の配下に、**図5.1**のようなジョブ構成でユースケースを構築していきます。

図5.1 第5章で作成するジョブユニットの図

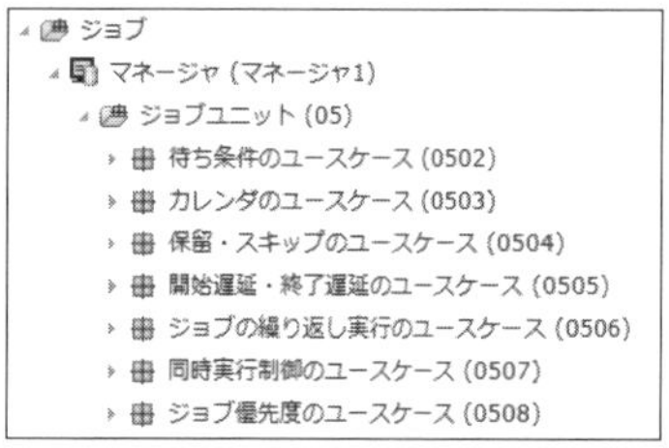

- ジョブ
  - マネージャ (マネージャ1)
    - ジョブユニット (05)
      - 待ち条件のユースケース (0502)
      - カレンダのユースケース (0503)
      - 保留・スキップのユースケース (0504)
      - 開始遅延・終了遅延のユースケース (0505)
      - ジョブの繰り返し実行のユースケース (0506)
      - 同時実行制御のユースケース (0507)
      - ジョブ優先度のユースケース (0508)

各節ではユースケースを構築するための考え方や作成方法を説明しています。

5.2 待ち条件

本節では、待ち条件機能の概要や運用での使いどころについて説明します。

5.2.1 待ち条件の機能概要

運用業務において、複数のサーバをまたがる各処理(ジョブ)は各々起動するための条件が決まっている場合が多いです。たとえば、あるジョブAが正常終了したらジョブBを起動するといったケースや、ある時刻になるまでジョブCを起動しないといったケースです。

Hinemosでは、この1つ1つのジョブが起動するための条件を「待ち条件」と呼び、各々のジョブに設定できます。この待ち条件を使用して、いわゆるジョブフローと呼ばれるジョブの前後関係を定義するなど、柔軟なフロー制御が可能になります(**図5.2**)。

図5.2 待ち条件

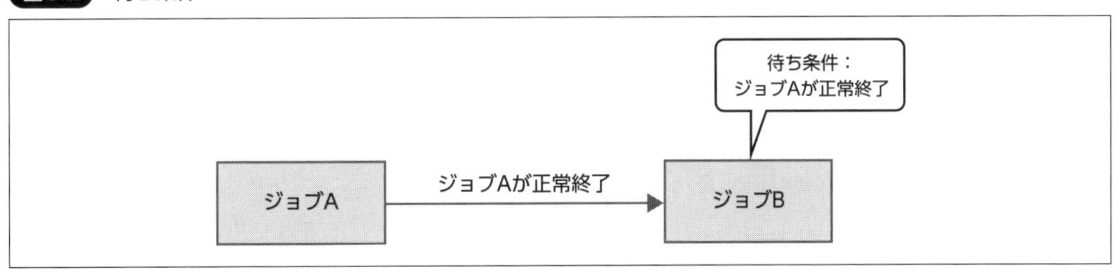

なお、Hinemosでは便宜上、先に動作するジョブ(上図のジョブA)を「先行ジョブ」、後から動作するジョブ(上図のジョブB)を「後続ジョブ」と呼びます。

1つのジョブに対して複数の待ち条件を設定することもできます。たとえば、先行するジョブAが正常終了し、かつ23時になったらジョブBを起動するといった具合です。この場合は2つの待ち条件の両方を満たす(AND)ケースですが(**図5.3**)、片方の待ち条件だけを満たす(OR)ケースも指定可能です(**図5.4**)。

図5.3 待ち条件-AND

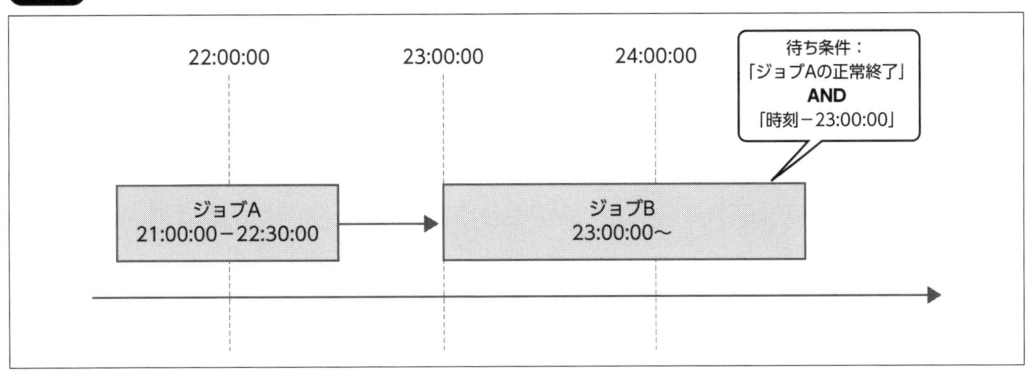

図5.4　待ち条件-OR

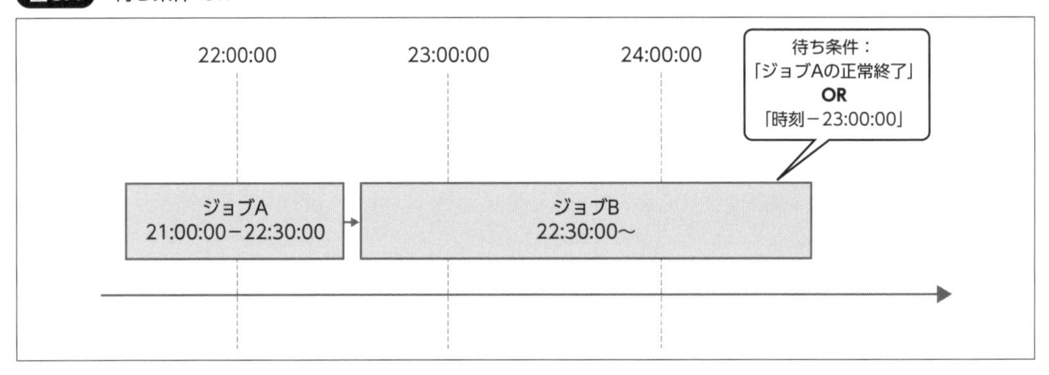

Hinemosでは**表5.2**のユースケースに対応する待ち条件を用意しています。

表5.2　待ち条件とユースケース

待ち条件	主なユースケース
先行ジョブの終了状態	複数の処理を順序だって実行するとき
時刻	定時処理など指定時刻に開始するとき
ジョブセッション開始からの時間	ジョブセッション開始からの経過時間で実行したいとき
ジョブ変数の値	コマンドの実行結果をもとにジョブの実行判定を行うとき
他のジョブセッションのジョブ待ち合わせ	異なるジョブフローの結果を待ってジョブを実行したいとき

5.2.2　待ち条件の使いどころ

運用業務の中での、待ち条件機能の使いどころを説明します。

ジョブの順次実行

本手順では、同一サーバ上での処理(ジョブ)の順次実行の例を、ログのバックアップ処理でのユースケースを例に説明します。

運用業務では、ログや設定ファイルといった情報の定期的なバックアップを行いますが、単にファイルをコピーするだけでなく、バックアップデータのクリーンアップなど、事前準備というべき処理を行う場合があります。

待ち条件を利用すると、前述のような事前準備の処理からバックアップ処理までを1つジョブフローにまとめ、一度のジョブ実行操作で処理できます。

それでは前述の処理を実践するジョブを作成してみましょう。

ここでは一例として、Hinemosマネージャが出力しているログファイルを日付のついたZIP形式でバックアップするジョブと、その前処理として、7日前に出力しているバックアップデータを削除するジョブを作成します(**表5.3**)。

表5.3　バックアップ対象と配置先

バックアップ対象	バックアップ型式	バックアップ配置先
/opt/hinemos/var/log/配下	ZIP圧縮	/opt/hinemos/var/Backup_YYYYMMDD.zip

作成するジョブのイメージは**図5.5**のとおりです。

図5.5　ジョブのイメージ図①

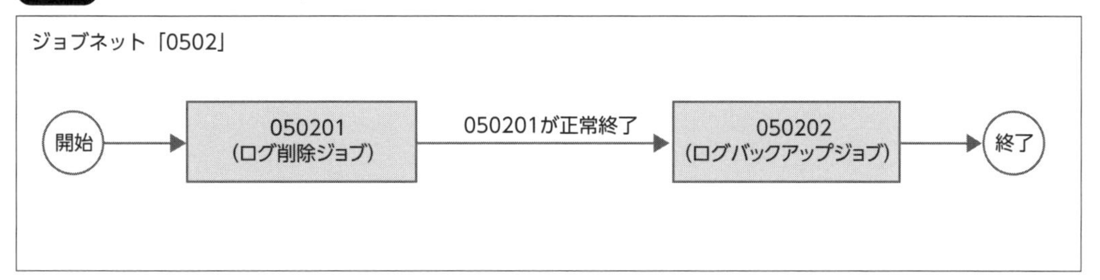

まず先行のコマンドジョブを作成します。ジョブネット「0502」の配下に次のコマンドジョブを作成してください。実行対象のスコープには第2章で作成したノード「Manager」を設定します(**表5.4**、**図5.6**)。

表5.4　コマンドジョブ「050201」の設定

ジョブID	050201
ジョブ名	ログ削除ジョブ
スコープ	Manager
起動コマンド	sleep 60 && rm -f /opt/hinemos/var/Backup_$(date +"%Y%m%d" --date '7 day ago').zip

図5.6　コマンドジョブ「050201」の設定

こちらのコマンドでは7日前に出力したバックアップファイルを削除します。初回実行時には既存のバックアップファイルは存在しませんが、その場合もコマンドは正常終了します。また、後の動作確認をわかりやすくするために、コマンドの先頭にsleepコマンドを設定しています。これは後のジョブについても同様です。

コマンドジョブ「050201」の作成が完了したら、同様に次のコマンドジョブ「050202」を作成してください(**表5.5**、**図5.7**)。

表5.5　コマンドジョブ「050202」の設定

ジョブID	050202
ジョブ名	ログバックアップジョブ
スコープ	Manager
起動コマンド	sleep 60 && zip -r /opt/hinemos/var/Backup_$(date +"%Y%m%d").zip /opt/hinemos/var/log/

図5.7　コマンドジョブ「050202」の設定

ここから待ち条件の設定を行います。コマンドジョブ「050202」の[待ち条件]タブを開き、判定対象一覧の下部にある[追加]ボタンをクリックしてください。[待ち条件]ダイアログが開くので、次のとおり入力してください(**表5.6**、**図5.8**)。

本手順では[待ち条件]タブで設定を行っていますが、[ジョブマップ[登録]]ビュー上でドラッグアンドドロップすることでも、同様の待ち条件の設定が可能です。ドラッグアンドドロップによる設定方法は「3.3.4　待ち条件の設定」を参照してください。

表5.6　コマンドジョブ「050202」-待ち条件の設定

名前	ジョブ(終了状態)
ジョブID	050201
値	正常

図5.8 コマンドジョブ「050202」-待ち条件の設定

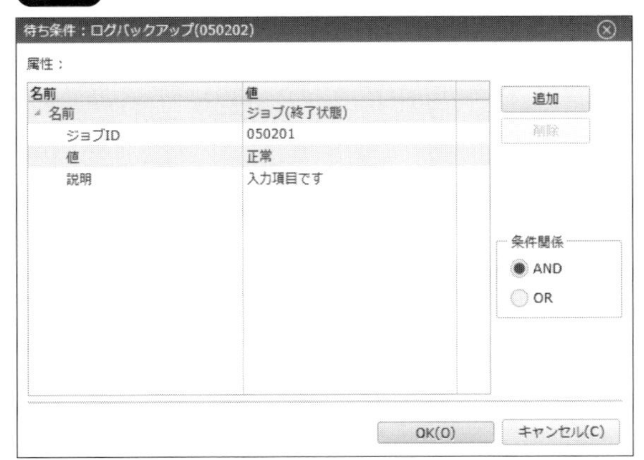

設定後、[ジョブマップ[登録]]ビューでジョブを登録してください。

以上で待ち条件の設定は完了です。ジョブの動作を確認してみましょう。[ジョブマップ[登録]]ビューでジョブネット「0502」を選択し、[実行]ボタンをクリックしてください。

次に[ジョブマップビューア]パースペクティブの[ジョブ履歴[一覧]]ビューを開き、先ほど実行したジョブのジョブセッションをクリックしてください。[ジョブマップ[履歴]]ビューにジョブの実行状況が表示されます。

実行直後は**図5.9**のように、先行のコマンドジョブ「050201」だけが実行中となり、コマンドジョブ「050202」は待機状態となります。

図5.9 ジョブセッション開始直後

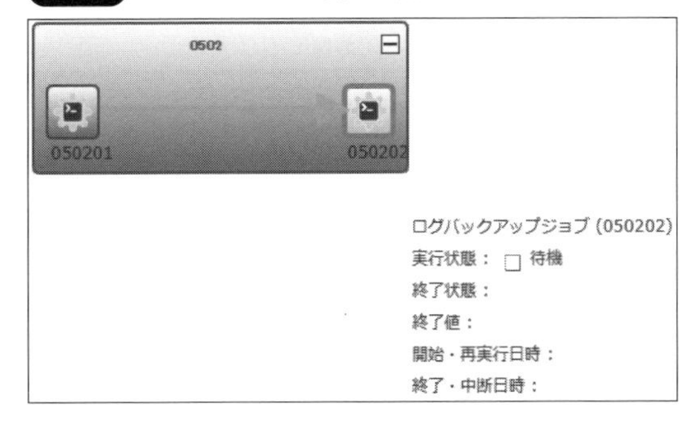

コマンドジョブ「050201」が正常終了すると、後続のコマンドジョブ「050202」は待ち条件の達成により実行中へと遷移します(**図5.10**)。

図5.10　待ち条件達成後

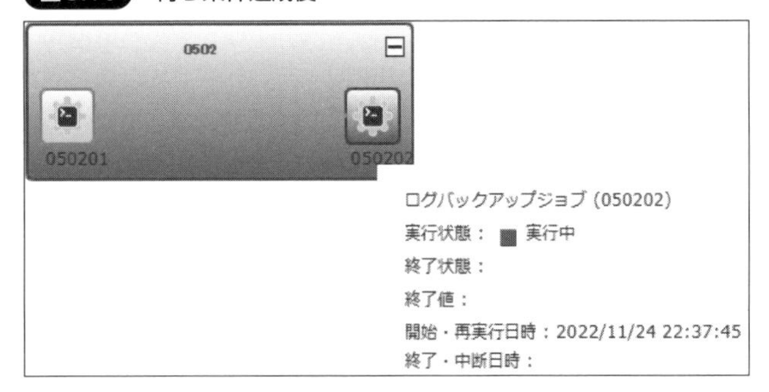

ジョブの開始時刻の指定

本手順では、先行ジョブの終了後に指定時刻までジョブの実行を待たせる設定方法を、ログバックアップ処理のユースケースを例に説明します。

運用業務において、ログのバックアップのような処理は、指定の時刻に実施するケースが一般的です。たとえば、バックアップに関連した処理はすべて営業時間終了後の23時に行う、といった運用であれば、第6章で案内しているスケジュール実行契機で実現することもできます。しかし、もし、バックアップ前に先行して実行する処理(ジョブ)がある場合、その処理が予想外に長期化したときにバックアップの実施タイミングが23時から大きく後ろにずれ込んでしまうことが予想されます。

このような場合、先行ジョブは長期化しても23時以前の完了を見込める時間帯に前もって済ませておき、23時からはバックアップ処理だけを実施するのが良いでしょう。

ジョブの待ち条件には時刻を指定できます。これを前節で作成した"先行ジョブの終了状態"の待ち条件と組み合わせることで、先行ジョブの終了後、23時まで待ってバックアップを開始する、という運用が可能となります。

ここからは、実際に指定時刻に開始するジョブを作成してみましょう(**図5.11**)。

図5.11　ジョブのイメージ図②

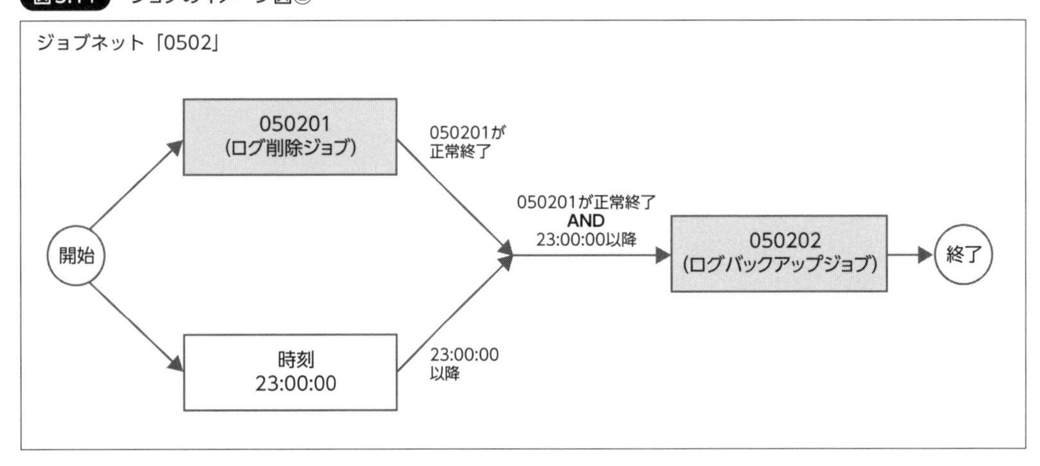

コマンドジョブ「050202」を開き、先ほど登録した待ち条件と同様の方法で、次の待ち条件を追加してください。次の設定例では時刻に23:00:00を設定していますが、動作確認の実施時刻に応じて任意に変

更しても結構です(**表5.7**、**図5.12**、**図5.13**)。

表5.7 コマンドジョブ「050202」-待ち条件の設定2

名前	時刻
値	23:00:00

図5.12 コマンドジョブ「050202」-待ち条件の設定2

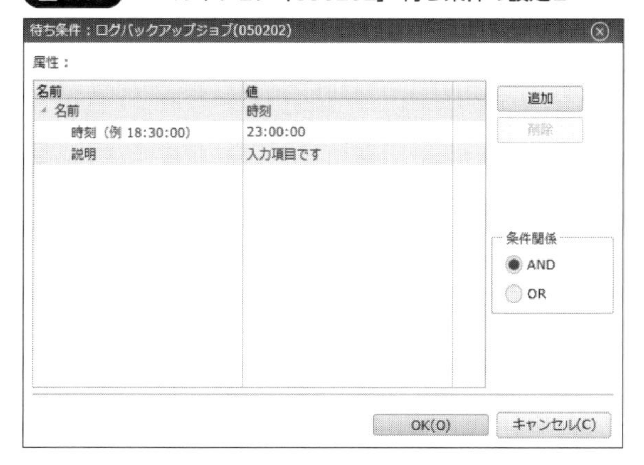

図5.13 コマンドジョブ「050202」-［待ち条件］タブ

また、［待ち条件］タブの［判定対象の条件関係］欄で「AND」が設定されていることを確認してください。

以上で待ち条件の設定は完了です。ジョブの登録後、ジョブネット「0502」を実行してみましょう。先行のコマンドジョブ「050201」の正常終了と、待ち条件の時刻(23:00:00)の双方が達成されるまで、後続のコマンドジョブ「050202」は待機します。

図5.14では、先行のコマンドジョブ「050201」はすでに終了していますが、23時前であるために、後続のコマンドジョブ「050202」は待機しています。

図5.14　時刻の待ち条件未達成

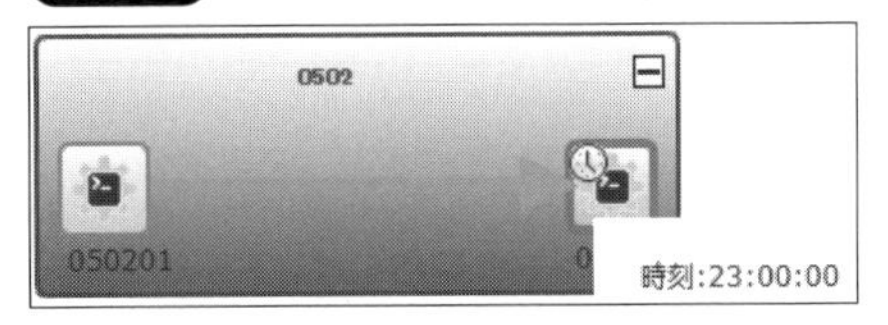

COLUMN　待ち条件のAND/ORによる条件達成・条件未達成の差異

条件関係のANDとORでは、待ち条件の条件達成・未達成と判定されるタイミングが異なります。それぞれのタイミングの違いは**表5.8**のとおりです。

表5.8　判定対象の条件関係（AND/OR）の差異

判定対象の条件関係	条件達成となるタイミング	条件未達成となるタイミング
AND	待ち条件をすべて達成	待ち条件のいずれか1つが未達成
OR	待ち条件のいずれか1つを達成	待ち条件がすべて未達成

COLUMN　待ち条件では対応が難しいケースの対応

大概の運用ケースには本節の待ち条件で対応できますが、ごくまれに待ち条件では対応が難しいケースもあります。たとえば、先行ジョブが終了した時間が、18時〜23時の間であれば後続ジョブAを、23時以降は後続ジョブAは中止して後続ジョブBを実行といったケースです。

時刻を契機とする待ち条件としては、本節で解説した待ち条件「時刻」があります。しかし、単に、後続ジョブAに待ち条件「時刻：18時」、後続ジョブBに待ち条件「時刻：23時」と設定したのでは、23時以降には双方とも待ち条件が達成されてしまい、結果、後続ジョブA、Bが双方とも実行されてしまいます。

このようなケースでは、待ち条件ではなく"後続ジョブの実行設定"を利用する方法があります。後続ジョブの実行設定については「Hinemos ver.7.0 基本機能 マニュアル 7.1.4.1.2 制御(ジョブ)の設定」表7-1-4-3を参照してください。

たとえば、後続ジョブの実行設定で「後続ジョブは1つだけ実行する」をチェックし、「実行する後続ジョブの優先順位」で、後続ジョブA＞後続ジョブBの順序を定義、その上で、「5.5　開始遅延・終了遅延」で紹介する開始遅延により、23時を過ぎたら後続ジョブAはスキップするといった方法が考えられます。

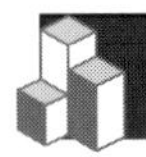

5.3 カレンダ

本節ではカレンダ機能の概要や、運用での使いどころについて説明します。

カレンダ機能はHinemosの共通基本機能に属します。共通基本機能については「Hinemos ver.7.0 基本機能マニュアル 第4部 共通基本機能」をご参照ください。なお、カレンダ以外の共通基本機能については本書の第2章で紹介しています。

5.3.1 カレンダの機能概要

運用業務におけるジョブは、日次／週次／月次といったサイクルであったり、月末月初や第3月曜日だけといった決まった日や曜日に起動する運用を行います。しかし、たとえば営業日にだけジョブを実行する場合、祝日は翌営業日や前営業日に振り替えてジョブを実行したいという要件や、システムメンテナンスを行う期間はジョブを停止したいなどの要件がでてきます。

Hinemosでは、いわゆるカレンダに対してどの日どの時間帯が稼働してよいのか否か(非稼働か)を定義するカレンダ機能を持ちます。この稼働／非稼働の定義と、非稼働の場合の制御(振り替え実行など)を指定することで、各システムの運用スケジュールに沿ったジョブの実行制御が可能になります。

カレンダでは○年・○月・○曜日・毎月○日といった定義で稼働日／非稼働日を設定することできます。また、これらの定義では設定が難しい、祝日や非営業日などの不規則な日程に対応する機能としてカレンダパターンがあります。カレンダパターンでは「YYYY年MM月DD日」の任意の組み合わせで、ユーザ独自のパターンを設定できますので、前述のような不規則なパターンであっても、適切に稼働日／非稼働日を制御するカレンダを作成できます。

COLUMN ジョブとスケジュール実行契機におけるカレンダの動作の違い

「6.2 スケジュール実行契機」で紹介するスケジュール実行契機にもカレンダの設定は可能ですがジョブのカレンダ設定とスケジュール実行契機のカレンダでは**表5.9**のような違いがあります。

表5.9 スケジュール実行契機との違い

	ジョブのカレンダ	スケジュール実行契機のカレンダ
カレンダの適用対象	ジョブフロー内のコマンドジョブ・ジョブネット単体	ジョブフロー全体
非稼働期間の動作	ジョブセッションは生成されるが、対象ジョブは［制御（ジョブ）］タブの終了状態・終了値で終了	ジョブセッションは生成されない

COLUMN　カレンダ付与の設計

ジョブ(ジョブネット・コマンドジョブ)にカレンダを設定するか、スケジュール実行契機にカレンダを設定するか、あるいは両方に設定するかは各運用環境における設計のポリシーに依存します。シンプルに、スケジュール実行契機だけにカレンダを設定し、ジョブフロー全体の稼働／非稼働を制御する設計は、動作がわかりやすくメンテナンス性にも優れます。しかし、ジョブフローは稼働させてもその中の一部のジョブだけを非稼働にしたい、といった細かな制御はできません。

ジョブにカレンダを設定すると、ジョブフロー内の一部のジョブだけを非稼働にするといった運用が可能です。しかし、あらかじめどのようなルールでカレンダを設定するのか決めておかなければ、運用開始後にジョブが想定外に稼働しない(または稼働してしまった)といった場合に、調査に時間がかかることが予想されます。

実際にカレンダを運用環境に設定する際には、各運用環境のジョブの運用要件を照らし合わせて、スケジュール実行契機・ジョブのどちらにカレンダを設定するのか設計ポリシーを決定するのがよいでしょう。

COLUMN　毎年カレンダのメンテナンスが必要な日本の祝日

日本の祝日のうち、春分の日・秋分の日はその年ごとに祝日に日程が変わります※1。該当の祝日がジョブの稼働／非稼働に影響を及ぼす場合には、毎年カレンダの設定を修正する必要が生じます。Hinemosのカスタマーポータルでは、翌年の春分の日・秋分の日が決定次第、翌年末までの祝日情報を反映したカレンダを公開しています※2。

※1　毎年2月初頭の官報で発表される暦要項にて、翌年の春分の日・秋分の日が決定します。

※2　参考までに、2023年の祝日情報を反映したカレンダは、2022年3月2日付でカスタマーポータル上に公開しています。

5.3.2　カレンダ機能の使いどころ

カレンダ機能の使いどころについて説明します。

ジョブの稼働期間の指定（曜日・時刻）

カレンダによる曜日指定・時刻指定でのジョブ稼働／非稼働の制御を、週末の夜間バッチのユースケースを例に解説します(**図5.15**)。

週末には、その週の運用成果を取りまとめるバッチ処理や、週末のメンテナンスに向けたサービス閉塞処理を行う場合があります。たとえば、土日は運用は実施しないけれども、金曜日の営業時間後の夜23:00～土曜日の3:00の期間にバッチ処理を実施したい、といったケースです。

このように日をまたぐ日時を表現する際、日本では伝統的に「金曜日の23時～27時」のように24時間を超えた表記をします。Hinemosのカレンダはこのような要件に直感的に対応できるよう48時間制のカレンダを採用しており、金曜日の23:00～27:00(＝土曜日3:00)のように設定できます。

他社製品で採用している24時間制のカレンダでは、このように日をまたぐ時刻を設定する際に、金曜日の稼働時間(23:00〜24:00)と土曜日の稼働時間(00:00〜03:00)の2つに分けて設定する必要があります。

それでは、実際にカレンダ機能を利用して、金曜日の23:00〜27:00に稼働するジョブを作成してみましょう。

図5.15　ジョブのイメージ図

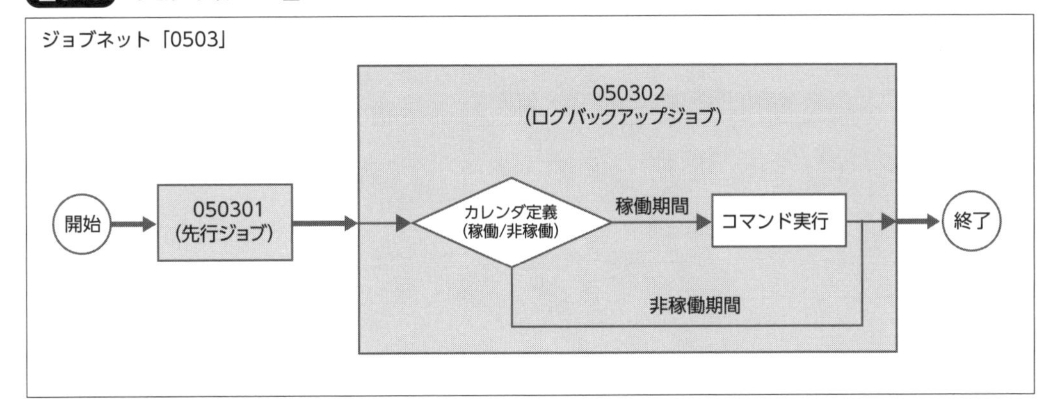

ジョブネット「0503」の配下に次のコマンドジョブを作成してください(**表5.10**、**図5.16**、**表5.11**、**図5.17**)。

表5.10　コマンドジョブ「050301」の設定

ジョブID	050301
ジョブ名	先行ジョブ
スコープ	Manager
起動コマンド	sleep 60

図5.16　コマンドジョブ「050301」の設定

ジョブ[コマンドジョブの作成・変更]
ジョブID：050301　編集
ジョブ名：先行ジョブ　モジュール登録
説明：
オーナーロールID：ALL_USERS
ジョブ開始時に実行対象ノードを決定する
アイコンID：
待ち条件　制御(ジョブ)　制御(ノード)　コマンド　ファイル出力　開始遅延　終了遅延　終了状態　通知先の指定
スコープ
ジョブ変数：#[FACILITY_ID]
固定値：Manager　参照
スコープ処理
全てのノードで実行　正常終了するまでノードを順次リトライ
スクリプト配布：　スクリプト配布
起動コマンド：sleep 60
停止
プロセスの終了　停止コマンド
実効ユーザ
エージェント起動ユーザ　ユーザを指定する
ジョブ終了時の変数設定　環境変数
OK(O)　キャンセル(C)

表5.11　コマンドジョブ「050302」の設定

ジョブID	050302
ジョブ名	ログバックアップジョブ
スコープ	Manager
起動コマンド	sleep 60 && zip -r /opt/hinemos/var/Backup_$(date +"%Y%m%d").zip /opt/hinemos/var/log/

図5.17　コマンドジョブ「050302」の設定

後続のコマンドジョブ「050302」には次の待ち条件を設定してください(**表5.12**、**図5.18**)。

表5.12　コマンドジョブ「050302」-待ち条件の設定

名前	ジョブ（終了状態）
ジョブID	050301
値	正常

図5.18　コマンドジョブ「050302」-待ち条件の設定

以上の設定後、いったん、[ジョブマップ[登録]]ビューからジョブを登録してください。ここからジョブにカレンダを設定していきます。

カレンダ機能を利用するには、まずカレンダ定義を作成する必要があります。カレンダ定義の作成は、[カレンダ]パースペクティブから行います。[カレンダ]パースペクティブを開き、[カレンダ[一覧]]ビューの[作成]ボタンをクリックしてください。[カレンダ[カレンダの作成・変更]]ダイアログが開くので、**表5.13**の内容を入力してください。

表5.13 カレンダ（CAL_Friday_Midnight）

カレンダID	CAL_Friday_Midnight
カレンダ名	金曜日（23時～27時）稼働カレンダ
有効期間（開始）	2022/01/01 00:00:00
有効期間（終了）	2099/12/31 23:59:59

次に右端の[追加]ボタンをクリックしてください。[カレンダ[詳細設定の作成・変更]]ダイアログが開くので、**表5.14**の内容を入力して[OK]ボタンをクリックしてください。

表5.14 カレンダ詳細（CAL_Friday_Midnight）

説明	金曜日 23時～27時稼働
年	毎年
月	毎月
日	曜日-毎週 金曜日
前後日	0日後
振り替え	チェックしない
開始時刻	23:00:00
終了時刻	27:00:00
稼働／非稼働	稼働

以上の設定後、[カレンダ[カレンダの作成・変更]]ダイアログで[OK]ボタンをクリックしてください（**図5.19**）。作成したカレンダが[カレンダ[一覧]]ビューに表示されます。

図5.19 カレンダの設定「CAL_Friday_Midnight」

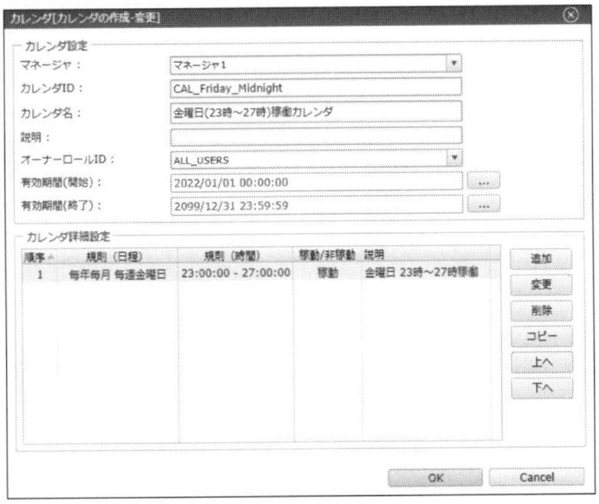

カレンダの作成後は、カレンダが想定どおり登録されているか確認します。[カレンダ[一覧]]ビューで先ほど作成したカレンダ「CAL_Friday_Midnight」を選択してください。右隣の[カレンダ[月間予定]]ビューに1月分のスケジュールが表示されます。前述のとおり設定されていれば、金曜日と土曜日の行に「△」が表示されているはずです。[カレンダ[月間予定]]ビューをクリックすると、[カレンダ[週間予定]]ビューに詳細なスケジュールが表示されます(**図5.20**)。

図5.20 カレンダ定義の確認

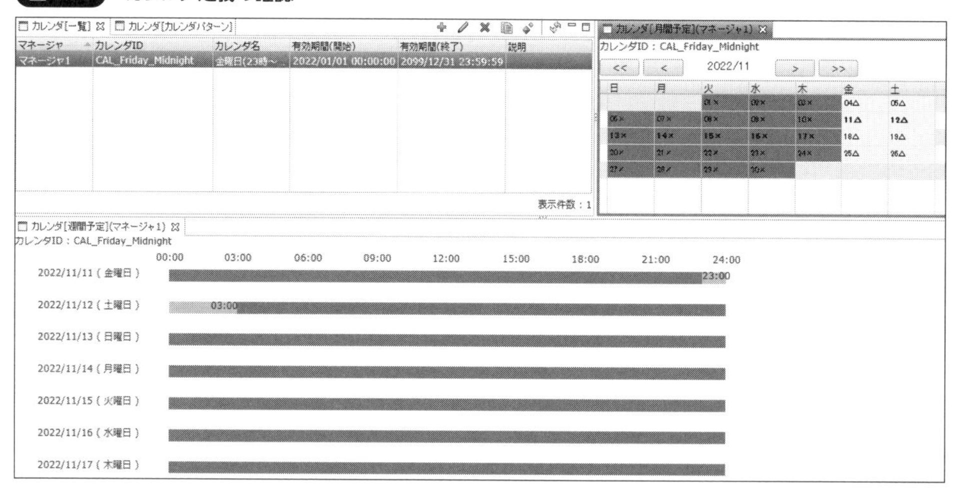

作成したカレンダをジョブへ設定します。コマンドジョブ「050302」の[制御(ジョブ)]タブを開き、次のように設定してください(**表5.15**、**図5.21**)。

表5.15 コマンドジョブ「050302」-カレンダの設定

カレンダ	チェックする
カレンダID	CAL_Friday_Midnight
終了状態	異常
終了値	0

図5.21 コマンドジョブ「050302」-カレンダの設定

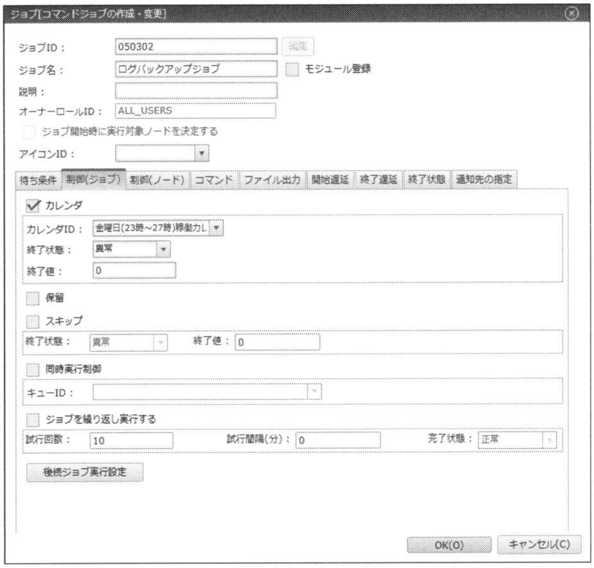

ジョブ[コマンドジョブの作成・変更]
ジョブID： 050302 編集
ジョブ名： ログバックアップジョブ モジュール登録
説明：
オーナーロールID： ALL_USERS
ジョブ開始時に実行対象ノードを決定する
アイコンID：
待ち条件 制御(ジョブ) 制御(ノード) コマンド ファイル出力 開始遅延 終了遅延 終了状態 通知先の指定
カレンダ
カレンダID： 金曜日(23時～27時)稼働カレ
終了状態： 異常
終了値： 0
保留
スキップ
終了状態： 異常 終了値： 0
同時実行制御
キューID：
ジョブを繰り返し実行する
試行回数： 10 試行間隔(分)： 0 完了状態： 正常
後続ジョブ実行設定
OK(O) キャンセル(C)

設定後は[ジョブマップ[登録]]ビューからジョブを登録してください。以上の設定で、コマンドジョブ「050302」は金曜日の23時～27時の間だけ稼働するようになります。

それではカレンダを設定したジョブの動作を確認してみましょう。[ジョブマップ[登録]]ビューから、ジョブネット「0503」を実行してください。

カレンダの非稼働期間に実行した場合、コマンドジョブ「050302」は実行されず、**図5.22**のように[制御(ジョブ)]タブで設定した終了状態・終了値で終了します。

図5.22 非稼働期間の動作

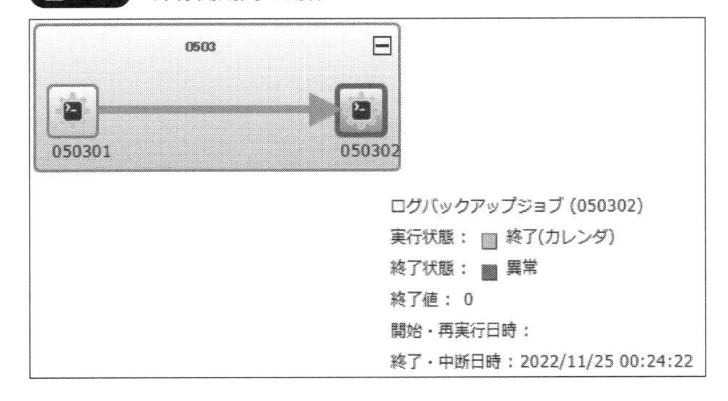

稼働期間にジョブネット「0503」を実行した場合には、「5.2 待ち条件」のコマンドジョブ「050202」と同様に、先行ジョブが正常終了(待ち条件を達成)次第、ジョブが実行されます。

COLUMN

カレンダの判定とHinemos時刻

カレンダの稼働／非稼働の判定は、Hinemos時刻（デフォルトではOSのシステム時刻と一致）に沿って行われます。未来日や特殊なイベントの日など、カレンダによる稼働／非稼働の動作試験を実施する際に、適宜Hinemos時刻を変更して確認するのが良いでしょう。

Hinemos時刻については、「Hinemos ver.7.0 基本機能マニュアル　9.1.1.1.12 その他のHinemosプロパティ」の表 9-1-1-36 に記載のプロパティ"common.time.offset"を参照してください。また、"common.time.offset"を変更する際には、「Hinemos ver.7.0 基本機能マニュアル 4.5.5.6 メンテナンススクリプトを実行する」の表 4-5-5-1 に記載のとおり、スケジューラのリセットを実施してください。

COLUMN

ジョブのカレンダ設定の有無による動作の違い

ジョブへカレンダを設定した場合と、未設定の場合とでは、稼働／非稼働の期間が**表5.16**のように異なります。

表5.16　カレンダによる稼働／非稼働期間の差異

	カレンダを未設定の場合	カレンダを設定した場合
稼働期間	すべての期間	カレンダで稼働を指定した期間
非稼働期間	なし	カレンダで非稼働を指定した期間、および稼働／非稼働のどちらも指定されていない期間

先ほど設定したカレンダの場合では、稼働期間に指定した金曜日の23時～27時以外の時間帯は、前述の「稼働／非稼働のどちらも指定されていない期間」に該当するため、非稼働となります。

ジョブの稼働期間の指定（月末最終日）

本手順では、月末処理を例に、カレンダによる月末最終日の稼働／非稼働設定を解説します。

月末の集計処理やバッチ処理など、月末最終日の営業時間を終え、翌日のサービス開始までに実施すべき処理もあります。こういった月の最終日を指定するカレンダもHinemosでは作成できます。

ここでは一例として、月末最終日の18時以降を稼働期間とするカレンダを作成してみましょう。

Hinemosのカレンダでは日付指定が可能ですが、月の最終日は月ごとに異なりますので、単純な日付指定では最終日に稼働させることはできません。これを解決するのが前後日の設定です。前後日では、指定の日付の○日前といった設定が可能です。毎月1日の1日前という設定を行うことで、月末の最終日に稼働するカレンダが作成できます。

［カレンダ［カレンダの作成・変更］］ダイアログと［カレンダ［詳細設定の作成・変更］］ダイアログで次のように設定してください。月末の最終日だけ動作するカレンダ設定が作成できます（**表5.17**、**表5.18**）。

表5.17 カレンダ（CAL_EMD_OF_MONTH）

カレンダID	CAL_EMD_OF_MONTH
カレンダ名	月末最終日稼働カレンダ
有効期間（開始）	2022/01/01 00:00:00
有効期間（終了）	2099/12/31 23/59/59

表5.18 カレンダ詳細（CAL_EMD_OF_MONTH）

説明	月末最終日稼働
年	毎年
月	毎月
日	日 - 1日
前後日	-1日後
振り替え	チェックしない
開始時刻	18:00:00
終了時刻	24:00:00
稼働／非稼働	稼働

作成後は、[カレンダ[月間予定]]ビューと[カレンダ定義[週間予定]]ビューから、想定どおりのカレンダが作成できたか確認してみましょう。正しく設定されていれば、**図5.23**のように表示されます。

図5.23 月末最終日稼働カレンダの定義確認

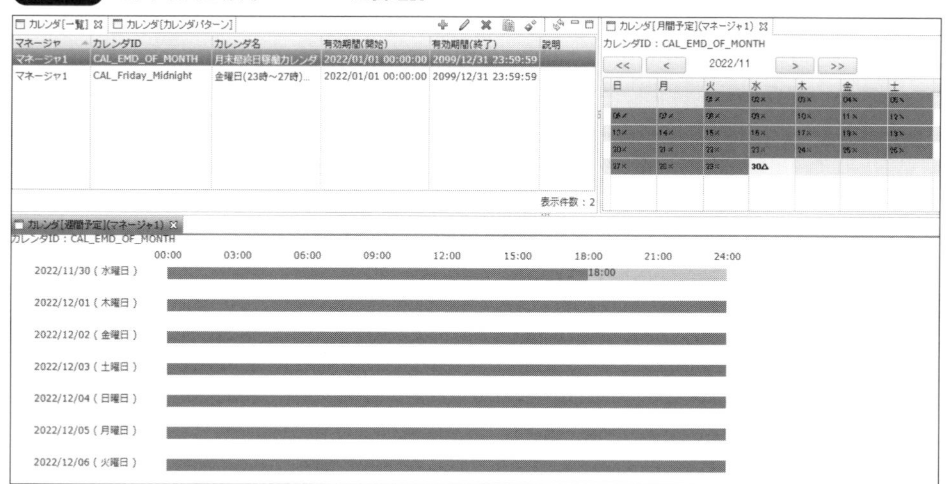

ジョブへのカレンダの設定方法と動作確認の方法は、先ほど作成したカレンダ（カレンダID:CAL_Friday_Midnight）と同様です。動作確認を行う場合は、先ほど使用したコマンドジョブ「050302」の[制御(ジョブ)]タブにて、カレンダを変更してください。

COLUMN　月末の最終営業日のカレンダ

本節で紹介したのは月の最終日を稼働とするカレンダです。しかし、最終日が非営業日（非稼働期間）の場合にはその前日にジョブを実行したいなど、単純な月末ではなく、月の最終営業日を対象にジョブを実行したいケースもあります。そのような場合には、カレンダの振り替えの設定を利用します。振り替えは、実行予定時刻が非稼働と判定された場合に、「振り替え間隔」の時間分、実行タイミングを振り替える設定です。

月の最終営業日をジョブの稼働対象とする場合には、本節のカレンダを**表5.19**のように修正してください。最終日が非営業日であった場合にはその前日（24時間前）に実行タイミングを振り替えることができます。

表5.19　最終営業日に稼働するカレンダ

説明	月末最終営業日稼働
年	毎年
月	毎月
日	日 - 1日
前後日	-1日後
振り替え	チェックする
振り替え間隔	-24
振り替え上限	10
開始時刻	18:00:00
終了時刻	24:00:00
稼働／非稼働	稼働

ジョブの非稼働期間の指定（ユーザ独自のパターン）

本手順では、ゴールデンウィーク中の非稼働運用を例に、ユーザ独自のパターンでカレンダを定義する方法を解説します。

カレンダ詳細の通常のルールでは対応が難しいスケジュールでの運用を求められるケースもあります。たとえば、通常は毎日ジョブを実行するものの、ゴールデンウィーク中のシステム入れ替え作業を行うため、4月29日～5月5日はバッチ処理を停止したいといったケースです。このような通常のカレンダ定義では対応が難しいケースには、カレンダパターンの設定を利用し、ユーザ独自のパターンを作成して対応します。

ここでは例として、4月29日～5月5日を非稼働とするカレンダを作成してみましょう。カレンダパターンの作成は、[カレンダ[カレンダパターン]]ビューで行います。[カレンダ[カレンダパターン]]ビューの[作成]ボタンをクリックしてください。[カレンダ[カレンダパターンの作成・変更]]ダイアログが表示されますので、登録日を設定します。ここでは次のように2023年04月29日～2023年5月5日を登録してください（**表5.20**、**図5.24**）。

表5.20　カレンダパターン

カレンダパターンID	CALPTN_GW
カレンダパターン名	GW非稼働カレンダパターン
登録日	2023/4/29、2023/4/30、2023/5/1、2023/5/2、2023/5/3、2023/5/4、2023/5/5

図5.24 カレンダパターン

以上で作成したカレンダパターンを、カレンダ定義に登録します。[カレンダ[一覧]]ビューから**表5.21**のカレンダを作成してください。

表5.21 カレンダ（CAL_GW）

カレンダID	CAL_GW
カレンダ名	GW非稼働カレンダ
有効期間（開始）	2022/01/01 00:00:00
有効期間（終了）	2099/12/31 23:59:59

カレンダ詳細設定には次の2つを登録してください(**表5.22**、**表5.23**)。

表5.22 カレンダ詳細（CAL_GW）-順序1

順序	1
説明	GW非稼働
年	毎年
月	毎月
日	カレンダパターン：GW非稼働カレンダパターン
前後日	0
振り替え	チェックしない
開始時刻	00:00:00
終了時刻	24:00:00
稼働／非稼働	非稼働

表5.23　カレンダ詳細（CAL_GW）-順序2

順序	2
説明	毎日稼働
年	毎年
月	毎月
日	すべての日
前後日	0
振り替え	チェックしない
開始時刻	00:00:00
終了時刻	24:00:00
稼働／非稼働	稼働

以上の設定により、カレンダパターンに設定した2023年の4月29日～5月5日だけ非稼働となるカレンダを作成できます。作成後は[カレンダ[月間予定]]ビューと[カレンダ定義[週間予定]]ビューにて、想定どおりのカレンダが作成できたか確認してみましょう。正しく設定されていれば、**図5.25**のように表示されます。

図5.25　GW非稼働カレンダの定義確認

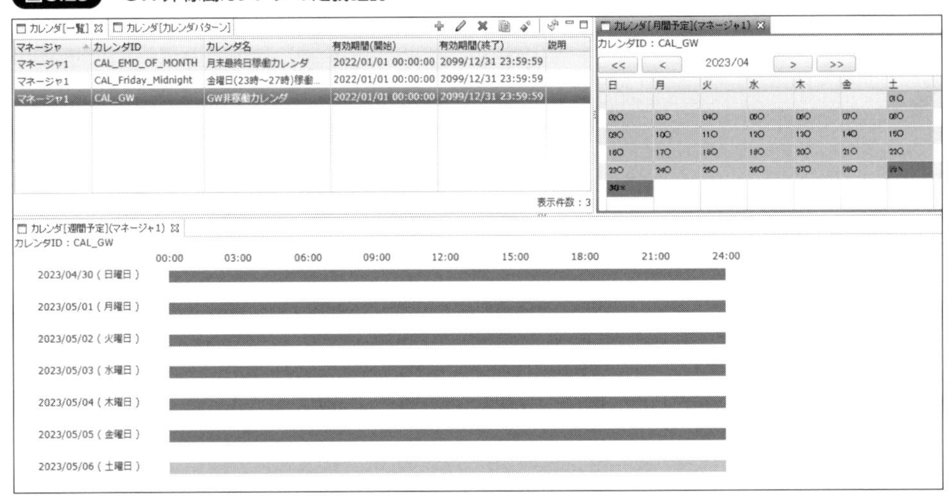

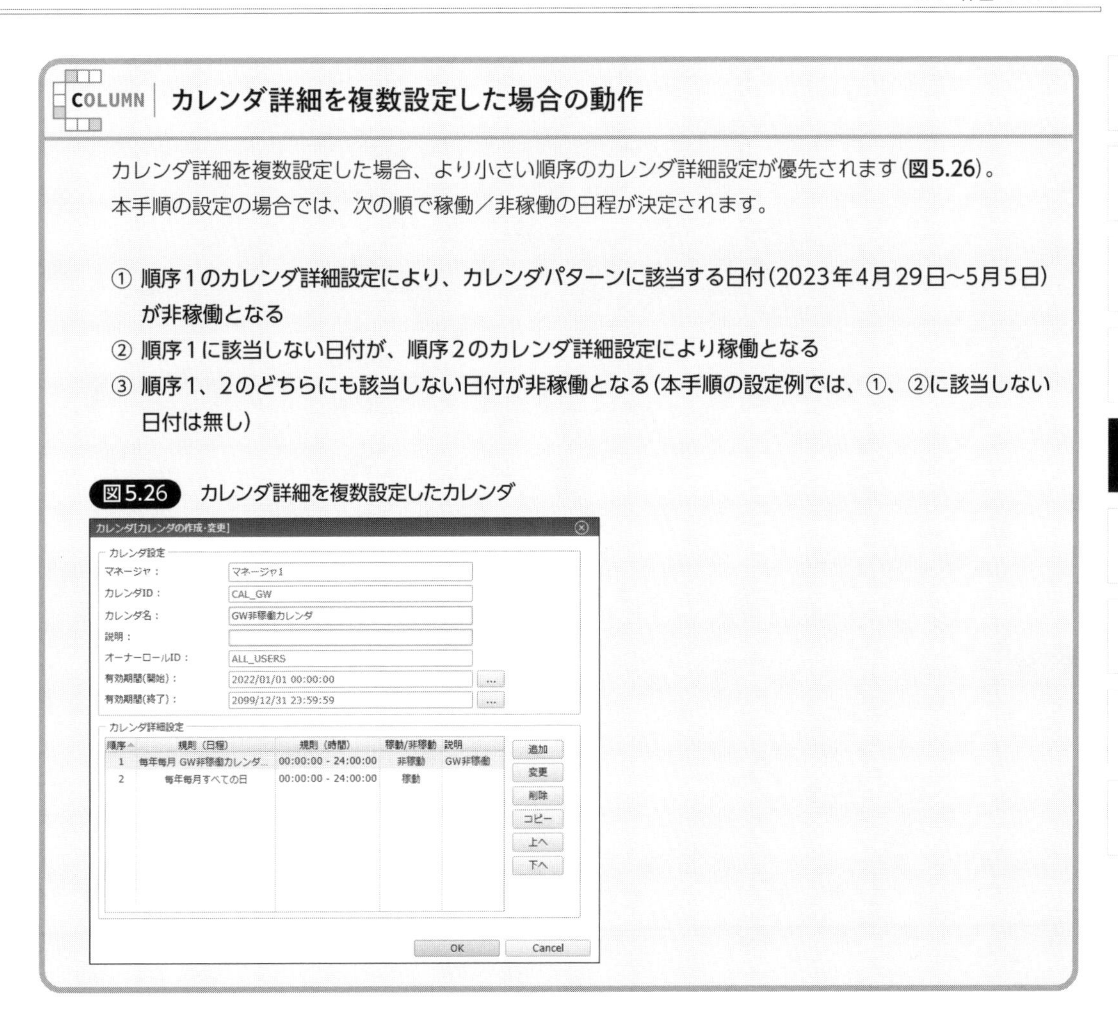

COLUMN

カレンダ詳細を複数設定した場合の動作

カレンダ詳細を複数設定した場合、より小さい順序のカレンダ詳細設定が優先されます（**図5.26**）。
本手順の設定の場合では、次の順で稼働／非稼働の日程が決定されます。

① 順序1のカレンダ詳細設定により、カレンダパターンに該当する日付（2023年4月29日〜5月5日）が非稼働となる
② 順序1に該当しない日付が、順序2のカレンダ詳細設定により稼働となる
③ 順序1、2のどちらにも該当しない日付が非稼働となる（本手順の設定例では、①、②に該当しない日付は無し）

図5.26　カレンダ詳細を複数設定したカレンダ

5.4 保留とスキップ

本節ではジョブの保留・スキップ機能の概要と、運用での使いどころについて説明します。

5.4.1 保留とスキップの機能概要

運用業務において、一部のサーバ障害のような不測の事態において、状況把握や障害復旧までの期間、特定のジョブ実行を見合わせたい場面があります。

どのように見合わせたいかもケースバイケースがあり、いったん処理を保留にしてユーザ判断を待ってから再開したい場合と、単純にスキップしたい場合、があります。

こうしたあらかじめジョブ実行を見合わせたい場合に、Hinemosではジョブの定義として保留・スキップを指定できます。

COLUMN 第４章の保留・スキップとの違い

保留・スキップは「4.4　運用オペレーション」の節でも登場しましたが、第4章の保留・スキップはすでに実行を開始しているジョブセッションへのオペレーションとして設定するものです。第5章では、今後開始する予定のジョブセッション、すなわちジョブ定義としての保留・スキップについて解説します。それぞれの違いは**表5.24**のとおりです。

表5.24 第4章の保留・スキップとの違い

	適用対象	主なユースケース
第4章 （運用オペレーション）	開始済みのジョブ	サーバ障害などが発生し、実行中のジョブネットに対して正常に動作しないことが想定されるコマンドジョブを保留・スキップしたい場合
第5章 （ジョブ定義）	後に実行予定のジョブ	サーバ障害などが発生し、今後定期実行される実行予定のジョブに含まれるコマンドジョブを保留・スキップしたい場合

5.4.2 保留とスキップの使いどころ

運用業務の中での保留とスキップの使いどころを説明します。

ジョブの実行見合わせ（保留）

本節冒頭の機能概要で記載したように、サーバ障害などの不測の事態において、保留の設定が役立ちます。

保留を設定した場合、対象のジョブの直前まで処理を進めた状態で、実行を見合わせることができます。その後、ユーザが保留解除の操作を行うことで、処理を再開できます。

それでは、実際にジョブの保留を設定してみましょう。作成するジョブのイメージは**図5.27**のとおりです。

図5.27 ジョブのイメージ図（保留）

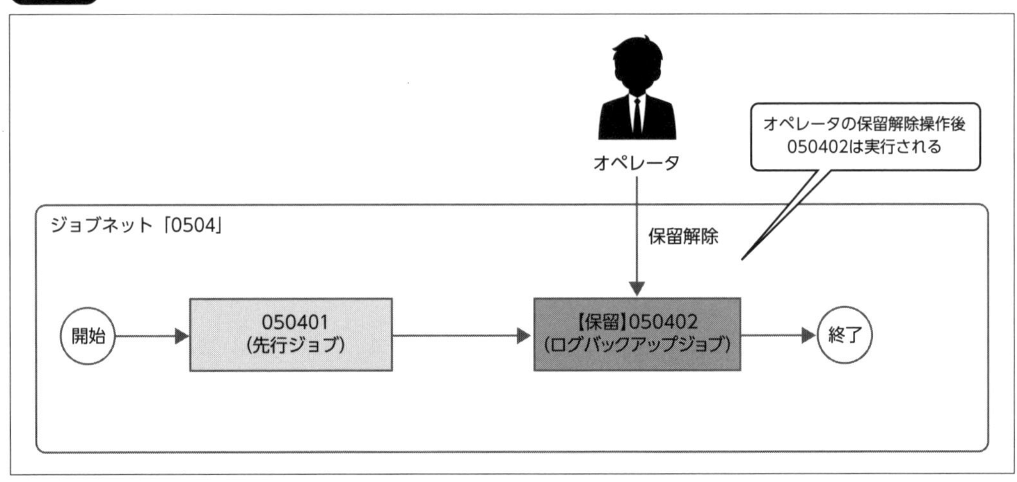

まず保留の設定から紹介します。ジョブネット「0504」の配下に、次の2つのジョブを作成してください(**表5.25**、**図5.28**、**表5.26**、**図5.29**)。

表5.25 コマンドジョブ「050401」の設定

ジョブID	050401
ジョブ名	先行ジョブ
スコープ	LinuxAgent
起動コマンド	sleep 60

図5.28 コマンドジョブ「050401」の設定

表5.26 コマンドジョブ「050402」の設定

ジョブID	050402
ジョブ名	ログバックアップジョブ
スコープ	Manager
起動コマンド	sleep 60 && zip -r /opt/hinemos/var/Backup_$(date +"%Y%m%d").zip /opt/hinemos/var/log/

図5.29　コマンドジョブ「050402」の設定

後続のコマンドジョブ「050402」には次の待ち条件を設定してください（**表5.27**、**図5.30**）。

表5.27　コマンドジョブ「050402」-待ち条件の設定

名前	ジョブ（終了状態）
ジョブID	050401
値	正常

図5.30　コマンドジョブ「050402」-待ち条件の設定

後続のコマンドジョブ「050402」の[制御(ジョブ)]タブを開き、[保留]のチェックボックスをチェックしてください。

これで当該ジョブに保留が適用されます(**図5.31**)。

図5.31 コマンドジョブ「050402」-保留の設定

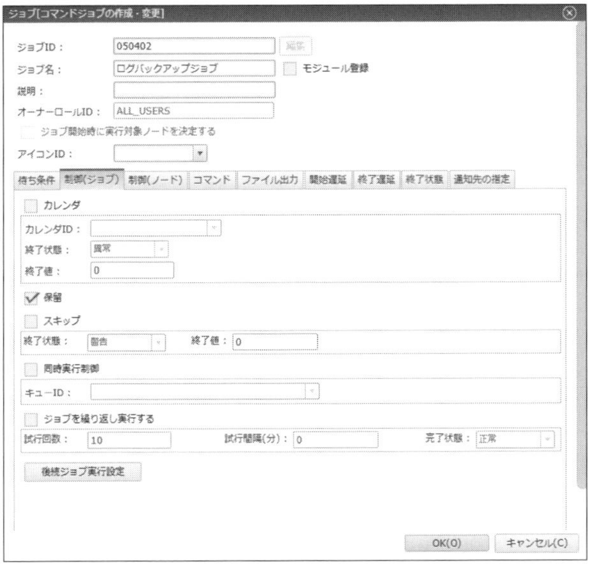

ジョブ[コマンドジョブの作成・変更]

ジョブID： 050402 編集

ジョブ名： ログバックアップジョブ モジュール登録

説明：

オーナーロールID： ALL_USERS

ジョブ開始時に実行対象ノードを決定する

アイコンID：

待ち条件 制御(ジョブ) 制御(ノード) コマンド ファイル出力 開始遅延 終了遅延 終了状態 通知先の指定

カレンダ

カレンダID：

終了状態： 異常

終了値： 0

✓ 保留

スキップ

終了状態： 警告 終了値： 0

同時実行制御

キューID：

ジョブを繰り返し実行する

試行回数： 10 試行間隔(分)： 0 完了状態： 正常

後続ジョブ実行設定

OK(O) キャンセル(C)

チェック後は、[ジョブマップ[登録]]ビューからジョブを登録してください。以降起動されるジョブセッションでは、コマンドジョブ「050402」に保留の設定が適用されます。

実際に動作を確認してみましょう。ジョブネット「0504」を実行し、[ジョブマップ[履歴]]ビューからジョブの実行状態を参照してください。先行のコマンドジョブ「050401」が終了しても、コマンドジョブ「050402」は実行されず、保留状態であることが確認できます(**図5.32**)。

図5.32 保留の動作

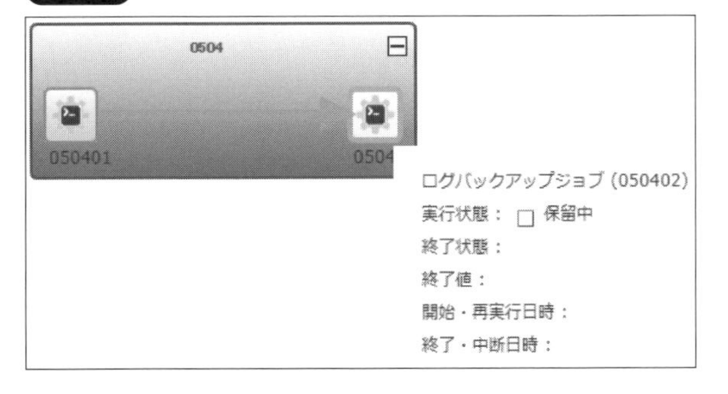

保留の解除操作については、「4.4 運用オペレーション」と同様ですのでそちらを参照してください。

ジョブの実行回避（スキップ）

冒頭の機能概要で記載したように、サーバ障害などの不測の事態において、単純にジョブの実行を回避したい場合に役立ちます。

それでは、スキップを設定してみましょう。作成するジョブのイメージは**図5.33**のとおりです。

図5.33 ジョブのイメージ図（スキップ）

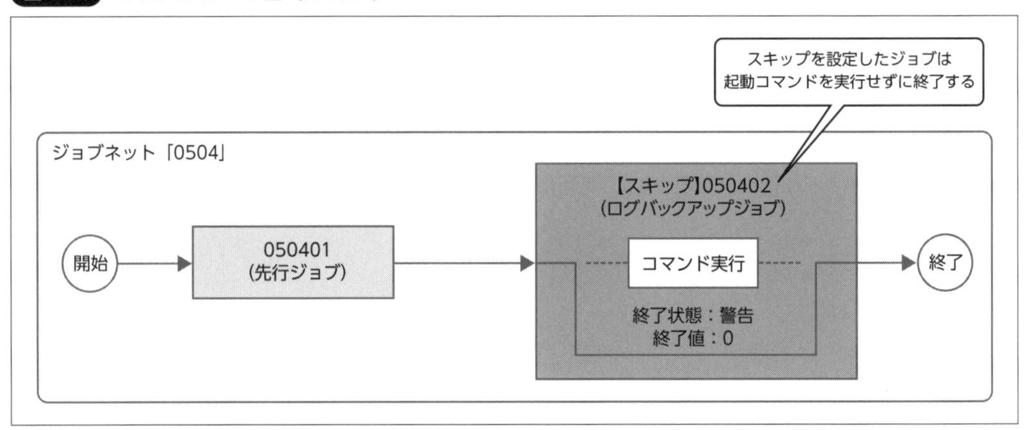

まずコマンドジョブ「050402」の［制御（ジョブ）］タブで、先ほど設定した保留のチェックボックスからチェックを外してください。

スキップの設定を行います。［制御（ジョブ）］タブを開き、次のように設定してください（**表5.28**、**図5.34**）。スキップを設定したジョブは、終了状態・終了値欄に指定の結果で終了します。ここではあくまで設定例として次の終了状態・終了値を指定していますが、実際の運用で設定する際には、スキップするジョブの後続ジョブの待ち条件や、後続ジョブが存在しないジョブの場合には、上位のジョブネットの終了値の範囲を考慮して終了状態・終了値を設定する必要があります。終了状態と終了値の詳細については、「3.2　ジョブ定義の基本知識」を参照してください。

表5.28 コマンドジョブ「050402」-スキップの設定

スキップ	チェックする
終了状態	警告
終了値	0

図5.34　コマンドジョブ「050402」-スキップの設定

設定後は[ジョブマップ[登録]]ビューからジョブを登録してください。以降生成されるジョブセッションでは、コマンドジョブ「050402」はスキップの設定が適用されます。

動作を確認してみましょう。ジョブネット「0504」を実行してください。コマンドジョブ「050401」の終了後、コマンドジョブ「050402」はコマンドを実行せずに、先ほど設定した終了状態・終了値で終了します(**図5.35**)。

図5.35　スキップの動作

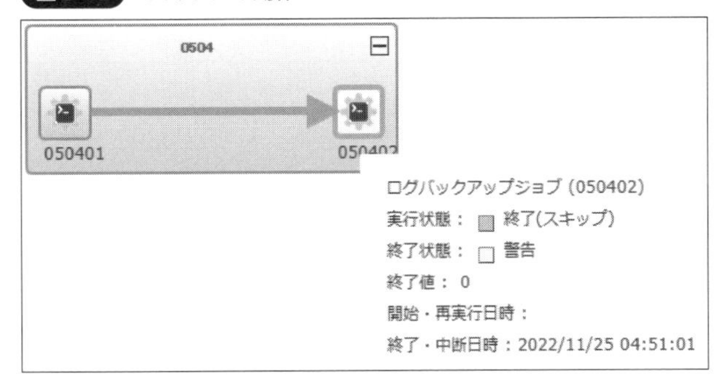

COLUMN ノード単位でのジョブ実行回避

本手順では、ジョブ単位での実行回避の方法を紹介しました。しかし、ノード単位で実行を回避したいケースもあります。そのようなケースでは、ノードの"管理対象"をOFFに設定する方法があります。ノードの管理対象の詳細については「Hinemos ver.7.0 基本機能マニュアル 4.1.4.1.1 管理対象」を参照してください。

たとえば、第2章で作成したスコープ「LinuxServer」をジョブの実行対象としている場合、同スコープ配下のノードのうち、ノード「LinuxAgent」だけ管理対象をOFFに設定すると、ノード「LinuxAgent」でのジョブ実行を回避しつつ、ノード「Manager」ではジョブを実行できます。

ただし、管理対象をOFFに設定した場合、当該ノードに対するすべてのジョブが実行されなくなります。また、ジョブの実行対象にスコープではなくノードを指定している場合、そのノードの管理対象を"OFF"に設定すると、ジョブは異常終了(終了値 -1)となりますので注意してください。

COLUMN "ジョブセッション事前生成"を利用している場合の注意点

「9.4　ジョブ定義のリリース」で紹介する"ジョブセッション事前生成"を利用している場合、保留・スキップの設定が直ちに反映されない場合があります。

"ジョブセッション事前生成"では、設定を実施したタイミング時点でのジョブ定義を基に、指定のタイミングまでのジョブセッションを事前に生成します。対して、本節で解説したジョブ定義としての保留・スキップでは、設定後に生成されたジョブセッションを対象に保留・スキップが適用されます。保留・スキップの設定より前に事前生成されたジョブセッションに対しては、保留・スキップの設定は適用されませんので注意してください。

5.5 開始遅延・終了遅延

本節ではジョブの遅延監視(開始遅延／終了遅延)の概要と、運用での使いどころを説明します。

5.5.1 開始遅延・終了遅延の機能概要

運用業務におけるジョブは、指定の処理を、定められた時間内に、滞りなく実行することが求められます。

特に、ある日の夜のサービス閉塞から翌朝のサービス解放までの間に実施すべきバッチ処理が完了しない場合、翌朝のサービス解放が遅れてしまい、サービスを利用するユーザに多大なる影響を与える可能性があります。

たとえば、バックアップ処理が2時間かかるとしましょう。サービス解放は朝の7時の場合、バックアップ処理が朝5時よりあとから開始しては、サービス解放までに間に合わない可能性が高くなります(**図5.36**)。

図5.36 処理の開始遅延によるサービス解放の遅延例

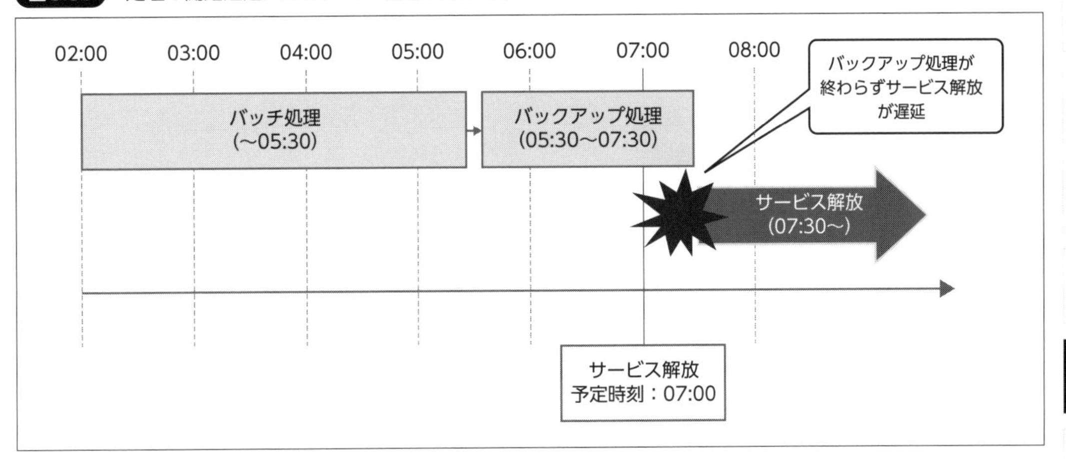

たとえば、あるバッチ処理の処理時間が変動することがあり、通常は2時間以内に終わるけれど、データが多いなどの理由で3～4時間ほど長期化するケースがあった際に、これにいち早く気づく必要性があります(**図5.37**)。

図5.37 処理の終了遅延によるサービス解放の遅延例

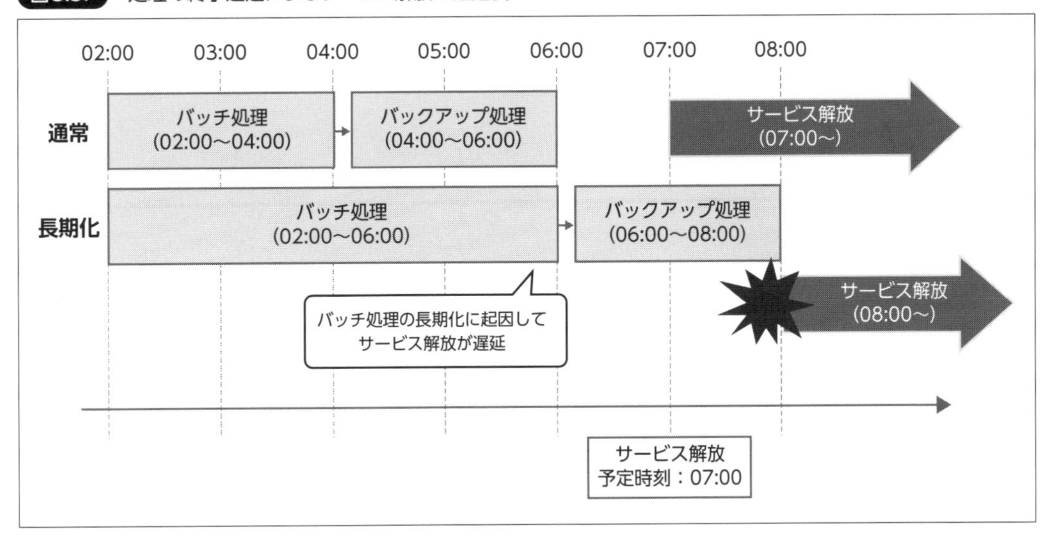

そこで、Hinemosでは開始遅延として実行前(待機中)のジョブが指定のタイミングに開始していないことを、終了遅延として実行中のジョブが指定のタイミングまでに終了していないことを検知し、ユーザへ通知する仕組みがあります。もちろん、検知だけではなくその状況に合わせたアクションも指定できます。

開始遅延・終了遅延は各ユースケースに併せて次の判定条件を用意しています(**表5.29**、**表5.30**)。

表5.29　開始遅延のユースケース

判定条件	ユースケース
セッション開始後の時間（分）	「ジョブフローの開始から、1時間以内に当該ジョブを開始しなければならない」など
時刻	「5時までに当該ジョブの開始しなければならない」など

開始遅延の判定条件の詳細については「Hinemos ver.7.0 基本機能マニュアル 7.1.4.1.3 開始遅延の設定」の "表7-1-4-4 開始遅延の設定項目" を参照してください。

表5.30　終了遅延のユースケース

判定条件	ユースケース
セッション開始後の時間（分）	「ジョブフローの開始から、1時間以内に当該ジョブを完了しなければならない」など
時刻	「5時までに当該ジョブを完了しなければならない」など
ジョブ開始後の時間（分）	「当該ジョブの処理は1時間以内に完了しなければならない」など
実行履歴からの変化量（×標準偏差）	「過去の平均実行時間と比較して、標準偏差からX倍以内に終了していないことを検知したい」など

終了遅延の判定条件の詳細については「Hinemos ver.7.0 基本機能マニュアル 7.1.4.1.4 終了遅延の設定」の "表7-1-4-5 終了遅延の設定項目" を参照してください。

COLUMN

過去の実行履歴を元にした遅延監視

表5.30の"実行履歴からの変化量（×標準偏差）"では、過去のジョブネット実行履歴の平均所要時間から、どの程度乖離しているかを契機として終了遅延を判定します。こちらの判定条件を利用すると、たとえば、普段のバッチ処理の平均所要時間より標準偏差からX倍以上長期化していたら終了遅延と判定する、といった遅延監視が実現できるようになります。実行履歴からの変化量（×標準偏差）の詳細については、「Hinemos ver.7.0 基本機能マニュアル 7.1.4.1.4 終了遅延の設定」の"表 7-1-4-5 終了遅延の設定項目"を参照してください。

5.5.2 開始遅延の使いどころ

運用業務の中での開始遅延の使いどころについて説明します。

定刻を過ぎたジョブの中止

本節冒頭の機能概要で記載したサービス解放にかかわるジョブなど、指定のタイミングで開始していない場合に、ユーザへの通知や、実行中止といったアクションが必要なケースで活用できます。

それでは、実際に開始遅延を設定したジョブを作成してみましょう。本手順では先行ジョブが一定時間以上処理を継続している場合に通知を行い、かつ、後続ジョブの実行中止（スキップ）を行う設定を作成します。作成するジョブのイメージは**図5.38**のとおりです。

図5.38　ジョブのイメージ図（開始遅延）

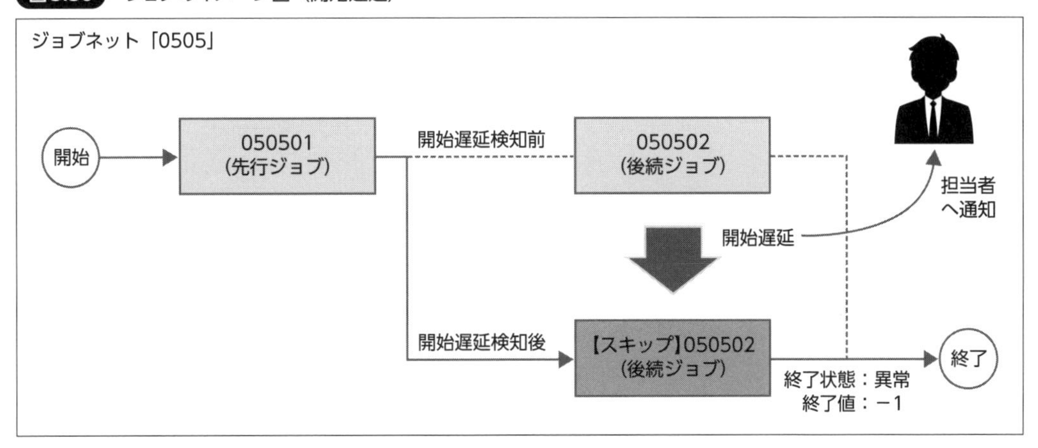

ジョブネット「0505」の配下にまず先行ジョブとしてコマンドジョブ「050501」を作成してください（**表5.31**、**図5.39**）。

表5.31　コマンドジョブ「050501」の設定

ジョブID	050501
ジョブ名	先行ジョブ
スコープ	Manager
起動コマンド	sleep 180

図5.39　コマンドジョブ「050501」の設定

次に後続ジョブを作成します。次のコマンドジョブ「050502」を作成してください（**表5.32**、**図5.40**）。

表5.32　コマンドジョブ「050502」の設定

ジョブID	050502
ジョブ名	後続ジョブ
スコープ	Manager
起動コマンド	sleep 180

図5.40　コマンドジョブ「050502」の設定

後続のコマンドジョブ「050502」には次の待ち条件を設定してください（**表5.33**、**図5.41**）。

表5.33　コマンドジョブ「050502」-待ち条件の設定

名前	ジョブ（終了状態）
ジョブID	050501
値	*

図5.41　コマンドジョブ「050502」-待ち条件の設定

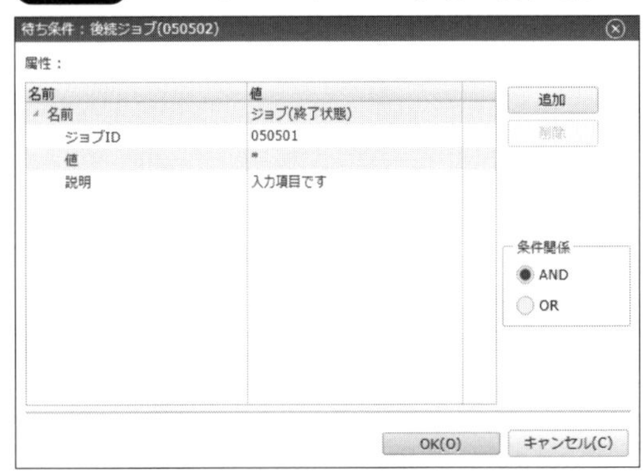

コマンドジョブ「050502」に開始遅延の設定を行います。開始遅延の設定は[開始遅延]タブで行います。ここでは次の開始遅延を設定してください(**表5.34**、**図5.42**)。[通知]のチェックボックスをチェックすると、開始遅延の検知時に、[通知先の指定]タブの設定に沿って通知を行います。[通知先の指定]タブの詳細については「Hinemos ver.7.0 基本機能マニュアル 7.1.4.1.6 通知先の指定の設定」を参照してください。また、**表5.34**、**図5.42**の設定例では、開始遅延時の操作に[停止[スキップ]]を設定していますが、その他の操作については「Hinemos ver.7.0 基本機能マニュアル 7.1.4.1.3 開始遅延の設定」を参照してください。

表5.34 コマンドジョブ「050502」-開始遅延の設定例

項目	設定
開始遅延	チェックする
セッション開始後の時間(分)	チェックする
	1分
通知	チェックする
	危険
操作	チェックする
	名前：停止[スキップ]
	終了状態：異常
	終了値：-1

図5.42 コマンドジョブ「050502」-開始遅延の設定例

設定後は[ジョブマップ[登録]]ビューからジョブを登録してください。以上で開始遅延の設定は完了です。

実際に動作を確認してみましょう。[ジョブマップ[登録]]ビューでジョブネット「0505」を実行してください。まずコマンドジョブ「050501」が実行中に遷移し、sleepコマンドにより180秒間、実行中となります。ジョブセッションの開始から1分以上経過すると、コマンドジョブ「050502」は開始遅延の設定によりスキップ状態に遷移します(**図5.43**)。

図5.43　開始遅延-スキップ

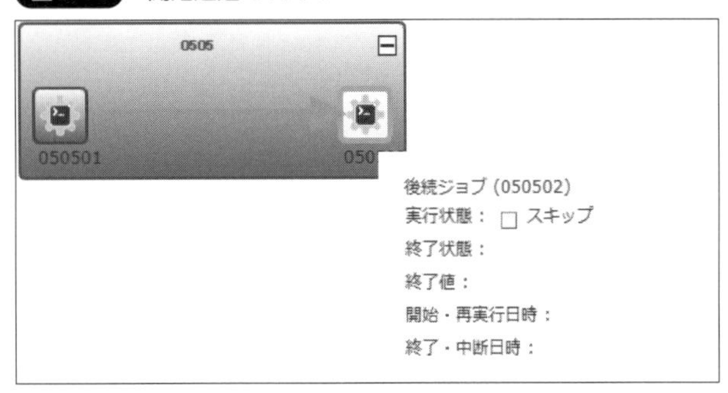

コマンドジョブ「050501」が終了すると、後続のコマンドジョブ「050502」は終了状態に遷移します。終了状態と終了値には、［開始遅延］タブで設定した値が適用されます（**図5.44**）。

図5.44　開始遅延-終了（開始遅延）

COLUMN 開始遅延の注意点

ジョブの開始遅延は、毎分00秒のタイミングでチェックを実施しており、チェックのタイミングで検知されたジョブに対してスキップ等の動作が行われます。

前述の設定例のようにセッション開始後の時間を1分に設定した場合であっても、このチェックのタイミングと、ジョブが開始条件を満たしたタイミングによっては、1分以上経過してからジョブが実行されることがあります。

例を**図5.45**に示します。この図では、ジョブセッションを開始してから1分以上経過後に後続ジョブが動作しています。

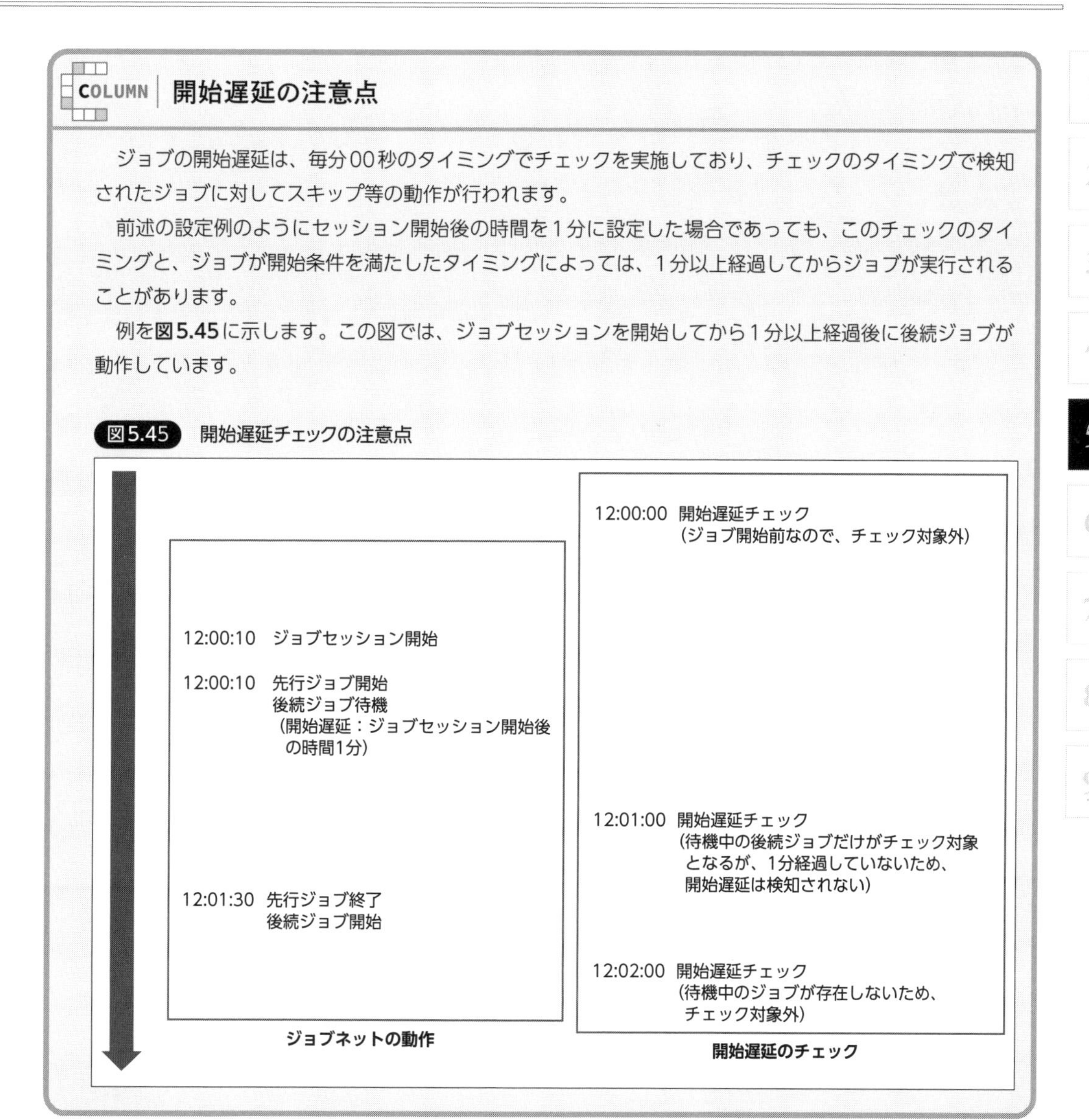

図5.45 開始遅延チェックの注意点

5.5.3 終了遅延の使いどころ

運用業務の中での終了遅延の使いどころについて説明します。

長期化したジョブの中断

本節冒頭の機能概要で記載したように、バッチ処理の処理時間が変動するジョブに対し処理時間が長期化したことを一早くユーザに通知したり、実行中断といったアクションが必要となるケースで活用できます。

それでは実際に終了遅延を設定してみましょう。本手順では先ほど開始遅延で作成したジョブを再利用します。まずコマンドジョブ「050502」の開始遅延を無効化します。［開始遅延］タブを開き、開始遅延のチェックボックスからチェックを外してください。

作成するジョブのイメージは**図5.46**のとおりです。

図5.46　ジョブのイメージ図（終了遅延）

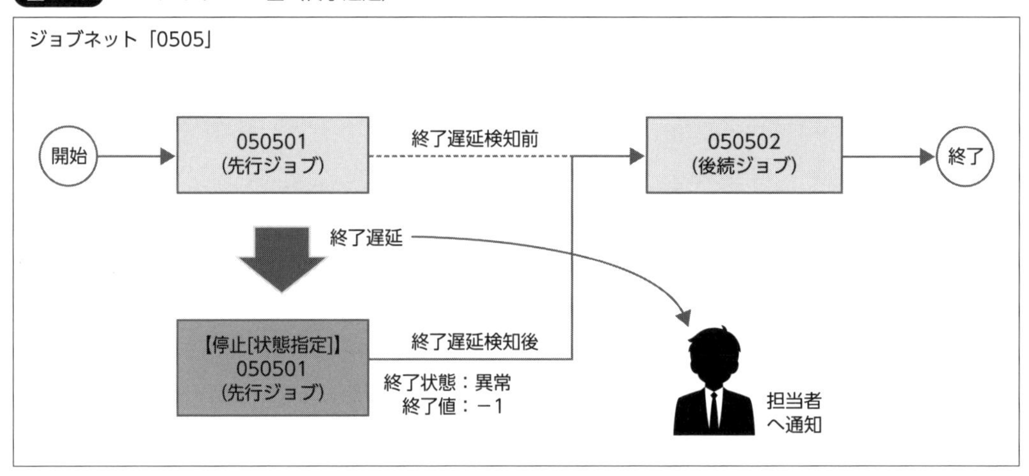

次に終了遅延を設定します。終了遅延は先行ジョブ側に設定します。コマンドジョブ「050501」の［終了遅延］タブを開き、次の設定を行ってください（**表5.35**、**図5.47**）。通知については、開始遅延と同様に［通知先の指定］タブの設定に沿って行われます。**表5.35**、**図5.47**の設定例では、終了遅延を検知した際の操作として［停止［状態指定］］を設定しています。その他の操作の選択肢と動作については、「Hinemos ver.7.0 基本機能マニュアル 7.1.4.1.4 終了遅延の設定」を参照してください。

表5.35　コマンドジョブ「050501」-終了遅延の設定例

終了遅延	チェックする
セッション開始後の時間（分）	チェックする
	1分
通知	チェックする
	危険
操作	チェックする
	名前：停止［状態指定］
	終了状態：異常
	終了値：-1

図5.47 コマンドジョブ「050501」-終了遅延の設定例

ジョブ[コマンドジョブの作成・変更]

ジョブID： 050501 編集
ジョブ名： 先行ジョブ モジュール登録
説明：
オーナーロールID： ALL_USERS
ジョブ開始時に実行対象ノードを決定する
アイコンID：

待ち条件 | 制御(ジョブ) | 制御(ノード) | コマンド | ファイル出力 | 開始遅延 | 終了遅延 | 終了状態 | 通知先の指定

☑ 終了遅延
判定対象一覧
☑ セッション開始後の時間(分)： 1
☐ ジョブ開始後の時間(分)： 1
☐ 時刻（例 18:30:00）：
☐ 実行履歴からの変化量（×標準偏差）： 1.0
判定対象の条件関係
◉ AND ○ OR
☑ 通知： 危険
☑ 操作 名前： 停止[状態指定] 終了状態： 異常 終了値： -1

OK(O) キャンセル(C)

以上で終了遅延の設定は完了です。[ジョブマップ[登録]]ビューからジョブを登録してください。

実際に動作を確認してみましょう。ジョブネット「0505」を実行してください。まずコマンドジョブ「050501」が実行中に遷移し、sleepコマンドにより180秒間の待機処理を行います。ジョブセッションの開始から1分以上経過すると、終了遅延の設定により、コマンドジョブ「050501」は終了します。後続のコマンドジョブ「050502」は待ち条件の達成により実行状態に移行します(**図5.48**)。

図5.48 終了遅延-終了（終了遅延）

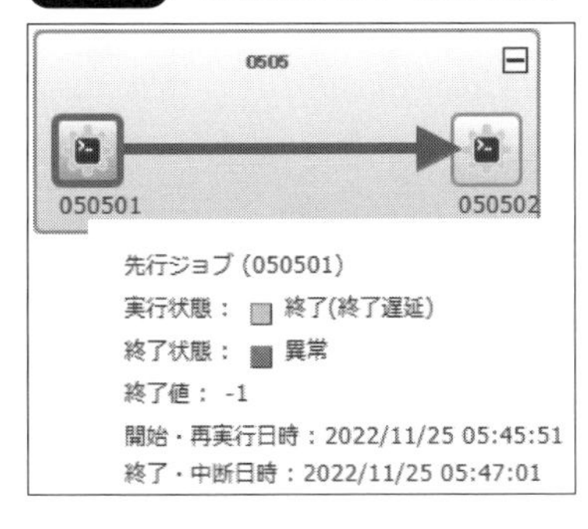

COLUMN　終了遅延の注意点

終了遅延の判定は、毎分00秒のタイミングで行います。"ジョブセッション開始後の時間"や"ジョブ開始からの時間"を指定した場合に、指定時間以上経過してから終了遅延が動作することがあります。**図5.49**を例に説明します。この図ではジョブセッション開始後の時間を1分に設定していますが、終了遅延の判定タイミングでは検知されず、1分以上経過してからジョブが終了しています。

図5.49　終了遅延チェックの注意点①

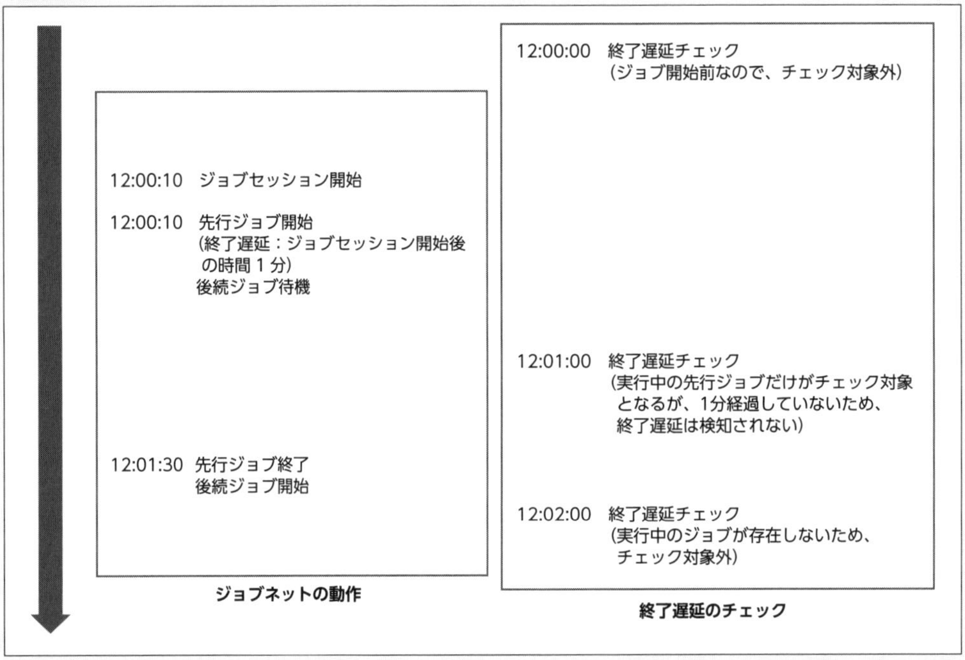

ジョブネットの動作

12:00:10　ジョブセッション開始

12:00:10　先行ジョブ開始
（終了遅延：ジョブセッション開始後の時間1分）
後続ジョブ待機

12:01:30　先行ジョブ終了
後続ジョブ開始

終了遅延のチェック

12:00:00　終了遅延チェック
（ジョブ開始前なので、チェック対象外）

12:01:00　終了遅延チェック
（実行中の先行ジョブだけがチェック対象となるが、1分経過していないため、終了遅延は検知されない）

12:02:00　終了遅延チェック
（実行中のジョブが存在しないため、チェック対象外）

また、終了遅延は実行状態が「実行中」のジョブを対象に遅延の判定を行います。実行中でなければチェック対象となりません。**図5.50**の例では、終了遅延を設定した後続ジョブが実行中となるのは12:01:30～12:01:31の間だけとなり、その時間帯に終了遅延の判定は行われませんので、終了遅延を検知しません。

図5.50　終了遅延チェックの注意点②

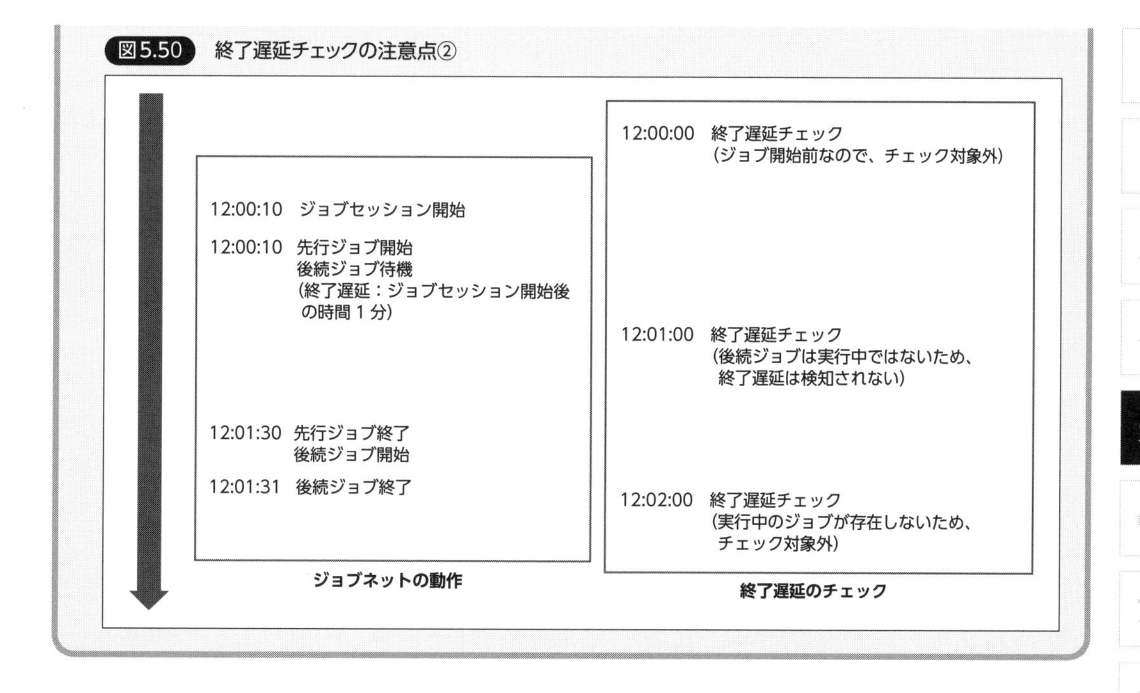

5.6 ジョブの繰り返し実行

本節では、ジョブの繰り返し実行について説明します。

5.6.1 ジョブの繰り返し実行の機能概要

処理(ジョブ)の中には、ごくまれに失敗するけれども、再実行すると成功し、問題なく処理継続できるといったものがあります。そのようなジョブへ対応する方法として、ジョブの繰り返し実行があります。繰り返し実行を設定したジョブは、指定の試行回数に達するか、指定の重要度(ジョブの成功、失敗)になるまで、ジョブを繰り返して実行します。

COLUMN ジョブの繰り返し実行とスケジュール実行契機の差異

本節で説明しているジョブの繰り返し実行のほかに、定期的にジョブを実行する機能として、第6章で解説するスケジュール実行契機があります。それぞれの機能の違いは**表5.36**のとおりです。

表5.36　スケジュール実行契機との差異

	ジョブの繰り返し実行	スケジュール実行契機
繰り返し対象	ジョブフロー内のコマンドジョブ・ジョブネットごと	ジョブフロー全体
繰り返しのタイミング	前回の実行タイミングから試行間隔（分）経過後	実行契機に指定の周期
繰り返し回数	指定の重要度での終了、もしくは指定の試行回数まで	無制限

5.6.2 ジョブの繰り返し実行の使いどころ

運用業務の中での、ジョブの繰り返し実行の使いどころについて説明します。

ジョブのリトライ

本節冒頭の機能概要で記載したように、処理(ジョブ)が失敗しても再実行で問題なく処理継続できる場合など単純に再実行(リトライ)を試みたいケースで活用できます。

それでは実際に繰り返し実行を設定したジョブを作成してみましょう(**図5.51**)。

図5.51 ジョブのイメージ図

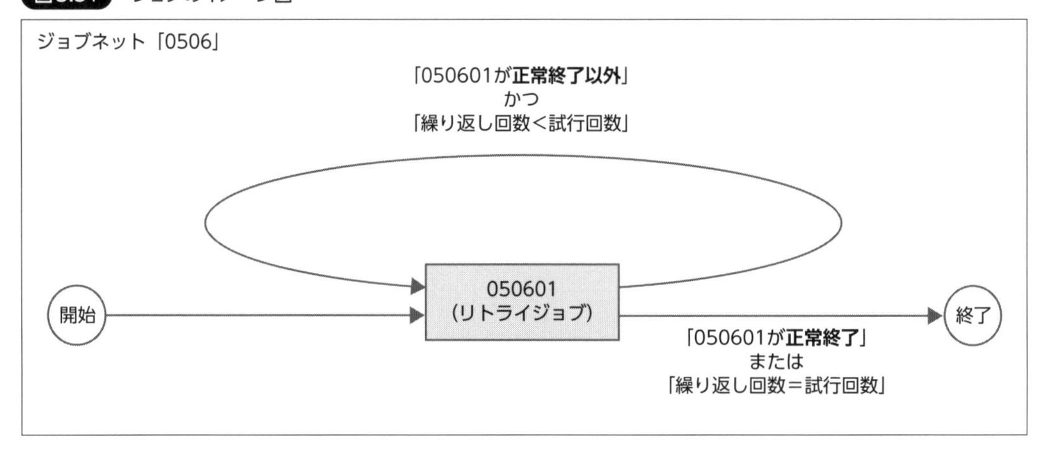

ここでは例として、特定のファイル(/tmp/test.txt)の存在が確認できるまで、繰り返して実行するジョブを作成します。

Hinemosでファイルチェックを行う機能として、本書の「6.4　ファイル連動(ファイルチェック実行契機)」と「7.4　ファイルチェック(ファイルチェックジョブ)」の方法がありますが、ここでは簡単にジョブの動作確認を行うために、ジョブの起動コマンドにてファイルチェックを実施します。

まず、ジョブネット「0506」配下のコマンドジョブ「050601」を作成してください。次のコマンドは、/tmp/test.txtファイルが存在する場合は正常終了します。存在しない場合には警告で終了します(**表5.37**、**図5.52**)。停止コマンドは、後述の「時刻指定での再帰処理」で使用する設定です。

表5.37 コマンドジョブ「050601」の設定

ジョブID	050601
ジョブ名	リトライジョブ
スコープ	Manager
コマンド	test -e /tmp/test.txt
停止コマンド	echo "dummy"

図5.52 コマンドジョブ「050601」の設定

次に、ジョブの繰り返し実行の設定を行います。[制御(ジョブ)]タブを開き、次のとおり設定してください(**表5.38**、**図5.53**)。

表5.38 コマンドジョブ「050601」-繰り返し実行の設定

ジョブを繰り返し実行する	チェックする
試行回数	10
試行間隔（分）	1
完了状態	正常

図5.53 コマンドジョブ「050601」-繰り返し実行の設定

ジョブ[コマンドジョブの作成・変更]
ジョブID： 050601
ジョブ名： リトライジョブ　モジュール登録
説明：
オーナーロールID： ALL_USERS
ジョブ開始時に実行対象ノードを決定する
アイコンID：
待ち条件 制御(ジョブ) 制御(ノード) コマンド ファイル出力 開始遅延 終了遅延 終了状態 通知先の指定
カレンダ
カレンダID：
終了状態： 異常
終了値： 0
保留
スキップ
終了状態： 異常　終了値： 0
同時実行制御
キューID：
ジョブを繰り返し実行する
試行回数： 10　試行間隔(分)： 1　完了状態： 正常
後続ジョブ実行設定
OK(O)　キャンセル(C)

以上でジョブの繰り返し実行の設定は完了です。[ジョブマップ[登録]]ビューからジョブを登録してください。

動作を確認してみましょう。[ジョブマップ[登録]]ビューでジョブネット「0506」を実行してください。チェック対象のファイル"/tmp/test.txt"が存在しない場合、ジョブは試行間隔ごと（前述の設定では1分ごと）にチェック処理を再帰的に行います。[ジョブマップ[履歴]]ビューで対象のジョブをクリックすると、現在までの実行回数を確認できます（**図5.54**）。

図5.54　実行回数の確認

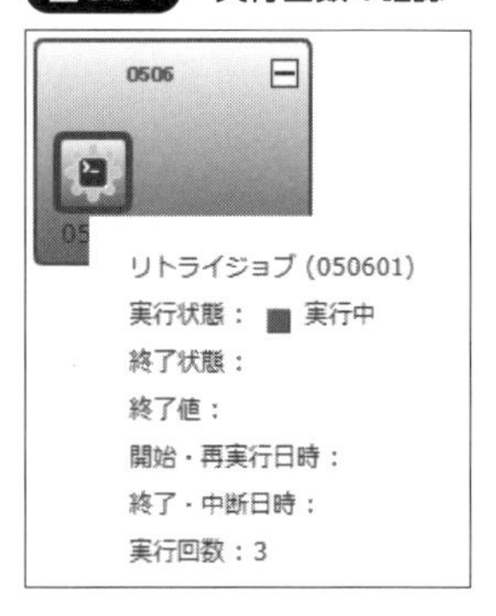

チェック対象のファイルを作成してみましょう。「Manager」サーバのターミナル上で**図5.55**のコマンドを実行してください。次の繰り返し実行のタイミングでジョブが正常終了します。実行結果を[ジョブマップ[履歴]]ビューから確認してください。

図5.55　チェック対象ファイル作成

```
[root]# echo "test" >> /tmp/test.txt
```

時刻指定での再帰処理

営業時間内は常に動作させておくべき処理など、一定期間ひたすらジョブを繰り返し実行したいといった要件に、ジョブの繰り返し実行で対応する設定を紹介します。

繰り返し実行には、指定の時刻に終了させる機能はありません。そこで、終了遅延機能でジョブを終了させる設定を組み合わせます。終了遅延機能で繰り返しを終了したい時刻を設定しつつ、前述の繰り返し実行設定を行うことで、終了遅延に指定の時刻まで対象のジョブを繰り返すことができます。

ここでは例として、先ほど作成した/tmp/test.txtファイルを使用し、当該ファイルが存在しなくなるか、もしくは指定の時刻（18:00:00）を過ぎるまでファイルチェックを繰り返すジョブを設定します。

コマンドジョブ「050601」の[制御（ジョブ）]タブを開き、繰り返し実行の設定を次のように修正してください（**表5.39**、**図5.56**）。この設定により、チェック対象のファイルが存在しない状態（ジョブの実行結果が警告）となるまで、ジョブが繰り返し実行されます。今回のように指定時刻までの繰り返しを行う場合、試行回数の上限で繰り返しが終了しないよう試行回数に大きめの数値を設定することをお勧めします。

表5.39　コマンドジョブ「050601」- 制御（ジョブ）

ジョブを繰り返し実行する	チェックする
試行回数	10000
試行間隔（分）	1
完了状態	警告

図5.56　コマンドジョブ「050601」- 制御（ジョブ）

［終了遅延］タブには次のように設定してください（**表5.40**、**図5.57**）。この設定例では、指定時刻での終了時にジョブが正常終了となるよう終了状態に「正常」、終了値には「0」を設定しています。

表5.40　コマンドジョブ「050601」- 終了遅延

終了遅延	チェックする
時刻	18:00:00
操作	チェックする
	名前：停止［状態指定］（強制）
	終了状態：正常
	終了値：0

図5.57　コマンドジョブ「050601」-終了遅延

以上の設定後、[ジョブマップ[登録]]ビューでジョブを登録してください。ジョブネット「0506」を実行すると、チェック対象の/tmp/test.txtファイルが削除されるか終了遅延で設定の時刻(18:00:00)を過ぎるまで、ジョブが繰り返し実行されます。

チェック対象ファイルを削除したときの動作を確認するには、**図5.58**のコマンドを実行してください。

図5.58　チェック対象ファイルの削除

```
[root]# rm /tmp/test.txt
```

5.7 同時実行制御

本節ではジョブの同時実行制御について説明します。

5.7.1 同時実行制御の機能概要

ある処理(ジョブ)が多重に動作して問題となるケースがあります。たとえば、バックアップの処理が実行中に、同じバックアップの処理が動作した場合、サーバに負荷がかかるだけではなく、バックアップ先のファイルを再上書きするなどデータ破損等の重大な障害に発展する可能性があります。これは単純に一多重でしか動作してはいけない処理ですが、ほかにもパフォーマンスや各種製品仕様から、同時実行数をN多重までに制限すべき処理(ジョブ)もあります。

これを解決するのが、同時実行制御です。同時実行制御キューという、ジョブの実行上限を制限するためのキューをジョブと関連づけることで、同じ同時実行制御キューを設定したジョブ間での同時実行数を制限します(**図5.59**)。

図5.59 同時実行制御のイメージ

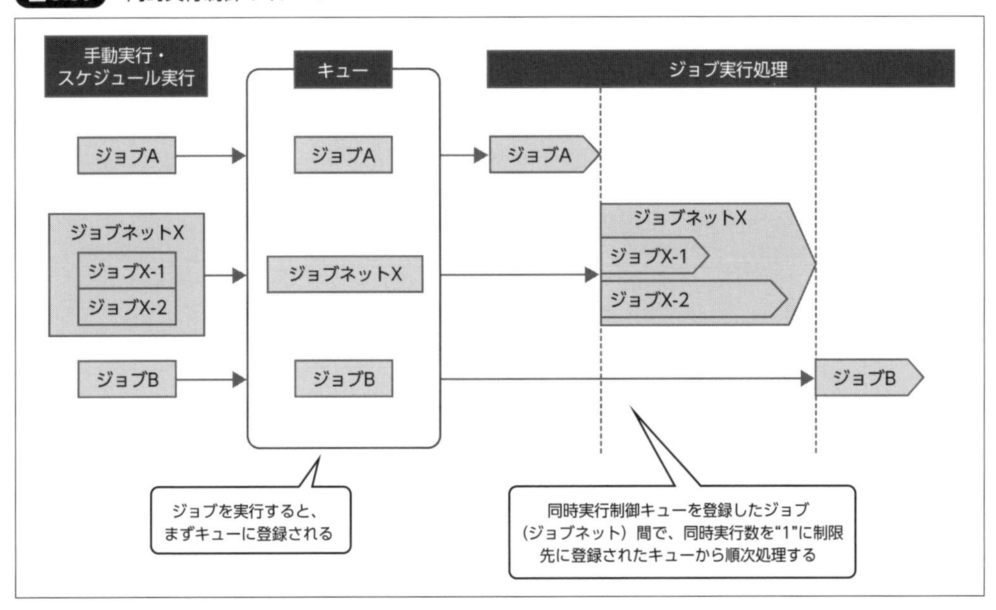

5.7.2 同時実行制御の使いどころ

運用業務における同時実行制御の使いどころについて説明します。

ジョブの排他制御

冒頭に記載したバックアップ処理など、複数同時に実行すべきでない処理がある場合、同時実行制御を利用してジョブの排他制御を利用する運用が適切です。

ここからは同時実行制御によるジョブの排他制御を設定してみましょう(**図5.60**)。

図5.60 ジョブのイメージ図

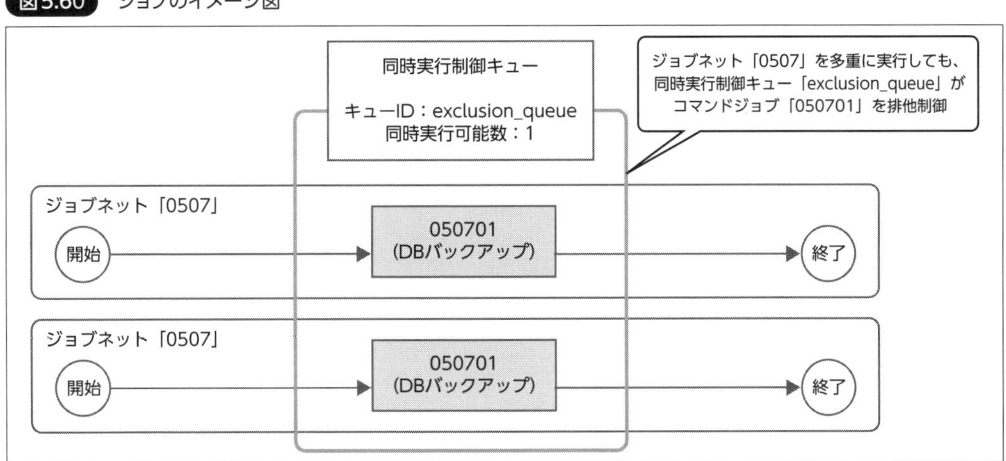

ジョブネット「0507」配下に、次のコマンドジョブ「050701」を作成してください。次のコマンドでは Hinemos マネージャの内部データベースのバックアップを /opt/hinemos/var/log/ 配下に出力します(**表5.41**、**図5.61**)。内部データベースのバックアップについては第9章で解説いたします。

表5.41　コマンドジョブ「050701」の設定

ジョブID	050701
ジョブ名	DBバックアップ
スコープ	Manager
起動コマンド	sleep 120 && cd /opt/hinemos/var/log/ && PGPASSWORD=hinemos /opt/hinemos/sbin/mng/hinemos_backup.sh

図5.61　コマンドジョブ「050701」の設定

前述のとおり設定後、[ジョブマップ[登録]]ビューからジョブを登録してください。

ここから同時実行制御の設定を行います。

ジョブに同時実行制御キューを登録するには、まず同時実行制御キューの設定を作成する必要があります。[ジョブ設定[同時実行制御]]ビューを開き、[作成]ボタンをクリックしてください。[ジョブ[同時実行制御キューの作成・変更]]ダイアログが開くので、キューのID、名前と同時実行可能数を入力します。ここでは次のとおり設定してください(**表5.42**、**図5.62**)。

表5.42　同時実行制御キューの設定

キューID	exclusion_queue
キュー名	exclusion_queue
同時実行可能数	1

1
2
3
4
5
6
7
8
9

図5.62 同時実行制御キューの設定

ジョブ[同時実行制御キューの作成・変更]

マネージャ：	マネージャ1
キューID：	exclusion_queue
キュー名：	exclusion_queue
同時実行可能数：	1
オーナーロールID：	ALL_USERS

登録　キャンセル(C)

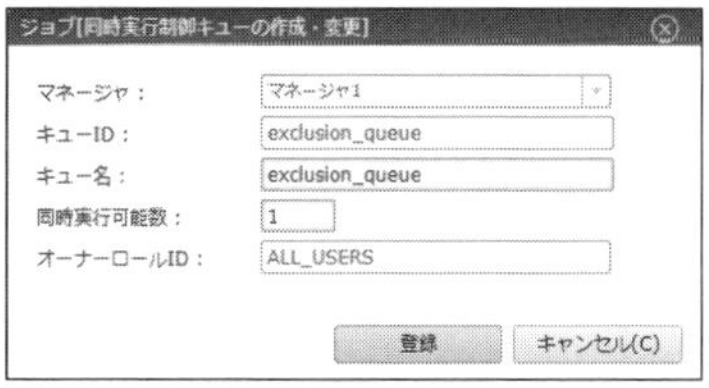

次に同時実行制御キューをジョブへ登録します。コマンドジョブ「050701」の[制御(ジョブ)]タブを開き、[同時実行制御]をチェックしてください。その後、キューID欄のプルダウンから先ほど作成した同時実行制御キュー(キューID：exclusion_queue)を選択してください(**図5.63**)。

図5.63 ジョブへ同時実行制御キューを設定

ジョブ[コマンドジョブの作成・変更]

ジョブID：050701　編集
ジョブ名：DBバックアップ　モジュール登録
説明：
オーナーロールID：ALL_USERS
ジョブ開始時に実行対象ノードを決定する
アイコンID：

待ち条件 | 制御(ジョブ) | 制御(ノード) | コマンド | ファイル出力 | 開始遅延 | 終了遅延 | 終了状態 | 通知先の指定

カレンダ
カレンダID：
終了状態：異常
終了値：0
保留
スキップ
終了状態：異常　終了値：0
✓ 同時実行制御
キューID：exclusion_queue(exclusion_queue)
ジョブを繰り返し実行する
試行回数：10　試行間隔(分)：0　完了状態：正常
後続ジョブ実行設定

OK(O)　キャンセル(C)

前述のとおり設定後[OK]ボタンをクリックし、[ジョブマップ[登録]]ビューからジョブを登録してください。

以上で同時実行制御キューの設定は完了です。前述の同時実行制御キューを設定したコマンドジョブ「050701」の同時実行可能な上限は1ジョブまでとなります。

実際に動作を確認してみましょう。[ジョブマップ[登録]]ビューで、ジョブネット「0507」の実行を2回行ってください。[ジョブマップ[履歴]]ビューを確認すると、**図5.64**のように後から実行したジョブが"キュー待機"状態であることが確認できます。キュー待機中はジョブの起動コマンドは実行されておらず、[ジョブ履歴[ノード詳細]]ビューからもコマンドが実行されていない状態(待機)であることが確認できます。

図5.64　実行中（キュー待機）

同時実行制御キューごとの実行中のジョブ、およびキュー待機中のジョブを一覧で確認することもできます。[ジョブ履歴[同時実行制御]]ビューで対象のキューを選択してください。[ジョブ履歴[同時実行制御状況]]ビューに、同時実行制御の対象となっているジョブが一覧表示されます(**図5.65**)。

図5.65　[ジョブ履歴［同時実行制御状況]］ビュー -実行中（キュー待機）

ジョブ履歴[一覧]　ジョブ履歴[同時実行制御]　ジョブ履歴[受信ジョブ連携メッセージ一覧]

マネージャ	キューID	キュー名	ジョブ同時実行数	オーナーロールID	新規作成ユーザ	作成日時
マネージャ1	exclusion_queue	exclusion_queue	1	ALL_USERS	hinemos	2022/10/2

ジョブマップ[履歴]　ジョブ履歴[ノード詳細](マネージャ1)　ジョブ履歴[ファイル転送](マネージャ1)　ジョブ履歴[同時実行制御状況]

キューID:exclusion_queue キュー名:exclusion_queue

実行状態	セッションID	ジョブID	ジョブ名	ジョブユニット...	種別
実行中	20221125083453-000	050701	DBバックアップ	05	コマンドジョブ
実行中(キュー待機)	20221125083455-000	050701	DBバックアップ	05	コマンドジョブ

キュー待機となったジョブは、他ジョブの終了により現在実行中のジョブ数が同時実行可能数を下回ると、先にキューに登録されたジョブから順に実行されます。

共通システム間の負荷制限

先ほどは1つのジョブに対する排他制御を実現する同時実行制御キューを設定しました。しかし、異なる処理であっても、共通のデータベースやシステムを利用する処理を実行する場合には、同時実行のプロセス数を制限(CPUやメモリ消費の抑制)したい、といったケースがあります。

たとえば、ある処理Aのジョブと、ある処理Bのジョブが共に同じデータベースに対して処理を行う場合、双方同時に実行してしまうと処理負荷が非常に高くなるため、同時実行は避けたいといったケースです。このような場合、処理A、処理Bそれぞれに共通の同時実行制御キューを設定することで、処理A、Bが同時に開始されたとしても、Hinemosが1つずつ順番に処理するよう制御します。

ここからは、複数のジョブで共通の同時実行制御キューを設定していきましょう(**図5.66**)。

図5.66 ジョブのイメージ図②

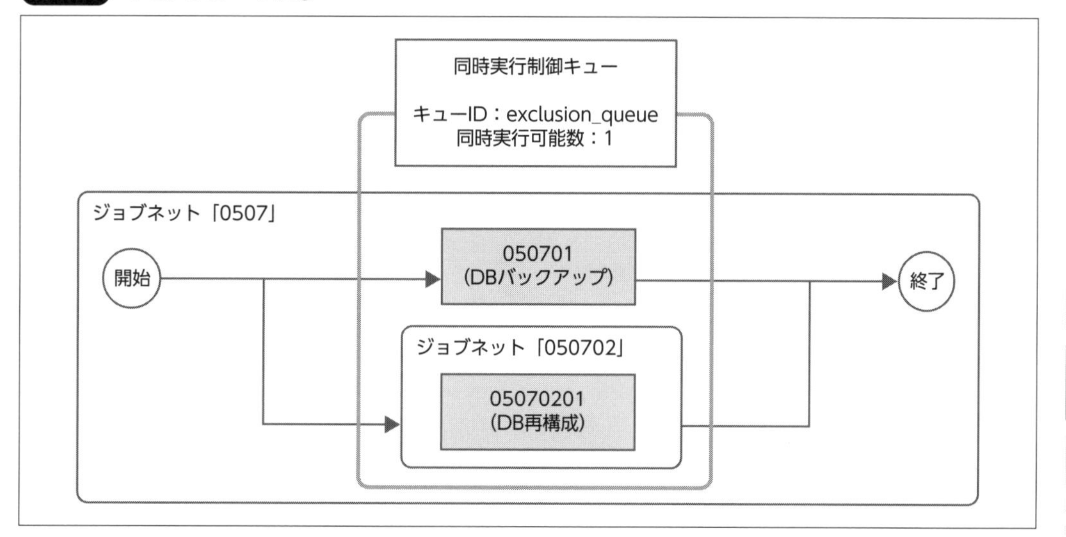

まずジョブネット「0507」の配下に、次のジョブネット「050702」を追加してください(**表5.43**、**図5.67**)。

表5.43 ジョブネット「050702」の設定

ジョブID	050702
ジョブ名	並列実行のジョブネット

図5.67 ジョブネット「050702」の設定

作成したジョブネット「050702」の配下に次のジョブを作成してください(**表5.44**、**図5.68**)。これはHinemosマネージャの再構成を行うコマンドです。再構成については第9章で紹介します。

表5.44　コマンドジョブ「05070201」の設定

ジョブID	05070201
ジョブ名	DB再構成
スコープ	Manager
起動コマンド	sleep 120 && PGPASSWORD=hinemos /opt/hinemos/sbin/mng/hinemos_cluster_db.sh

図5.68　コマンドジョブ「05070201」の設定

次に、同時実行制御キューの設定を行います。先ほど作成したジョブネット「050702」の[制御(ジョブ)]タブを開き、同時実行制御キュー(キューID：exclusion_queue)を設定してください(**図5.69**)。

図5.69　ジョブネット-同時実行制御キューの設定

設定後、[ジョブマップ[登録]]ビューでジョブを登録してください。

以上の設定により、コマンドジョブ「050701」と、ジョブネット「050702」間での同時実行可能数が1に制限されます。

それでは、実際に動作を確認してみましょう。最上位のジョブネット「0507」を実行してください。[ジョブマップ[履歴]]ビューを参照すると、先ほど同時実行制御キューを設定したジョブネット「050702」がキュー待機中であることが確認できます(**図5.70**)。

図5.70 ジョブネット-実行中（キュー待機）

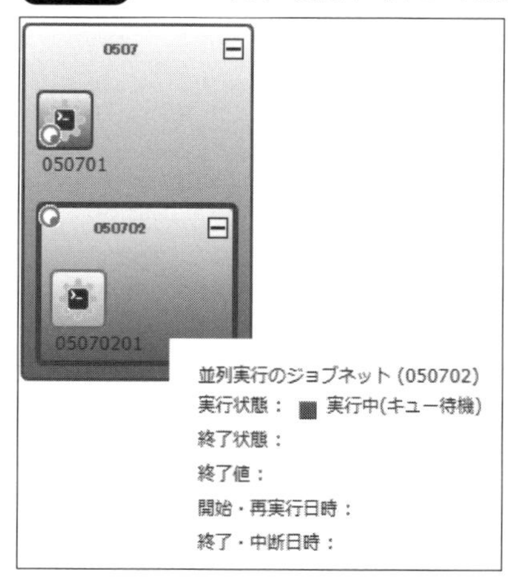

COLUMN

同時実行数の上限

本節の例では同時実行可能数が1の設定だけを紹介しましたが、同時実行制御数を1より大きくすることも可能です。たとえば、ジョブ実行対象のシステムが8つまで並列処理できる、といったケースであれば、同時実行可能数を8に設定した同時実行制御キューを作成し、当該システムに対するジョブすべてに該当の同時実行制御キューを設定する、といった運用方法が考えられます。

また、当該システム全体の同時実行数を制限するのではなく、たとえば、用途ごとに専用の同時実行制御キューを作成し、それぞれの用途単位で必要な上限値を設定する、といった運用方法も考えられます。

COLUMN

ノードごとの同時実行数の制限

同時実行制御の設定だけでは実行数の制限がしきれない場合には、ジョブ実行多重度の設定によりノード単位でのジョブの実行数を制限する方法があります。たとえば、あるシステムでは排他制御のため、同時実行制御①ではジョブA、Bの同時実行制御を、同時実行制御②ではジョブC、Dの同時実行制御を、同時実行制御③ではジョブE、Fの同時実行制御を、といった具合に多数の同時実行制御を行っているとします。各ジョブ間の排他制御は同時実行制御キューで対応できますが、さらに、サーバリソースの都合により全体での同時実行数は2以下に抑えたい、といった要望があると、同時実行制御キューだけで制御することは難しいです。

このような場合、ジョブ実行多重度を設定し、ノード単位でのジョブの同時実行数を制限する方法が考えられます。ジョブ実行多重度については「Hinemos ver.7.0 基本機能マニュアル 7.1.3.16 ノード単位のジョブ多重実行の制御(ジョブ実行多重度)」を参照してください。

ただし、ジョブ実行多重度では各ジョブの内容などは考慮せず、単純に同時実行数だけを閾値(しきいち)にジョブの実行を制限します。そのため、同時実行制御キューを付与していない無関係のジョブであっても、対象のノード上で実行が制限される、というデメリットがあります。基本的には、同時実行制御キューでジョブ数の実行数制限を行い、同時実行制御キューで対応しきれない場合にだけ、ジョブ多重度での実行制限を行う、といった運用を推奨します。

図5.71は、ジョブ多重度を2に設定したときの動作イメージです。3つのジョブ(A～C)を同時に実行した場合、ノード上でのコマンド実行は、ジョブA、Bの2つに制限されます。A、Bいずれかが終了(多重度が2を下回り)次第、ジョブCのコマンド実行処理が行われます。

図5.71　ジョブ多重度のイメージ

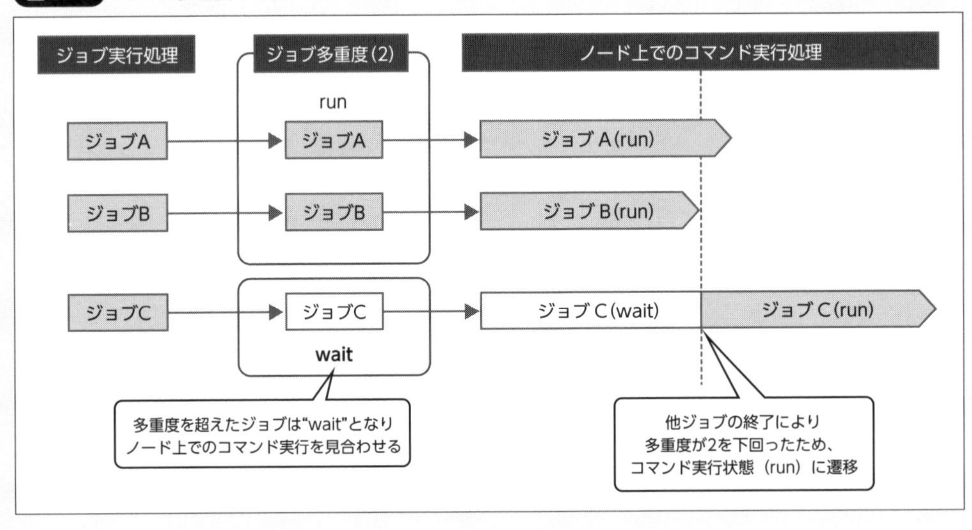

5.8 ジョブ優先度

本節では、ジョブの優先度について説明します。

5.8.1 ジョブ優先度の機能概要

前節までは「ジョブ」間の実行制御について紹介しましたが、本節では「ノード」間の実行制御について紹介します。

たとえば、バッチサーバを主系／副系と2系統で運用しており、基本的には主系側のサーバでバッチ処理を実施しておき、主系サーバで障害が発生した際には、副系のサーバでバッチ処理を代行する、といったケースです。

Hinemosではこういったケースに対応するため、「ノード」単位で割り振られたジョブ優先度に沿って、ジョブが正常終了するまで順次ジョブを繰り返して実行できます。ジョブ優先度を活用するには、ジョブの実行対象にスコープを設定し、スコープ処理に“正常終了するまでノードを順次リトライ”を設定する必要があります。

> **COLUMN　スコープ処理“正常終了するまでノードを順次リトライ”の概要**
>
> Hinemosでは、ジョブの実行対象として単一のノードを指定するだけでなく、複数のノードをまとめたスコープを指定できます。
>
> スコープ処理に“正常終了するまでノードを順次リトライ”を設定した場合、そのスコープ配下のノードのうち、優先度が高い順に最初に正常終了するノードまで、「ノード」単位でジョブの再実行を試みることができます。
>
> “正常終了するまでノードを順次リトライ”では次の処理順で実行対象ノードを選定します。
>
> **① Hinemosエージェントが起動しているノード**
> **② リポジトリ機能に登録された、各ノードのうち、『ジョブ優先度』の設定値がより高いもの**
> **③ 各ノードのうち、実行中のジョブの多重率（ジョブ実行数／『ジョブ多重度』）が低いもの**
> **④ ノードのFacility ID（昇順）**

5.8.2 ジョブ優先度の使いどころ

ジョブ優先度の運用での使いどころについて説明します。

主系／副系構成でのジョブ実行

概要で記載したように、主系／副系の構成で運用しており、主系で障害が発生した場合に副系でバッチ処理を代行するといったケースでジョブ優先度は活用できます（**図5.72**）。

それでは、実際にノード単位でのジョブ優先度を設定してみましょう。

図5.72　ジョブのイメージ図

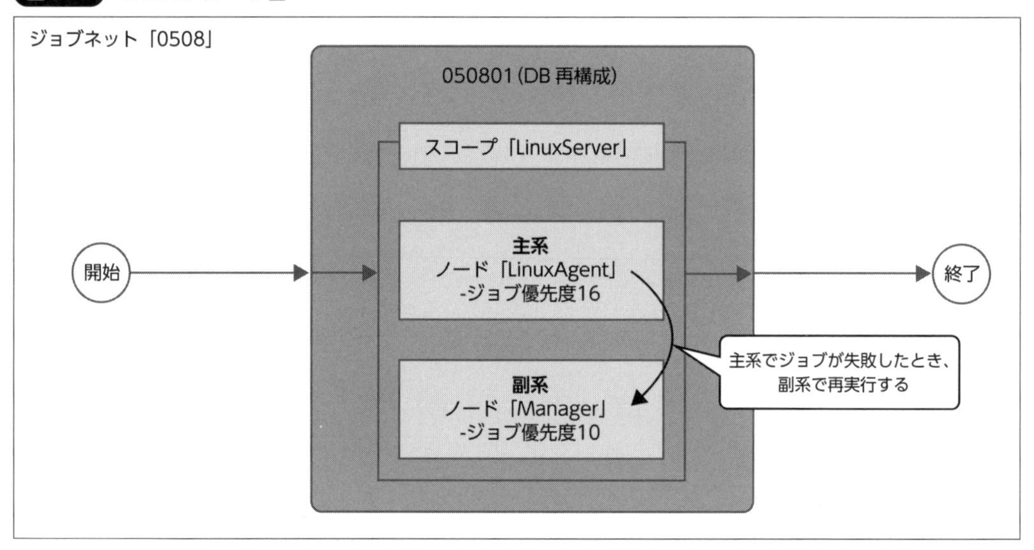

ここでは第2章で作成したスコープ「LinuxServer」を利用し、その配下のノード「LinuxAgent」を主系、ノード「Manager」を副系に見立ててジョブ優先度を設定していきます。スコープ「LinuxServer」配下の次の2つのノードについて、[リポジトリ[ノード]]ビューの[変更]ボタンをクリックし、[リポジトリ[ノードの作成・変更]]ビューでジョブ優先度を**表5.45**のように設定してください。ジョブ優先度の値の大きいノードが、より優先度の高いノードとなります。**表5.45**の場合、「LinuxAgent」>「Manager」の順です。

表5.45　ジョブ優先度の設定

ファシリティID	ジョブ優先度
LinuxAgent	16
Manager	10

動作確認に使用するジョブを作成します。ジョブネット「0508」の配下に次のコマンドジョブを作成してください。コマンドは前節で作成したコマンドジョブ「05070201」と同様です。ノード「LinuxAgent」にはHinemosマネージャはインストールされていませんので、このコマンドはノード「Manager」でだけ正常終了します。スコープ処理に[正常終了するまでノードを順次リトライ]を設定する点に注意してください(**表5.46**、**図5.73**)。

表5.46　コマンドジョブ「050801」の設定

ジョブID	050801
ジョブ名	DB再構成
スコープ	Hinemosシステム＞HinemosシステムOS別スコープ＞Linux サーバ
スコープ処理	正常終了するまでノードを順次リトライ
起動コマンド	sleep 120 && PGPASSWORD=hinemos /opt/hinemos/sbin/mng/hinemos_cluster_db.sh

図5.73 コマンドジョブ「050801」の設定

ジョブ[コマンドジョブの作成・変更]

ジョブID： 050801 編集
ジョブ名： DB再構成 モジュール登録
説明：
オーナーロールID： ALL_USERS
ジョブ開始時に実行対象ノードを決定する
アイコンID：

待ち条件 | 制御(ジョブ) | 制御(ノード) | コマンド | ファイル出力 | 開始遅延 | 終了遅延 | 終了状態 | 通知先の指定

スコープ
ジョブ変数： #[FACILITY_ID]
固定値： Hinemosシステム>Hinemosシステ 参照
スコープ処理
全てのノードで実行 正常終了するまでノードを順次リトライ
スクリプト配布： スクリプト配布
起動コマンド： sleep 120 && PGPASSWORD=hinemos /opt/hinemos/sbin/mng/hir
停止
プロセスの終了 停止コマンド
実効ユーザ
エージェント起動ユーザ ユーザを指定する
ジョブ終了時の変数設定 環境変数

OK(O) キャンセル(C)

以上の設定後、[ジョブマップ[登録]]ビューからジョブを登録してください。

作成したジョブを実行し動作を確認します。[ジョブマップ[登録]]ビューでジョブネット「0508」を実行してください。

[ジョブマップ[履歴]]ビューのコマンドジョブ「050801」をダブルクリックし、[ジョブ履歴[ノード詳細]]ビューを表示してください。ジョブの開始直後は、よりジョブ優先度の高いノード「LinuxAgent」が実行中となります(**図5.74**)。

図5.74 LinuxAgentで実行中

ジョブマップ[履歴] | ジョブ履歴[ノード詳細](マネージャ1) | ジョブ履歴[ファイル転送](マネージャ1) | ジョブ履歴[同時実行

セッションID：20221204210747-000, ジョブID：050801

実行状態	戻り値	ファシリティID	ファシリティ名	開始・再実行日時	終了・中断日時
実行中		LinuxAgent	LinuxAgent	2022/12/04 21:07:48	
待機		Manager	Manager		

ノード「LinuxAgent」でジョブが失敗すると、ジョブ優先度が次位のノード「Manager」でジョブが実行されます(**図5.75**)。

図5.75 Managerで実行中

ジョブマップ[履歴] | ジョブ履歴[ノード詳細](マネージャ1) | ジョブ履歴[ファイル転送](マネージャ1) | ジョブ履歴[同時実行

セッションID：20221204210747-000, ジョブID：050801

実行状態	戻り値	ファシリティID	ファシリティ名	開始・再実行日時	終了・中断日時
終了	127	LinuxAgent	LinuxAgent	2022/12/04 21:07:48	2022/12/04 21:09:48
実行中		Manager	Manager	2022/12/04 21:09:48	

以上のように、ジョブ優先度を利用すると、主系(LinuxAgent)でのジョブ失敗時に、副系(Manager)でジョブを代行できます。

動作確認後は先ほど変更したジョブ優先度をデフォルトの数値(16)に戻しておきましょう。

COLUMN　複数IPアドレスを持つサーバでのジョブ優先度の活用

本手順では、主系／副系でのジョブ実行を例に紹介しましたが、仮想IP(FIP)を設定している環境など、複数のIPアドレスを付与されたサーバでのジョブ実行に、ジョブ優先度を活用する運用ケースもあります。

たとえば、「9.5　ジョブの可用性」で紹介する仮想IPを付与したサーバに対してジョブを実行する場合、通常は仮想IPを登録したノード(優先度高)でだけジョブを実行しておき、仮想IPが何らかの理由で通信できない場合には、物理IPを登録したノード(優先度低)で処理を代行するといった設定方法が考えられます。

第6章

さまざまな実行契機

6.1 本章の説明

運用業務は毎日決まった時間に実行される定時作業や、不定期に実施されるメンテナンス業務などさまざまな形態の業務があります。Hinemosではこのような運用業務の契機をジョブの「実行契機」の機能で実現しています。

本章ではこのジョブの「実行契機」の簡単な説明やどのような運用場面で使えるかのユースケースを紹介していきます(**図6.1**、**表6.1**)。

図6.1　さまざまな実行契機

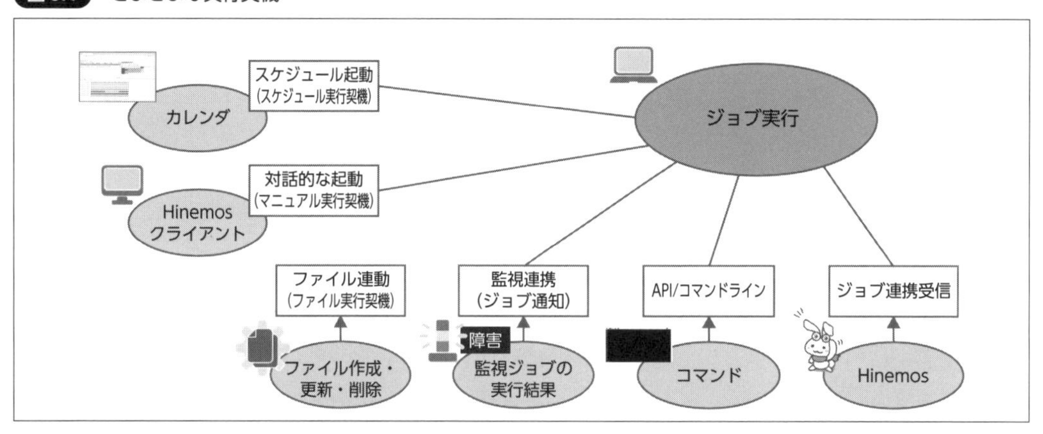

表6.1　第6章の概要

節	各節の概要
6.2　スケジュール実行契機	定時の運用業務の自動化に使われるスケジュール実行契機の機能を紹介する
6.3　マニュアル実行契機	障害が発生したときのような随時の運用業務の自動化に使われるマニュアル実行契機の機能を紹介する
6.4　ファイル連動 (ファイルチェック実行契機)	ファイルの作成などが契機としてジョブを開始する、ファイルチェック実行契機の機能を紹介する
6.5　監視連携(ジョブ通知)	監視における異常検知などを契機としてジョブを実行する、ジョブ通知の機能を紹介する
6.6　クラウド連携	クラウドネイティブな処理とジョブ管理機能のシームレスな連携を実現するクラウド連携の機能を紹介する
6.7　ジョブのテスト実行	各種実行契機を設定する前にジョブフローが正常に動作するかをチェックするため、テストを実行する方法について紹介する

本章ではジョブユニット「06」配下に、**図6.2**のようなジョブ構成でユースケースを構築しております。各節ではユースケースを構築するための考え方や作成方法を説明しております。

図6.2　ジョブユニットの図

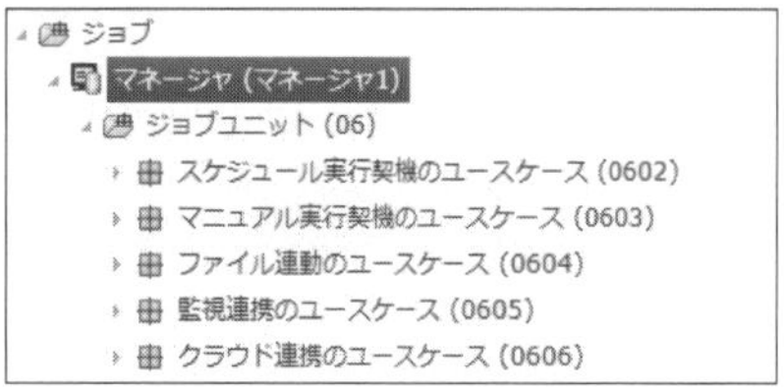

- ジョブ
  - マネージャ (マネージャ1)
    - ジョブユニット (06)
      - スケジュール実行契機のユースケース (0602)
      - マニュアル実行契機のユースケース (0603)
      - ファイル連動のユースケース (0604)
      - 監視連携のユースケース (0605)
      - クラウド連携のユースケース (0606)

COLUMN

外部からのジョブ実行方法

Hinemosは自身のHinemosマネージャ外からジョブを実行する方法としてWebサービスAPI／コマンドラインツールやジョブ連携受信機能を提供しております。

ここでは外部からのジョブ実行を紹介します。

■ Hinemos の Web サービス API（アプリケーションプログラミングインタフェース）

HinemosのWebサービスAPIはREST APIとして提供されHinemosクライアント上の操作も本REST APIを使用して実現しており、外部からHinemosクライアントの上のほぼすべての操作を実行できるようになります。HinemosではこのREST APIをPythonから呼び出すプログラムのサンプルを提供しております。

■ Hinemos のコマンドラインツール

コマンドラインツールはHinemosのWebサービスAPIをスクリプト化した運用支援ツールになります。このツールはREST APIと同様に外部からHinemosクライアントの上のほぼすべての操作をCUI（キャラクタユーザインタフェース）上で実現できます（**図6.3**）。

コマンドラインツールの使い方などはHinemosのHPにて公開されております。

- https://www.hinemos.info/option/commandlinetool

図6.3 コマンドラインツールの概要

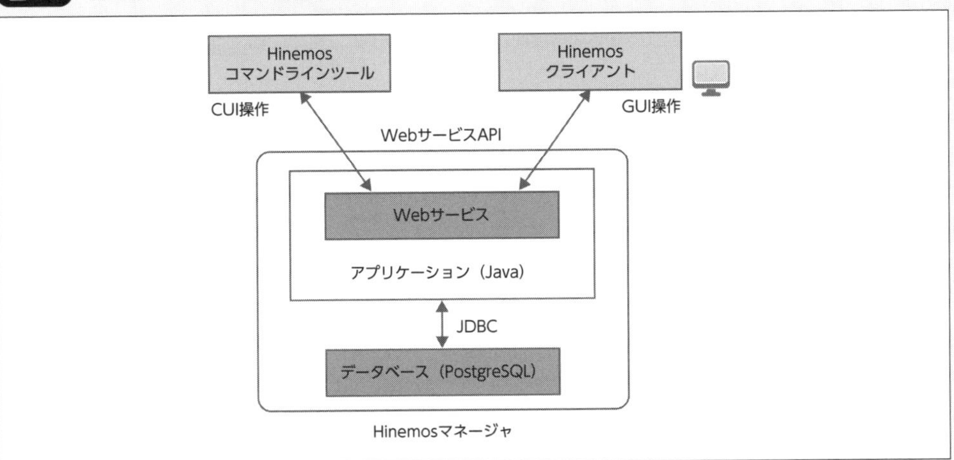

■ Hinemos のジョブ連携受信機能

Hinemosのジョブ連携受信機能はHinemosマネージャ間の連携に使われる機能になります。ジョブフローの中でジョブ連携送信ジョブやジョブ連携待機ジョブを作成し、ジョブ連携メッセージを介して他のHinemosマネージャと連携します。ジョブ連携メッセージはジョブ連携待機ジョブやジョブ連携受信実行契機で受信でき、ジョブ連携メッセージを受け取ることでジョブフローを開始したり、ジョブフロー内のジョブを実行したりできます。

ジョブ連携受信の詳細は「Hinemos ver.7.0 基本機能マニュアル 7.1.3.24 ジョブ連携メッセージを使用したジョブの連携」を参照してください。

6.2 スケジュール実行契機

本節ではスケジュール実行契機の機能や運用での使いどころについて説明します。

6.2.1 スケジュール実行契機の機能概要

スケジュール実行契機は定時の業務を実行する際に使用します。

定時実行している運用業務をジョブで定型化し、スケジュール実行契機で実行タイミングを設定することにより運用の自動化を実現できます。スケジュール実行契機では、毎時/毎日/毎週/一定間隔といった定時のスケジュール設定を行えます。

スケジュール実行契機で設定されたジョブの実行予定は、スケジュール予定として確認することもできます。

ジョブのスケジュール実行については「Hinemos ver.7.0 基本機能マニュアル 7.1.3.22 ジョブのスケジュール実行」を参照してください。

COLUMN　運用業務のスケジュール確認

Hinemosで自動化した運用業務のスケジュールの確認や、新しくスケジュール実行契機を作成したときのスケジュールを確認するのに役立つのが[ジョブ設定[スケジュール予定]]ビューになります。

[ジョブ設定]パースペクティブの[ジョブ設定[スケジュール予定]]ビューで、今後のジョブ実行スケジュールを確認できます(**図6.4**)。

図6.4　[ジョブ設定 [スケジュール予定]] ビュー

ジョブ設定[スケジュール予定]　ジョブ設定[同時実行制御ジョブ一覧]

フィルタ済み一覧

マネージャ	日時	実行契機ID	実行契機名	ジョブユニットID	ジョブID	ジョブ名
マネージャ1	2022/12/01 23:30:00	0602	夜間処理	06	0602	スケジュール実行契機のユースケース
マネージャ1	2022/12/02 23:30:00	0602	夜間処理	06	0602	スケジュール実行契機のユースケース
マネージャ1	2022/12/03 23:30:00	0602	夜間処理	06	0602	スケジュール実行契機のユースケース
マネージャ1	2022/12/04 23:30:00	0602	夜間処理	06	0602	スケジュール実行契機のユースケース
マネージャ1	2022/12/05 23:30:00	0602	夜間処理	06	0602	スケジュール実行契機のユースケース
マネージャ1	2022/12/06 23:30:00	0602	夜間処理	06	0602	スケジュール実行契機のユースケース
マネージャ1	2022/12/07 23:30:00	0602	夜間処理	06	0602	スケジュール実行契機のユースケース
マネージャ1	2022/12/08 23:30:00	0602	夜間処理	06	0602	スケジュール実行契機のユースケース
マネージャ1	2022/12/09 23:30:00	0602	夜間処理	06	0602	スケジュール実行契機のユースケース
マネージャ1	2022/12/10 23:30:00	0602	夜間処理	06	0602	スケジュール実行契機のユースケース
マネージャ1	2022/12/11 23:30:00	0602	夜間処理	06	0602	スケジュール実行契機のユースケース
マネージャ1	2022/12/12 23:30:00	0602	夜間処理	06	0602	スケジュール実行契機のユースケース
マネージャ1	2022/12/13 23:30:00	0602	夜間処理	06	0602	スケジュール実行契機のユースケース
マネージャ1	2022/12/14 23:30:00	0602	夜間処理	06	0602	スケジュール実行契機のユースケース
マネージャ1	2022/12/15 23:30:00	0602	夜間処理	06	0602	スケジュール実行契機のユースケース
マネージャ1	2022/12/16 23:30:00	0602	夜間処理	06	0602	スケジュール実行契機のユースケース
マネージャ1	2022/12/17 23:30:00	0602	夜間処理	06	0602	スケジュール実行契機のユースケース
マネージャ1	2022/12/18 23:30:00	0602	夜間処理	06	0602	スケジュール実行契機のユースケース
マネージャ1	2022/12/19 23:30:00	0602	夜間処理	06	0602	スケジュール実行契機のユースケース

この[ジョブ設定[スケジュール予定]]ビューはフィルタをかけることも可能で、2023/12/01～2024/01/06のように期間を限定してスケジュールの予定を確認できます(**表6.2**、**図6.5**)。

表6.2　フィルタの設定

マネージャ	マネージャ1
開始	2023/12/01 00:00:00
終了	2024/01/06 00:00:00
実行契機ID	0602

図6.5 フィルタ後の［ジョブ設定［スケジュール予定］］ビュー

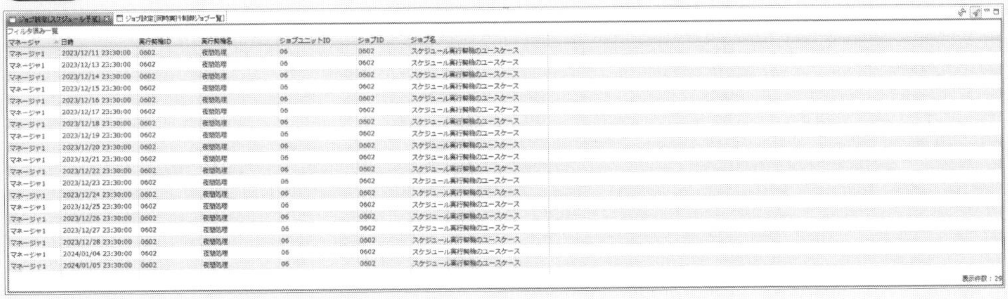

フィルタ済み一覧

マネージャ	日時	実行契機ID	実行契機名	ジョブユニットID	ジョブID	ジョブ名
マネージャ1	2023/12/11 23:30:00	0602	夜間処理	06	0602	スケジュール実行契機のユースケース
マネージャ1	2023/12/13 23:30:00	0602	夜間処理	06	0602	スケジュール実行契機のユースケース
マネージャ1	2023/12/14 23:30:00	0602	夜間処理	06	0602	スケジュール実行契機のユースケース
マネージャ1	2023/12/15 23:30:00	0602	夜間処理	06	0602	スケジュール実行契機のユースケース
マネージャ1	2023/12/16 23:30:00	0602	夜間処理	06	0602	スケジュール実行契機のユースケース
マネージャ1	2023/12/17 23:30:00	0602	夜間処理	06	0602	スケジュール実行契機のユースケース
マネージャ1	2023/12/18 23:30:00	0602	夜間処理	06	0602	スケジュール実行契機のユースケース
マネージャ1	2023/12/19 23:30:00	0602	夜間処理	06	0602	スケジュール実行契機のユースケース
マネージャ1	2023/12/20 23:30:00	0602	夜間処理	06	0602	スケジュール実行契機のユースケース
マネージャ1	2023/12/21 23:30:00	0602	夜間処理	06	0602	スケジュール実行契機のユースケース
マネージャ1	2023/12/22 23:30:00	0602	夜間処理	06	0602	スケジュール実行契機のユースケース
マネージャ1	2023/12/23 23:30:00	0602	夜間処理	06	0602	スケジュール実行契機のユースケース
マネージャ1	2023/12/24 23:30:00	0602	夜間処理	06	0602	スケジュール実行契機のユースケース
マネージャ1	2023/12/25 23:30:00	0602	夜間処理	06	0602	スケジュール実行契機のユースケース
マネージャ1	2023/12/26 23:30:00	0602	夜間処理	06	0602	スケジュール実行契機のユースケース
マネージャ1	2023/12/27 23:30:00	0602	夜間処理	06	0602	スケジュール実行契機のユースケース
マネージャ1	2023/12/28 23:30:00	0602	夜間処理	06	0602	スケジュール実行契機のユースケース
マネージャ1	2024/01/04 23:30:00	0602	夜間処理	06	0602	スケジュール実行契機のユースケース
マネージャ1	2024/01/05 23:30:00	0602	夜間処理	06	0602	スケジュール実行契機のユースケース

このフィルタ機能を用いることにより、対象の実行契機だけのスケジュールを確認したり、今後1週間のジョブのスケジュールを確認するといったことができるようになります。

6.2.2 スケジュール実行契機の使いどころ

運用業務の中でスケジュール実行契機の使いどころを説明します。

定時実行の運用業務の自動化

スケジュール実行契機で最もシンプルなケースとして、毎週月曜日に夜間バッチ処理を行っている運用業務を自動化する例を紹介します。

まず最初に夜間バッチを定型化したジョブを用意します。今回はサンプルとしてジョブネット「06020101」の配下にコマンドジョブ「0602010101」を作成します(**図6.6**、**表6.3**)。

図6.6 ジョブネット「060201」の構成

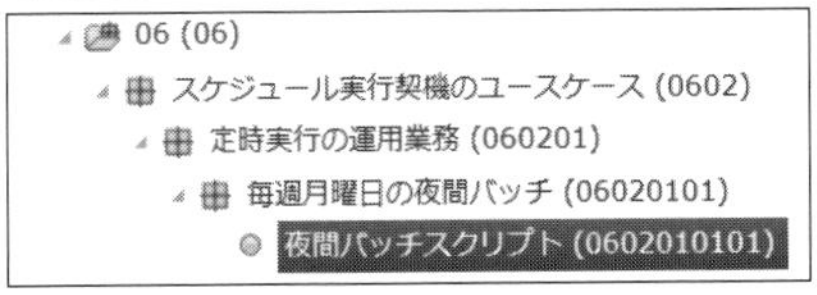

- 06 (06)
  - スケジュール実行契機のユースケース (0602)
    - 定時実行の運用業務 (060201)
      - 毎週月曜日の夜間バッチ (06020101)
        - 夜間バッチスクリプト (0602010101)

表6.3 コマンドジョブ「0602010101」の設定

ジョブID	0602010101
ジョブ名	夜間バッチスクリプト
種別	コマンドジョブ
スコープ	LinuxAgent
起動コマンド	echo "Hello world from Hinemos!"

次に夜間バッチを定期的に実行するためのスケジュール実行契機を作成するため、［ジョブ設定［実行契機］］ビューで［スケジュール作成］ボタンをクリックします。スケジュール実行契機は次のように作成します。

スケジュール実行契機のジョブにはコマンドジョブを含むジョブネット「0602010」を設定しております(**図6.7**、**表6.4**)。

図6.7　スケジュール実行契機の設定

表6.4　スケジュール実行契機の設定

実行契機ID	0602010101
実行契機名	毎日月曜日の夜間バッチのスケジュール
ジョブID	06020101
スケジュール設定	毎週月曜日02時00分

最後に[ジョブ設定]パースペクティブを開き、[ジョブ設定[スケジュール予定]]ビューで意図どおりのスケジュールでバッチ実行が行われるかを確認します(**図6.8**)。

図6.8　スケジュール実行契機「0602010101」の予定

ジョブ設定[スケジュール予定]　ジョブ設定[同時実行制御ジョブ一覧]

マネージャ	日時	実行契機ID	実行契機名	ジョブユニットID	ジョブID	ジョブ名
マネージャ1	2023/01/23 02:00:00	0602010101	毎週月曜日の夜間バッチ...	06	06020101	毎週月曜日の夜間バッチ
マネージャ1	2023/01/30 02:00:00	0602010101	毎週月曜日の夜間バッチ...	06	06020101	毎週月曜日の夜間バッチ
マネージャ1	2023/02/06 02:00:00	0602010101	毎週月曜日の夜間バッチ...	06	06020101	毎週月曜日の夜間バッチ
マネージャ1	2023/02/13 02:00:00	0602010101	毎週月曜日の夜間バッチ...	06	06020101	毎週月曜日の夜間バッチ
マネージャ1	2023/02/20 02:00:00	0602010101	毎週月曜日の夜間バッチ...	06	06020101	毎週月曜日の夜間バッチ
マネージャ1	2023/02/27 02:00:00	0602010101	毎週月曜日の夜間バッチ...	06	06020101	毎週月曜日の夜間バッチ
マネージャ1	2023/03/06 02:00:00	0602010101	毎週月曜日の夜間バッチ...	06	06020101	毎週月曜日の夜間バッチ
マネージャ1	2023/03/13 02:00:00	0602010101	毎週月曜日の夜間バッチ...	06	06020101	毎週月曜日の夜間バッチ

実際に指定した時間にジョブセッションが生成されるか動作確認を行いたい場合は、スケジュール設定の日時を任意の値に変更してください。

スケジュールの非稼働期間の指定

スケジュール実行契機は定時のスケジュール設定を行えますが、カレンダ機能と組み合わせることで真価を発揮するようになります。

夜間にデータインポート処理やその後の集計処理バッチを実行している運用業務を自動化するケースを考えます。スケジュール実行契機で定期実行するジョブは、一般的にシステムのメンテナンス日や年末年始など特定期間で例外的に処理を停止する必要が出てきます。例外的な停止日に手作業でジョブを停止させることもできますが、手作業での処理タイミングの変更は、設定ミスや設定の戻し忘れ等のリスクが発生しやすくなるため、事前に設定をしておくことが理想的です。

このような場合は、カレンダ機能で営業日と非稼働日のパターンを組み合わせたカレンダを作成し、スケジュール実行契機に指定することで実現が可能です。

今回は動作確認として、先ほど作成したスケジュール実行契機「0602010101」にカレンダを指定して、非営業日とメンテナンス日などの非稼働期間にはジョブが実行されないための設定を行います。

まず、[カレンダ]パースペクティブを開き、[カレンダ[一覧]]ビューの[作成]ボタンをクリックしてください。[カレンダ[カレンダの作成・変更]]ダイアログが開くので、**表6.5**の内容を入力してください。

表6.5 カレンダ（CAL_Business_Day）

カレンダID	CAL_Business_Day
カレンダ名	営業日カレンダ
有効期間（開始）	2022/01/01 00:00:00
有効期間（終了）	2099/12/31 23:59:59

次に右端の[追加]ボタンをクリックしてください。[カレンダ[詳細設定の作成・変更]]ダイアログが開くので、**表6.6**の内容を入力して[OK]ボタンをクリックしてください。

表6.6 非営業日のカレンダ詳細

説明	非営業日
年	毎年
月	毎月
カレンダパターン	holiday_JPN_2017-2027
開始時刻	00:00:00
終了時刻	24:00:00
稼働／非稼働	非稼働

Hinemosでは、デフォルトで日本の祝日を非稼働日としているカレンダパターン「holiday_JPN_2017-2027」を用意しているので、非営業日に該当するカレンダパターンとしてこちらを利用します。

同じように、メンテナンス日を非稼働とするカレンダ詳細を追加します。

こちらも事前にカレンダパターンを作成しておくことで、実際のメンテナンス日を柔軟に指定することが可能ですが、今回は例として毎月第1月曜日をメンテナンス日と定めて設定します(**表6.7**)。

表6.7　メンテナンス日のカレンダ詳細

説明	メンテナンス日
年	毎年
月	毎月
曜日	第1月曜日
開始時刻	00:00:00
終了時刻	24:00:00
稼働／非稼働	非稼働

最後に、営業日を稼働日とするカレンダ詳細を追加します(**表6.8**)。

表6.8　営業日のカレンダ詳細

説明	稼働日
年	毎年
月	毎月
日	毎日
開始時刻	00:00:00
終了時刻	24:00:00
稼働／非稼働	稼働

カレンダ詳細設定では上から順々に判定が実施されます。そのため、営業日カレンダでは祝日カレンダパターンとメンテナンス日で非稼働日の判定を行い、その他の日を稼働日として判定します。

カレンダの作成が完了したら、スケジュール実行契機「0602010101」にカレンダ「CAL_Business_Day」を指定します。この状態で[ジョブ設定[スケジュール予定]]ビューで確認すると、休日や毎月第1月曜日にはジョブが予定されていないことが確認できます。

6.3 マニュアル実行契機

本節ではマニュアル実行契機の機能や運用業務での使いどころについて説明します。

6.3.1 マニュアル実行契機の機能概要

運用業務は定期的に実行されるものだけでなく、障害が発生したときや申請を受けたときに、随時に実行する業務があります。このような随時の運用業務を定型化するための仕組みがマニュアル実行契機になります。

マニュアル実行契機では随時の運用業務を定型化したジョブフローを指定し、ユーザによって随時実行できます。マニュアル実行契機のポイントとしては、ジョブフローの手動実行だけではなく、ユーザの入力を受け取って起動できる点になります。

マニュアル実行契機ではユーザが実行時に入力した内容を実行時変数(ジョブ変数)として、ジョブフローの中で使用できます。

Hinemosではこの実行時変数の指定方法を4種用意しています。マニュアル実行契機ではこの4種のジョブ変数を単独でも複数組み合わせても設定できます(**表6.9**)。

表6.9　マニュアル実行契機で指定できる実行時変数（ジョブ変数）の種類

ジョブ変数の種類	説明
入力（テキストボックス）	ジョブ変数に設定する値を自由記述形式で入力するボックスを表示
選択（ラジオボタン）	ジョブ変数に設定する値を選択肢として表示。複数の選択肢があり、数が少ない場合に使用する
選択（コンボボックス）	ジョブ変数に設定する値を選択肢として表示。選択肢の数が多い場合に使用する
固定	ジョブ変数に設定する値を固定で表示。マニュアル実行契機の実行時に運用担当者に値を表示したい場合に使用する

運用担当者はマニュアル実行契機を使用して、実行時変数を指定して実行することで随時実行の運用業務を定型化できます。

COLUMN　即時実行とマニュアル実行契機

「4.3　即時実行と実行結果の確認」ではHinemosの即時実行機能について紹介しました。即時実行機能とマニュアル実行契機は共に手動実行のジョブ実行になるため、ここではその違いについて紹介したいと思います。

- **Hinemosの即時実行機能**

  Hinemosの即時実行機能は次の特徴を持っており、基本的には即時実行機能はジョブ開発時のテストで使われる機能になります。

  - **手動実行を行いたいジョブフローをユーザが選択して即時実行できる**
  - **ユーザが手動実行時に変数の入力を行うことはできない**
  - **手動実行に対して名前を付けることができない**

- **マニュアル実行契機**

  Hinemosのマニュアル実行契機は次の特徴を持っており、運用業務の定型化に使われる機能になります。

  - **1つのマニュアル実行契機で設定できるジョブフローは1つになる**
  - **ユーザが手動実行時に変数の入力を行うことができる**
  - **マニュアル実行契機に名前をつけることができる**

マニュアル実行契機は実行時変数を設定でき、また実行するジョブフローは決まっています。そのため、運用時に運用担当者は○○というマニュアル実行契機を実行するというオペレーションになるため、運用手順が明快になります。

6.3.2 マニュアル実行契機の使いどころ

運用業務の中でマニュアル実行契機の使いどころを説明します。

サーバのパスワード発行の運用業務

人事異動や年次のタイミングで手作業でユーザのサーバのパスワードを発行／再発行する運用現場も多いと思います。手作業でパスワードを変更すると、作業者が誤入力してしまうリスクも考えられますし、サーバの台数が多いと膨大な作業時間が必要になってしまいます。

このような運用業務をHinemosのジョブとマニュアル実行契機を組み合わせることで容易に解決できます。

ここでは例として、マニュアル実行契機とコマンドジョブを利用した、Linuxサーバのパスワードを一括変更するフローを紹介します。マニュアル実行契機の実行時変数に実行サーバを指定することにより1つのジョブフローですべてのLinuxサーバのパスワード変更が可能になります。実際にOSのユーザのパスワード変更になるため、rootユーザ等の管理者ユーザのパスワード変更は注意してください。

具体的には次のように作成していきます。今回の例ではパスワード変更を行うユーザのIDを#[ID]、パスワードを#[PASS]として変数で設定します。

ジョブネット「0603」配下に、次のコマンドジョブを作成します(**表6.10**、**図6.9**)。#[ID]や#[PASS]は後ほどで作成するマニュアル実行契機のランタイムジョブ変数名とそれぞれ一致させる必要があります。

表6.10 コマンドジョブ「060301」の設定

ジョブID	060301
ジョブ名	パスワード変更ジョブ
スコープ	Hinemosシステム＞Hinemosシステム OS別スコープ＞Linuxサーバ
起動コマンド	echo #[PASS] | passwd --stdin #[ID]

図6.9 コマンドジョブ「060301」の設定

次に、[ジョブ設定[実行契機]]ビューで[マニュアル実行契機作成]ボタンをクリックし、マニュアル実行契機を作成します(**表6.11**、**図6.10**)。

表6.11 マニュアル実行契機「060301」の設定

実行契機ID	060301
実行契機名	パスワード変更
ジョブID	060301
ジョブ名	パスワード変更ジョブ

図6.10 マニュアル実行契機「060301」の設定

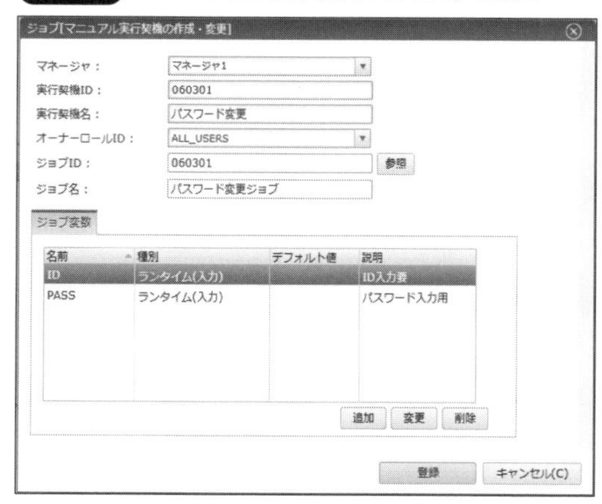

続いて、[追加]ボタンをクリックして、ランタイムジョブ変数を作成します。[ジョブ[ランタイムジョブ変数の作成・変更画面]]ダイアログで、次のランタイムジョブ変数を作成します(**表6.12**、**表6.13**)。

表6.12 ランタイムジョブ変数ID

名前	ID
説明	ID入力用
種別	入力

表6.13 ランタイムジョブ変数PASS

名前	PASS
説明	パスワード入力用
種別	入力

ランタイムジョブ変数の追加が完了したら、[登録]ボタンをクリックします。作成したマニュアル実行契機を右クリックして[実行]をクリックすると**図6.11**のダイアログが開くので、パスワードを変更したいLinuxサーバのユーザIDと変更後のパスワードを入力して、[実行]をクリックします。

図6.11　マニュアル実行契機「060301」の確認ダイアログ

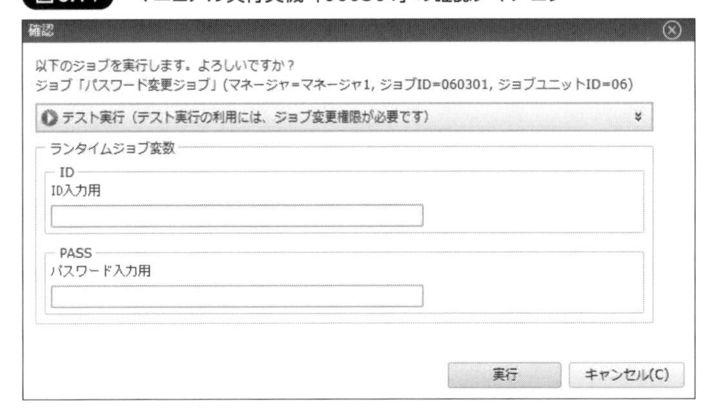

最後に、[ジョブ履歴[ノード詳細]]ビューで実行したジョブのメッセージを確認し、問題なく対象ユーザのパスワードが変更できたことを確認します(**図6.12**)。

図6.12　コマンドジョブ「060301」の実行結果

障害時ログ取得の運用業務

サーバのパスワード発行の運用業務のユースケースでは変更を行うサーバを指定せずに行っていますが、次に紹介する障害時ログ取得の自動化の例のようにファシリティIDを実行時変数に加えることによりパスワード変更を行うサーバを実行時に指定することもできます。

たとえば、次のような運用環境を例に考えてみましょう(**図6.13**、**表6.14**)。

図6.13 障害時ログ取得の自動化環境

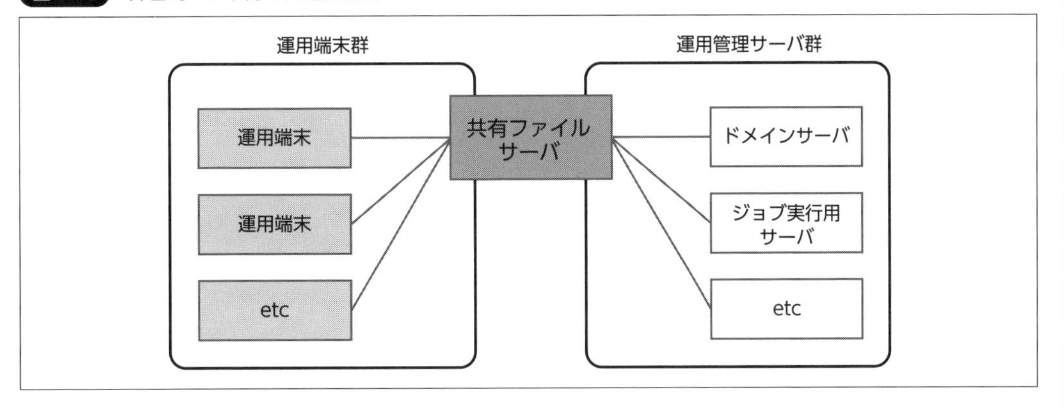

表6.14 マニュアル実行契機で指定できるジョブ変数の種類

運用端末群	運用担当者が使用する端末群
運用管理サーバ群	運用業務を行うためのドメインサーバやジョブ実行サーバ群。このグループのサーバには直接運用担当者はアクセスできない
共有ファイルサーバ	運用端末と運用管理サーバのファイルのやり取りを行う共有ファイルサーバ

運用管理サーバで障害が発生した際に、原因調査を行うためにアプリケーションのログを取得し解析を行う必要がありますが、運用担当者は運用管理サーバ群にアクセスする際に、ログイン承認等の手続きが必要になります。

一般的な運用では障害が発生したサーバへのログインを行うためのログイン申請や、作業時のコマンド履歴の保存、対象ログの確認と取得といった運用作業を行う必要があり迅速な障害対応を行うことが難しくなっています。このような場合に、迅速な障害対応業務を行うためには障害時のログ取得の定型化が必要になってきます。

Hinemosのマニュアル実行契機を介して定型化を行うことにより、前述の運用作業を行うことなく障害時ログを取得できるようになります。

実際に障害ログ取得を行うジョブの概要は**図6.14**のようになります。

図6.14 障害時ログ取得の概要

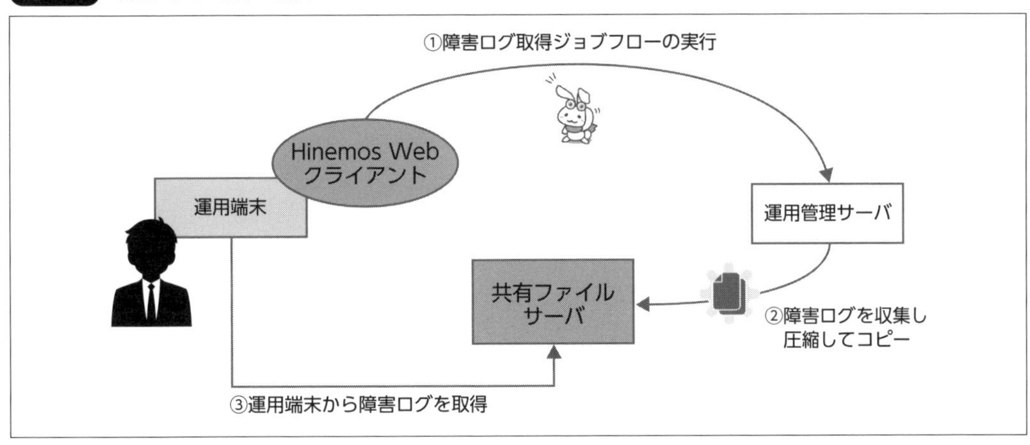

今回は動作確認のため、共有ファイルサーバへのファイルの転送は行わず、指定したサーバでログファイルの圧縮までをマニュアル実行契機で定型化する例を案内します。

事前準備として、ManagerとLinuxAgentのそれぞれのサーバに、取得するログ一覧を定義したファイルとログファイルの圧縮を行うスクリプトを/opt/scriptに配置します。この例では、ログ一覧としてHinemosエージェントのログとサーバのシステムログを定義しています(**リスト6.1**、**リスト6.2**)。

リスト6.1　/opt/script/JobServerLogs.txt

```
Hinemosエージェントのログ,/opt/hinemos_agent/var/log/agent.log
サーバのシステムログ,/var/log/messages
```

リスト6.2　/opt/script/getFaultLog.sh

```
#!/bin/bash

#取得ログ一覧ファイルを引数から取得
filepath=$1
list=(`cat $filepath|xargs`)

#取得ログ一覧ファイルのログを一覧化
arr=()
for S in "${list[@]}"
do
arr+=`echo $S | cut -d ',' -f 2 `' '
done

#ZIPファイルに圧縮
zip -r /tmp/hoge.zip ${arr[@]}
```

まずは、ジョブネット「0603」の配下に、次のコマンドジョブを作成します(**表6.15**、**図6.15**)。

表6.15　コマンドジョブ「060302」の設定

ジョブID	060302
ジョブ名	ログファイル取得ジョブ
ジョブ変数	#[FACILITY_ID]
起動コマンド	/opt/script/getFaultLog.sh #[LOG_FILE_SET]

図6.15 コマンドジョブ「060302」の設定

次に、**表6.15**、**図6.15**のコマンドジョブを実行するためのマニュアル実行契機を作成します(**表6.16**、**図6.16**)。

表6.16 マニュアル実行契機「060302」の設定

実行契機ID	060302
実行契機名	ログファイル取得
ジョブID	060302
ジョブ名	ログファイル取得ジョブ

図6.16 マニュアル実行契機「060302」の設定

今回は、ランタイムジョブ変数として、ログを取得サーバを指定するFACILITY_IDと、取得するログ一覧を定義したファイルを指定するLOG_FILE_SETを作成します。これらのジョブ変数は複数の選択肢から1つを設定するため、種別は選択(コンボボックス)になります。

FACILITY_IDは、選択候補としてノードのファシリティIDを追加します(**表6.17**)。

表6.17　ランタイムジョブ変数FACILITY_ID

名前	FACILITY_ID	
説明	ファシリティ ID	
種別	選択（コンボボックス）	
順序1	値	Manager
	説明	Managerサーバ
順序2	値	LinuxAgent
	説明	LinuxAgentサーバ

同じようにLOG_FILE_SETでは、選択候補としてジョブ変数を取得ログ一覧ファイルのフルパスを値として追加します(**表6.18**)。

表6.18　ランタイムジョブ変数LOG_FILE_SET

名前	LOG_FILE_SET	
説明	ログファイルセット	
種別	選択（コンボボックス）	
順序1	値	/opt/script/JobServerLogs.txt
	説明	Hinemosエージェントのログ一覧

ランタイムジョブ変数の追加が完了したら、[登録]ボタンをクリックします。作成したマニュアル実行契機を実行すると、**図6.17**のような画面が表示されます。

図6.17　マニュアル実行契機「060302」の確認ダイアログ

実行時変数を指定して実行すると、ジョブを実行したサーバ上に/tmp/hoge.zipが作成されます。

6.4 ファイル連動（ファイルチェック実行契機）

本節ではファイル連動（ファイルチェック実行契機）の機能や運用での使いどころについて説明します。

6.4.1 ファイルチェック実行契機の機能概要

ファイルチェック実行契機では、ファイルの作成／変更／削除を契機に業務を自動化できます。

ファイルチェック実行契機は次のような運用業務に対して有効です。

- **システム／アプリケーション間の連携で、依頼ファイルが格納されたことを契機に実行される運用業務**
- **重要ファイルが変更されると同時にファイルをバックアップする運用業務**

COLUMN ファイルチェック実行契機について

ファイルチェック実行契機はチェック種別として次のものを設定できます。

- **作成：チェック対象ファイルの作成をチェックする**
- **削除：チェック対象ファイルの削除をチェックする**
- **変更：チェック対象ファイルの変更をチェックする。変更はタイムスタンプ変更またはファイルサイズ変更をチェックできる**

また、ファイルチェックの実行対象ファイル名を指定します。ファイル名には、正規表現が利用可能です。そのため、「ログファイル名＋日付」（例：hinemos_manager.log.2023-01-01）形式のような日付が入ったファイルも対象にできます。

6.4.2 ファイルチェック実行契機の使いどころ

運用業務の中でファイルチェック実行契機の使いどころを説明します。

申請業務の自動化

インフラエンジニア寄りのユースケースになりますが、仮想化環境に仮想マシン（サーバ）の払い出し申請書を行うケースを考えてみましょう。

一般的にサーバの払い出し申請業務は、次のようなフローで処理されますが、自動化をしていない場合、申請者・作業者・承認者がそれぞれ次のように処理を行う必要があります。

① 申請者：フォルダにExcelの申請書を格納
② 承認者：フォルダ内のExcelを定期的に確認
③ 承認者：申請があった場合Excelの申請内容をチェック
④ 承認者：申請内容に問題無ければ承認
⑤ 作業者：サーバの払い出し

⑥ **作業者：サーバの払い出し後チェック**
⑦ **申請者：払い出されたサーバにアクセス**

ファイルチェック実行契機を利用することで、①の申請書が格納されたことを検知して、②～⑦までの一連のジョブフローを開始するといった自動化が可能です(**図6.18**)。

図6.18 申請業務のイメージ

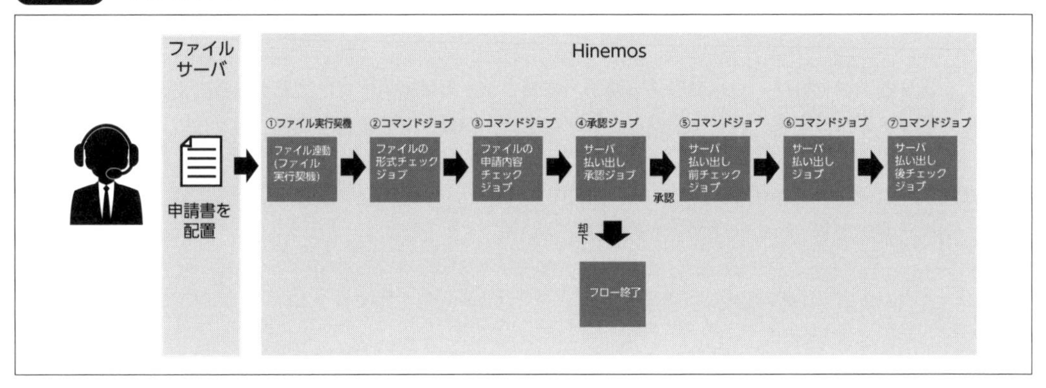

このフローの中では承認ジョブを使って、承認者への申請を行っています。承認ジョブは、ユーザの承認を待ち合わせるジョブであり、詳しくは、「7.5　承認ジョブ」の機能概要にて紹介しています。
この自動化により、運用業務は次の作業で完結できるようになります。

① **申請者：フォルダにExcelの申請書を格納**
② **承認者：内容に問題無ければ承認**
③ **申請者：申請したサーバにアクセス**

このケースと同様の使い方で、たとえば業務アプリケーションが受け取る申請書を処理する運用業務の自動化等を行うことができます。
具体的には**図6.19**のように作成します。

図6.19 申請業務の自動化

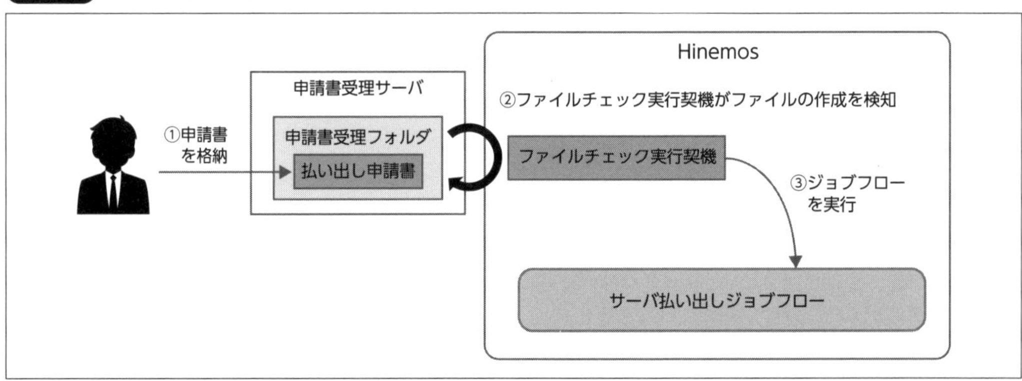

今回は、ファイルチェック実行契機の動作確認として、任意のテキストファイルが作成された際に、そのファイルの中身をチェックするジョブを実行する、という例を紹介します。

事前準備として、LinuxAgentのサーバの/opt/script配下に、ファイルの内容を確認する**リスト6.3**のスクリプトを作成します。

リスト6.3　/opt/script/check_report.sh

```
#!/bin/bash

cd /opt/script/log

#ファイルパス
filename=/opt/script/log/`ls -t *txt | head -n 1`

#1行目の文字列チェック
filecheck=`head -n 1 ${filename} | grep Hinemosに関するレポート | wc -l`

#文字列判定
if [ ${filecheck} = 1 ]; then
 echo "Hinemosレポートの書式チェックに成功しました"
 exit 0
else
 echo "Hinemosレポートの書式チェックに失敗しました"
 exit 100
fi
```

次に、ジョブネット「060401」の配下に次のコマンドジョブを作成します(**図6.20**、**表6.19**)。

図6.20　ジョブネット「060401」の構成

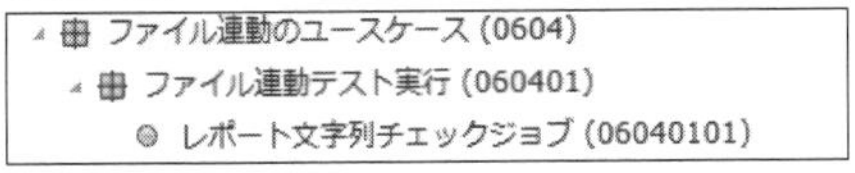

```
▲ ファイル連動のユースケース (0604)
  ▲ ファイル連動テスト実行 (060401)
      レポート文字列チェックジョブ (06040101)
```

表6.19　コマンドジョブ「06040101」の設定

ジョブID	06040101
ジョブ名	レポート文字列チェックジョブ
固定値	LinuxAgent
起動コマンド	/opt/script/check_report.sh

続いて、[ジョブ設定[実行契機]]ビューで[ファイルチェック実行契機作成]ボタンをクリックし、ファイルチェック実行契機を作成します(**表6.20**、**図6.21**)。

表6.20　ファイルチェック実行契機の設定

実行契機ID	060401
実行契機名	レポート文字列チェック契機
ジョブ	06040101
ジョブ名	レポート文字列チェックジョブ
スコープ	LinuxAgent
ディレクトリ	/opt/script/log
ファイル名	Hinemos_REPORT.*
チェック種別	作成
ファイルが使用されている場合判定を持ち越す	チェック

図6.21　ファイルチェック実行契機の設定

実際に、検知対象のファイルを作成して、ジョブが実行されるか確認するため、LinuxAgentのサーバ上で**図6.22**のコマンドを実行します。

図6.22　ファイルチェック実行契機の動作確認

```
[root]# echo "Hinemosに関するレポート" > /opt/script/log/Hinemos_REPORT_1.txt
```

最後に、[ジョブ履歴[ノード詳細]]ビューで、ファイルの作成を契機としてジョブが実行されたことを確認します(**図6.23**)。

図6.23　コマンドジョブ「06040101」の実行結果

COLUMN　ファイルの書き込み完了を待つ方法

ファイルチェック実行契機を使用するときに、ファイルの書き込み完了を待つ必要がある場合があります。

- **対象ファイルが到着してファイルが完成（書き込みがすべて完了）した後に、そのファイルを入力として処理を実行する場合**
- **ユーザが対象ファイルを編集中はジョブフローを起動させないといった処理を作成する場合**

このような場合にファイルチェック実行契機の"ファイルが使用されている場合は判定を持ち越す"の設定を利用できます。この設定により、他プロセスがファイルを使用中は判定を持ち越し、ファイル使用が完了した後にジョブフローを実行することが可能になります。

6.5 監視連携（ジョブ通知）

本節では監視連携(ジョブ通知)の機能や運用での使いどころについて説明します。

6.5.1 ジョブ通知の機能概要

サーバやネットワークを管理する運用現場において、システムの稼働状況を監視することは必須の業務になります。監視業務の中で運用担当者は異常を検知すると、異常検知時の運用作業を実施します。

この異常検知時からの復旧作業は次の手順で自動化できます。

① 監視機能でシステムの不調を検知
② ①の通知をジョブ機能に連携
③ ②から連携された通知を契機として定型化した復旧ジョブを実行

この②の通知をジョブ機能に連携する仕組みがジョブ通知になります(**図6.24**)。

異常検知後の監視連携による有効な運用自動化例を紹介します。

- **異常の影響範囲を確認**
- **異常の復旧作業**
- **異常の復旧作業前後の状態確認**

図6.24　監視連携（ジョブ通知）

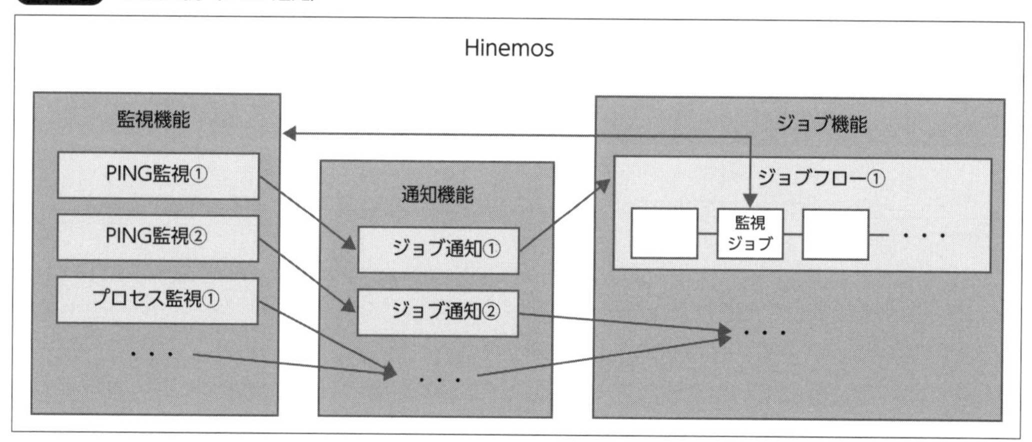

監視機能から通知する際に、障害が発生したサーバの情報(ファシリティID)を連携できます。そのため、ジョブ通知では次のように障害が発生したサーバ次第で障害時の処理(ジョブ)を変更できます。

- **固定ノードでの処理(ジョブ)の実行**
- **障害の発生したノードでの処理(ジョブ)の実行**

また、ジョブ通知はジョブ連携メッセージで他のHinemosマネージャに対して通知を送ることができます。ジョブ連携メッセージについては「8.4　ジョブの高度な連携方法」で案内しています。

COLUMN **監視とジョブの統合管理**

Hinemosでは監視機能とジョブ機能が統合管理されております。

そのため、監視、通知、ジョブ機能がシームレスに連携され、ユーザは製品機能で相互の呼び出しが可能です。監視機能から通知を介して復旧ジョブを呼び出したり、ジョブフローの中で監視ジョブを介して監視機能を呼び出せます。

「7.6　監視をジョブに組み込む」で監視ジョブについて紹介しております。

6.5.2 ジョブ通知の使いどころ

運用業務の中でジョブ通知の使いどころを説明します。

異常を検知したプロセスの再起動

プロセス異常を検知した際に、該当プロセスを再起動する復旧業務を自動化する方法を紹介します。今回は、Hinemos Webクライアントのプロセスを対象にします(**図6.25**)。

図6.25 異常を検知したプロセスの再起動の概要

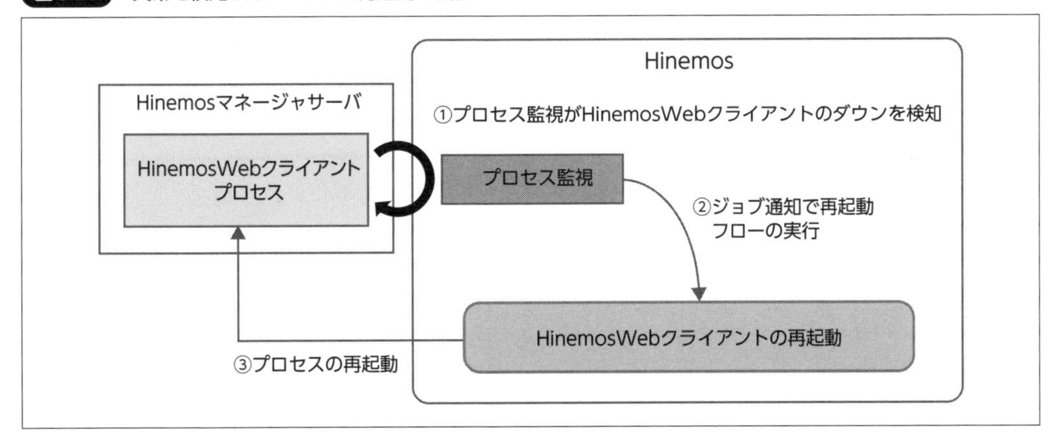

まず、ジョブネット「0605」配下に、Hinemos Webクライアントを再起動するためのコマンドジョブを作成します(**表6.21**)。スコープに#[FACILITY_ID]を指定することで、通知が発生したノードに対してジョブを実行できます。

表6.21 コマンドジョブ「060505」の設定

ジョブID	060505
ジョブ名	Hinemos Webクライアント再起動ジョブ
起動コマンド	sudo service hinemos_web start

次に、[監視設定[通知]]ビューで[作成]ボタンをクリックし、[通知種別]ダイアログで[ジョブ通知]を選択して[次へ]をクリックして、ジョブ通知を作成します。ジョブ通知は、コマンドジョブ「060505」を通知先として選択します。ジョブ実行スコープにイベントが発生したスコープを設定することにより、通知の発生したスコープ(もしくはノード)が実行対象になります(**表6.22**、**図6.26**)。

表6.22　ジョブ通知「0605」の設定

通知ID	0605
説明	HinemosWebクライアント再起動ジョブ通知
重要度変化後の初回通知	1
重要度変化後の二回目以降の通知	常に通知する
実行モード	直接実行
ジョブ実行スコープ	イベントが発生したスコープ
不明	チェック
ジョブID	060505

図6.26　ジョブ通知「0605」の設定

続いて、Hinemos Webクライアントのプロセス状態を監視するプロセス監視を作成します。[監視設定]パースペクティブを開き、[監視設定[一覧]]ビューの「作成」ボタンをクリックし、[監視種別]ダイアログで[プロセス監視(数値)]を選択して[次へ]をクリックします。プロセス監視の設定内容は次のとおりです(**表6.23**、**図6.27**)。

表6.23　プロセス監視の設定

監視項目ID	0605	
スコープ	Manager	
コマンド	.*java	
引数	.*hinemos_web.*	
通知	イベント通知	EVENT_JOB_01
	ジョブ通知	0605

図6.27　プロセス監視の設定

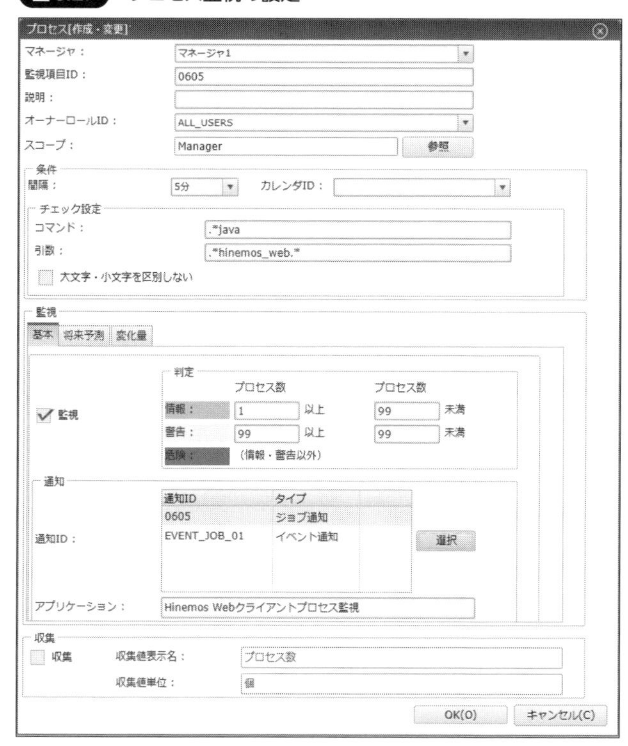

設定完了後、Managerのサーバで**図6.28**のコマンドを実行して、Hinemos Webクライアントを手動で停止してみましょう。

図6.28　Hinemos Webクライアントの停止

```
[root]# service hinemos_web stop
```

プロセス監視は5分間隔で動作しているため、5分以内に停止を検知して再起動のジョブを実行します。再起動が完了した後は、[ジョブマップ[履歴]]ビューでもジョブが実行されていたことが確認できます(**図6.29**)。

図6.29　コマンドジョブ「060505」の実行結果

異常を検知した際の影響範囲の特定の自動化

システムログ監視で異常を検知した際に、主要な機器やアプリケーションに対して正常性確認を行うジョブを実行するユースケースを紹介します。

まず監視設定として、シスログでエラーを検知する監視を設定します。[監視設定]パースペクティブの[監視設定[一覧]]タブの[作成]ボタンをクリックし[監視種別]ダイアログで[システムログ監視(文字列)]を設定します。今回のシスログの監視は例としてerrorの文字列が出力した場合にジョブ通知で正常性確認ジョブを実行するようにしております。ジョブ通知以外にも、メール、ステータス、イベント通知の設定を指定しています。メール、イベントは障害時が発生したことを運用担当者に連絡するためです(**表6.24**、**図6.30**)。

表6.24　システムログ監視の設定

監視項目ID	0605_02
説明	正常性チェック_システムログ監視
パターンマッチ表現	.*error
通知	ジョブ通知
	イベント通知
	メール通知
	ステータス通知

図6.30　システムログ監視の設定

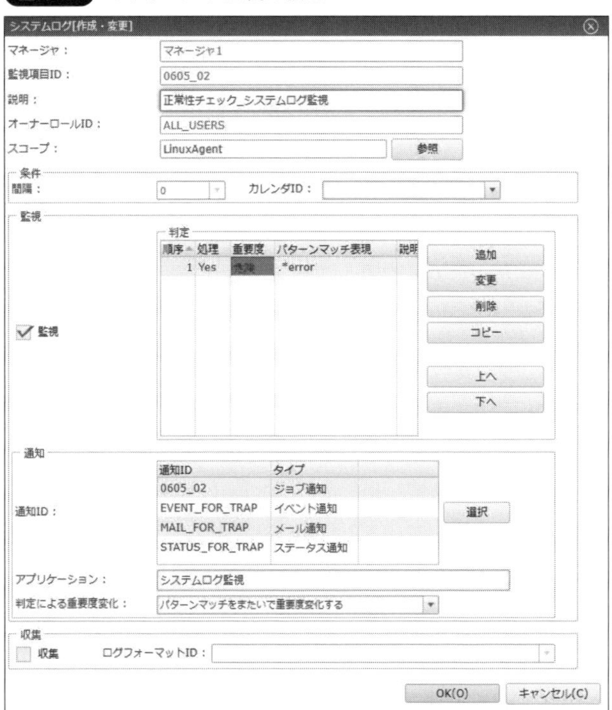

次に影響範囲を特定するために正常性確認を実施するためのジョブを作成します。このジョブネットではIIS等の正常性確認を実施しています(**図6.31**)。

図6.31　正常性確認のジョブネット

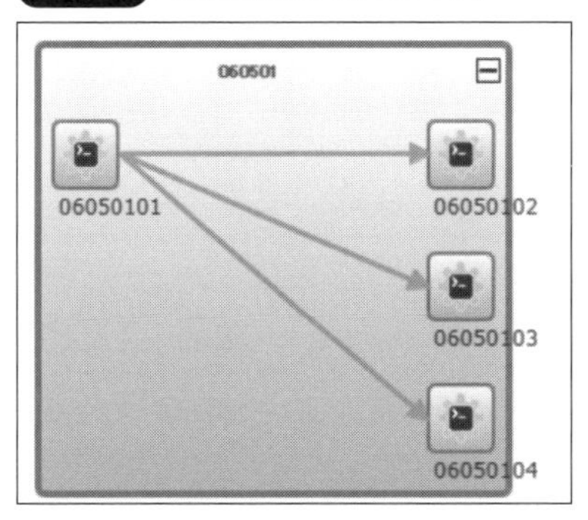

① 06050101：正常性処理開始
② 06050102：IISの正常性確認コマンド実行
② 06050103：apacheの正常性確認コマンド実行
② 06050104：postgresqlの正常性確認コマンド実行

なお、health_check_apacheやhealth_check_IISの正常性監視ではURL確認、プロセス確認、エラー出力等が出てないことを確認します。health_check_postgresqlではDBの死活状態やエラー出力等が出ていないことを確認します。

最後に監視機能からの通知をジョブ機能に連携するジョブ通知を設定します。

[監視設定]パースペクティブの[監視設定[通知]]タブの[作成]ボタンをクリックし[通知種別]ダイアログで[ジョブ通知]を設定します。先ほどの正常性確認を実施するジョブネット「060501」を選択します(**表6.25**、**図6.32**)。

表6.25　ジョブ通知「0605_02」の設定

通知ID	0605_02
説明	正常性チェックフロージョブ通知
重要度変化後の初回通知	1
重要度変化後の二回目以降の通知	常に通知する
実行モード	直接実行
ジョブ実行スコープ	イベントが発生したスコープ
危険	チェック
ジョブID	060501

図6.32　ジョブ通知「0605_02」の設定

以上の手順にて異常を検知した際の正常性確認の運用業務の自動化を設定できました。

COLUMN ジョブ通知を使った無限ループの注意

Hinemosではジョブの通知先にジョブ通知を設定できますが、この使い方は非推奨になります。

この使い方が非推奨になる理由ですが、ジョブ通知で呼び出し元のジョブを含むジョブネットを呼び出してしまうとジョブの無限ループが発生する可能性があるためです。ジョブの無限ループが発生するとHinemosの内部リソースを大量に消費し、Hinemosマネージャが停止するといった事象が発生することがあります。

このような事態を未然に防ぐため、ジョブの通知先にジョブ通知を行わない方針にしてください。

6.6 クラウド連携

本節ではクラウド連携の機能や運用での使いどころについて説明します。

6.6.1 クラウド双方向通知の機能概要

オンプレミスに構築したシステムをクラウドに移行し、クラウド環境も含めた運用保守を行う現場は増えてきています。しかし、クラウド環境ではまだジョブのスケジューラやフロー制御などの機能が十分に整っていないため、運用の自動化を行う場合は別のジョブ管理製品を使用することが多くなります。そのため、クラウドネイティブの処理と、ジョブ管理製品による業務フロー処理の連携をシームレスに行い自動化を進めていく必要があります。

Hinemosではクラウド双方向通知の仕組みを使ってシームレスな連携を行い、自動化を実現できます。

クラウド双方向通知はクラウド環境で発生したイベントをHinemosに通知し、Hinemosのジョブフローで処理を行った後にクラウド環境へ連携する仕組みになります。本節ではこのクラウド双方向通知の中でクラウド環境からHinemosに通知する部分をクラウドとジョブ連携として紹介します。

6.6.2 クラウドとジョブ連携の機能概要

クラウドとジョブ連携では、クラウド環境のシステムからのイベントの連携をカスタムトラップ監視で実現します。

クラウドとジョブ連携の仕組み

クラウドとジョブ連携は次の手順で行われます(**図6.33**)。

① クラウド環境上のシステムがHinemosに対してJSON形式でキーとメッセージを送信
② Hinemosのカスタムトラップ監視で①を受信
③ 受信したJSON形式のメッセージを解析し、実行するジョブを判定
④ ジョブを実行

クラウド連携では、①メッセージ送信をAmazon Web Services(以下、AWS)環境ではAWS Lambdaを使用して設定します。また、Azure環境の場合はAzure Functionsを使用して同様に設定できます。

②以降はカスタムトラップ監視の仕組みになります。カスタムトラップ監視の詳細については「Hinemos ver.7.0 基本機能マニュアル 5.1.3.3.19 カスタムトラップ監視とは」を参照してください。このマニュアルにカスタムトラップ監視が受信可能なjsonの形式の記載もあります。

①のJSON形式のキーとメッセージ部分を変更すれば③で実行するジョブを変更できます。また、このメッセージには正規表現も使用できます。

図6.33　カスタムトラップによるメッセージ送信

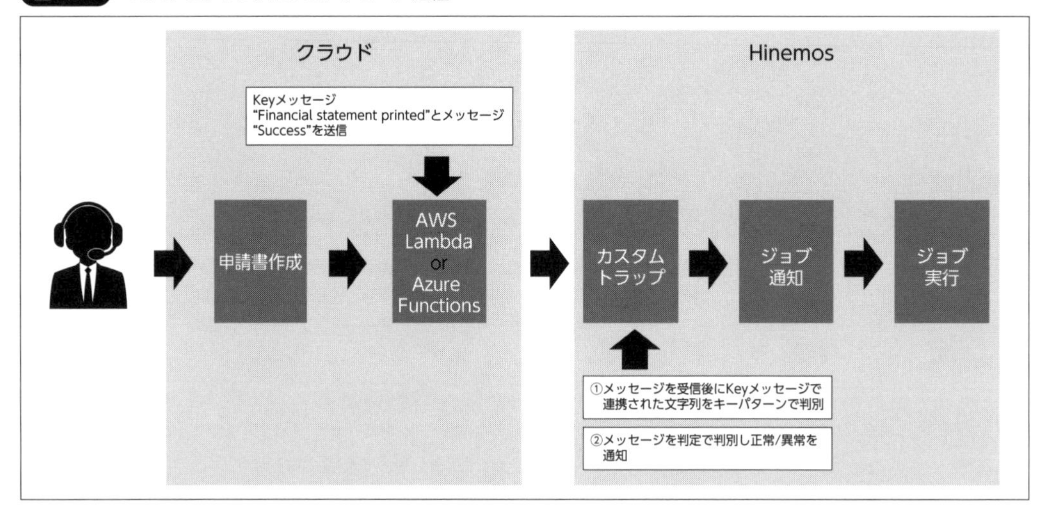

COLUMN　カスタムトラップ監視とは

クラウド連携で使用しているカスタムトラップ監視はその名のとおりトラップ監視の一種で、イベントが発生したタイミングでHinemosに通知を行うものになります。

今回はクラウド連携での利用ケースを紹介しましたが、この監視は汎用性の広い監視になり、多くの場合の何らかのイベントが発生したことを契機とするジョブフローの開始に使用できます。

6.6.3 クラウドとジョブ連携の使いどころ

運用業務の中でクラウドとジョブ連携の使いどころを説明します。

クラウド環境の会計システムから財務諸表データが出力されたことを連携

AWS環境など、クラウド上でサービスを提供している場合、クラウド上で構築済みの既存システムはそのまま利用して、そこからHinemosのジョブに連携したいというケースが考えられます。

- AWS環境で会計システムから財務諸表データを出力する仕組みを構築
- Hinemosのジョブとして財務諸表データを利用するジョブフローを構築

こうした場合には、次のような流れでAWS LambdaからHinemosマネージャにメッセージを送信することで、連携を実現できます(**図6.34**)。

① AWS環境で構築した会計システムから財務諸表データが出力
② データが出力されたことを契機として、AWS LambdaからHinemosマネージャにメッセージを送信
③ カスタムトラップ監視で送信されたメッセージを受信し、財務諸表データを利用するジョブフローを実行

図6.34 クラウドからの連携の概要図

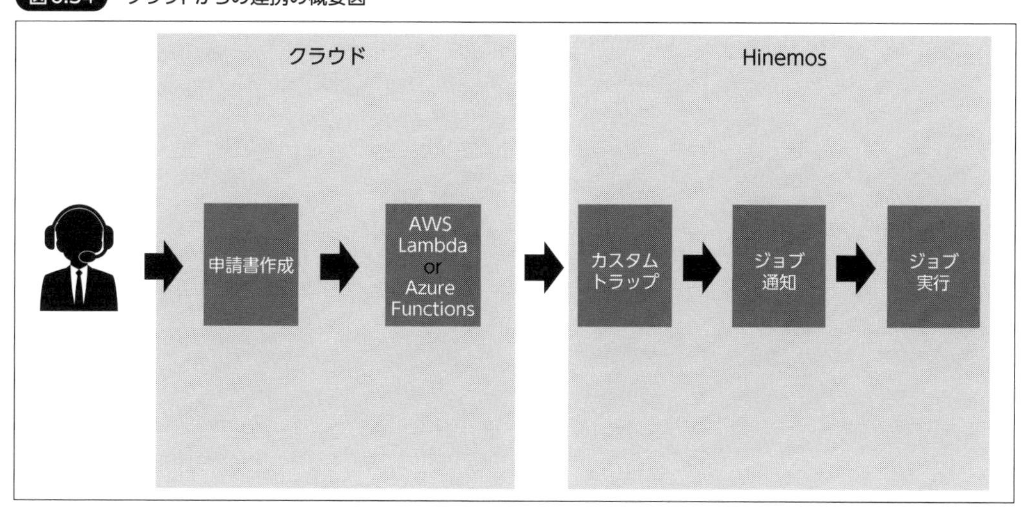

今回は、動作確認として、AWS Lambdaから送信されたメッセージをカスタムトラップ監視で受信し、ジョブを実行する例を案内します。

まず、AWS Lambdaでメッセージを送信するLambda関数を作成しましょう。AWSコンソールからLambdaのサービスを開き、[関数の作成]から、**表6.26**の設定でLambda関数を作成します。

表6.26 Lambda関数の設定

関数名	send-message
ランタイム	Python 3.9
アーキテクチャ	x86_64

今回は、財務諸表データから通知されたことを表すキーとして"Financial statement printed"、正常に出力されたメッセージとして"Success"を送信するコードを設定します。

このAWS Lambdaのコード等はHinemosカスタマーポータルからサンプルを入手できます。コードの詳細はサンプルで確認してください(**リスト6.4**)。

リスト6.4　lambda_function.py

```
    ###カスタムトラップ監視で受信可能なjson形式に変換##
    json_data = {
        "FacilityID": 'LinuxAgent',
        "DATA": [
            {
             "DATE": timeStr,
             "TYPE": "STRING",
             "KEY": "Financial statement printed",
             "MSG": "Success"
            }
        ]
    }

    ###送信されるjsonリクエストをプリント##
    print("Json to be sent: " + json.dumps(json_data, indent=2))

    ##hinemosマネージャへの送信##
    ##送信先の定義##
    url = "http://192.168.0.2:8082"
    method = "POST"
    headers = {"Content-Type" : "application/json"}

    ##PythonオブジェクトをJSONに変換する##
    send_data = json.dumps(json_data).encode("utf-8")

    ##httpリクエストを準備してHinemosマネージャにPOST##
    request = urllib.request.Request(url, data=send_data, method=method,
➡headers=headers)
    with urllib.request.urlopen(request) as response:
        response_body = response.read().decode("utf-8")

    return send_data
```

次に、Hinemos側で実行するジョブを作成します。ジョブネット「0606」の配下に、**表6.27**のコマンドジョブを作成します。

表6.27　ジョブの設定（メール通知確認）

ジョブID	060601
ジョブ名	クラウド連携ジョブ
種別	コマンドジョブ
スコープ	LinuxAgent
起動コマンド	echo "Job start"

続いて、コマンドジョブ「060601」を通知先としたジョブ通知を作成します（**表6.28**）。

表6.28 ジョブ通知「0606」の設定

通知ID	0606	
説明	AWS Lambdaからのジョブ通知	
重要度変化後の初回通知	1	
重要度変化後の二回目以降の通知	常に通知する	
実行モード	直接実行	
ジョブ実行スコープ	固定スコープ：LinuxAgent	
重要度	情報：チェックを入れる	ジョブID：060601

最後に、AWS Lambdaから送信されたメッセージを受信するカスタムトラップ監視を作成します。

カスタムトラップ監視は次のように設定します。[監視設定]パースペクティブを開き、[監視設定[一覧]]ビューの[作成]ボタンをクリックし、[監視種別]ダイアログで[カスタムトラップ監視(文字列)]を選択して[次へ]をクリックします(**表6.29**、**図6.35**)。

表6.29 カスタムトラップ監視の設定

監視項目ID	060630	
スコープ	LinuxAgent	
キーパターン	Financial statement printed	
判定	重要度	情報
	パターンマッチ表現	Success
	重要度	情報
	パターンマッチ表現	.*
通知	イベント通知	EVENT_JOB_01
	ジョブ通知	0606

図6.35 カスタムトラップ監視の設定

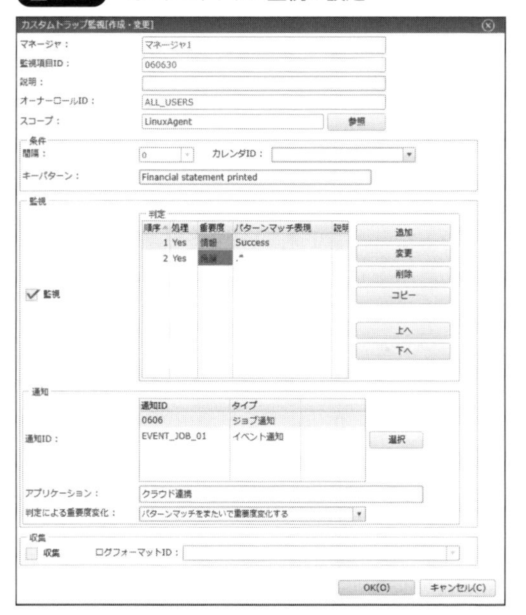

このカスタムトラップ監視では、受信したメッセージが"Success"の場合は情報、他のメッセージは危険として判定を行います。ジョブ通知は情報のみチェックを入れているため、"Financial statement printed"が"Success"のメッセージを受信した場合にジョブが実行されます。

実際に、AWS LambdaでLambda関数をテスト実行してみましょう。Lambda関数が実行されHinemosマネージャにメッセージが送信されると、イベント通知として次のとおり監視結果が出力されます(**図6.36**、**図6.37**)。

図6.36　カスタムトラップ監視の監視結果

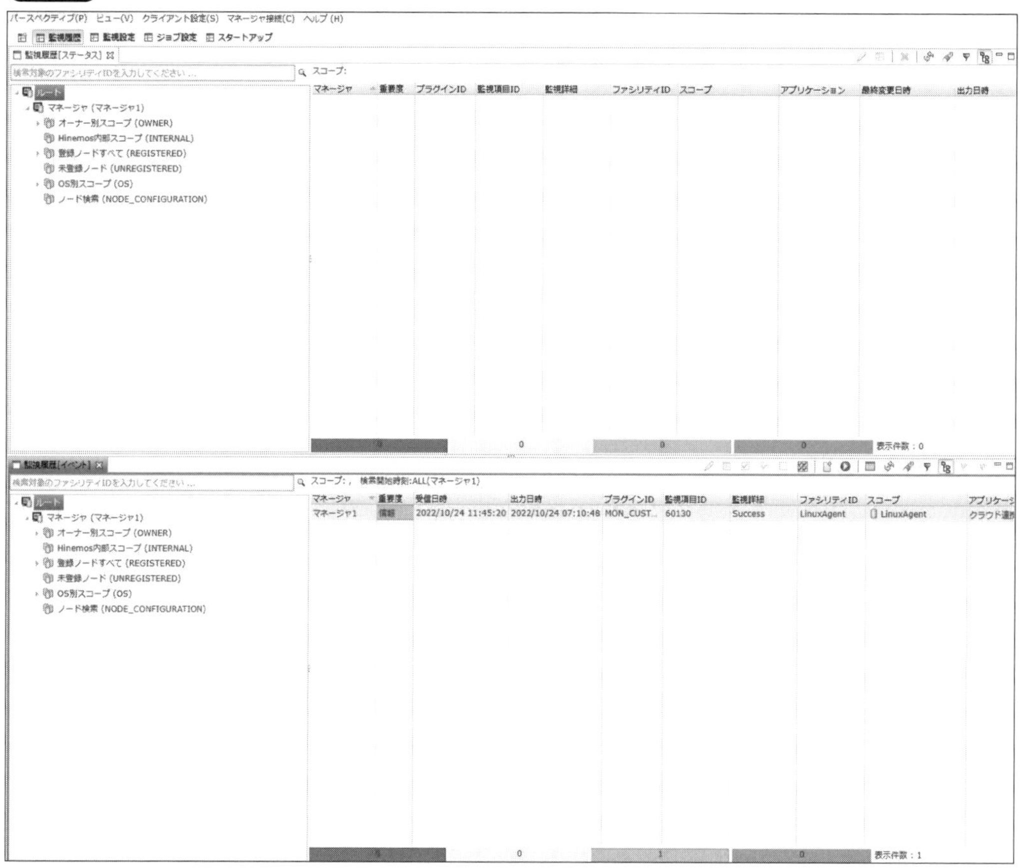

図6.37 カスタムトラップ監視の監視結果［イベントの詳細］

名前	値
マネージャ	マネージャ1
重要度	情報
受信日時	2022/11/01 15:02:53
出力日時	2022/10/24 07:10:48
プラグインID	MON_CUSTOMTRAP_S
監視項目ID	60630
監視詳細	Success
ファシリティID	LinuxAgent
スコープ	LinuxAgent
アプリケーション	クラウド連携
メッセージ	Success
メッセージ(コード表記)	Success
オリジナルメッセージ	{"DATE":"2022-10-24 07:10:48","TYPE":"STRING","KEY":"Financial statement printed","MSG":"Success"}
確認	未確認
確認日時	
確認ユーザ	
重複カウンタ	0
コメント	入力項目です
コメント更新日時	
コメント更新ユーザ	
性能グラフ用フラグ	OFF
オーナーロールID	ALL_USERS
通知UUID	ae5f7e2d-d04a-4182-90cd-d55de21ac615
イベント操作履歴	

また、［ジョブマップ[履歴]］ビューを確認すると、コマンドジョブ「060601」が実行されていたことが確認できます(**図6.38**)。

図6.38 コマンドジョブ「060601」の実行結果

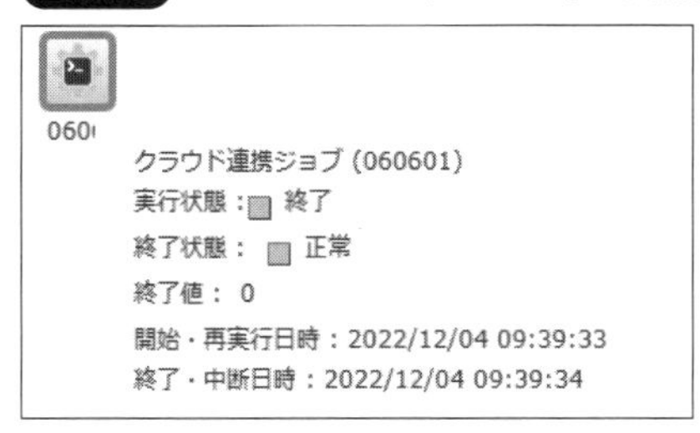

6.7 ジョブのテスト実行

これまでの節では、ジョブを実行するためのさまざまな実行契機を紹介してきました。本節では、観点を変えて実行契機を設定する前の「ジョブフローが正常に動作するか」をチェックするためのテスト実行について紹介します。

6.7.1 テスト実行の機能概要

ジョブのテスト機能は運用業務をジョブで定型化した後に、正常に動作するかを確認するときに使用します。ジョブのテスト実行は次の機能を持っています。

- **すべてのジョブやジョブネットから実行できる**
- **すべての実行契機から実行できる。実行契機の場合は実行時変数(ジョブ変数)も指定できるためより運用業務に則したテストになる**

[ジョブの実行]ボタンをクリックすると、[ジョブの即時実行]ダイアログが表示され、各チェックボックスにチェックを入れることにより、その条件に応じてジョブの動作を変更できます(**図6.39**)。

図6.39　[ジョブの即時実行] ダイアログ

確認

以下のジョブを実行します。よろしいですか？
ジョブ「マニュアル実行」(マネージャ=マネージャ1, ジョブID=060701, ジョブユニットID=0607)

テスト実行 (テスト実行の利用には、ジョブ変更権限が必要です)
ジョブの待ち条件 (時刻) を無視する
ジョブの待ち条件 (ジョブセッション開始後の時間) を無視する
起動コマンドを置換する

実行　キャンセル(C)

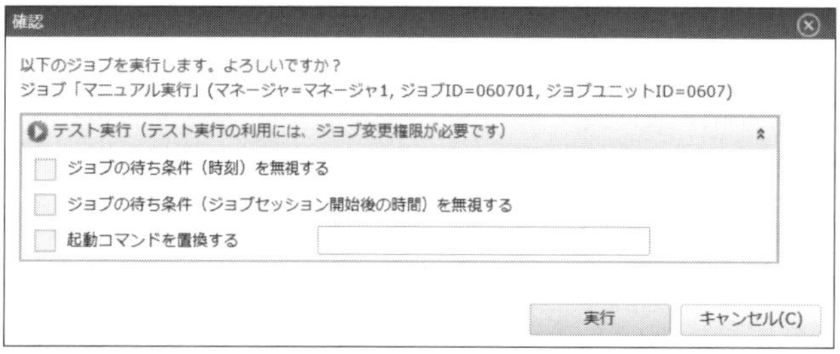

6.7.2 テスト実行の使いどころ

ジョブフローの開発中の段階などすべてのジョブが動作しない状態でテストしたい場合があります。そのときにテスト実行の機能を使用します。

- **ジョブの起動コマンドを置換するテスト実行を使用する**
  テスト実行でジョブの起動コマンドを置換するユースケースを紹介します。この機能を使うと、指定したコマンドですべてのジョブの起動コマンドが置換されます。たとえば、hostnameに置き換えて、すべてのジョブでhostnameが実行するようにできます。
  この機能は次のケースで使えます。

  - **ジョブフローは完成しているけれど、一部のジョブが呼び出す外部システムがまだ用意できていないときにジョブフローの流れを確認したい**
    たとえば、一部のジョブが呼び出す外部システムがまだ用意できていない場合でもテストできます。

- **ジョブの待ち条件(時刻)を無視するテスト実行を使用する**

  テスト実行で待ち条件の"時刻"を無視するユースケースを紹介します。この機能を使うと、待ち条件に時刻が設定されていても即時実行されます。

  この機能は次のケースで使えます。

  - **ジョブフローの待ち条件で時刻が設定されており、通常では設定された時刻にならないとすべてのフローが実行できないがテストなので即時実行したい**

    たとえば、待ち条件が深夜時間帯に設定されたジョブフローを即時実行してテストできます。

- **ジョブの待ち条件(ジョブセッション開始後の時間)を無視するテスト実行を使用する**

  テスト実行で待ち条件の"ジョブセッション開始後の時間"を無視するユースケースを紹介します。この機能を使うと、待ち条件にジョブセッション開始後の時間が設定されていても即時実行されます。

  この機能は次のケースで使えます。

  - **ジョブフローの待ち条件でジョブセッション開始後の時間が設定されており、通常ではジョブフローが開始してから一定時間経たないとすべてのフローが実行できないがテストなので即時実行したい**

    たとえば、待ち条件の"セッション開始後の時間(分)"に1時間と設定していても、このチェックが入っていると即時に実行されます。

第7章

さまざまなジョブ

7.1 本章の説明

本章では、Hinemosが持つさまざまな種類のジョブに関する説明を行い、実際にどのような運用場面で使えるかのユースケースを紹介していきます(**表7.1**)。

運用業務では、特定のコマンドの実行やクラウド上に構築された仮想マシンの起動・停止などさまざまな操作が行われます。他にも、サーバのリソース状態などを監視してから特定の操作を行う、上長の承認を受けてから特定の処理を行うなど、さまざまな判断が行われます。

これらの処理はスクリプトなどの作り込みを行えば、単なるコマンドの実行だけで実現可能です。しかし、ジョブを作成するたびにスクリプトの作り込みを行うのは非効率的であり、限界もあります。

Hinemosには運用業務でよく使われる操作があらかじめジョブ機能として組み込まれており、スクリプトによる作り込みを行うことなくさまざまな種類の操作を実現できます。

表7.1 第7章の概要

節	各節の概要
7.2　コマンドの実行(コマンドジョブ)	特定のコマンドを実行するコマンドジョブを紹介する
7.3　ジョブ定義の流用(参照ジョブ)	共通的な定義を行ったジョブを、各種のジョブフローから参照可能な参照ジョブを紹介する
7.4　ファイルチェック(ファイルチェックジョブ)	ジョブ内で非同期的に生成されるファイルの作成を待機する、ファイルチェックジョブを紹介する
7.5　ユーザ承認を挟む(承認ジョブ)	管理者等の承認を自動化する承認ジョブを紹介する
7.6　監視をジョブに組み込む(監視ジョブ)	後続ジョブの実行判断のために、サーバやアプリケーションの状態(監視結果)をチェックする監視ジョブを紹介する
7.7　クラウド制御(リソース制御ジョブ)	インスタンスの起動・停止処理といった、クラウド上のインスタンス制御を行うリソース制御ジョブを紹介する
7.8　RPAツールの実行(RPAシナリオジョブ)	RPAツールのシナリオを起動するRPAシナリオジョブを紹介する

本章では「07」のジョブユニット配下に、**図7.1**のようなジョブ構成でユースケースを構築していきます。各節ではユースケースを構築するための考え方や作成方法を説明しています。

図7.1 第7章で作成するジョブユニットの図

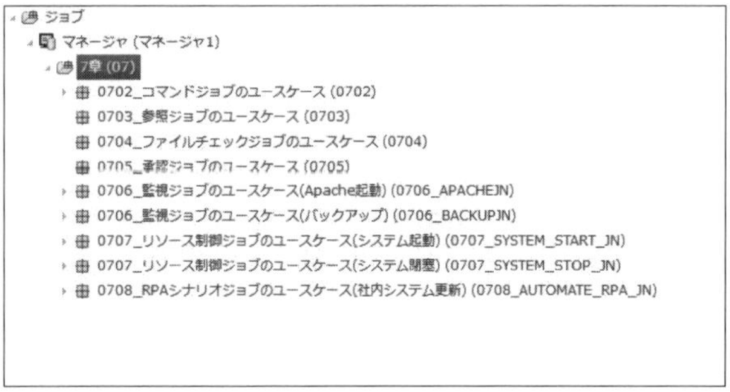

```
ジョブ
  マネージャ (マネージャ1)
    7章 (07)
      0702_コマンドジョブのユースケース (0702)
      0703_参照ジョブのユースケース (0703)
      0704_ファイルチェックジョブのユースケース (0704)
      0705_承認ジョブのユースケース (0705)
      0706_監視ジョブのユースケース(Apache起動) (0706_APACHEJN)
      0706_監視ジョブのユースケース(バックアップ) (0706_BACKUPJN)
      0707_リソース制御ジョブのユースケース(システム起動) (0707_SYSTEM_START_JN)
      0707_リソース制御ジョブのユースケース(システム閉塞) (0707_SYSTEM_STOP_JN)
      0708_RPAシナリオジョブのユースケース(社内システム更新) (0708_AUTOMATE_RPA_JN)
```

7.2 コマンドの実行（コマンドジョブ）

本節ではコマンドジョブの機能や運用での使いどころについて説明します。

7.2.1 コマンドジョブの機能概要

運用業務を自動化する際、特定のノード上でバッチ処理のアプリケーションを起動したり、ミドルウェアのコマンド実行やOSの設定変更を行いたい場合があります。Hinemosのジョブ機能にはこのような処理を自動化できる、コマンドジョブがあります。

コマンドジョブは、次のような柔軟なコマンド実行が実現できます。

- **コマンドの標準出力から値を抽出して、後続ジョブで使用する**
- **Hinemosマネージャからスクリプトを配布して実行する**
- **実行したコマンドの標準／エラー出力をファイルに出力する**

また、複数台のサーバで同じ処理を行いたい場合には、コマンドジョブの実行対象としてスコープを指定することで、1つのジョブ定義で複数のノードに対してコマンドを実行できます。これにより、ジョブ定義をわかりやすく表現できます。

なお、コマンドジョブを利用するためには、コマンドを実行するサーバを管理対象ノードとしてリポジトリに登録し、コマンドを実行するサーバにHinemosエージェントをインストールする必要があります。

7.2.2 コマンドジョブの使いどころ

コマンドジョブの使いどころを見るために、Linuxサーバ／Windowsサーバでのコマンドジョブの動作確認を行う、簡単なコマンドジョブを作成し実行します。まずはLinuxサーバで次のコマンドジョブを作成しましょう（**表7.2**、**図7.2**）。

表7.2　ジョブの設定（Linuxサーバコマンドジョブ）

ジョブID	070201_COMMAND_JOB_LINUX
ジョブ名	070201_Linuxサーバコマンドジョブ
種別	コマンドジョブ
スコープ	LinuxAgent
起動コマンド	echo Hello world from Hinemos!

図7.2　Linuxサーバコマンドジョブ

作成したコマンドジョブを即時実行し、実行結果を確認すると、コマンドジョブで指定したメッセージが出力されていることが確認できます(**図7.3**)。

図7.3　Linuxサーバコマンドジョブ実行結果

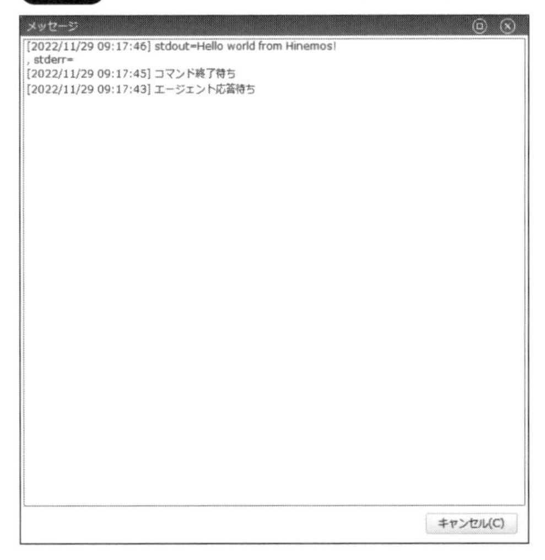

Windowsサーバでも同様のコマンドジョブを作成しましょう(**表7.3**)。

表7.3 ジョブの設定（Windowsサーバコマンドジョブ）

ジョブID	070202_COMMAND_JOB_WINDOWS
ジョブ名	070202_Windowsサーバコマンドジョブ
種別	コマンドジョブ
スコープ	WindowsAgent
起動コマンド	echo Hello world from Hinemos!

作成したコマンドジョブを即時実行し、実行結果を確認すると、コマンドジョブで指定したメッセージが出力されていることが確認できます（**図7.4**）。

図7.4 Windowsサーバコマンドジョブ実行結果

COLUMN コマンドの実効ユーザ

Linuxサーバでは一般的にHinemosエージェントのサービス起動ユーザはrootです。Hinemosエージェント起動ユーザがrootユーザのようにsudoの許可を持っている場合、Linuxサーバ上で実行されるコマンドジョブは、コマンドの実効ユーザを任意のユーザに変更できます。一方、Windowsサーバ上で実行されるコマンドジョブは、Hinemosエージェントを実行しているユーザと同じユーザによる実行だけがサポートされており、それ以外のユーザが設定された場合は実行エラーとなります。コマンドの実効ユーザの変更に関する詳細は、「Hinemos ver.7.0 基本機能 マニュアル 7.1.3.12 起動コマンドの動作」を参照してください。

起動コマンドのOS上での実行方法

Hinemosエージェントは、自身が動作しているOSを認識してコマンドを適切に実行します。たとえば、先に作成した動作確認のためのコマンドジョブは、デフォルトの設定ではHinemosエージェント内部では次のように実行されます。

- Linux版:
  - コマンド：sh
  - 第1引数：-c
  - 第2引数：echo Hello world from Hinemos!

- Windows版:
  - コマンド：CMD
  - 第1引数：/S
  - 第2引数：/C
  - 第3引数："echo Hello world from Hinemos!"

これらの実行方法は、Hinemosエージェントが動作しているOSに合わせてチューニングすることも可能です。コマンドの実行方法のチューニングに関する詳細は、「Hinemos ver.7.0 基本機能 マニュアル 7.1.8.2 起動コマンドの動作変更」を参照してください。

コマンド実行時の環境変数

cronをはじめとする他のタスクスケジュールの仕組みと同様に、Linuxサーバ上で実行されるコマンドジョブはコマンドの実効ユーザの環境変数を引き継ぎません。このため、Linuxサーバ上にログインしてターミナル上からスクリプトの動作確認を行ったとしても、いざコマンドジョブとして実行した場合にスクリプトが正しく動作しない場合があります。実効ユーザの環境変数を引き継ぐ場合は、コマンドジョブで実行されるスクリプト内で、環境変数の定義や読み込みを含めて処理を実装してください。

コマンドジョブで実行されるスクリプトで利用可能な環境変数は次の方法で確認できます。

- コマンドジョブの起動コマンドに次のコマンドを指定したジョブを作成する
  - Linux上のコマンドジョブの場合：env
  - Windows上のコマンドジョブの場合：set

- 作成したジョブを実行し、[ジョブ履歴[ノード詳細]]ビューのメッセージを確認する

毎日管理対象ノード内のログファイルをバックアップする

運用業務の中では、ノード内のログファイルを保全することは非常に重要な業務となります。Hinemosのコマンドジョブを使用することで、簡単な設定でバックアップを実現可能です。

たとえば、次のような状況を想定してみましょう。

プロジェクトではLinuxサーバとWindowsサーバを多数使用しています。これらすべてのサーバのログファイルを、毎日所定の共有フォルダへバックアップする必要があります。

各サーバのバックアップ対象とバックアップ配置先は**表7.4**のとおりです。

表7.4 バックアップ対象と配置先

OS	バックアップ対象	バックアップ配置先
Linux	/var/log/*	/mnt/backup-storage/ファシリティID/YYYYmmdd
Windows	C:\Windows\System32\winevt\Logs*	Z:\ファシリティID\YYYYmmdd

ここからはこの処理を実際にHinemosのジョブ設定として作成してみましょう。

まずは、Linuxサーバのログファイルをコピーするコマンドジョブを作成します。起動コマンドの中にジョブ変数#[FACILITY_ID]を指定することで、当該個所をノードのファシリティIDに置換してコマンドジョブを実行できます。コマンドジョブ内で使用可能な変数に関する詳細は、「Hinemos ver.7.0 基本機能マニュアル 7.1.3.20.1 ジョブ変数の種類」を参照してください。

また、コマンドの実行対象としてHinemosに標準で用意されているOS別スコープを指定することにより、Hinemosのリポジトリに登録されているすべてのLinuxノードに対してコマンドジョブを実行できます(**表7.5**)。

表7.5 ジョブの設定（Linuxサーバログバックアップ）

ジョブID	070204_BACKUP_LOG_LINUX
ジョブ名	070204_Linuxサーバログバックアップ
種別	コマンドジョブ
スコープ	OS別スコープ>Linux>
起動コマンド	mkdir /mnt/backup-storage/#[FACILITY_ID]/$(date +"%Y%m%d"); cp -r /var/log/* /mnt/backup-storage/#[FACILITY_ID]/$(date +"%Y%m%d")

次に、Windowsサーバのログファイルをコピーするコマンドジョブも同様に作成します(**表7.6**)。

表7.6 ジョブの設定（Windowsサーバログバックアップ）

ジョブID	070204_BACKUP_LOG_WINDOWS
ジョブ名	070204_Windowsサーバログバックアップ
種別	コマンドジョブ
スコープ	OS別スコープ>Windows>
起動コマンド	mkdir Z:\#[FACILITY_ID]\%date:/=% & copy /Y C:\Windows\System32\winevt\Logs* Z:\#[FACILITY_ID]\%date:/=%

これらのコマンドジョブを実行することにより、Hinemosのリポジトリに登録されているノードすべてにおいて、ログファイルをバックアップできます。

なお、スケジュール実行契機を使用することで、これらのコマンドジョブの自動的な定期実行を実現できます。スケジュール実行契機の詳細に関しては、「6.2　スケジュール実行契機」を参照してください。

大量のサーバで即座にOSの設定変更をしたい

運用業務の中では、メンテナンス等によりサーバの一時的なOSの設定変更が発生する場合があります。たとえば、次のような状況を想定してみましょう。

プロジェクトではLinuxサーバを多数使用しています。メンテナンスにより、一時的にこれらすべてのサーバが使用するDNSサーバを即座に変更する必要があります。また、この設定変更は一度きりとなる見込みで、DNSサーバを変更するスクリプトをサーバ上に配置したくはありません。

このような要件は、コマンドジョブのスクリプト配布を使用することで実現できます。スクリプト配布を使用することで、ユーザが手動で管理対象ノード上にスクリプトを配置せずともHinemosマネージャが管理対象ノードにスクリプトを自動的に配布し、実行できます。

ここからは、この処理を実際にHinemosのジョブ設定として作成してみましょう。

まずは**表7.7**の設定でコマンドジョブを作成します。コマンドの実行対象としてHinemosに標準で用意されているOS別スコープを指定することにより、Hinemosのリポジトリに登録されているすべてのLinuxノードに対してコマンドジョブを実行できます。また、起動コマンドとして#[SCRIPT]を設定することにより、コマンドジョブ実行時に適切なファイルパスへ自動的に置換され、配布したスクリプトが実行されるようになります。

表7.7　ジョブの設定（DNSサーバ設定変更）

ジョブID	070203_CHANGE_DNS
ジョブ名	070203_DNS設定変更
種別	コマンドジョブ
スコープ	OS別スコープ>Linux>
起動コマンド	#[SCRIPT]

次に、スクリプト配布で次のとおりの設定を行います（**表7.8**、**リスト7.1**）。

表7.8　スクリプト配布の設定

マネージャから配布	チェックを入れる
スクリプト名	change_dns.sh
スクリプト	リスト7.1のchange_dns.sh

リスト7.1　change_dns.sh

```
#!/bin/bash
DNS_SERVER="192.168.1.254"
nmcli device | tail -n +2 | \
    while read line; do
        device=$(echo $line | awk '{print $1}')
        type=$(echo $line | awk '{print $2}')
        if [ "$type" == "ethernet" ]; then
            nmcli connection modify $device ipv4.dns "$DNS_SERVER"
        fi
    done
systemctl restart NetworkManager
```

今回配布するスクリプトは、サーバ上の物理NICすべてのDNSサーバを192.168.1.254に変更する機能を持ちます(**図7.5**)。

図7.5　スクリプト配布

このコマンドジョブを実行することにより、Hinemosマネージャのリポジトリに登録されているすべてのLinuxサーバが使用するDNSサーバが変更されます。

7.3 ジョブ定義の流用（参照ジョブ）

本節では参照ジョブの機能や運用での使いどころについて説明します。

7.3.1 参照ジョブの機能概要

運用業務の自動化を行う際、同じ手順を何度も実施する場合があります。Hinemosには同じ手順を1つのジョブにまとめ、必要な場所で参照できる参照ジョブが存在します。

参照ジョブは、すでに定義されているジョブネットやジョブを同一ジョブユニット内の任意の場所から呼び出すことができる機能です。参照ジョブを使用することで、ジョブ内で同じ動作を頻繁に実行する処理を1つのジョブとしてまとめ、ジョブ定義のメンテナンス性を高めることができるメリットがあります。

参照ジョブを作成する場合には、あらかじめよく使用するジョブをモジュール登録することにより、素早く目的のジョブを参照できます。

また、詳細は後述の「各処理で共通の初期化処理を作成する」のユースケースで記載しますが、参照ジョブはジョブ変数を使用することで参照元から値を渡すことができます。これにより、参照ジョブから参照するコマンドジョブのコマンドに変数を利用することで、より汎用的なジョブが作成できます。

なお、参照ジョブには次の注意点があります。

1. 参照ジョブを参照する参照ジョブは作成できない
2. 参照ジョブでジョブネットを参照し実行した場合、[ジョブ履歴[ジョブ詳細]]ビューでは、参照先のジョブネット内のジョブのジョブIDは「参照ジョブID_参照先のジョブID」の形式で表示される
3. ジョブセッションが開始された後に参照先のジョブ設定を修正した場合でも、ジョブセッションが開始された時点でのジョブ設定を使用して参照ジョブが実行される

7.3.2 参照ジョブの使いどころ

運用業務の中で参照ジョブの使いどころを説明します。

各処理で共通の初期化処理を作成する

作成するジョブの中には、各手順を実施する前に共通の初期化処理が必要な場合があります。このような場合、参照ジョブを使用することで、ジョブ設定の中で何度も使われる処理を1つのジョブ設定にまとめ、必要な場所でそのジョブを実行できます。

たとえば次のような処理を想定してみましょう。

2つのステップに分かれるバッチ処理を実行します。各ステップの実行時にはデータベースサーバへの接続が必要です。クラウド上のデータベースサーバを利用しており、一定時間接続が無い場合は停止されるように設定されています。このため、各ステップの実行前にデータベースサーバが起動していることを確認し、起動していない場合はデータベースサーバを起動する必要があります。

このジョブではデータベースサーバの起動確認・起動処理が何度も呼び出されることとなります。データベースサーバの起動確認・起動処理を行うジョブを作成し、必要な場所で参照ジョブにより参照することで、効率的にジョブ設定を作成できます。

ここからはこの処理を実際にHinemosのジョブ設定として作成しますが、その前に今回作成するジョブ設定の概要を確認しましょう。

始めに、バッチ処理の各ステップが依存するデータベースサーバのサービス名をジョブ変数として登録するコマンドジョブ「070301_SET_SERVICE_NAME」を実行します。次にバッチ処理の各ステップを実行していきますが、各ステップの前にデータベースサーバを起動するコマンドジョブ「070302_BATCH1_PREPROCESS」「70304_BATCH2_PREPROCESS」を実行します。データベースサーバを起動するジョブは、個別に用意されたコマンドジョブ「070399_START_SERVICE」を参照ジョブとして呼び出します(**図7.6**)。

図7.6　ジョブフロー

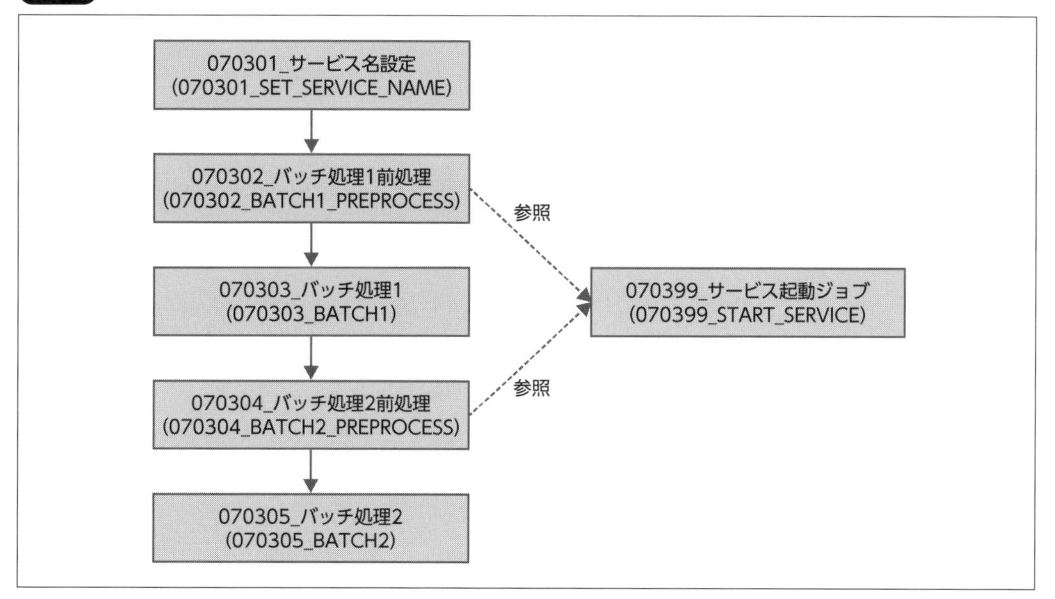

まずはサービス起動ジョブを作成します。任意のサービスの起動確認と開始を行う汎用的なジョブとして作成するため、コマンドに指定するサービス名はジョブ変数とします。なお、systemctl statusコマンドは指定されていたサービスが起動していた場合は0を、起動していなかった場合は3を終了コードとして返します。このため、systemctl statusの終了コードが0以外だった場合にサービスを起動するようなコマンドを指定します(**表7.9**)。

表7.9　ジョブの設定（サービス起動ジョブ）

ジョブID	070399_START_SERVICE
ジョブ名	070399_サービス起動ジョブ
種別	コマンドジョブ
スコープ	LinuxAgent
起動コマンド	systemctl status #[SERVICE_NAME] || systemctl start #[SERVICE_NAME]

次に、ジョブ変数としてサービス名を登録するコマンドジョブを作成します。ジョブ変数を利用して汎用化したジョブを利用するためには「ジョブ変数を設定するためのコマンドジョブ」、「汎用化したジョブを参照する参照ジョブ」を組み合わせる必要があります。今回は動作確認用の例として、データベースの代わりにLinuxサーバのntpdサービスを起動するようにジョブ変数を設定します。なお、このコマンドジョブはジョブ変数の設定だけを行うため、起動コマンドには何もしないダミーのコマンドを設定しておきます(**表7.10**)。

表7.10 ジョブの設定（サービス名設定）

ジョブID	070301_SET_SERVICE_NAME
ジョブ名	070301_サービス名設定
種別	コマンドジョブ
スコープ	LinuxAgent
起動コマンド	exit 0
ジョブ終了時の変数一覧	名前：SERVICE_NAME、値：ntpd

次に、バッチ処理の1番目のステップで必要なサービスの起動確認と起動を行います。この処理はあらかじめ作成しておいたコマンドジョブ「070399_START_SERVICE」を参照ジョブから参照します（**表7.11**、**図7.7**）。

表7.11 ジョブの設定（バッチ処理1前処理）

ジョブID	070302_BATCH1_PREPROCESS
ジョブ名	070302_バッチ処理1前処理
種別	参照ジョブ
参照先ジョブユニット	07
参照先ジョブID	070399_START_SERVICE
待ち条件	070301_SET_SERVICE_NAME（終了状態は「正常」とする）

図7.7 参照ジョブ作成

ここから先は、バッチ処理の各ステップをジョブ設定に落とし込んでいきます(**表7.12**、**表7.13**、**表7.14**)。

表7.12 ジョブの設定(バッチ処理1)

ジョブID	070303_BATCH1
ジョブ名	070303_バッチ処理1
種別	コマンドジョブ
スコープ	LinuxAgent
起動コマンド	sleep 10; echo "Succeeded to process batch 1"
待ち条件	070302_BATCH1_PREPROCESS(終了状態は「正常」とする)

表7.13 ジョブの設定(バッチ処理2前処理)

ジョブID	070304_BATCH2_PREPROCESS
ジョブ名	070304_バッチ処理2前処理
種別	参照ジョブ
参照先ジョブユニット	07
参照先ジョブID	070399_START_SERVICE
待ち条件	070303_BATCH1(終了状態は「正常」とする)

表7.14 ジョブの設定(バッチ処理2)

ジョブID	070305_BATCH2
ジョブ名	070305_バッチ処理2
種別	コマンドジョブ
スコープ	LinuxAgent
起動コマンド	sleep 10; echo "Succeeded to process batch 2"
待ち条件	070304_BATCH2_PREPROCESS(終了状態は「正常」とする)

規模の大きなジョブユニットの中で同じ処理を手順内で何度も実行する

規模の大きなジョブユニットを作成している状況で参照ジョブを作成する場合、参照ジョブにより参照されるジョブを毎回探して選択することになり、効率的ではありません。このような場合は、参照ジョブにより参照されるジョブをあらかじめモジュール登録しておきましょう。**図7.8**のように[モジュール登録]のチェックボックスをチェックすると、ジョブがモジュールとして登録されます。

図7.8　ジョブのモジュール登録

図7.9のように参照ジョブを作成する際、モジュール登録されたジョブのリストから対象のジョブを容易に見つけることができます。

図7.9　モジュール登録済み参照ジョブ作成

7.4 ファイルチェック（ファイルチェックジョブ）

本節ではファイルチェックジョブの機能や運用での使いどころについて説明します。

7.4.1 ファイルチェックジョブの概要

運用業務の中では、ファイルが作成されるのを待ってから開始する運用手順があります。Hinemosには、ファイルの作成・変更・削除を検知できるファイルチェックジョブがあります。

ファイルチェックジョブは特定のファイルを監視し、そのファイルに状態変化(作成、変更、削除)が生じるまで待機するジョブです。ファイルの状態変化による判断をジョブネットの中に組み込むことができます。

7.4.2 ファイルチェックジョブの使いどころ

運用業務の中でのファイルチェックジョブの使いどころを説明します。

業務データを集計する非同期アプリケーションの待機

運用業務で、毎日の業務データを集計して、集計結果のファイルを作成する処理を考えます。集計処理ではリクエストを受けた後に非同期で処理を行い、結果は時間が経過してから集計ファイルが作成されます。最後に、作成された集計ファイルを他の複数のシステムに転送します。

この一連の処理を自動化したい場合、集計処理のコマンドの終了ファイルの作成完了とみなせず、単なるコマンドジョブへの待ち条件だけでは後続の処理を実装できません。この場合、Hinemosのファイルチェックジョブを使用することで、ファイルの作成完了後に処理を実行することが可能となります。

ここからはこの処理を実際にHinemosのジョブ設定として作成してみましょう。今回は動作確認のため、集計処理と集計ファイル転送処理の2つを取り出した、簡単な構成のジョブを作成します。

まずは集計ファイルを作成するコマンドジョブを作成します。今回は例として、30秒待ってから集計ファイルを模したテキストファイルを出力する非同期的なコマンドを使用します(**表7.15**)。

表7.15 ジョブの設定（集計ファイル作成）

ジョブID	070401_GEN_FILE
ジョブ名	070401_集計ファイル作成
種別	コマンドジョブ
スコープ	LinuxAgent
起動コマンド	sh -c "sleep 30; echo 'This is report.' > /tmp/report" &

次に、テキストファイルの出力を待つファイルチェックジョブを作成します。今回はテキストファイルの出力が完了してから当該テキストファイルを移動する必要があるため、[ファイルの使用中は判定しない]を有効にします。このオプションが有効の場合、チェック対象のファイルが他のプロセスにより使用されている間はファイルチェックジョブは終了せず、後続のジョブは実行されません(**表7.16**、**図7.10**)。

表7.16　ジョブの設定（集計ファイル作成完了待機）

ジョブID	070402_WAIT_FILE
ジョブ名	070402_集計ファイル作成完了待機
種別	ファイルチェックジョブ
スコープ	LinuxAgent
ディレクトリ	/tmp
ファイル名	report
チェック種別	作成
ファイルの使用中は判定しない	有効

図7.10　集計ファイル作成完了待機

最後に、集計ファイルを所定の位置に移動するコマンドジョブを作成します(**表7.17**)。

表7.17　ジョブの設定（集計ファイルを適切な場所に移動）

ジョブID	070403_MOVE_FILE
ジョブ名	070403_集計ファイル移動
種別	コマンドジョブ
スコープ	LinuxAgent
起動コマンド	mkdir /tmp/report_directory; mv /tmp/report /tmp/report_directory
待ち条件	070402_WAIT_FILE（終了状態は「正常」とする）

COLUMN ファイル実行契機とファイルチェックジョブ

Hinemosのジョブ機能には、ファイルの状態変化を待機する機能として、ファイル実行契機とファイルチェックジョブがあります。ファイル実行契機とファイルチェックジョブでは、それぞれ次のような違いがあります。

- ファイル実行契機
  - ファイルの状態変化を契機にジョブを開始する場合に使用
  - ファイルが特定のフォルダに配置された際にジョブを開始することが可能

- ファイルチェックジョブ
  - ジョブの途中でファイルの状態変化を待機する場合に使用
  - ジョブの途中で作成されるファイルの作成を待ってから次の処理を実行可能

7.5 ユーザ承認を挟む（承認ジョブ）

本節では承認ジョブの機能や運用での使いどころについて説明します。

7.5.1 承認ジョブの機能概要

運用業務を自動化する際、運用手順書の自動化（RBA：Runbook Automation）を実施することがあります。しかし、運用手順の中に責任者への承認を取るというものがあったり、完全な自動化ではなく重要な処理の前に責任者へ確認を入れる、というケースも存在します。Hinemosにはこのような状況に対応できるジョブとして、人による承認を挟むことができる承認ジョブが存在します。

承認ジョブは、ユーザの承認を待ち合わせるジョブであり、ユーザが承認／却下するまで実行中となり、承認／却下すると終了するジョブです。これにより、人の判断が必要な手続きをジョブネットの中に組み込むことができます。

承認ジョブが開始されると、承認者へメールが送信されます。送信されたメールにはHinemos Webクライアントへのリンクが記載されおり、リンク先では承認／却下を行う画面が表示されます。このため、メールからシームレスに承認／却下を行うことができます。

なお、承認ジョブを使用する際には次の条件を満たす必要があります。

1. 承認依頼メールを送信するためのSMTPサーバが必要である
2. 承認依頼メールを受信した承認者が、Hinemos Webクライアントにアクセスできる必要がある

メールを送信するための設定方法に関しては「8.2.2　メール通知の事前準備」を参照してください。

7.5.2 承認ジョブの使いどころ

運用業務の中での承認ジョブの使いどころを説明します。

バッチ処理により動的に設定を生成し、人による確認を経てから機器へ適用する

運用業務の中では、定期的に機器の設定変更を実施する場面があります。このような場面では、設定の生成と適用はHinemosのジョブにより自動化し、適用前の確認だけ人手で行うことが可能となります。

たとえば次のような状況を想定してみましょう。

Webサーバのログを定期的に解析し、不正なリクエストを送信しているIPアドレスをファイアウォールでブロックする要件があります。ただし、ファイアウォールへ設定を適用する前に、ブロックするIPアドレスの数を人の目で確認する必要があります。

この状況では、Webサーバのログの解析、ファイアウォールへの設定投入にはコマンドジョブ、ブロックするIPアドレスの数の確認には承認ジョブを使用可能です。

ここからはこの処理を実際にHinemosのジョブ設定として作成してみましょう。

まず、ジョブで使用するダミーのWebサーバのログを配置します(**リスト7.2**)。

リスト7.2 /var/log/httpd.log

```
192.168.23.45 - - [16/Sep/2022:13:59:34 +0000] "GET / HTTP/1.1" 401 86 "-" "Mozilla/5.0"
192.168.23.45 - - [16/Sep/2022:13:59:34 +0000] "GET / HTTP/1.1" 401 86 "-" "Mozilla/5.0"
192.168.23.97 - - [16/Sep/2022:13:59:35 +0000] "GET / HTTP/1.1" 401 88 "-" "Mozilla/5.0"
192.168.23.10 - - [16/Sep/2022:13:59:35 +0000] "GET / HTTP/1.1" 200 88 "-" "Mozilla/5.0"
```

次に、Webサーバのログを解析するコマンドジョブを作成します。コマンドジョブにより実行されるコマンドは次の処理を行います。

1. Webサーバのログから、HTTPステータスコードが401となっているものを抽出、リクエスト元IPアドレスをリストアップする
2. リストアップされたIPアドレスを/tmp/blocking_ipsに書き出す
3. リストアップされたIPアドレスの数をカウントする

また、コマンド実行により得られたIPアドレスの数をジョブ変数IP_COUNTとして設定します(**表7.18**)。

表7.18 ジョブの設定（ログ解析）

<table>
<tr><td>ジョブID</td><td>070501_ANALYZE_LOG</td></tr>
<tr><td>ジョブ名</td><td>070501_ログ解析</td></tr>
<tr><td>種別</td><td>コマンドジョブ</td></tr>
<tr><td>スコープ</td><td>LinuxAgent</td></tr>
<tr><td>起動コマンド</td><td>sed -E 's/([0-9.]+) - - \[.*\] ".*" ([0-9]{3}) .*/\1,\2/' /var/log/httpd.log | grep ,401 | sort | uniq | sed 's/,401//' > /tmp/blocking_ips; wc -l /tmp/blocking_ips | awk '{print $1}'</td></tr>
<tr><td>ジョブ終了時の変数一覧</td><td>名前：IP_COUNT、値：(.*)、標準出力から取得（正規表現）：有効</td></tr>
</table>

次に、承認ジョブを作成します。承認依頼の際、前のジョブで取得したIPアドレスの数を埋め込んで承認依頼メールを送信します(**表7.19**、**図7.11**)。

表7.19 ジョブの設定(承認)

ジョブID	070502_APPROVAL
ジョブ名	070502_承認
種別	承認ジョブ
スコープ	LinuxAgent
承認依頼文	ブロック対象のIPアドレスは#[IP_COUNT]件です。ジョブを続行しますか。
承認依頼メール件名	承認依頼
待ち条件	070501_ANALYZE_LOG (終了状態は「正常」とする)

図7.11 承認ジョブ作成

最後に、承認後にIPアドレスをファイアウォールによりブロックするコマンドジョブを作成します(**表7.20**)。

表7.20 ジョブの設定(ファイアウォールによるブロック)

ジョブID	070503_BLOCK_IPS
ジョブ名	070503_IPアドレスブロック
種別	コマンドジョブ
スコープ	LinuxAgent
起動コマンド	for i in $(cat /tmp/blocking_ips); do firewall-cmd --zone=drop --add-source=$i; done; rm /tmp/blocking_ips
待ち条件	070502_APPROVAL (終了状態は「正常」とする)

ジョブ作成後、作成したジョブを実行すると、[承認]パースペクティブに次の承認が表示されます。承認することで、ファイアウォールによるIPアドレスのブロックが実行されます(図7.12)。

図7.12　承認画面

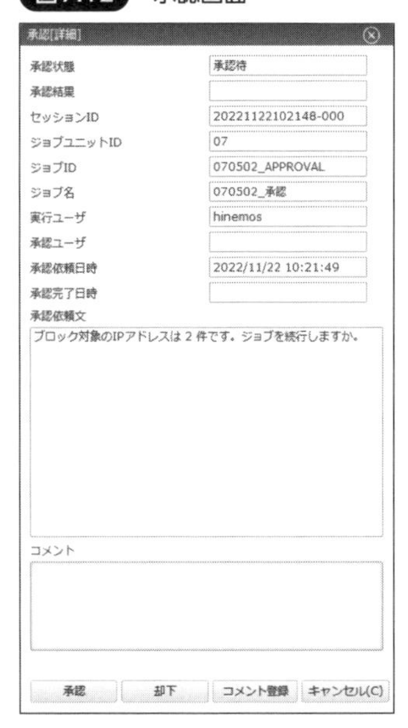

7.6 監視をジョブに組み込む（監視ジョブ）

本節では監視ジョブの機能や運用での使いどころについて説明します。

7.6.1 監視ジョブの機能概要

運用業務を自動化する際、サービス開放の処理を行った後にサービスの正常性確認をして成功とするケースや、障害を検知した際に対象のサービスの停止を確認したうえで再起動するといった処理を行いたいケースがあります。そのようなケースで監視ジョブを活用すると、後続ジョブの実行判断に、アプリケーションログの監視やサーバ・システムの正常動作の監視を組み込むことができます。

監視ジョブは、Hinemosの監視機能を実行できるジョブです。Hinemosのさまざまな監視機能を利用でき、ログファイル監視やシステムログ監視といった文字列の監視、PING監視による死活監視、HTTP監視によるシステムの応答時間の監視といったさまざまな監視をジョブに組み込むことができます。監視の結果をそのまま利用するだけではなく、監視が正常に行えず一定期間内に監視結果が得られなかった場合でも任意の重要度で終了させ、後続ジョブの実行に遷移することも可能です。

7.6.2 監視ジョブの使いどころ

運用業務の中で監視ジョブの使いどころを説明します。

バックアップ先の空き容量を確認

システムの運用を行う中で、バックアップの取得は必ず必要になります。しかし、バックアップを確実に取得するためにはバックアップ先に十分な空き容量が必要です。

監視ジョブを活用することで、事前にバックアップ先のファイルシステムにバックアップに十分な空き容量があるかを確認してから、バックアップの処理を実行することが可能です。

ここではHinemosマネージャのデータベースバックアップを例にこの処理をHinemosのジョブ設定として作成してみましょう。例として、バックアップを行うジョブフローを定義するジョブネットは「0706_BACKUPJN」と定義し、バックアップを行う対象はHinemosマネージャ(ファシリティID:Manager)と想定します。まずはジョブネット「0706_BACKUPJN」をジョブユニット「07」配下に作成しましょう。

次に、ファイルシステムの空き容量を監視するリソース監視を作成します。ここでは、ファイルシステム使用率が70%未満なら、バックアップに支障がないこととします。このリソース監視を監視ジョブ専用に設定する場合は、監視は無効化可能です(**表7.21**、**図7.13**)。

表7.21 リソース監視の設定(ファイルシステム容量)

監視項目ID	0706_Resource
説明	監視ジョブ用リソース監視(ファイルシステム)
監視項目	ファイルシステム使用率[/]
判定	情報:0以上70未満 警告:70以上90未満
監視	無効

図7.13 リソース監視の作成

次に監視ジョブを0706_BACKUPJN配下に作成します。ここで先ほど作成したリソース監視を選択します(**表7.22**、**図7.14**)。

表7.22　監視ジョブの設定（リソース監視）

ジョブID	0706_BACKUPJN_MONITORJOB
ジョブ名	0706_FS空き容量確認用監視ジョブ
スコープ	Manager
監視設定	0706_Resource

図7.14　監視ジョブ（リソース監視）の作成

次にHinemosマネージャのバックアップスクリプト(hinemos_backup.sh)を実行するコマンドジョブを0706_BACKUPJN配下に作成します。バックアップ先のディレクトリは/backupと仮定します(**表7.23**、**図7.15**)。

表7.23　監視ジョブの設定（リソース監視）

ジョブID	0706_BACKUPJN_BACKUPJOB
ジョブ名	0706_Hinemosバックアップ処理
スコープ	Manager
起動コマンド	/opt/hinemos/sbin/mng/hinemos_backup.sh -w hinemos -p /backup
待ち条件	0706_BACKUPJN_MONITORJOB（終了状態は「正常」とする）

図7.15 コマンドジョブ（バックアップ）の作成

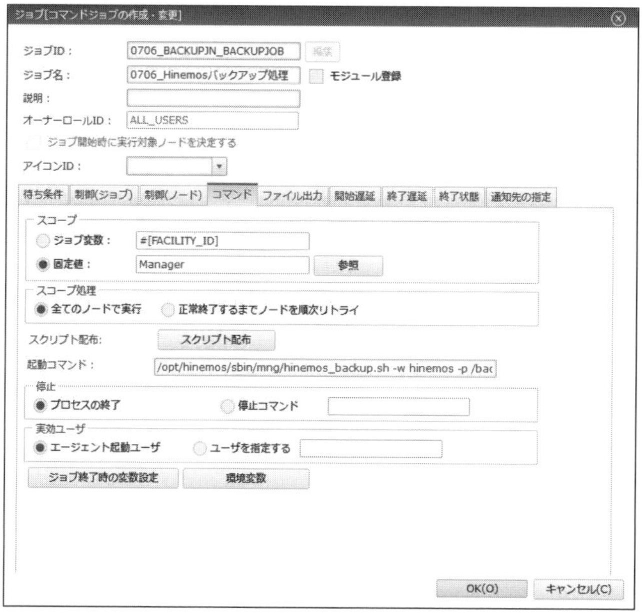

ジョブ[コマンドジョブの作成・変更]
ジョブID：
0706_BACKUPJN_BACKUPJOB
編集
ジョブ名：
0706_Hinemosバックアップ処理
モジュール登録
説明：
オーナーロールID：
ALL_USERS
ジョブ開始時に実行対象ノードを決定する
アイコンID：
待ち条件
制御(ジョブ)
制御(ノード)
コマンド
ファイル出力
開始遅延
終了遅延
終了状態
通知先の指定
スコープ
ジョブ変数：
#[FACILITY_ID]
固定値：
Manager
参照
スコープ処理
全てのノードで実行
正常終了するまでノードを順次リトライ
スクリプト配布:
スクリプト配布
起動コマンド：
/opt/hinemos/sbin/mng/hinemos_backup.sh -w hinemos -p /bac
停止
プロセスの終了
停止コマンド
実効ユーザ
エージェント起動ユーザ
ユーザを指定する
ジョブ終了時の変数設定
環境変数
OK(O)
キャンセル(C)

Hinemosマネージャのバックアップを行うジョブネットは**図7.16**のようになります。

図7.16 バックアップジョブネット

0706_BACKUPJN
0706_BACKUPJN_MONITORJOB
0706_BACKUPJN_BACKUPJOB

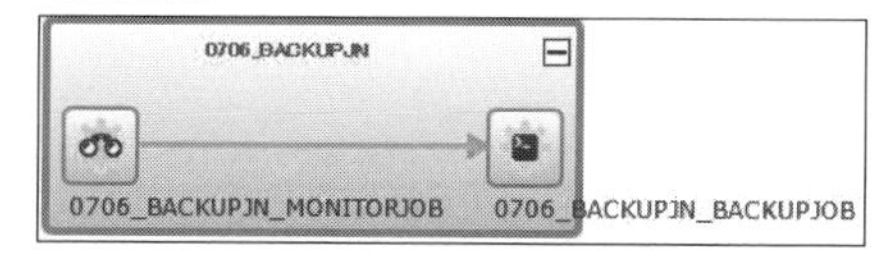

この設定により、Hinemosマネージャのバックアップを行うコマンドジョブは、ファイルシステム使用率が70％未満だった場合にだけ実行され、想定外のディスクフルの発生を防ぐことができます。

サービスの正常起動を確認

運用を自動化する際、あるサービスを起動し、その後にそのサービスを活用する処理を実行したいというケースがあります。こういったケースでは、単にサービスを起動するコマンドをコマンドジョブで実行するだけでは、本当に正常にサービスが起動したかを判断することはできません。

監視ジョブを活用することで、サービスを起動した際に本当にサービスが正常起動したかを監視ジョブで確認し、後続の処理を実行できます。

ここでは起動したいサービスをApacheと想定し、サービスの起動、サービスの起動確認を行う処理をHinemosのジョブ設定として作成してみましょう。例として、サービス起動を行うジョブフローを定義するジョブネットは「0706_APACHEJN」と定義し、Apacheを起動する対象のサーバはLinuxAgentを想定します。まずは、ジョブネットは「0706_APACHEJN」をジョブユニット「07」配下に作成しましょう。

今回は文字列監視の監視ジョブの動作確認をかねて説明を行うため、Apacheのサービス起動確認を行うシステムログ監視を作成します。ここではsyslogに「Started The Apache HTTP Server.」と出力されていたら正常と判断するパターンマッチを設定します(**表7.24**、**図7.17**)。

表7.24　システムログ監視の設定

監視項目ID	0706_SYSLOG
説明	0706_監視ジョブ用システムログ監視（Apache起動ログ確認）
パターンマッチ表現	.*Started The Apache HTTP Server.*
重要度	情報
監視	無効

図7.17　システムログ監視の作成

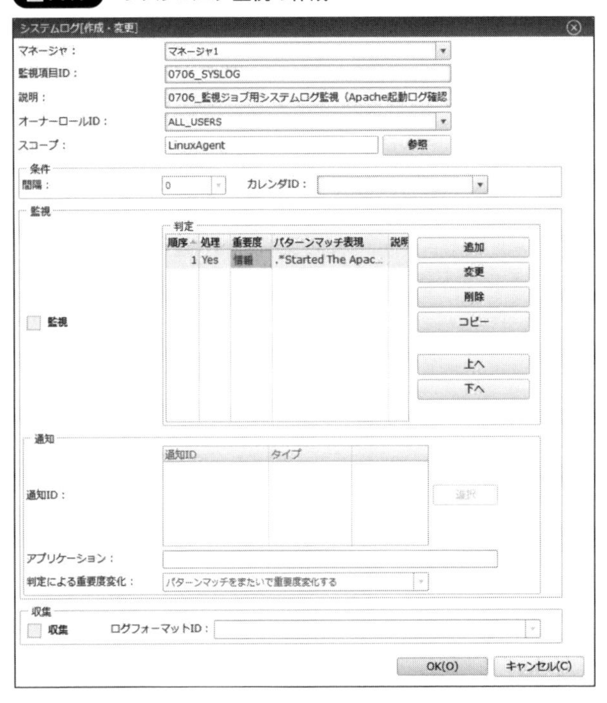

次に先ほど作成したシステムログ監視を呼び出す監視ジョブを「0706_APACHEJN」配下に作成します。ここでは、タイムアウトを5分と設定します(**図7.18**)。

図7.18　監視ジョブ（Apache起動確認）の作成

最後にApache起動前処理を実行するコマンドジョブとApacheを起動するコマンドジョブ、Apache起動後処理を行うコマンドジョブを「0706_APACHEJN」配下に作成します。Apache起動前処理とApache起動後処理はここでは30秒sleepを行うジョブとします（**表7.25**）。

表7.25　コマンドジョブの設定

Apache起動前処理	
ジョブID	0706_APACHEJN_BEFOREJOB
ジョブ名	0706_APACHE起動前処理
スコープ	LinuxAgent
起動コマンド	sleep 30
Apache起動処理	
ジョブID	0706_APACHEJN_STARTJOB
ジョブ名	0706_APACHE起動処理
スコープ	LinuxAgent
起動コマンド	service httpd start
待ち条件	0706_APACHEJN_BEFOREJOB（終了状態は「正常」とする）
Apache起動後処理	
ジョブID	0706_APACHEJN_AFTERJOB
ジョブ名	0706_APACHE起動後処理
スコープ	LinuxAgent
起動コマンド	sleep 30
待ち条件	0706_APACHEJN_STARTJOB（終了状態は「正常」とする） 0706_APACHEJN_MONITORJOB（終了状態は「正常」とする）

ジョブの作成が完了するとApacheを起動するジョブネット(「0706_APACHEJN」)は**図7.19**のようになります。

図7.19　Apacheジョブネット

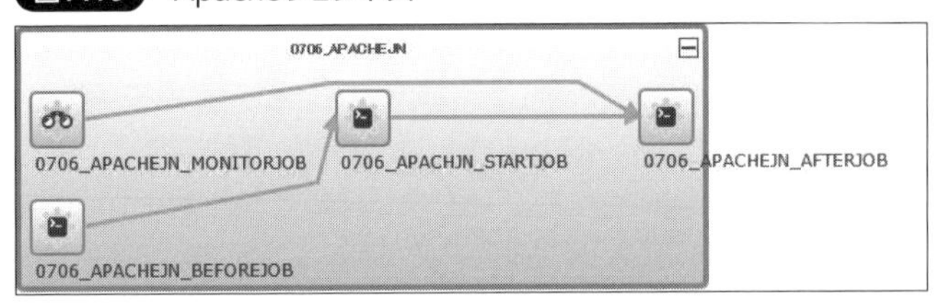

TIPS 監視ジョブの実行タイミング

監視ジョブは監視ジョブが実行されたタイミングから監視を開始するため、本節のユースケースのようにサービス起動のログを監視ジョブで検知するためには、サービス起動を行うジョブを実行する前に監視ジョブを実行しておく必要があります。サービス起動と監視ジョブを並行で実行すると、タイミングによっては監視ジョブが実行される前にサービス起動のログが出力されてしまい、監視ジョブでサービス起動のログを検知できない可能性があるため、注意が必要です。

ジョブネットを実行すると**図7.20**のように監視ジョブがApacheの起動を検知します。

図7.20　監視ジョブ（Apache起動確認）のメッセージ

このように監視ジョブを使用することで、Apache起動確認後に実行されるコマンドジョブは、Apacheの起動を行うコマンドジョブが正常終了し、かつApacheの正常起動を確認する監視ジョブが正常終了した場合にだけ実行されるため、確実にApacheが起動した後に実行できます(**図7.21**)。

図7.21　Apacheジョブネット正常終了

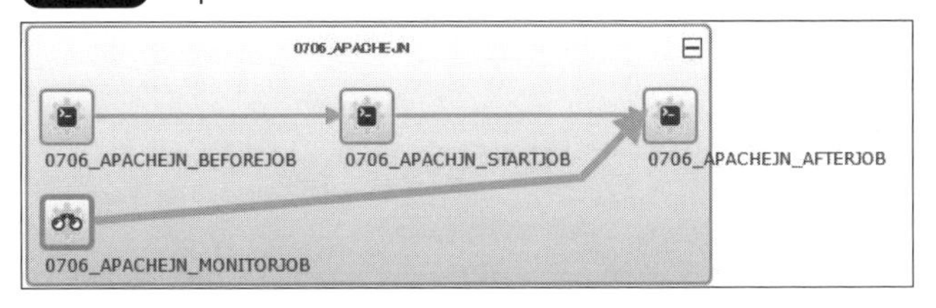

7.7 クラウド制御（リソース制御ジョブ）

本節ではリソース制御ジョブの機能や運用での使いどころについて説明します。リソース制御ジョブはクラウド管理機能・VM管理機能をインストールすると利用可能になるジョブです。本節ではすでにクラウド管理機能・VM管理機能がインストールされていると想定し、リソース制御ジョブについて説明します。

ここではリソース制御ジョブについて説明しますが、クラウド全般の運用管理については「9.7　クラウドの運用管理」を参照してください。

COLUMN　クラウド管理機能・VM管理機能のセットアップについて

クラウド管理機能・VM管理機能の各機能は、クラウド管理機能・VM管理機能のインストール後にクラウドアカウントを登録することで利用可能になります。

クラウドアカウントの登録方法については、導入するクラウド管理機能・VM管理機能に合わせ、次のマニュアルを参照してください。

- Hinemos ver.7.0 クラウド管理機能 AWS版 ユーザマニュアル
- Hinemos ver.7.0 クラウド管理機能 Azure版 ユーザマニュアル
- Hinemos ver.7.0 VM管理機能 VMware版 ユーザマニュアル
- Hinemos ver.7.0 VM管理機能 Hyper-V版 ユーザマニュアル
  - 「5.1.5　クラウドサービスとの連携の設定」

7.7.1 リソース制御ジョブの機能概要

リソース制御ジョブは、AWSの場合はEC2インスタンス、VMWareの場合は仮想マシンの起動停止などを制御できるジョブです。具体的には次の制御を行えます。

- **インスタンスの起動**
- **インスタンスの停止**
- **インスタンスの再起動**
- **インスタンスのサスペンド**※1

※1　VM管理機能（VMware版）だけで使用可能

- インスタンスのスナップショット取得※2
- インスタンスにストレージをアタッチする※2
- インスタンスからストレージをデタッチする※2

リソース制御ジョブはクラウド上の任意のインスタンスを指定して、専用のウィザードからガイダンスに従うだけで作成でき、インスタンスの起動、停止といった制御を簡単にジョブフローに組み込むことが可能です。また、リソース制御ジョブは実行対象にスコープを選択することが可能で、複数台のインスタンスに対し一括で起動、停止といった制御を行うこともできます。

詳細は「9.7　クラウドの運用管理」に記載がありますが、パブリッククラウドの特徴は使った分だけ課金される従量課金制であることです。そのため、インスタンスの起動時間は極力本当に必要な期間だけに抑える必要があり、たとえばシステムが停止している期間があるのであれば、その期間はインスタンスも停止する必要があります。しかし、そういった運用を実現するためには、単にインスタンスを起動停止できれば良いわけではなく、システムの起動や閉塞といった処理と連動してインスタンスの起動停止を行う必要があります。リソース制御ジョブはジョブとしてインスタンスの起動停止などの制御をジョブフローに組み込むことができるため、システムの起動や閉塞と連動してインスタンスの起動停止を行うといった一連の流れを簡単に自動化でき、コスト適正化の面でも効果を発揮します。

リソース制御ジョブはインスタンスの起動停止といった制御のみならず、ストレージのアタッチ、デタッチの自動化を行うことができます。

7.7.2 リソース制御ジョブの使いどころ

リソース制御ジョブの使いどころを説明します。

業務カレンダに合わせたクラウド上のシステム全体の起動、停止の自動化

システムは必ずしも24/365稼働である必要はなく、企業の業務カレンダに合わせて起動、閉塞するシステムも多いと思います。そのようなシステムをクラウド上に構築する場合、システム起動時にインスタンス起動、閉塞時のインスタンス停止もリソース制御ジョブで自動化可能です。

クラウド上のシステムの閉塞、起動は一般的に**図7.22**のようなフローが考えられますが、リソース制御ジョブを使用することでこれらのフローをすべて自動化できます。

図7.22　システム閉塞、起動のフロー

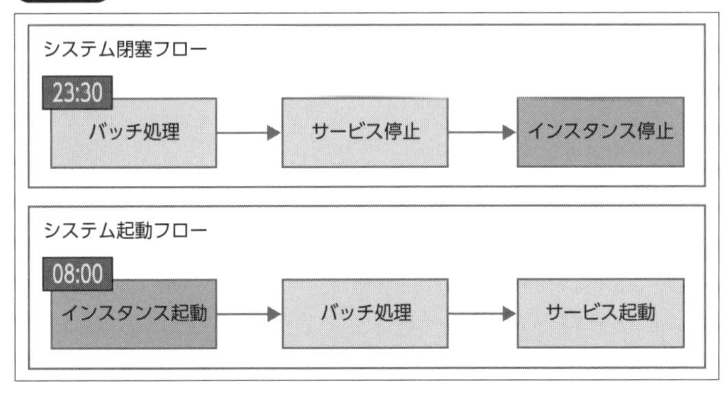

※2　クラウド管理機能（AWS版）、VM管理機能（VMware版）だけで使用可能

ここでは、リソース制御ジョブの動作確認のため、特定の時間にインスタンスの起動と停止だけを行うジョブを作成します。

システムを起動するジョブネットを「0707_SYSTEM_START_JN」と想定します。ますはジョブネット「0707_SYSTEM_START_JN」をジョブユニット「07」に作成しましょう。

次にインスタンスを起動するリソース制御ジョブを作成します。インスタンスを起動するリソース制御ジョブの作成は、[クラウド[コンピュート]]ビューから専用のウィザードを使って作成できます。

起動したいインスタンスを選択して、[パワーオン]→[ジョブ(ノード指定)の作成]をクリックします(**図7.23**)。

図7.23 [クラウド [コンピュート]] ビューからのリソース制御ジョブの作成

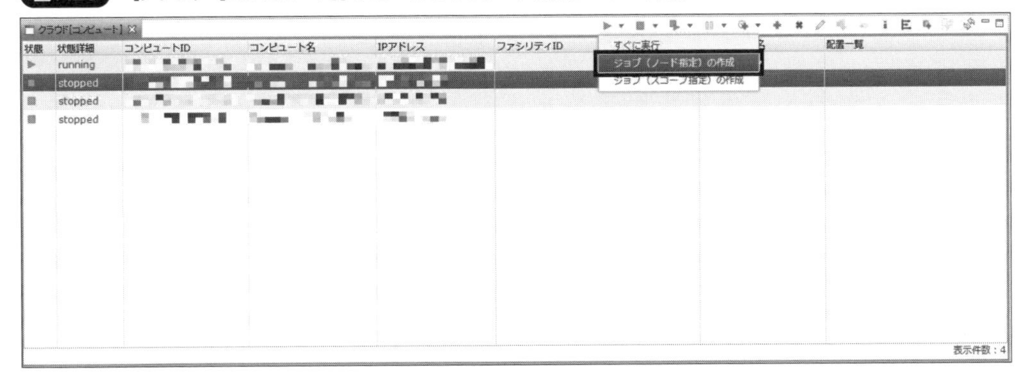

ウィザードが表示されたら、リソース制御ジョブを作成する先のジョブネットを選択します(**図7.24**)

図7.24 [クラウド [コンピュート]] ビューからのリソース制御ジョブの作成(ジョブネット選択)

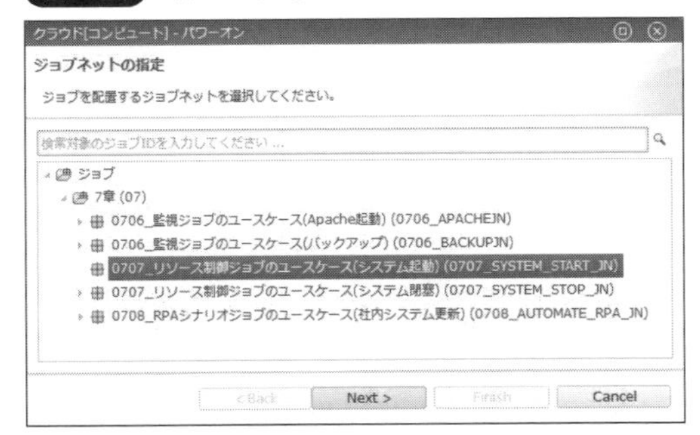

ジョブIDとジョブ名を入力します(**図7.25**)。

図7.25　［クラウド［コンピュート］］ビューからのリソース制御ジョブの作成（ジョブID入力）

ジョブＩＤ：	0707_INSTANCE_POWERON
ジョブ名：	0707_インスタンス起動リソース制御ジョブ

毎日8時にジョブネットを実行するスケジュール実行契機を作成し、平日だけを稼働日とするカレンダを設定します(**表7.26**、**表7.27**)。

表7.26　スケジュール実行契機設定（システム起動）

実行契機ID	0707_SCHEDULE_START
実行契機名	0707_システム開始
ジョブID	0707_SYSTEM_START_JN
カレンダID	0707_CAL_WEEKDAY
スケジュール設定	毎日 8時00分

表7.27　カレンダ設定

カレンダID	0707_CAL_WEEKDAY	
カレンダ名	0707_平日稼働カレンダ	
カレンダ詳細設定	順序1	毎週土曜日00:00:00-24:00:00 非稼働
	順序2	毎週日曜日00:00:00-24:00:00 非稼働
	順序3	毎日00:00:00-24:00:00 稼働

続いて、システムを閉塞するジョブネットを作成します。ここではシステムを閉塞するジョブネットを「0707_SYSTEM_STOP_JN」と想定します。ますはジョブネット「0707_SYSTEM_STOP_JN」をジョブユニット「07」に作成しましょう。

次にシステム閉塞時にインスタンスを停止するリソース制御ジョブを作成します。インスタンスを起動するリソース制御ジョブと同様に、［クラウド［コンピュート］］ビューから専用のウィザードを使って作成します(**表7.28**)。

表7.28　インスタンスの停止を行うリソース制御ジョブの設定

作成先ジョブネット	0707_SYSTEM_STOP_JN
ジョブID	0707_INSTANCE_POWEROFF
ジョブ名	0707_インスタンス停止リソース制御ジョブ

毎日23時30分にジョブネットを実行するスケジュール実行契機を作成し、平日だけを稼働日とするカレンダを設定します(**表7.29**)。

表7.29　スケジュール実行契機設定（システム閉塞）

実行契機ID	0707_SCHEDULE_STOP
実行契機名	0707_システム閉塞
ジョブID	0707_SYSTEM_STOP_JN
カレンダID	0707_CAL_WEEKDAY
スケジュール設定	毎日23時30分

このような設定を行うことにより、クラウド上のシステムの起動、閉塞を行う際に、インスタンスの起動、停止も自動化できます。

なお、スケジュール実行契機の詳細については「6.2　スケジュール実行契機」を参照してください。カレンダ機能の詳細については「5.3　カレンダ」を参照してください。

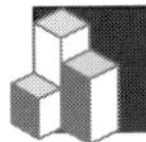

7.8 RPAツールの実行（RPAシナリオジョブ）

本節ではRPAシナリオジョブの機能や運用での使いどころについて説明します。

RPAとは、ロボティック・プロセス・オートメーション（Robotic Process Automation）の略で、ソフトウェアロボットによりPCのGUI操作も含む業務プロセスの自動化を実現する技術です。ここではRPAシナリオジョブについて説明しますが、RPA管理機能について、RPA全般の運用管理については「9.8　RPAの運用管理」を参照してください。

本節の例題はRPAツール（WinActor）と実行可能なシナリオが環境に存在することを前提としています。そのため、環境が存在しない場合、例題を実機環境で試すことはできませんが、今後RPAツールを導入した際の自動化の参考にしてください（**表7.30**）。

表7.30　本節で使用する用語について

RPAツール	RPAシナリオファイルを実行するツール。WinActor等を指す
RPA管理ツール	RPAツールを一元管理するツール。WinDirector、WinActor Manager on Cloudなどを指す
シナリオ	RPAツールにより自動化される一連の動作

7.8.1 RPAシナリオジョブの機能概要

RPAシナリオジョブはRPAツールで指定したシナリオを起動することが可能なジョブです。

RPAシナリオジョブでは、RPAツールのシナリオを実行するときに、次のようなことができます。

- **実行対象のPCが常時ログイン状態でなくとも、RPAツールでシナリオを起動できる**
- **終了遅延を利用することで、シナリオが想定以内の時間で終わっていない場合に処理を中断、または通知が行える**
- **シナリオの異常終了が発生した際には画面キャプチャを取得し、シナリオがどのような状態で終了したのかを把握できる**

RPAシナリオジョブの実行方法は「直接実行」と「間接実行」が用意されており、直接実行では直接RPAツールにシナリオ実行を指示することが可能です。間接実行ではWinDirectorなどのRPA管理ツールに対しシナリオの実行を指示することが可能です。そのため、RPAシナリオジョブはRPA管理ツールを導入してシナリオを管理している場合、RPA管理ツールを導入せずRPAツールだけで運用している場合、どちらでも使用することが可能です(**図7.26**)。

図7.26 RPAシナリオジョブの動作イメージ

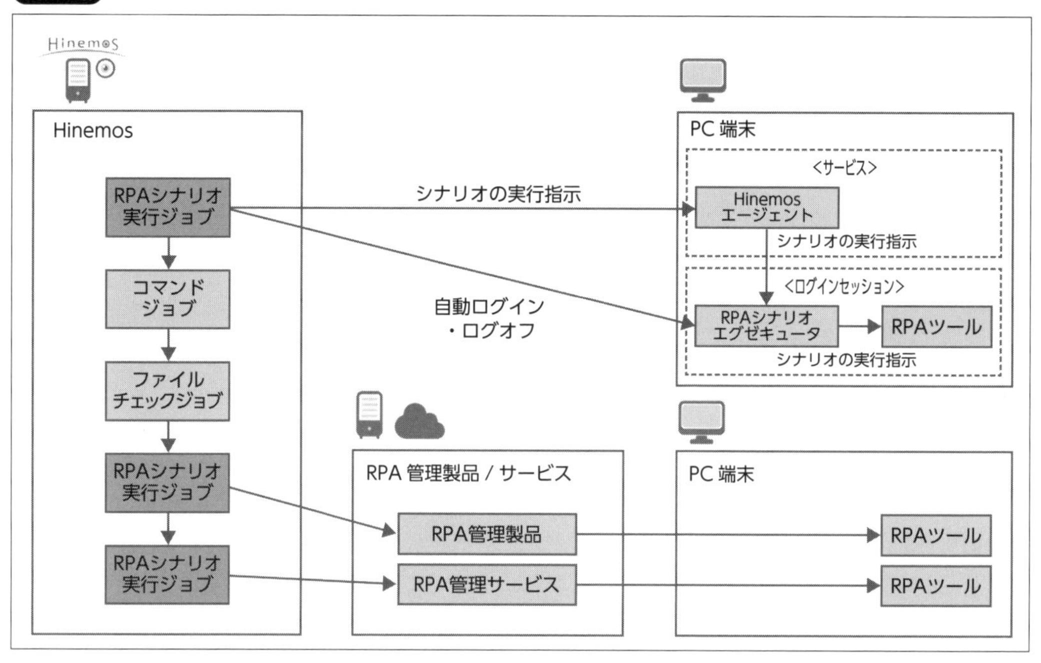

COLUMN シナリオ実行の自動化の課題

外部ツールを利用したシナリオ実行の自動化について、代表的な課題と解決方法を記載します。

- 【課題】リモートからRPAツールを単純にコマンドラインで呼び出してシナリオを実行できない
  - 【解決方法】HinemosではRPAシナリオエグゼキュータというRPAツールをRPAシナリオジョブから直接実行するためのツールが用意されており、ユーザはその存在を意識することなく、RPAシナリオジョブで直接RPAツールを呼び出し、シナリオ実行を自動化できます。
- 【課題】RPAツールの戻り値だけでシナリオ実行の正常性を判断できない
  - 【解決方法】RPAシナリオジョブでは、RPAツールの動作ログを監視する機能を持っており、ログの正常性からシナリオ実行の正常性を判定できます。
- 【課題】シナリオの異常発生時に異常が発生したときの画面がわからないと何が発生したのかがわからない
  - 【解決方法】RPAシナリオジョブではシナリオが異常終了したり、終了遅延が発生した場合に実行対象のPCの画面キャプチャを取得する機能を持っています。取得した画面キャプチャはHinemosのクライアント画面からダウンロード可能なため、シナリオ実行に失敗した際の状況確認もHinemos上から行えます。

RPAシナリオジョブは他のジョブ同様に、実行契機を使ってさまざまな契機で起動できます。RPAシナリオジョブは実行対象にスコープを指定することが可能なので、複数のPCで同じシナリオを一括で起動することも可能です。

このようにRPAシナリオジョブはジョブとしてRPAシナリオをジョブフローに組み込むためのさまざまな機能を持っており、他のシステムとPC作業(RPAシナリオ)の連携に活用することができます。

7.8.2 RPAシナリオジョブの使いどころ

RPAシナリオジョブの使いどころを説明します。

他システムとPC作業（RPAシナリオ）の連携

たとえば外部Webサービスから情報を取得して社内システムのデータを更新する業務を想定してみましょう。WebサービスがAPI仕様などを公開している場合、社内システム側のバッチ処理などで一括でデータを取得してきて更新を行うという自動化が可能ですが、情報取得元は外部Webサービスなので、必ずしもAPIが公開されているとは限りません。また、複数の外部Webサービスから情報取得が必要で、そのアクセス権限が従業員個別アカウントに紐づいているような場合、それぞれ異なったログイン情報でWebサービスにログインを行う必要があり、社内システム側で情報取得を自動化することが困難です。

このような場合にRPAツールを使用すると、従業員各個人のPCで外部Webサービスにログインし、必要なデータを取得、取得したデータを社内システムにアップロードするという一連の流れを自動化できます。

ただし、これだけでは「外部Webサービスから情報を取得して社内システムのデータを更新する」という業務をすべて自動化できている訳ではなく、どの端末でどのタイミングで情報を取得してくるか、すべての情報がそろったら社内システム側の更新処理を走らせたいが、すべての情報がそろったことをどう判断するか、など課題が残ります。

そこで、HinemosのRPAシナリオジョブを使用することで、この業務を次のような流れで完全自動化できます。

① あらかじめ外部Webサービスから情報を取得し、社内システムに取得した情報をアップロードするシナリオを各従業員のPC端末に用意
② HinemosのRPAシナリオジョブで端末A、BからWebサービスA、Bの情報を取得するシナリオを同時に呼び出し
③ すべてのシナリオが正常に終了したことを確認したら、社内システム側で情報を処理するバッチ処理を起動する

それでは**表7.31**の内容を想定し、具体的な設定内容を見ていきましょう。

表7.31 RPA実行環境

対象RPAツール	WinActor　Ver.7.x
シナリオ実行対象マシン1	Windows_PC01
実行シナリオパス（マシン1）	C:\RPA\automateWebServiceA.ums7
シナリオ実行対象マシン2	Windows_PC02
実行シナリオパス（マシン1）	C:\RPA\automateWebServiceB.ums7

ここでは社内システムを更新するジョブネットを「0708_AUTOMATE_RPA_JN」と想定します。まずはジョブネット「0708_AUTOMATE_RPA_JN」をジョブユニット「07」に作成しましょう。

次にWebサービスAからの情報取得をWindows_PC01で自動化するRPAシナリオを実行するRPAシナリオジョブを「0708_AUTOMATE_RPA_JN」配下に作成します。ここではWinActorで直接シナリオを実行するので、実行するシナリオのファイルパス、ログイン情報を設定します。また、今回はWinActorのリターンコードでシナリオの正常終了を判定します。さらに、シナリオが想定以上の時間が経過しても終了しなかったときに処理を中断するため、終了遅延を設定します(**表7.32**、**図7.27**)。

表7.32 RPAシナリオジョブの設定（Windows_PC01）

ジョブID	0708_EXEC_RPA_01
ジョブ名	0708_RPAシナリオジョブ（WebサービスA）
[RPAシナリオ] タブ	
実行方法	直接実行
[RPAシナリオ] タブ-[シナリオ実行] タブ	
スコープ	Windows_PC01
シナリオファイルパス	C:\RPA\automateWebServiceA.ums7
[RPAシナリオ] タブ-[制御] タブ	
ユーザID	Administrator
パスワード	Password
[RPAシナリオ] タブ-[終了値] タブ	
PRAツールのリターンコードで判定する	チェック
RPAツールのリターンコード	0
コマンドのリターンコードをそのまま終了値とする	チェック
[終了遅延] タブ	
終了遅延	チェック
ジョブ開始後の時間	10
操作	停止[コマンド]

図7.27 RPAシナリオジョブ

同様にWebサービスBからの情報取得をWindows_PC02で自動化するRPAシナリオを実行するRPAシナリオジョブを「0708_AUTOMATE_RPA_JN」配下に作成します(**表7.33**)。

表7.33 RPAシナリオジョブの設定 (Windows_PC02)

ジョブID	0708_EXEC_RPA_02
ジョブ名	0708_RPAシナリオジョブ (WebサービスB)
[RPAシナリオ] タブ	
実行方法	直接実行
[RPAシナリオ] タブ- [シナリオ実行] タブ	
スコープ	Windows_PC02
シナリオファイルパス	C:\RPA\automateWebServiceB.ums7
[RPAシナリオ] タブ- [制御] タブ	
ユーザID	Administrator
パスワード	Password
[RPAシナリオ] タブ- [終了値] タブ	
PRAツールのリターンコードで判定する	チェック
RPAツールのリターンコード	0
コマンドのリターンコードをそのまま終了値とする	チェック
[終了遅延] タブ	
終了遅延	チェック
ジョブ開始後の時間	10
操作	停止[コマンド]

次に社内システムでバッチ処理を行うコマンドジョブを「0708_AUTOMATE_RPA_JN」配下に作成します。ここでは例として実行する処理はsleep 30、実行対象はファシリティID:LinuxAgentを指定します(**表7.34**)。

表7.34 コマンドジョブの設定

ジョブID	0708_BATCH_UPDATE
ジョブ名	0708_バッチ処理
スコープ	LinuxAgent
起動コマンド	sleep 30
待ち条件	0708_EXEC_RPA_01 (終了状態は「正常」とする) 0708_EXEC_RPA_02 (終了状態は「正常」とする)

システム更新処理を行うジョブネット(「0708_AUTOMATE_RPA_JN」)は**図7.28**のようになります。

図7.28　システム更新処理のジョブネット

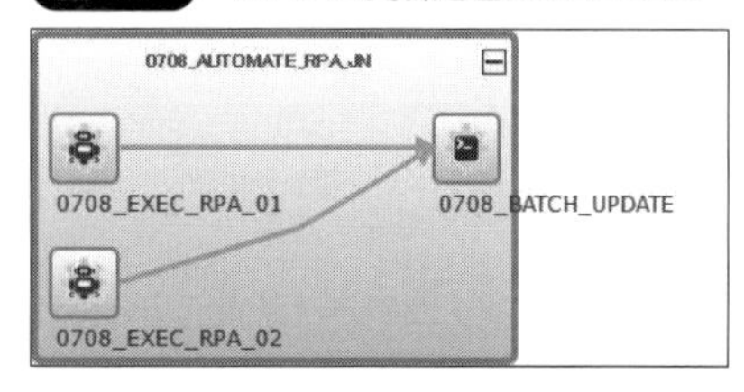

このようにジョブネットを設定することにより、RPAシナリオの実行によるWebサービスA、Bからの情報取得がどちらも成功したら、社内システムの更新処理(0708_BATCH_UPDATE)を実行するといった自動化が可能です。

また、第6章で紹介されているスケジュール実行契機と組み合わせることで、上記のジョブネットを毎日特定の時間に実行するといった自動化も可能です。

第8章

ジョブの通知・結果の出力・連携

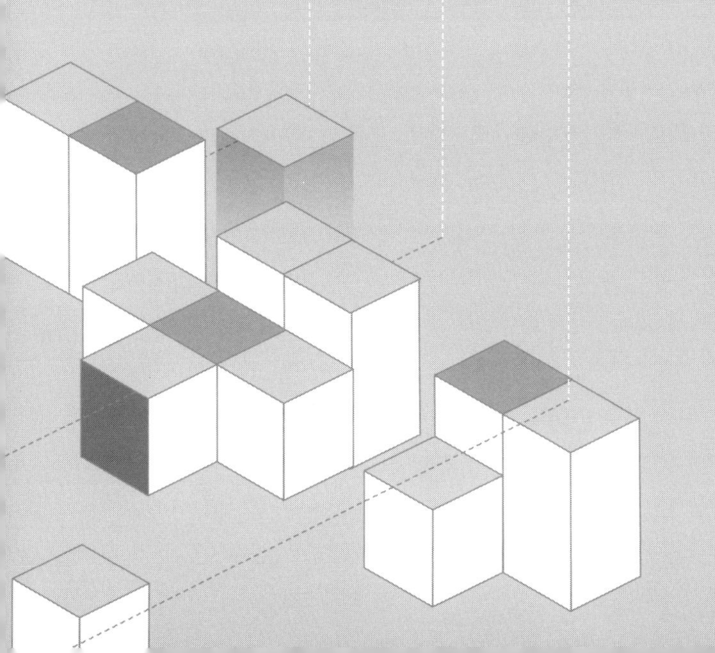

8.1 本章の説明

本章では、ジョブの実行結果をもとにした通知方法や出力方法、連携方法について説明します。ジョブの実行方法などについて説明してきましたが、ジョブは実行するだけでなく、**表8.1**のように実行結果をさまざまな方法で利用できます。

表8.1　第８章の概要

節	各節の概要
8.2　外部への通知	ジョブの実行結果を外部へ通知する通知機能を紹介する
8.3　外部への出力	実行履歴をCSVファイルやレポートとして出力する、メンテナンススクリプトとレポーティング機能を紹介する
8.4　ジョブの高度な連携方法	ジョブセッション間の連携や、複数のHinemosマネージャでのジョブの連携を実現する、セッション横断ジョブとジョブ連携メッセージを紹介する

本章では「08」のジョブユニット配下に、**図8.1**のようなジョブ構成でユースケースを構築していきます。各節ではユースケースを構築するための考え方や作成方法を説明しています。

図8.1　第８章で作成するジョブユニットの図

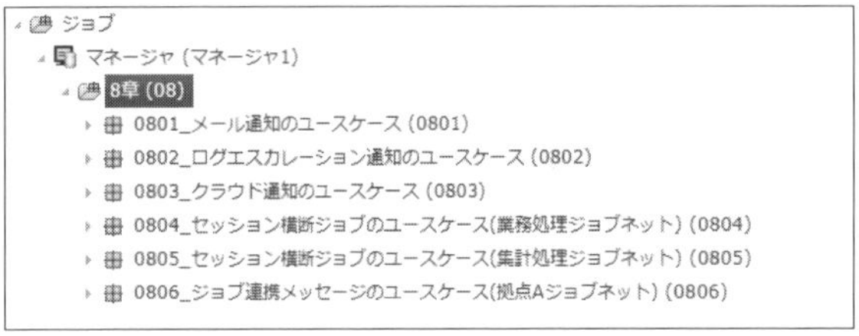

ジョブ
マネージャ (マネージャ1)
8章 (08)
0801_メール通知のユースケース (0801)
0802_ログエスカレーション通知のユースケース (0802)
0803_クラウド通知のユースケース (0803)
0804_セッション横断ジョブのユースケース(業務処理ジョブネット) (0804)
0805_セッション横断ジョブのユースケース(集計処理ジョブネット) (0805)
0806_ジョブ連携メッセージのユースケース(拠点Aジョブネット) (0806)

8.2 外部への通知

本節では通知機能を用いて、Hinemos外部へジョブの実行結果を通知する方法や運用での使いどころについて説明します。ジョブの実行結果はHinemosクライアント上で確認するだけでなく、**表8.2**のように、一般的に使われるユースケースを実現するために通知機能が利用されます。

表8.2　外部への通知の代表的なユースケース

ユースケース	通知機能
多人数に対して実行結果を一斉に連携したい	メール通知
サーバ間で実行結果を連携したい	ログエスカレーション通知
AWS等のクラウドサービスに連携したい	クラウド通知
任意のコマンドに実行結果を連携したい	コマンド通知
WebサービスのAPIに連携したい	REST通知

通知機能については、「2.4.1 通知機能の概要」も参照してください。今回は、外部のサービスや特定の機器に依存せずに動作確認が可能な通知として、メール通知・ログエスカレーション通知・クラウド通知の3つを取り上げて説明します。

COLUMN **警告灯の点灯やコミュニケーションツール連携**

コマンド通知やREST通知の一般的な使い方としては、警告灯の点灯やコミュニケーションツールに対する連携があります。IPネットワークに接続できる種類の警告灯の場合、rsh経由で外部から点灯させることができます。そのため、ジョブが異常終了した場合にコマンド通知でrshコマンドを実行することで、警告灯を点灯させることができます。コマンド通知の設定方法については、「Hinemos ver.7.0 基本機能マニュアル 4.4.4.8 コマンド通知の設定」を参照してください。また、SlackやMicrosoft Teamsなどのチャットツールでは、コメントを投稿するためのAPIを用意していることが多いです。REST通知では、これらのWebサービスで用意されているAPIに対してアクセスすることで、ジョブの実行結果をチャットツール上に通知するといった使い方も可能です。REST通知の設定方法については、「Hinemos ver.7.0 基本機能マニュアル 4.4.4.11 REST通知の設定」を参照してください。

8.2.1 メール通知の機能概要

メール通知では、ジョブの実行結果をメールで送信することが可能です。メールの本文にはメールテンプレートを利用することで任意の内容を設定でき、ジョブを実行したノードのファシリティIDやジョブの実行結果など、文字列置換を利用することでさまざまな情報を含めることができます。利用可能な文字列置換の内容については、「Hinemos ver.7.0 基本機能マニュアル 4.4.3.3.1 通知用の置換文字列」を参照してください。

8.2.2 メール通知の事前準備

メール通知を利用するためには、メール送信先のSMTPサーバが必要となります。今回は、Hinemosマネージャサーバ上にpostfixをインストールして、動作確認用のSMTPサーバとして利用します(**図8.2**)。

図8.2 postfixインストール

```
[root]# yum install postfix
[root]# systemctl start postfix
```

今回は、動作確認としてHinemosマネージャサーバ内だけでメール送信を行うため、postfixはインストール時の設定のまま利用します。

構築済みのSMTPサーバに対してメール送信を行いたいなど、SMTPサーバを個別に設定したい場合は、「Hinemos ver.7.0 基本機能マニュアル 4.4.8.3 メール通知のチューニング」を参照してください。

8.2.3 メール通知の使いどころ

運用業務の中でのメール通知の使いどころを説明します。

システム関係者に対する一斉通知

ジョブの実行結果はHinemosクライアントで確認可能ですが、Hinemosクライアントを操作しているオペレータが不在の夜間などでジョブが異常終了した場合には、システム関係者に対して一斉に通知を行う必要が出てくるケースがあります。こうした場合には、メール通知で外部にメールを送信することで即座にジョブの状態を通知することが可能となります。

今回は、動作確認のためコマンドジョブが異常終了した場合にメール通知を行う設定例について説明します。

まずは、メール通知を作成する前に、メール本文を記載したメールテンプレートを作成します。[監視設定]パースペクティブを開き、[監視設定[メールテンプレート]]ビューから、メールテンプレートを作成します。今回は、異常終了したジョブ、異常終了したコマンドジョブの実行結果をメール本文で確認できるように、#[MESSAGE]や#[JOB_MESSAGE:#[FACILITY_ID]]などの文字列置換を利用します。#[MESSAGES]で変換されるジョブの実行結果については、「Hinemos ver.7.0 基本機能マニュアル 7.1.7.1 ジョブ機能で出力される通知」を参照してください。なお、#[FACILITY_ID]はジョブの実行対象が単体のノードの場合だけ有効な文字列置換となります。スコープを対象としたコマンドジョブやジョブネットでは文字列が変換されない点に注意してください(**表8.3**、**図8.3**)。

表8.3 メールテンプレートの設定

メールテンプレートID	0802_template
件名	ジョブが#[PRIORITY_JP]終了
本文	#[GENERATION_DATE] #[MESSAGE] #[JOB_MESSAGE:#[FACILITY_ID]]

図8.3 メールテンプレート

次に、先ほど作成したメールテンプレートを利用するメール通知を作成するため、[監視設定[通知]]ビューで[作成]ボタンをクリックし、[通知種別]ダイアログで[メール通知]を選択して[次へ]をクリックします。今回は、異常終了した際にメールを送信したいため、重要度[危険]だけにチェックを入れ、メールの送信先を入力します(**表8.4**、**図8.4**)。

表8.4 メール通知の設定

通知ID	0802_mail
重要度変化後の初回通知	1
重要度変化後の二回目以降の通知	常に通知する
メールテンプレートID	0802_template
重要度	危険：チェックを入れる メールアドレス：root@localhost

図8.4 メール通知

最後に、ジョブネット「0801」配下に、戻り値が2で異常終了するコマンドジョブを作成します(**表8.5**)。

表8.5 ジョブの設定（メール通知確認）

ジョブID	080101_mail
ジョブ名	080101_メール送信
種別	コマンドジョブ
スコープ	LinuxAgent
起動コマンド	exit 2

このコマンドジョブの通知先として、作成したメール通知を指定します。ジョブが異常終了した場合に重要度が「危険」となるよう、重要度をプルダウンから選びます(**図8.5**)。

図8.5 通知先の設定

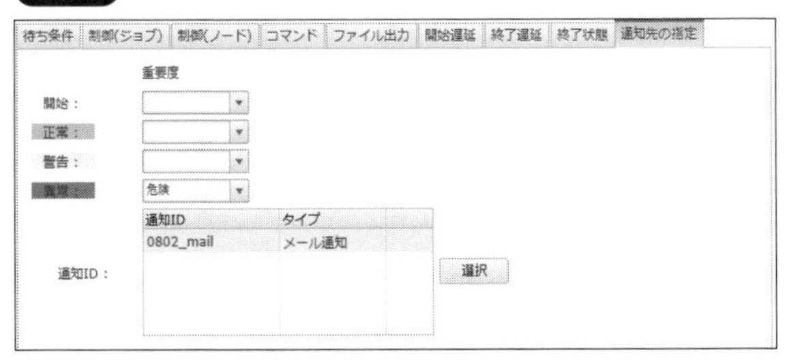

コマンドジョブ「080101_mail」を即時実行すると、コマンドジョブが異常終了しメール送信が行われます。今回は動作確認のため、メーラー等を使わずに、SMTPサーバに到着したメールを直接見ることで、メールが届いているかを確認します。SMTPサーバに届いたメールは、日本語が含まれる場合quoted-printable形式のデータとして扱われるため、nkfコマンド等を利用してデコードを行う必要があります。nfkコマンドはRed Hat Enterprise Linux 8.6のデフォルトではyumコマンドでのインストールができないため、追加のパッケージを利用するよう、**図8.6**のコマンドを実行します。

図8.6　nfkコマンドのインストール

```
[root]#dnf config-manager --set-enabled codeready-builder-for-rhel-8-rhui-rpms
[root]#dnf install nkf
```

nkfコマンドを利用して/var/spool/mail/rootを確認すると、**図8.7**のようなメールが通知されていることが確認できます。

図8.7　メール内容

```
[root]#nkf -wmQ /var/spool/mail/root
2022/11/15 05:36:54
コマンドジョブ[0801_メール通知確認(0801_mail)]が終了(終了状態：異常)しました(セッション
➡ID:20221115053653-000)

[2022/11/15 05:36:54] stdout=\xA, stderr=\xD\xA[2022/11/15 05:36:54] コマンド終了待ち
➡\xD\xA[2022/11/15 05:36:53] エージェント応答待ち
```

COLUMN　通知付与の設計

ジョブに対して通知を設定する際に、どのジョブに対して通知を設定するかは、各運用環境における設計のポリシーに依存します。通知を設定する際に主に考えられる観点としては、次のものが挙げられます。

- **ジョブユニットやジョブネット単位で通知を行うか、コマンドジョブ単位で通知を行うか**
- **ジョブ単位で通知を行う場合、どのジョブから通知を行うか**

ジョブユニットやジョブネット単位で通知を行う場合は、一連のジョブフローが正常終了したかどうかといった点を確認するのに優れています。ただし、ジョブフローが異常終了した場合には、配下のどのジョブが異常終了していたかをジョブ履歴から確認する必要があります。コマンドジョブ単位で通知を行う場合は、通知内容からどのジョブが正常終了や異常終了したかを即座に判断できます。一方で、すべてのジョブに対して通知を設定すると、通知が複数回行われた場合に確認の手間が増えるなど、メンテナンス性にデメリットが生じます。そのため、コマンドジョブ単位で通知を設定する場合は、失敗した場合に即座に復旧作業が必要となるジョブなど、優先度が高いジョブに対してだけ通知を設定するなどの設計が求められます。また、注意点として、コマンドジョブで実行したコマンドの標準出力など、より詳細な情報を通知したい場合は、コマンドジョブに対して通知を設定する必要があります。通知の内容から、コマンドジョブのエラーの内容などといった詳細な情報を確認したい場合には、コマンドジョブ単位で通知を設定すると良いです。

8.2.4 ログエスカレーション通知の機能概要

ログエスカレーション通知を利用することで、Hinemosで実行されたジョブの実行結果をsyslogメッセージとして送信することが可能です。Linuxの世界ではsyslogは古典的な機能で、LinuxOSのシステムログやサービス・ミドルウェアのログを管理したり、他にもLinuxサーバ間で当該ログを通信するプロトコルでもあります。Hinemosでは、ログエスカレーション通知を使って別のLinuxサーバやsyslogに対応したアプリケーションにsyslogメッセージを送ることで、ジョブの実行履歴をsyslogを介して連携することが可能となります。

COLUMN syslogメッセージの構成とrsyslog

syslogメッセージの定義について簡単に解説すると、syslogメッセージは3つの部分から構成されており、それぞれPRI部、HEADER部、MSG部と呼びます。HEADER部は更に、TIMESTAMP部とHOSTNAME部の2つからなります。ログエスカレーション通知では、次の内容でsyslogメッセージが構成されます。

- PRI部
  ログエスカレーション通知の設定項目「Facility」(syslogメッセージの種類)と「Severity」(syslogメッセージの重大度)から自動で決まります。

- TIMESTAMP部
  各監視機能の監視結果やジョブの実行結果といったイベントが発生した時刻がセットされます。

- HOSTNAME部
  syslogメッセージの送信元として、Hinemosマネージャのホスト名や通知が発生したノードのファシリティIDがセットできます。
  詳細は、「Hinemos ver.7.0 基本機能マニュアル 4.4.8.4.1 syslogHEADERのホスト名を変更する」を参照してください。

- MSG部
  ログエスカレーション通知の設定項目「メッセージ」がセットされます。
  syslogメッセージの最大サイズは1024byte(RFC 3164)のため、1024byteを超えるメッセージについては送信時に切り捨てられます。

rsyslogは、Linux環境で一般的に利用されている、syslogメッセージを送受信行うデーモンです。本節では、rsyslogを利用してHinemosマネージャから送信されたsyslogメッセージを受信します。

8.2.5 ログエスカレーション通知の使いどころ

運用業務の中でログエスカレーション通知の使いどころを説明します。

syslogメッセージによるサーバ間のシステム連携

ジョブの実行結果をsyslogメッセージとして送信することで、別のサーバのシステムに対して実行結果を連携することが可能です。受信したsyslogメッセージをログとしてファイルに書き出すことで履歴として管理したり、別のシステムでsyslogメッセージから実行結果を読み取り、処理を連携できます。

実際に別のシステムを用意するのは難しいため、実行されたジョブの結果をLinuxAgentノードにsyslogを送信し、LinuxAgentノード側で受信できていることを確認してみます(**図8.8**)。

図8.8 ログエスカレーション通知のイメージ

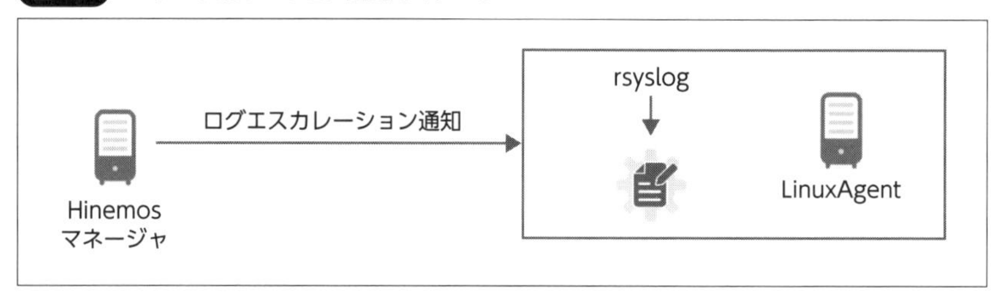

LinuxAgentノードでは、送信されたsyslogメッセージを受信できるよう、rsyslogの設定を追加します。ログエスカレーション通知はデフォルトではUDPでメッセージの送信を行うため、UDPの514番ポートでHinemosマネージャサーバからのメッセージを受信できるよう、LinuxAgentのサーバのrsyslog.confに以下の設定を追加します(**リスト8.1**)。

リスト8.1 /etc/rsyslog.conf

```
module(load="imudp") # needs to be done just once
input(type="imudp" port="514")

$AllowedSender UDP, 192.168.0.2/24 #UDP

$template HinemosManager,"/var/log/hosts/%HOSTNAME%_%$year%%$month%%$day%_
➡messages.log"

:fromhost-ip, isequal, "192.168.0.2" -?HinemosManager
& stop
```

上記の設定後、rsyslogを再起動し設定を読み込むことで、Hinemosマネージャから送信されたsyslogメッセージがLinuxAgentのサーバの/var/log/hosts/配下にログファイルとして格納されるようになります。

次に、ログエスカレーション通知の設定を作成するため、メール通知と同様に、[監視設定[通知]]ビューで[作成]ボタンをクリックし、[通知種別]ダイアログで[ログエスカレーション通知]を選択して[次へ]をクリックします(**表8.6**、**図8.9**)。

表8.6 ログエスカレーション通知の設定

通知ID	0802_logescalation	
ログエスカレーションスコープ	固定スコープ：LinuxAgent	
ポート番号	514	
重要度	情報：チェックを入れる	Syslog Facility：user Syslog Severity：information メッセージ：#[JOB_MESSAGE:#[FACILITY_ID]]
	警告：チェックを入れる	Syslog Facility：user Syslog Severity：warning メッセージ：#[JOB_MESSAGE:#[FACILITY_ID]]
	危険：チェックを入れる	Syslog Facility：user Syslog Severity：error メッセージ：#[JOB_MESSAGE:#[FACILITY_ID]]

図8.9 ログエスカレーション通知

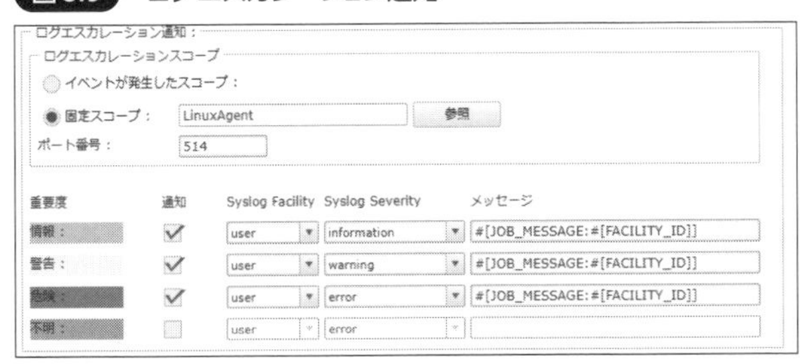

最後に、ジョブネット「0802」配下にコマンドジョブを作成し、通知先の指定で作成したログエスカレーション通知を指定します(**表8.7**)。

表8.7 ジョブの設定（ログエスカレーション確認）

ジョブID	080201_logescalation
ジョブ名	080201_ログエスカレーション通知確認
種別	コマンドジョブ
スコープ	LinuxAgent
起動コマンド	echo "syslog test"

コマンドジョブ「080201_logescalation」を即時実行すると、LinuxAgentのサーバに実行結果のsyslogメッセージが送信され、ファイルに対して書き出されていることが確認できます(**図8.10**)。

図8.10 ログエスカレーション通知内容

```
[root]# cat /var/log/hosts/Manager_20221114_messages.log
Nov 15 05:33:25 Manager [2022/11/15 05:33:25] stdout=syslog testxA, stderr=\xD\xA
➡[2022/11/15 05:33:25] コマンド終了待ち\xD\xA[2022/11/15 05:33:23] エージェント応答待ち
```

8.2.6 クラウド通知の機能概要

「6.6.1 クラウド双方向通知の機能概要」にて、クラウド環境からHinemosに通知する方法を案内していますが、ここではHinemosからクラウド環境に対して連携を行う方法を案内します。クラウド通知は、AWSやAzureのようなクラウドサービスと連携するために、クラウドサービスのイベントハブとなるサービス（Amazon EventBridgeまたはAzure Event Grid）へ通知を行います。

本節ではすでにクラウド管理機能がインストールされていると想定し、クラウド通知について説明します。クラウド管理機能のセットアップ方法などについては7.7節のコラム「クラウド管理機能・VM管理機能のセットアップについて」を参照してください。

8.2.7 クラウド通知の使いどころ

運用業務の中でクラウド通知の使いどころを説明します。

ジョブの実行終了をAWS Lambdaへ連携しサーバレスアプリケーションを実行

AWS等のクラウドサービスでは、サービス内で発生したイベントなどを連携する方法は用意されていますが、外部のサービスで実行された内容を連携するには作り込みが必要になったり、システムの更改に併せて改修が必要になるなどの課題が考えられます。Hinemosは異なるプラットフォームを同時に管理対象として扱うことができるため、クラウド通知を利用することで、VM仮想環境の実行結果をクラウドサービスに連携するといったことが実現できます。

今回は、LinuxAgentでのジョブ実行を契機として、AWSのLambda関数に連携する例を記載します（**図8.11**）。

図8.11　クラウド通知のイメージ

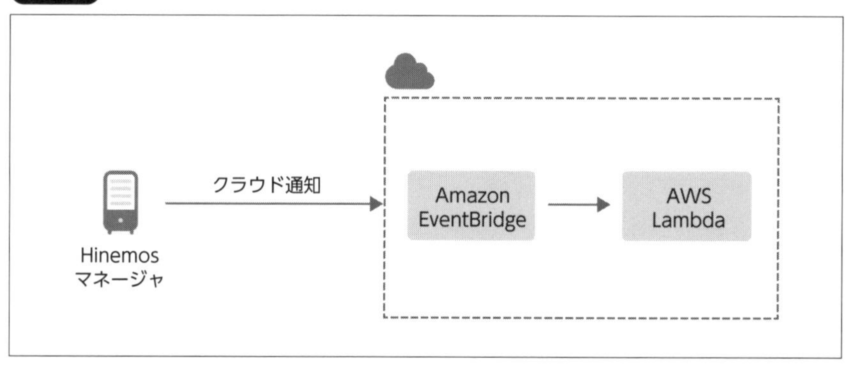

AWSへのクラウド通知を実行する場合は、事前にAWSコンソールでEventBridgeのイベントバスを作成する必要があります。イベントバスの作成方法については、「Hinemosクラウド管理機能AWS版ver.7.0 ユーザマニュアル 14.1.5.1 クラウド通知の事前準備」を参照してください。

併せて、連携先のLambda関数も作成しましょう。AWSコンソールのLambdaで関数を作成を行い、**表8.8**の設定でLambda関数を作成します。

表8.8 Lambda関数の設定

関数名	cloud-notify
ランタイム	Node.js 18.x
アーキテクチャ	x86_64

Lambda関数を作成後、index.mjsの内容を**リスト8.2**の動作確認用のサンプルコードに変更します。

リスト8.2 index.mjs

```
'use strict';

exports.handler = (event, context, callback) => {
    console.log('LogScheduledEvent');
    console.log('Received event:', JSON.stringify(event, null, 2));
    callback(null, 'Finished');
};
```

次に、クラウド通知の設定を作成するため、メール通知と同様に、[監視設定[通知]]ビューで[作成]ボタンをクリックし、[通知種別]ダイアログで[クラウド通知]を選択して[次へ]をクリックします。クラウド通知では、通知の重要度ごとに連携情報の設定が可能で、イベントバス名や通知内容を個別に設定できます。今回はすべての重要度で、次のように設定します(**表8.9**、**図8.12**)。

表8.9 クラウド通知の連携情報設定

イベントバス名	AWS上で作成したイベントバス名を指定(今回はhinemos-eventというイベントバスを作成)
ディテールタイプ	#[FACILITY_ID]
ソース	#[PLUGIN_NAME]
ディテール	名前：Message 値：#[MESSAGE]

図8.12 クラウド通知の連携情報

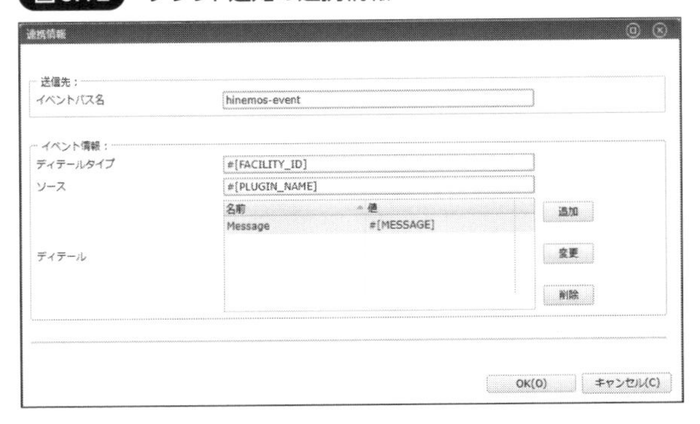

続いて、イベントバスで受け取った通知内容をCloudWatch Logsに連携するためのルールを作成します。AWSコンソールでEventBridgeのルールとして、**リスト8.3**のイベントパターンを指定して、ターゲットを事前に作成したLambda関数(cloud-notify)にします。

リスト8.3　イベントパターン

```
{
  "source": ["ジョブ管理"],
  "detail-type": ["LinuxAgent"]
}
```

最後に、ジョブネット「0803」配下にコマンドジョブを作成し、通知先の指定で作成したクラウド通知を指定します(**表8.10**)。

表8.10　ジョブの設定（クラウド通知確認）

ジョブID	080301_cloud
ジョブ名	080301_クラウド通知確認
種別	コマンドジョブ
スコープ	LinuxAgent
起動コマンド	echo "cloud test"

コマンドジョブ「080301_cloud」を即時実行すると、Event Bridgeを経由して、Lambda関数が実行されます。Lambda関数が実行された場合、処理されたすべてのリクエストがCloudWatch Logsにログとして記録されます(**図8.13**)。

図8.13　クラウド通知の結果

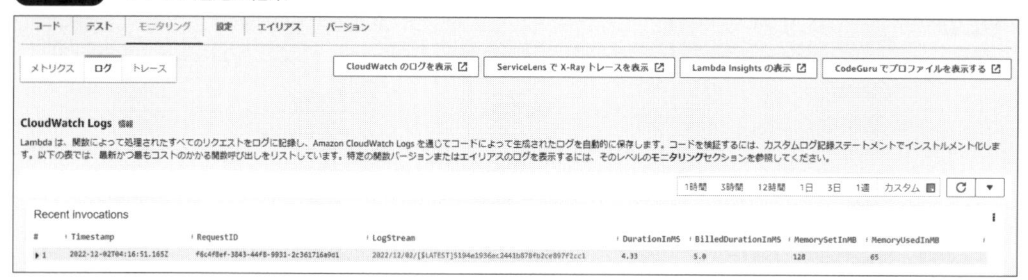

8.3 外部への出力

本節ではジョブの実行結果を外部のファイルとして出力する方法や運用での使いどころについて説明します。Hinemosでジョブを運用していくにあたり、ジョブが想定どおりの時間で実行されているかといったことを後から分析したり、ジョブの実行履歴を月次のレポートとして確認が必要となるケースがあります。こうしたファイルの出力を実現する機能として、メンテナンススクリプトでのデータのエクスポートやレポーティング機能について案内いたします。

8.3.1 履歴情報のエクスポートの概要

Hinemosでは、Hinemosマネージャが保持する履歴情報をCSV形式のファイルに保存することが可能です。CSVファイルの出力方法として、データのエクスポートをするメンテナンススクリプト(以降、エクスポートスクリプトと記載)が用意されており、ジョブに関連する履歴情報としては、次の内容を出力できます。

- **ジョブの実行履歴**
- **管理対象ごとのジョブの実行時間**

> COLUMN **Hinemosマネージャが保持する履歴情報**
>
> Hinemosが保持する履歴情報は、ジョブの他に次のようなものがあります。
>
> - **イベント通知やステータス通知で通知した情報**
> - **リソース監視などの監視で取得した数値情報**
> - **ログファイル監視などで収集した文字列情報**
> - **ジョブごとの実行時間**

8.3.2 履歴情報のエクスポートの使いどころ

運用業務の中での履歴情報のエクスポートの使いどころを説明します。

古いジョブの履歴情報をファイルとして外部に保存

ジョブの実行履歴はHinemosマネージャ上に格納されていますが、古い履歴情報は定期的に削除してデータベース容量を軽量化することも必要です。こうしたときに、古い履歴情報を完全に削除するのではなく、事前にCSVファイルとして出力しておくことで、Hinemosマネージャから履歴情報を削除しても、後から確認することが可能となります。外部ファイルに保存するメンテナンス運用については、「9.6.1 履歴情報の管理」も参照してください。

ジョブ履歴は、エクスポートスクリプトを利用して出力できます。エクスポートスクリプトでは、[ジョブ履歴[ジョブ詳細]]ビューに該当する情報をCSVファイルに出力します。エクスポートスクリプトで出力可能な情報については、「Hinemos ver.7.0 基本機能マニュアル 4.5.3.3.9 データのエクスポート」を参照してください。

実際に、エクスポートスクリプトを実行してみましょう。ジョブの実行履歴を出力する場合は、「-j」オプションを指定します(**図8.14**)。

図8.14 エクスポートスクリプトでのジョブ履歴の出力

```
[root]# /opt/hinemos/sbin/mng/hinemos_export.sh -j /tmp
input a password of Hinemos RDBM Server (default 'hinemos') :
Start to get job histories from Hinemos.
output dir is /tmp/hinemos_job_2022-12-01_064021
file name : /tmp/hinemos_job_2022-12-01_064021/hinemos_job_history_all.csv
drop temporary table
Done.
```

エクスポートしたCSVファイルとHinemosクライアントの[ジョブ履歴[ジョブ詳細]]ビューの内容は、**表8.11**のように対応しています。

表8.11 ジョブ履歴の出力結果

session_id	セッションID
jobunit_id	ジョブユニットID
job_id	ジョブID
scope_text	スコープ
status	実行状態
start_date	開始・再実行日時
end_date	終了・中断日時
end_value	終了値
end_status	終了状態
owner_role_id	オーナーロールID

このとき、終了状態(end_status)や実行状態(status)には、数値として出力されるため、次の対応表を元に状態を確認します(**表8.12**、**表8.13**)。

表8.12 終了状態の対応表

正常	0
警告	1
異常	2

表8.13 実行状態の対応表

待機	0
保留中	1
スキップ	2
実行中	100
停止処理中	101
実行中(キュー待機)	102
中断	200
コマンド停止	201
中断(キュー待機)	202
終了	300

変更済	301
終了(条件未達成)	302
終了(カレンダ)	303
終了(スキップ)	304
終了(開始遅延)	305
終了(終了遅延)	306
終了(排他条件分岐)	307
終了(キューサイズ超過)	308
起動失敗	400

ジョブの実行時間をCSV形式のファイルに出力

Hinemosマネージャから実行されたジョブの実行時間は、自動的に性能情報として収集が行われ、グラフとして確認できます。グラフからは視覚的にジョブの実行時間の推移を確認することが可能ですが、実際の数値をもとにより詳しい解析を行いたい場合にはCSVファイルが必要となります。実行時間のグラフの確認方法は、「Hinemos ver.7.0 基本機能マニュアル 5.2.4.2 ジョブ機能で収集したデータをグラフ表示する」を参照してください。

実際に、エクスポートスクリプトを利用して、ジョブの実行時間の情報を出力してみましょう。ジョブの実行時間は性能データとして収集されるため、今回は「-p f」オプションを指定します(**図8.15**)。

図8.15 エクスポートスクリプトでのジョブの実行時間の出力

```
[root]# /opt/hinemos/sbin/mng/hinemos_export.sh -p f /tmp
input a password of Hinemos RDBM Server (default 'hinemos') :
Start to get collected performance data from Hinemos.  mode=f
output dir is /tmp/hinemos_perf_2022-12-01_195210
export /tmp/hinemos_perf_2022-12-01_195210/JOB_LinuxAgent.csv
  adding: tmp/hinemos_perf_2022-12-01_195210/JOB_LinuxAgent.csv (deflated 81%)
  export /tmp/hinemos_perf_2022-12-01_195210/JOB_LinuxAgent_summary_hour.csv
  adding: tmp/hinemos_perf_2022-12-01_195210/JOB_LinuxAgent_summary_hour.csv
➡(deflated 85%)
  export /tmp/hinemos_perf_2022-12-01_195210/JOB_LinuxAgent_summary_day.csv
  adding: tmp/hinemos_perf_2022-12-01_195210/JOB_LinuxAgent_summary_day.csv
➡(deflated 81%)
  export /tmp/hinemos_perf_2022-12-01_195210/JOB_LinuxAgent_summary_month.csv
  adding: tmp/hinemos_perf_2022-12-01_195210/JOB_LinuxAgent_summary_month.csv
➡(deflated 81%)
drop temporary table
Done.
```

性能データは一般的に収集量が多くなるため、エクスポートスクリプトでは各CSVファイルをZIP形式で圧縮した状態で出力します。出力したCSVファイルでは、ジョブの実行時間に関して**表8.14**の情報が出力されます。

表8.14 ジョブの実行時間の出力結果

monitor_id	監視項目ID(ジョブの場合"JOB")
item_name	"ジョブ実行履歴(ノード)"
display_name	【ジョブユニットID】:【ジョブID】
date_time	開始・再実行日時
facility_id	ファシリティID
value	実行時間

8.3.3 レポート出力の概要

レポーティング機能を用いることで、ジョブの実行結果の一覧をPDFファイルやExcel形式のファイルとして自動で作成できます。ジョブの実行時間をガントチャート状のレポートとして出力したり、実行結果の一覧を表で出力したりと、必要なレポートのテンプレートを利用することで、簡単にレポートが作成できます(**図8.16**)。

図8.16　レポートの出力例

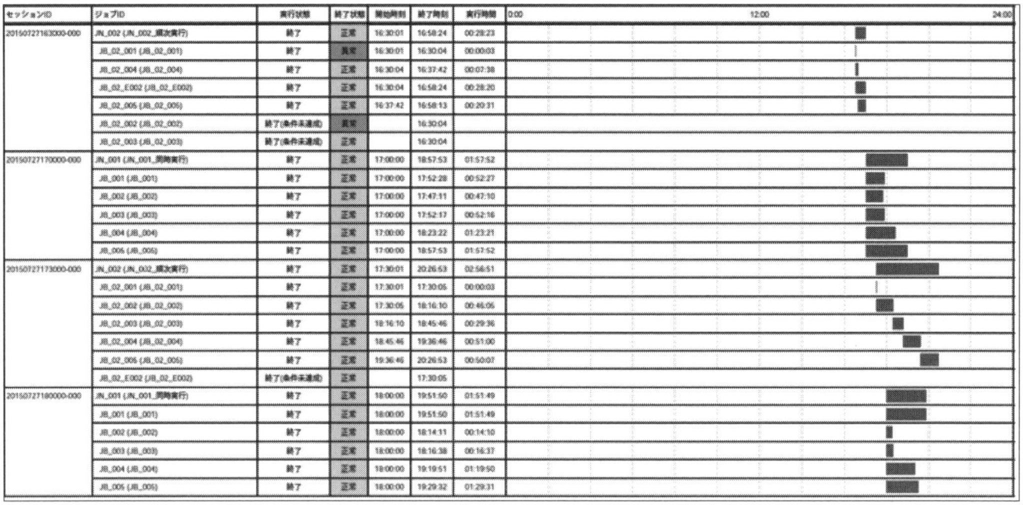

セッションID	ジョブID	実行状態	終了状態	開始時刻	終了時刻	実行時間	0:00　12:00　24:00
20150727163000-000	JN_002 (JN_002_順次実行)	終了	正常	16:30:01	16:58:24	00:28:23	
	JB_02_001 (JB_02_001)	終了	異常	16:30:01	16:30:04	00:00:03	
	JB_02_004 (JB_02_004)	終了	正常	16:30:04	16:37:42	00:07:38	
	JB_02_E002 (JB_02_E002)	終了	正常	16:30:04	16:58:24	00:28:20	
	JB_02_005 (JB_02_005)	終了	正常	16:37:42	16:58:13	00:20:31	
	JB_02_002 (JB_02_002)	終了(条件未達成)	異常		16:30:04		
	JB_02_003 (JB_02_003)	終了(条件未達成)	正常		16:30:04		
20150727170000-000	JN_001 (JN_001_同時実行)	終了	正常	17:00:00	18:57:53	01:57:52	
	JB_001 (JB_001)	終了	正常	17:00:00	17:52:28	00:52:27	
	JB_002 (JB_002)	終了	正常	17:00:00	17:47:11	00:47:10	
	JB_003 (JB_003)	終了	正常	17:00:00	17:52:17	00:52:16	
	JB_004 (JB_004)	終了	正常	17:00:00	18:23:22	01:23:21	
	JB_006 (JB_006)	終了	正常	17:00:00	18:57:53	01:57:52	
20150727173000-000	JN_002 (JN_002_順次実行)	終了	正常	17:30:01	20:26:53	02:56:51	
	JB_02_001 (JB_02_001)	終了	正常	17:30:01	17:30:05	00:00:03	
	JB_02_002 (JB_02_002)	終了	正常	17:30:05	18:16:10	00:46:05	
	JB_02_003 (JB_02_003)	終了	正常	18:16:10	18:45:46	00:29:36	
	JB_02_004 (JB_02_004)	終了	正常	18:45:46	19:36:46	00:51:00	
	JB_02_005 (JB_02_005)	終了	正常	19:36:46	20:26:53	00:50:07	
	JB_02_E002 (JB_02_E002)	終了(条件未達成)	正常		17:30:05		
20150727180000-000	JN_001 (JN_001_同時実行)	終了	正常	18:00:00	19:51:50	01:51:49	
	JB_001 (JB_001)	終了	正常	18:00:00	19:51:50	01:51:49	
	JB_002 (JB_002)	終了	正常	18:00:00	18:14:11	00:14:10	
	JB_003 (JB_003)	終了	正常	18:00:00	18:16:38	00:16:37	
	JB_004 (JB_004)	終了	正常	18:00:00	19:19:51	01:19:50	
	JB_005 (JB_005)	終了	正常	18:00:00	19:29:32	01:29:31	

8.3.4　レポート出力の使いどころ

運用業務の中でのレポート出力の使いどころを説明します。

月次レポートを自動作成

運用を行う上で、ジョブの実行状況を把握しておくことは非常に重要です。Hinemosの管理者であれば、Hinemosクライアントなどから実行状況を把握できますが、ユーザに対して説明する場合には、月次レポートが必要になるケースが多くあります。

レポーティング機能では、テンプレートを組み合わせることで、簡単にレポートの作成ができます。デフォルトでは、ジョブ関連のテンプレートとして次のものが用意されているため、これらのテンプレートを利用するだけで、ジョブの実行状況や実行時間といった情報を確認できます。

- **ジョブ情報 セッション**
- **ジョブ情報 ジョブ詳細**
- **ジョブ情報 ノード詳細**
- **ジョブ情報 ジョブ詳細（同時実行制御キュー別）**
- **ジョブ実行時間上位一覧**
- **ジョブ実行時間推移**

実際に、ジョブの実行結果と実行時間の推移を表示する月次レポートを自動で作成する方法について案内します。最初に、上記のテンプレートを利用するテンプレートセットを用意するため、[レポーティング]パースペクティブを開き、[レポーティング[テンプレート]]ビューから、テンプレートセットを作成します（**表8.15**、**図8.17**）。

表8.15 テンプレートセットの設定

テンプレートセットID	0803_template	
テンプレートセット名	0803_テンプレート	
テンプレートセット詳細	順序1	coverpage_ja
	順序2	indexpage_ja
	順序3	job_session_ja
	順序4	job_detail_ja
	順序5	job_node_ja
	順序6	job_runtime_chart_ja

図8.17 [レポーティング [テンプレートセットの作成・変更]] ダイアログ (テンプレート)

次に、定期的にレポートを作成するよう、[レポーティング[スケジュール]]ビューでレポート作成スケジュール設定を作成します。今回は月次レポートとなるため、毎月1日に過去1ヵ月分のレポートを作成するよう設定します(**表8.16**、**図8.18**)。

表8.16 レポート作成スケジュール設定

スケジュールID	0803_report
スコープ	LinuxAgent
出力期間	1ヵ月前から1ヵ月分
タイトル	ジョブレポート
スケジュール	毎月1日03時00分

図8.18　[レポーティング［スケジュールの作成・変更]] ダイアログ（レポーティングスケジュール）

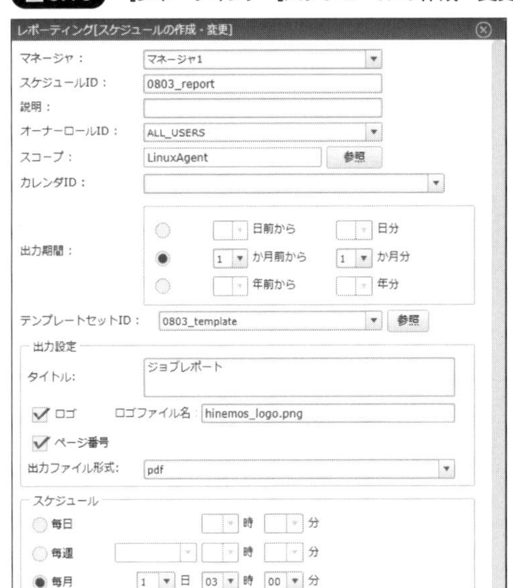

レポートをすぐに出力したい場合は、作成したスケジュールを選択して、[実行]ボタンをクリックすることで、実行した時点から過去1ヵ月分のレポートが作成できます。作成したレポートは、Hinemosマネージャサーバの**リスト8.4**の場所に出力されます。

リスト8.4　レポートファイルの出力先

```
/opt/hinemos/var/report/YYYYMMDD/hinemos_report_【スケジュールID】_YYYYMMDDhhmmss.pdf
```

また、SMTPサーバを用意した上で、「8.2　外部への通知」で紹介したメール通知をレポーティングのスケジュールに指定することで、作成されたレポートをメールの添付ファイルとして送信できます。

COLUMN　レポートテンプレートのメリットと注意点

今回はジョブのレポートを対象としましたが、Hinemosのレポーティング機能では監視結果や性能情報や一般的に利用されるテンプレートがプリインストールされています。インストールしてから、出力したいレポートをテンプレートから選択して設定するだけで、ほんの数分程度で環境構築が可能です。これは、他製品ではあまり見ない魅力的な機能です。しかし、注意すべきポイントとしては、何も考えずにすべてのテンプレートを選択すると、出力期間によっては膨大なページ数のレポートが作成されるため、かえって目的のレポート確認が困難になります。そのため、運用設計時に必要なレポートを明確化して、適切に設定することが求められます。

COLUMN　履歴情報の外部保存

履歴情報を外部保存する方法として、履歴情報のエクスポートとレポーティング機能を紹介しましたが、他にも転送機能が利用可能です。

Hinemosの転送機能を利用することで、履歴情報を外部ツール(fluentd)へ転送することが可能です。これにより、fluentdを経由してパブリッククラウドのログサービス・ビックデータサービスにデータを投入したり、fluentd経由でElasticsearchへ転送し蓄積・活用ができます。

転送機能の詳細は、「Hinemos ver.7.0 基本機能マニュアル 6.1.3.7 転送」を参照してください。

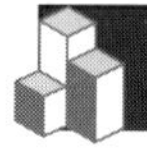

8.4 ジョブの高度な連携方法

本節では、ジョブセッションをまたいだジョブの連携や、Hinemosマネージャをまたいだジョブの連携や運用での使いどころについて説明します。ジョブフローを検討する際、業務処理と集計処理がそれぞれ別のジョブセッションで実行されるようなケースで待ち合わせを行いたい場合や、過去に実行されたジョブの実行結果をもとにジョブの開始などを制御したいケースがあります。また、複数台Hinemosマネージャを構築するような大規模な環境では、上位層に存在するHinemosマネージャから下位のHinemosマネージャに対してジョブの実行指示を行ったり、ジョブの実行結果を受け取るといった、Hinemosマネージャ間で処理の連携を行いたいケースがあります。セッション横断ジョブの待ち条件を利用したり、ジョブ連携メッセージ機能を利用することで、こうしたより高度なジョブ同士の連携を行うことができます。

COLUMN　セッション横断ジョブとジョブ連携メッセージの使い分け

セッション横断ジョブとメッセージ連携ジョブでは、それぞれ次のような違いがあります。

- セッション横断ジョブ
  - 単一のHinemosマネージャで利用可能な機能
  - 待ち合わせを行うために必要な設定は、後続ジョブ側でセッション横断ジョブの待ち条件を設定するだけ
  - 判定条件としては、ジョブの終了状態と終了値の2つを利用可能
  - 待ち条件として指定可能なジョブは、同じジョブユニット内のジョブだけ

- ジョブ連携メッセージ
  - 単一のHinemosマネージャでも複数のHinemosマネージャ間でも利用可能な機能
  - メッセージの送信元と受信先で、それぞれジョブ連携送信ジョブとジョブ連携受信ジョブを作成する必要がある
  - 自身のHinemosマネージャサーバをリポジトリに登録する必要がある
  - ジョブの終了以外に、送信元のジョブから任意の変数をメッセージに含めて連携が可能
  - メッセージの送信元と受信先でジョブユニットが別々でも連携が可能

ジョブ連携メッセージは 1 台のHinemos マネージャ内でメッセージの送受信を行うことも可能なため、セッション横断ジョブと同じような形で単一のHinemos マネージャ内で連携を行うことも可能です。ジョブ連携メッセージの方が連携できる情報や対象が多い一方、必要な設定はセッション横断ジョブの方がシンプルになっています。すべての連携をジョブ連携メッセージで実装すると、必要な設定が非常に多くなりメンテナンス性が下がるため、ジョブの終了状態だけで連携可能なジョブフローはセッション横断ジョブを利用するといった使い分けが考えられます。

8.4.1 セッション横断ジョブの概要

セッション横断ジョブの待ち条件では、現在実行されているジョブセッションとは別のジョブセッションで実行しているジョブの終了状態や終了値をもとに、ジョブを開始するかどうかを指定することが可能です。具体的には、セッション横断ジョブを指定したジョブでは、ジョブの実行履歴を検索し、条件に一致する履歴が指定した期間内に存在しているかどうかを確認できるまで、ジョブの開始を待ちます(**図 8.19**)。

図8.19　セッション横断ジョブのイメージ

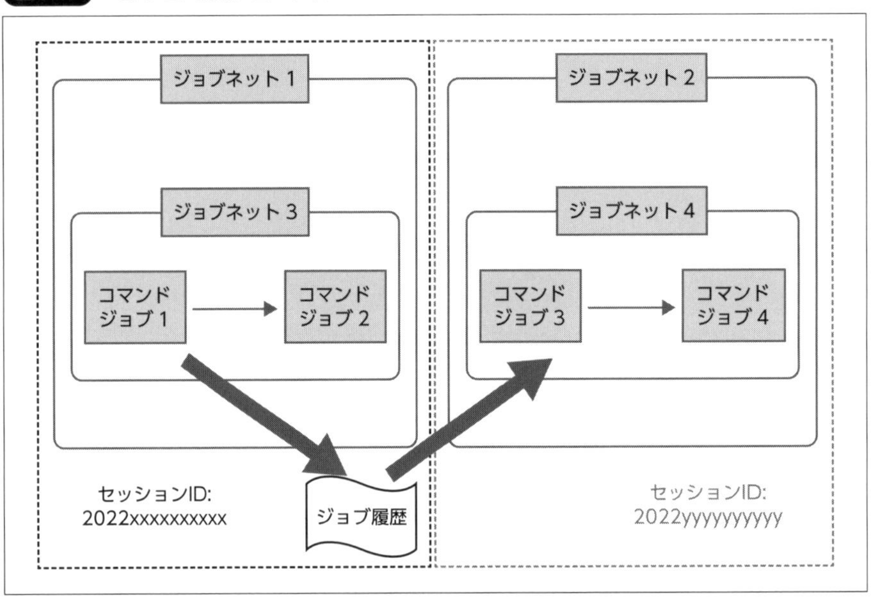

セッション横断ジョブの注意点として、指定した終了状態や終了値に一致する履歴情報が出力されるまで、ジョブは待機状態のまま推移しません。たとえば、一定時間内に目的の履歴情報が確認できなかった場合には別の処理を行うといったケースでは、待ち条件の時刻やセッション開始後の時間を合わせて設定することを推奨します。

8.4.2 セッション横断ジョブの使いどころ

運用業務の中でのセッション横断ジョブの使いどころを説明します。

業務処理と集計処理で処理の待ち合わせ

業務処理と結果を集計する集計処理を別のジョブセッションとして実行する、**図8.20**のようなジョブフローをケースに考えます。

図8.20 ジョブセッション横断ジョブのジョブフロー

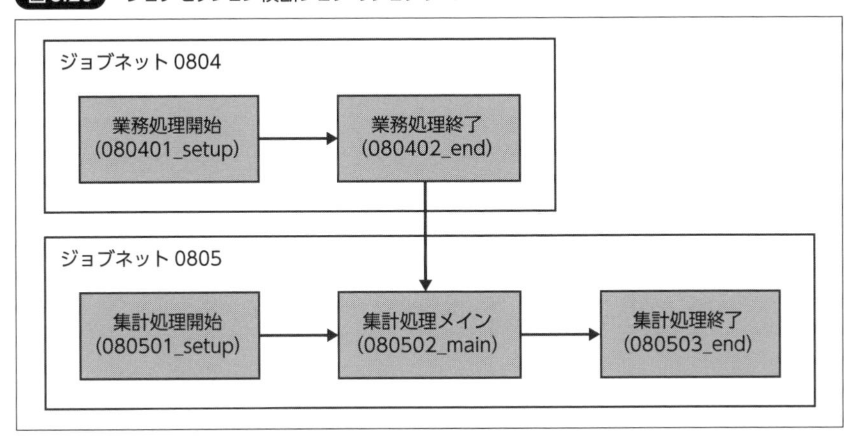

集計処理と業務処理はそれぞれ別の実行契機が設定されており、別のジョブセッションとして開始されます。集計処理では業務処理の結果が必要なため、セットアップの処理は事前に開始しますが、メインの処理は業務処理の完了後に実行する必要があります。通常の待ち条件では、同一ジョブネット配下のジョブだけが指定可能なため、待ち合わせ処理を行いたい場合でも、集計処理メインでは業務処理終了を待ち条件としては指定できません。このような場合には、セッション横断ジョブで待ち条件を指定することで、業務処理の終了を待ち合わせることができます。

上記のジョブフローを想定して、実際に**図8.21**のジョブ構成をもとに、セッション横断ジョブの設定方法について説明します。

図8.21 セッション横断ジョブのジョブ構成

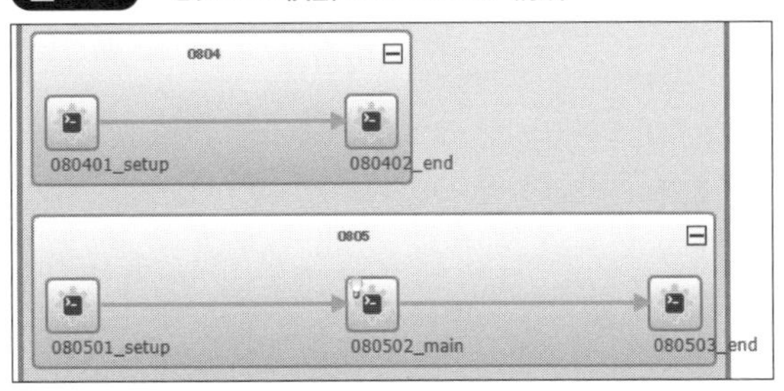

通常の待ち条件については、「5.2　待ち条件」に記載していますので、そちらで記載している内容に従って、設定を行ってください。また、各コマンドジョブで実行する起動コマンドは任意のもので問題ないです

が、処理を待っていることがわかりやすくなるよう、業務処理終了のコマンドジョブでは、「sleep 60」など時間がかかるコマンドを指定します。今回待ち合わせを行いたいのは集計処理メインのジョブのため、そのジョブから業務処理終了のジョブに対して、セッション横断ジョブの待ち条件を指定します(**図8.22**)。

図8.22　セッション横断ジョブの設定

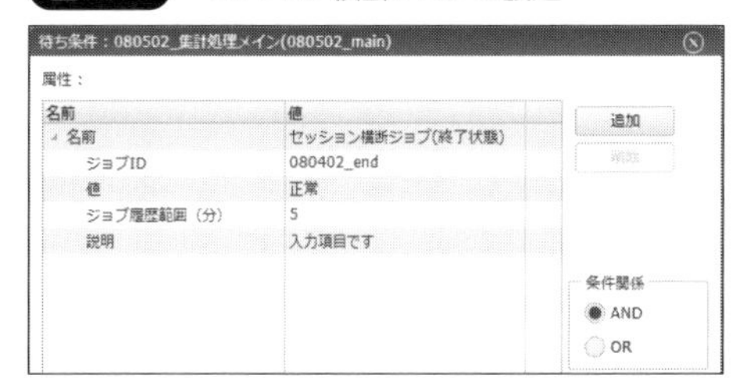

セッション横断ジョブが設定したジョブでは、定期的にジョブの実行履歴を確認し、指定した終了状態でジョブが終了しているかを判断します。ジョブ履歴範囲で指定した時間内に該当するジョブが見つかった場合に、ジョブが開始されます。

試しに先に集計処理ジョブネット「0805」を実行してみましょう。集計処理開始のジョブが完了した後も、業務処理が完了していないため集計処理メインのジョブが開始されず待機状態となります(**図8.23**)。

図8.23　セッション横断ジョブ実行結果1

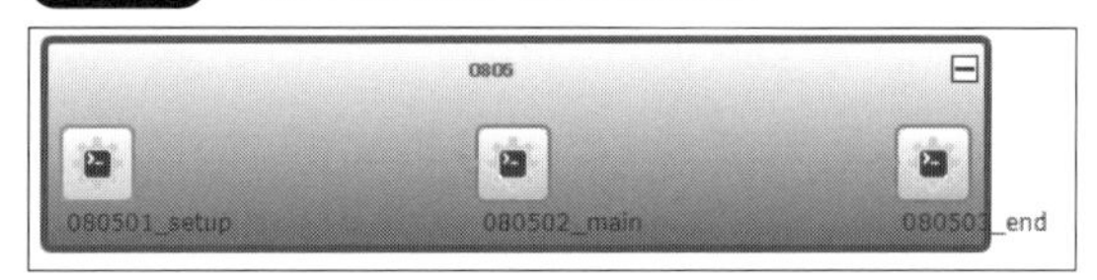

次に、業務処理ジョブネット「0804」を実行しましょう。実行結果を確認すると、業務処理が22:25に完了した後、22:26の時点で集計処理が開始されたことが確認できます(**図8.24**)。

図8.24　セッション横断ジョブ実行結果2

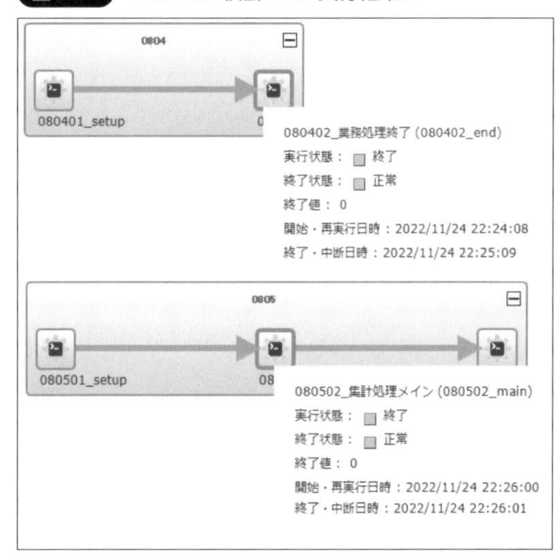

8.4.3 ジョブ連携メッセージの機能概要

ジョブ連携メッセージを利用することで、ジョブユニットをまたがるジョブの連携やHinemosマネージャをまたがるジョブの連携ができます。これにより、Hinemosマネージャが複数台存在する環境で、それぞれのHinemosマネージャが実行しているジョブを連携したい場合に、ジョブ連携メッセージで実現が可能となります。ジョブ連携メッセージは、それぞれ**表8.17**の機能を利用して、メッセージの送信と受信を行います。

表8.17 ジョブ連携メッセージの送信と受信

メッセージを送信する機能	メッセージを受信する機能
ジョブ連携送信ジョブ ジョブ通知 HinemosマネージャのINTERNALイベント	ジョブ連携待機ジョブ ジョブ連携受信実行契機

8.4.4 ジョブ連携メッセージの使いどころ

運用業務の中でのジョブ連携メッセージの使いどころを説明します。

業務処理の結果を別拠点のHinemosマネージャへ連携

拠点が複数存在するような大規模な環境では、拠点ごとにHinemosマネージャを構築するケースが多くあります。それぞれの環境で業務処理を行っている場合に、業務処理の結果を拠点間でやり取りしたり、それぞれの拠点を集約して管理している環境に対して業務処理が完了したことを連携するなど、Hinemosマネージャをまたいで結果の確認が必要となるケースがあります(**図8.25**)。

図8.25 拠点間の連携イメージ1

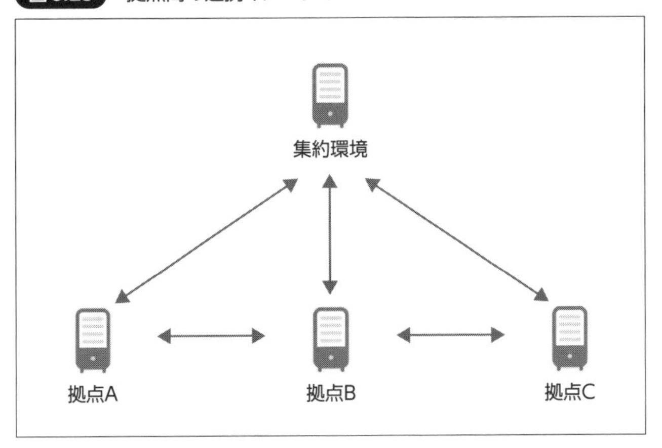

今回は、次のように拠点間でジョブの結果を連携するケースを想定して、ジョブ連携の具体的な方法を説明します(**図8.26**、**図8.27**)。

図8.26　拠点間の連携イメージ２

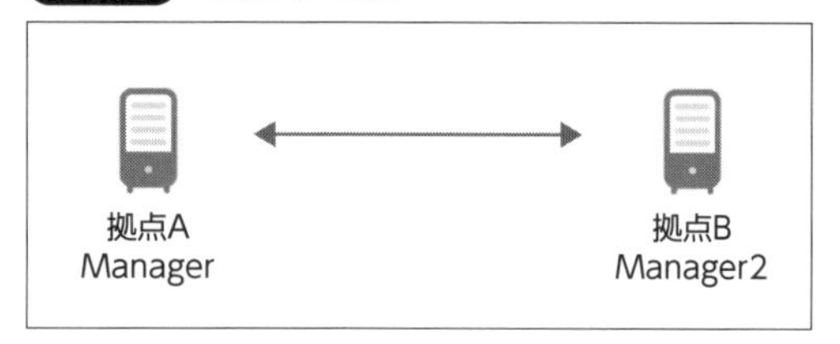

図8.27　ジョブ連携メッセージのジョブフロー

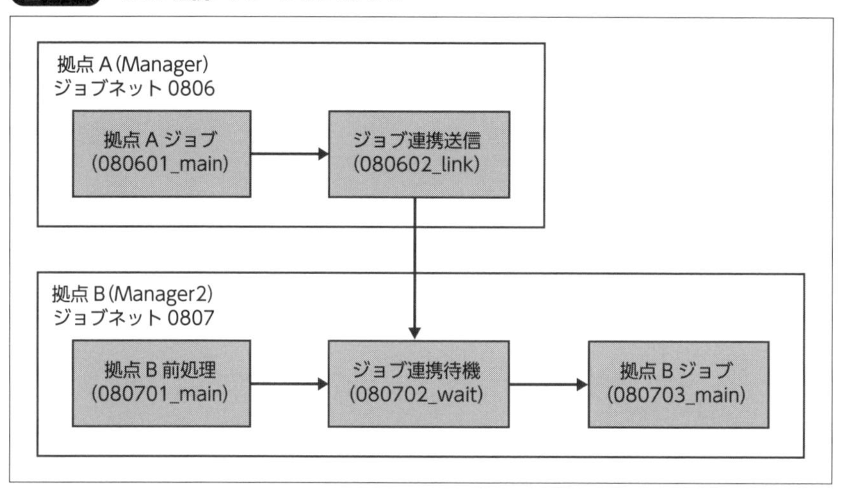

まず、追加でHinemosマネージャを構築する必要があるため、「2.2　インストール」で記載した構築手順をもとに、追加で次のサーバを構築します(**表8.18**、**図8.28**)。

表8.18　構築する環境の情報

環境	ホスト名	OS（アーキテクチャ）	IPアドレス
Hinemosマネージャ	Manager2	Red Hat Enterprise Linux 8.6 (64bit)	192.168.0.12
管理対象ノード1	LinuxAgent2	Red Hat Enterprise Linux 8.6 (64bit)	192.168.0.13

図8.28　追加のサーバ構成（概要）

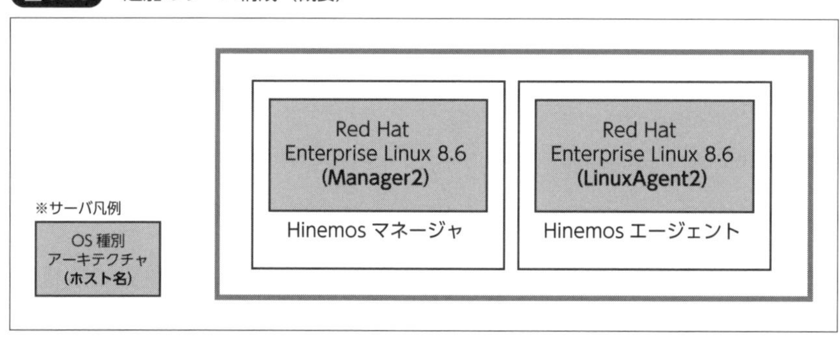

ジョブ連携メッセージでメッセージの送信を行うためには、送信元と送信先のHinemosマネージャがそれぞれリポジトリに登録されている必要があります。そのため、拠点AのHinemosマネージャ(Manager)と拠点BのHinemosマネージャ(Manager2)それぞれにログインして、お互いをリポジトリに登録します(**図8.29**、**図8.30**)。

図8.29　拠点Aのリポジトリ

リポジトリ[ノード]　リポジトリ[エージェント]　リポジトリ[構成情報取得]

マネージャ	ファシリティID	ファシリティ名	プラットフォーム	IPアドレス	説明	オーナーロールID
マネージャ1	LinuxAgent	LinuxAgent	LINUX	192.168.0.3	Auto detect at Wed Nov 26 23...	ALL_USERS
マネージャ1	Manager	Manager	LINUX	192.168.0.2	Auto detect at Wed Nov 26 23...	ALL_USERS
マネージャ1	Manager2	Manager2	LINUX	192.168.0.12	Auto detect at Wed Nov 26 23...	ALL_USERS
マネージャ1	WindowsAgent	WindowsAgent	WINDOWS	192.168.0.4	Auto detect at Wed Oct 26 23...	ALL_USERS

表示件数：4

図8.30　拠点Bのリポジトリ

リポジトリ[ノード]　リポジトリ[エージェント]　リポジトリ[構成情報取得]

マネージャ	ファシリティID	ファシリティ名	プラットフォーム	IPアドレス	説明	オーナーロールID
マネージャ1	LinuxAgent2	LinuxAgent2	LINUX	192.168.0.13	Auto detect at Wed Nov 26 23...	ALL_USERS
マネージャ1	Manager	Manager	LINUX	192.168.0.2	Auto detect at Wed Nov 26 23...	ALL_USERS
マネージャ1	Manager2	Manager2	LINUX	192.168.0.12	Auto detect at Wed Nov 26 23...	ALL_USERS

表示件数：3

次に、送信元の拠点AのHinemosマネージャでジョブ連携送信設定を作成します。送信先のスコープは拠点BのHinemosマネージャ(Manager2)として、ユーザにはhinemosユーザを指定します(**表8.19**、**図8.31**)。

表8.19　ジョブ連携送信設定

ジョブ連携送信設定ID	0806_link
送信先設定	Manager2
送信先ポート	8080
Hinemosログインユーザ	hinemos
Hinemosログインパスワード	hinemos

図8.31　ジョブ連携送信設定

送信先設定
送信先スコープ：Manager2　参照
以下のノードで送信出来たら送信成功
全てのノード　いずれかのノード
送信先詳細設定
送信先プロトコル：HTTP　HTTPS
送信先ポート：8080
Hinemosログインユーザ：hinemos
Hinemosログインパスワード：•••••••

その後、ジョブ連携送信ジョブを作成します。拡張情報を追加すると、送信先に連携したい情報を含めてメッセージの送信を行います。今回は拠点Aから連携する情報として、変数(値：10)を拡張情報に含めてメッセージを送信しています(**表8.20**、**図8.32**)。

表8.20　ジョブ連携送信ジョブの設定

ジョブ連携送信設定ID	0806_link	
ジョブ連携メッセージID	JOB_0806_link	
重要度	情報	
拡張情報	キー	var
	値	10

図8.32　ジョブ連携送信ジョブ

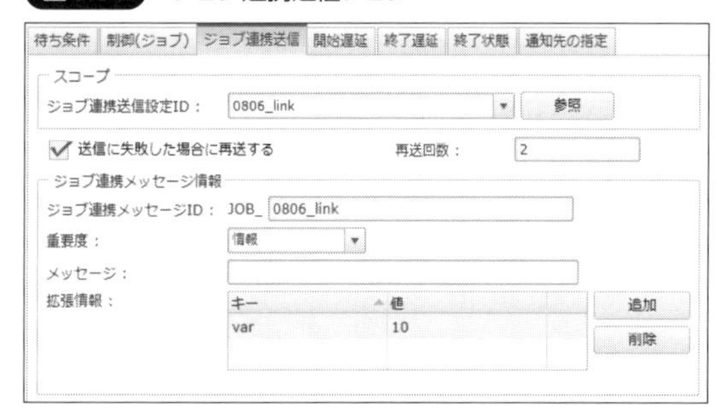

ここまでが拠点AのHinemosマネージャで必要な設定となります。次に、拠点BのHinemosマネージャ(Manager2)にログインして、ジョブ連携待機ジョブを作成します(**表8.21**、**図8.33**)。

表8.21　ジョブ連携待機ジョブの設定

送信元スコープ	固定値：Manager	
ジョブ連携メッセージID	JOB_0806_link	
重要度	情報にチェックを入れる	
拡張情報	キー	var
	値	10

図8.33　ジョブ連携待機ジョブ

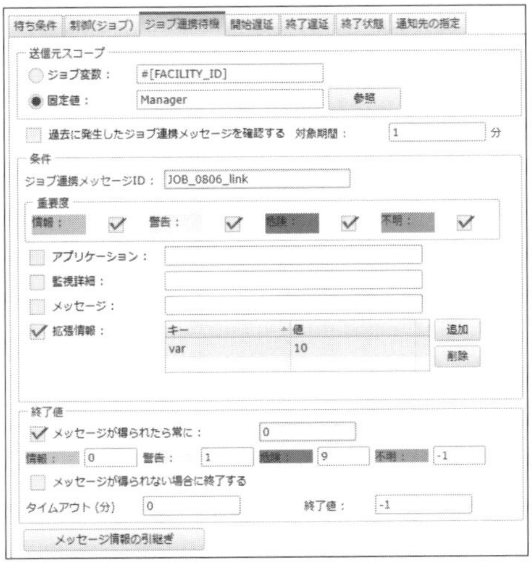

ジョブ連携待機ジョブでは、受け取ったメッセージの重要度やメッセージに含まれる拡張情報などを条件として指定できます。**図8.33**の例では、条件として拠点Aから送られてきたジョブ変数の値が10かどうかも判定条件として指定しています。拠点Aから送信されたメッセージの中で、拠点B側でも利用したいものがある場合は、メッセージ情報の引継ぎからメッセージ情報を指定して、拠点B側のジョブセッションで利用可能なジョブ変数として格納できます。今回は、拠点Aから送られたジョブ変数(値：10)をvar1というジョブ変数名で格納します(**表8.22**、**図8.34**)。

表8.22　ジョブ連携の引継ぎの設定

ジョブ変数名	var1
メッセージ情報	拡張情報
拡張情報キー	var

図8.34　メッセージの引継ぎ

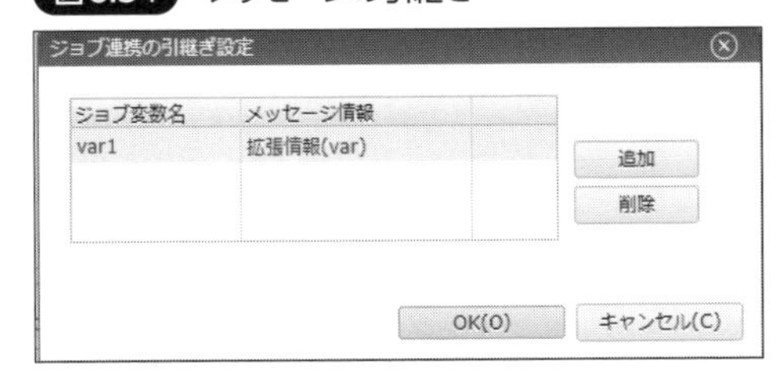

この状態で、拠点Aと拠点Bでそれぞれのジョブを実行すると、拠点Aの業務処理が完了した後に、拠点Bにメッセージが送信され、拠点Bの業務処理が開始します。また、メッセージ連携後に、拠点B側のジョブの実行履歴からジョブ履歴を確認すると、拠点Aから送信されたジョブ変数が格納されていることが確認できます(**図8.35**)。

図8.35　拠点B側のジョブ変数

ジョブID：08b
ジョブ名：8章拠点B　モジュール登録
説明：
オーナーロールID：ALL_USERS
ジョブ開始時に実行対象ノードを決定する
終了状態　通知先の指定　ジョブ変数
一覧

名前	種別	値	説明
var1	システム（ジョブ）	10	

COLUMN　ジョブ機能以外からのジョブ連携メッセージの送信

表8.17に記載したとおり、ジョブ連携メッセージはジョブ通知やINTERNALイベントを契機に送信することも可能です。

ジョブ通知を利用することで、Hinemosマネージャが行っている監視で何らかの異常を検知した際に、別のHinemosマネージャにメッセージを送信するなど、Hinemosマネージャをまたいだ監視機能とジョブ機能の連携を行えます。

また、INTERNALイベントでHinemosマネージャ自身の異常を検知した場合に、別のHinemosマネージャにメッセージを送信してリカバリ用のジョブを実行するといった使い方も考えられます。

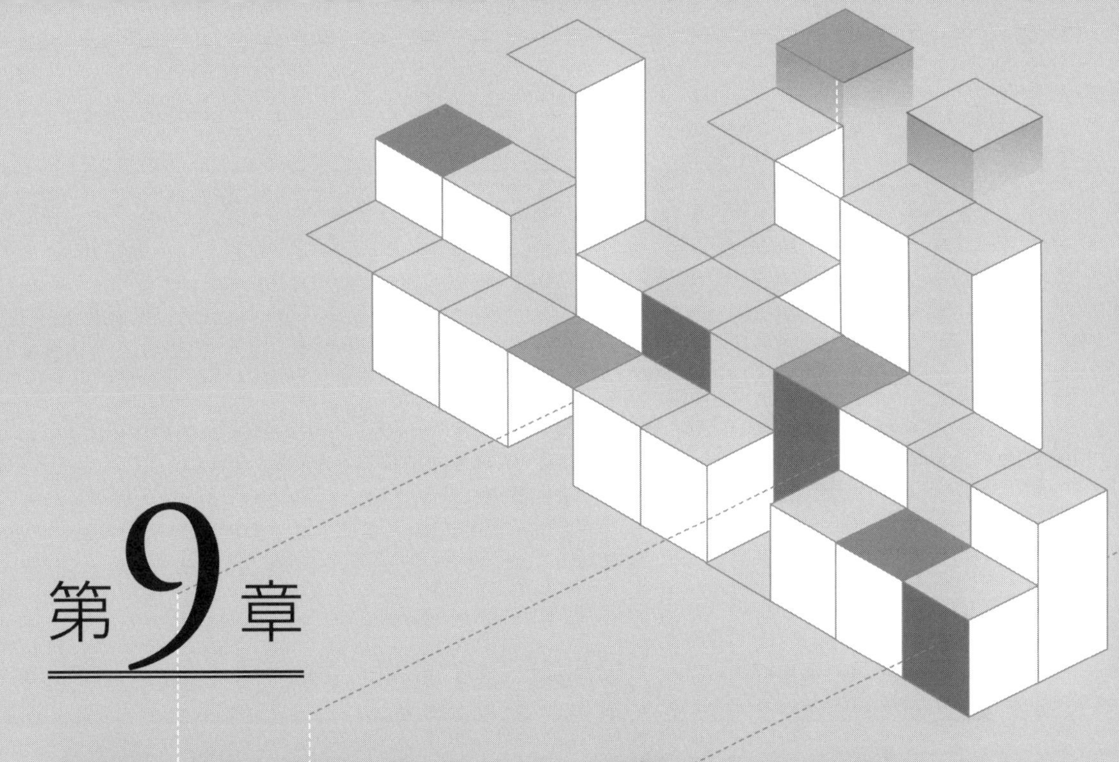

第9章

運用開始に向けて

9.1 本章の説明

本章では、運用業務を自動化していくための考え方や、自動化を実現するためのノウハウについて説明します。

DX(デジタルトランスフォーメーション)の推進や実行に伴い、必要な運用業務は今後ますます増大していきます。運用業務の増大による運用オペレーション工数の増加に対応するためには運用業務の自動化は非常に有効な手段です。また、運用業務の自動化は、人的ミスの防止にも繋がり、より高品質な運用を実現することができます。

まず、9.2節から9.3節にかけて、既存の運用をHinemosで自動化するにあたり、全体としてどのように進めていくか、ジョブ化するにはどうすれば良いかといった考え方を解説します。

次に、9.4節から9.6節にかけて、実際にジョブ運用を行うにあたり必要となるジョブ定義のリリース作業やメンテナンス作業、そしてジョブ運用では避けては通れないジョブの可用性について解説します。

最後は、9.7節から9.9節にかけて、クラウド、RPA、そしてルールエンジンを使ったメッセージフィルタをターゲットに、1節1テーマで分野別の運用管理のポイントを紹介します。

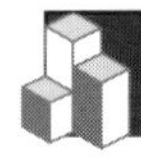

9.2 運用手順書からの自動化入門

本節では、既存の運用手順書ベースの運用をHinemosで自動化を行い、改善する手順について紹介します。運用業務の自動化を実行する際は一般的に、次のような流れで進めます。

1. 自動化対象の決定
   運用業務の自動化対象を決定します。

2. 自動化フローの検討
   自動化対象の運用業務内容を整理し、自動化フローを検討します。

3. 自動化の設計・設定
   運用業務の自動化を設計し、設定していきます。

4. 自動化運用の開始
   自動化した運用業務を開始します。

各ステップを説明していきます。

9.2.1 自動化対象の決定

運用業務の自動化は次のポイントを優先的に考えながら検討していきます。

① 自動化により高い費用対効果が見込める運用業務
② オペレーションミスが発生しやすい運用業務
③ 自動化を行いやすい運用業務

①自動化により高い費用対効果が見込める運用業務

これはオペレーション工数が大きい業務や、単価の高いエンジニアが作業する必要がある業務が該当します。運用業務の個々の作業時間を記録している場合はその結果を確認することで、時間がかかっている運用業務を把握できます。記録を行っていない場合は一定の調査期間を設け、該当する運用業務を把握するようにし効果の高い業務を把握することをお勧めします。

オペレーション工数が大きい運用業務は次のような業務が該当します。

- 1回の作業の時間がかかる運用業務
- 1回の作業時間は短いけれども高頻度で実施するような運用業務

1回の作業時間は10分でも1時間に1回の頻度で実施している運用業務は、1日で4時間、1ヵ月で120時間の運用工数を費やしています。つまり、この運用業務を自動化すると1ヵ月で120時間の運用工数を削減できることになります(**図9.1**)。

図9.1 作業工数

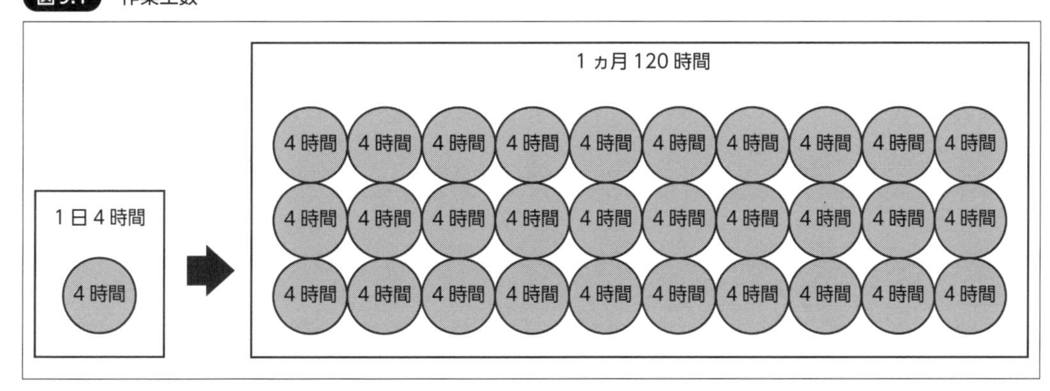

正確にすべての運用業務時間を記録し評価できている運用現場は少ないため、運用担当者の感覚から自動化対象を決定する方法も考えられます。しかし、運用担当者の感覚は大体の場合において正しいことが多いですが、無意識に作業時間としてカウントしていない、感覚的に作業時間は短いけれども積み重ねると多くの作業時間を使っているということもありますので、できるだけ作業の時間は具体的に測定・確認した方が良いです。

②オペレーションミスが発生しやすい運用業務

これは運用手順が複雑だったり、オペレーションミスが発生しやすい運用業務が該当します。このような運用業務は、運用担当者にとって精神的な負担になっている場合もあるため、優先的に自動化を進める必要があります。

具体的には、運用業務をジョブで自動化すると毎回同じコマンドを実行し、実行結果を同じ判断基準で確認できるようになります。これにより、人に依存しない仕組みになり、オペレーションミスを減らすことが可能になります。

③自動化を行いやすい運用業務

前述の①や②は、運用自動化の効果により対象を検討して進めていく手法です。それに対して③の「自動化を行いやすい運用業務」は、効果の大小を考慮せずにどんなに小さい運用業務でもまずは自動化を進めていく考え方です。初めて運用業務を自動化するときは、このようにしてプロトタイプの運用自動化を実際に行いながら進めていった方が良い場合が多々あります。

運用自動化にあたり、考えていたことが現実的に可能かどうかをテストするにはプロトタイプを作って確認することが一番ですし、プロトタイプを作ることによって自動化によって何がうまくできるのか、そして何がうまくいかないのかの経験を得ることは早ければ早いほど良いです。

また、③で得られた経験は①や②の精度をより高めてくれます。そのため、③を進めながら、①と②を並行で検討していく、というやり方を行うことによって手戻りが少ない自動化を進めることができます。

9.2.2 自動化フローの検討

運用業務の自動化対象を決定した後は、運用業務の整理やフローの検討を行います。ここで実施する内容は次節9.3で詳細に説明しますが、運用業務に対して次のことを実施します。

- 9.3.1 運用業務の整理
- 9.3.2 ジョブの汎用部品化の方針検討
- 9.3.3 運用業務のグルーピング
- 9.3.4 運用業務のアカウント設計
- 9.3.5 ID規約・命名規則化

自動化の対象を決定した後に現行の運用業務を整理することによって、この後の“運用業務の自動化を設計・設定”の工数を少なくしたり、自動化された運用業務の管理のしやすさが変わります。そのため、自動化対象を決定した後に運用業務を整理することを実施した方が良いです。

9.2.3 自動化の設計・設定

自動化対象の運用業務を整理し、運用自動化後のフローを検討した後に実際に運用業務を自動化していきます。

運用業務の自動化は1つ1つの手順をジョブ化し、それをジョブフロー(ジョブネット)として設定していくことになります。しかし、1つの手順＝1つのジョブになる、という訳ではなく、1つの手順につき次の①～③をセットで考える必要があります。

① 手順の実行前チェックのジョブ
② 手順の実行部分のジョブ
③ 手順の実行後チェックのジョブ

まずは手順をそのままジョブにしたものを実行する前に、手順を実行するための前提条件が満たされているかを確認するために①を作成します。たとえば、②手順の実行部分の前提プロセスが動作しているか？　前提となるファイルが正しいフォーマットで存在しているか？など、自動化前は運用手順の中で運用担当者が②に該当する作業を行う前に実施する作業です。

次に②の作成を行います。ここでのポイントは次のコラム「ジョブの設計」にまとめました。Hinemosではこのようなジョブの作成をするときにHinemosジョブマップ機能を使います。Hinemosジョブマップ機能は運用フローを理解することに役立ちます。さらにHinemosジョブマップは運用開始後も作成したジョブフローの見た目そのままに運用できるため、スムーズに自動化した環境での運用に移行できます。Hinemosジョブマップ機能については第3章を参照してください。

最後に③を作成します。これはたとえば再起動ジョブフローを実装した場合は再起動後にサーバが正常に動作しているかを確認するといった部分になります。自動化前は運用作業を実施した後に運用担当者がチェックしていた作業です。

また、このように運用業務の自動化を進める中で、意外に同じ運用作業をいろいろなところで実施していることに気づくことがあります。そのような場合は、「9.3.2　ジョブの汎用部品化」の方針検討で説明するジョブの汎用部品化を実施することにより将来のメンテナンスも効率的に行えるようになります。

COLUMN ジョブの設計

Hinemosのジョブ機能は非常に自由度が高く、ジョブを構築する人によって、多種多様なジョブを組むことができます。それはメリットでもありますが、設計次第では統一性がなくなってしまい、ジョブの可読性が落ちてしまうというデメリットも発生してしまいます。

そのため、まずHinemosのジョブ機能でできることの特徴を正しくとらえ、自分たちの運用にあったジョブの設計方針を設定し、この方針に従って設計を進めていくことが重要になります。このコラムでは、よく利用されるジョブの設計の考え方を紹介します。

■ジョブユニットの使い方

ジョブユニットはジョブネットと異なり、オーナーロールおよびオブジェクト権限を設定することができます。

この機能によりジョブユニットの単位で「アクセス制御」を行うことができ、可視範囲を設定するフォルダとして利用することができます。また、ジョブユニットはジョブのインポート・エクスポートの単位になります。そのため、ジョブユニットごとに独立した異なる運用業務を構築した方がジョブの管理を行いやすくなります。

■ジョブの実行単位

ジョブ機能では、手動実行、ジョブスケジュール、ジョブファイルチェックなど複数の実行契機でジョブを実行することができます。実行対象となるジョブとしては、ジョブツリーで選択できるジョブはすべて実行可能となっていますが、ここに制約をつけることで、ジョブの可読性が高まります。たとえば、次のような2つの制約を設けます。

- **ジョブユニットの1つ下の階層だけを実行可能とする**
- **それ以外のジョブは原則として手動実行やジョブスケジュールの対象としてはならない**

この制約をつけることで、業務バッチやリカバリ処理用バッチなどさまざまなジョブの単位が、ジョブユニットの1つ下の階層を確認すれば良いことになります(**図9.2**)。

図9.2　ジョブの実行単位

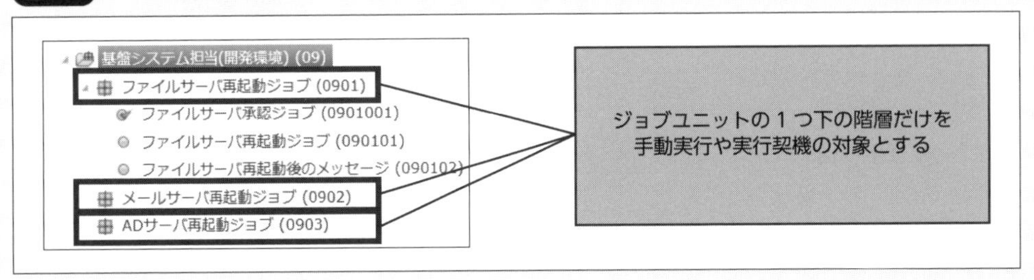

■ **ジョブとスクリプトの範囲**

実現したい業務ロジックを、スクリプトの中で実装するか、ジョブフロー(ジョブネット)で実現するかの選択肢があります。

結論を先に書くと、この選択肢は正常時の動作で比較すると差異はありませんが、障害発生時などのジョブの再実行において大きく差が出ます。基本的には、Hinemosに限らずスクリプトの中で業務ロジックを実装する方が再実行のオペレーションが非常に簡単になります。このジョブの再実行の重要性については、4.4節のコラム「ジョブの再実行の重要性」も参照してください。

よって、障害発生時などのジョブの再実行時のオペレーションミスの防ぐことを最大の目的にすると、次のような２つの制約を設けます。

- **ジョブの中の処理ロジックは可能な限りスクリプト内で閉じて、再実行可能なスクリプトとする**
- **複数のサーバにまたがった処理の場合だけ複数のジョブを用意する**

9.2.4 自動化運用の開始

運用業務の自動化を実装した後は、自動化された運用業務の管理と運用と、さらなる自動化を進めていくことになります。

まず、自動化された運用業務の管理と運用の主な業務は、次のとおりです。

① ジョブ定義のバックアップやメンテナンス
② 運用業務の変更によるジョブ定義の修正対応
③ ジョブの障害対応

①と②はそのままの内容なので、③の「ジョブの障害対応」について補足します。

ジョブの障害対応

ジョブの障害対応で重要なのは、ジョブそのものの障害の他に、ジョブが動作する環境(サーバやネットワーク)の障害との切り分けです。

Hinemosではジョブを実行しているサーバやネットワークも監視でき、監視した結果も一元管理できるので、監視結果を確認することにより横断的に障害解析を行えます。

また、自動化の検討時に気づきにくい障害パターンとして、ジョブの実行時間が運用開始当初から徐々に延びていって障害になるようなケースがあります。たとえば、毎時に特定ログのバックアップや解析をする運用ジョブがログの肥大化によって徐々に実行時間が延びていき、前回実行が終わる前に次の実行が始まってしまい予期せぬ動きをするなどです。

このように運用が開始された後に徐々に変化していく状況が起因となる障害は自動化時にエラーとして定義することが難しいので、運用業務の自動化後の運用の中で見つかり次第対応していくことになります。

この自動化された運用業務の管理を進める中で、さらなる運用業務の自動化を進めていくことがとても重要です。

運用業務の自動化を検討し実行していくことは大変ではありますが、同時に新しい創造を楽しむことができます。運用を自動化することによって得られた経験やノウハウを活かしてより自動化の範囲を拡大していき、より効率化していくことを運用業務の一部に組み込んでみてください(**図9.3**)。

図9.3 自動化の範囲の拡大

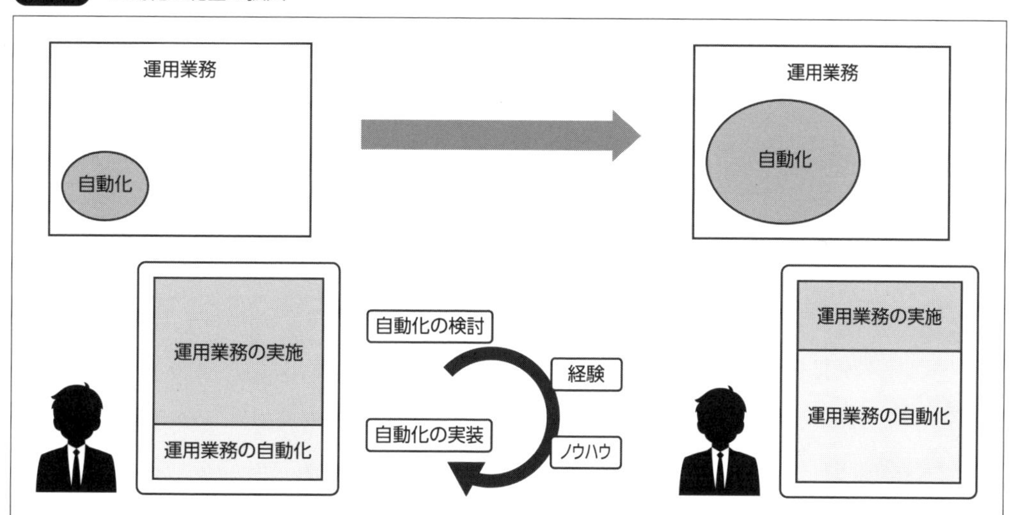

COLUMN SREのツールとしてのHinemos

SRE(Site Reliability Engineering)とはGoogle社が提唱するシステム管理やサービス管理の方法論です。SREは高信頼性のシステムを提供するために、システムの設計や運用の改善方法を検討していくことを目的としています。

このSREが推奨するアプローチは、作業の「標準化」と「自動化」です。高信頼性のシステムを維持するためには、自動化によって得られる短いサイクルで実施可能かつ品質の保証された構築や運用テストが必要となるからです。

そのため、SREエンジニアは日々、運用業務の標準化と自動化を行い自身が管理するシステムの運用を改善していきます。

Hinemosはこの運用業務の標準化と自動化を行うためのさまざまな機能を提供しています。Hinemosは元々、運用業務全体の統合管理を目指したソフトウェアのため、運用業務の標準化と自動化を行うために必要な機能を網羅的に用意しております。

SREによる運用改善に取り組む運用チームにとってもHinemosはとても親和性の高いツールです。

9.3 ジョブ運用の検討事項

本節では、運用業務の自動化および自動化後のジョブ運用を行う際に検討すべきことを説明します。この検討を行うことにより、より効率的な自動化された運用業務環境を構築できます(**図9.4**)。

図9.4　自動化の検討すべきことのイメージ

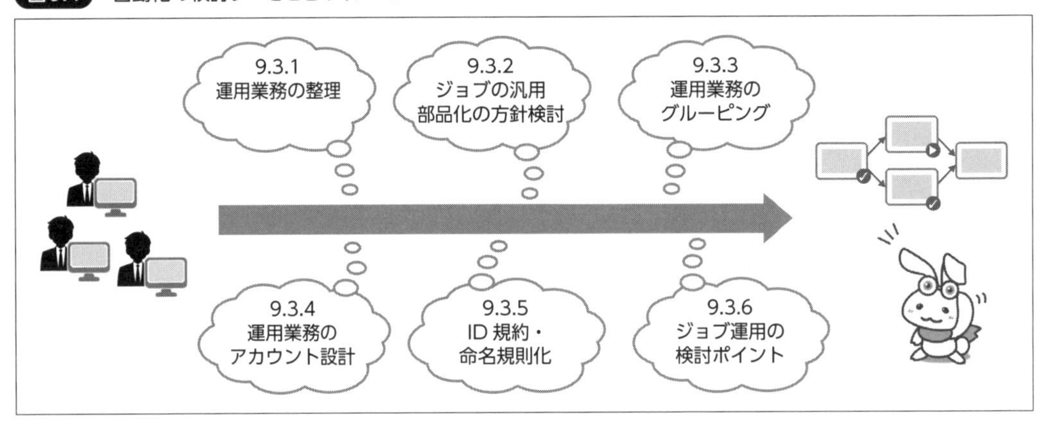

9.3.1 運用業務の整理

運用業務の自動化を行う際、自動化のジョブフローを検討する前に検討を行った方が良いポイントがあります。ここではその2つのポイントについて説明していきます。

- **運用業務のフローの整理**
- **運用業務の対話的プログラムの置き換えを検討**

運用業務のフローの整理

運用業務では類似の業務フローを別々の手順書を参照しながら実施したり、同じことを確認するのに異なる手法で行うことがあります。運用業務を自動化する際はこのような業務フローは前もってできるだけ整理を行い、統一した方が良いです。

運用フローを統一することで、作成するジョブフローの数を減らすことができ、開発工数やフローを管理するコストを削減できます。また、運用フローが統一されることで、運用業務の品質を均一化することもできます。他にも運用業務の整理を行うことにより、同等の業務フローは1つの業務フローとして統一され業務差分だけを「実行時に変化させるパラメータ(実行時変数)」という形で処理内容を制御するという方式にできます。

たとえば、社内用ファイルサーバ再起動、社外用ファイルサーバ再起動の運用業務を統一するようなケースです。ファイルサーバの再起動フローという形で統一し、実行時変数で“社内用ファイルサーバ”、“社外用ファイルサーバ”を選択するように自動化させます。

この際に気を付けることは、同じ意味を持つ運用業務だけを統一することです。同じ意味を持つ運用業務は将来的にフローに修正が入った場合に同じ修正を入れるため、フローの修正や追加を実施するだけになります。一方で、異なる意味の運用業務を統一してしまうと、将来修正が必要になった場合にフローを複雑な形で改変せざるを得なくなったり最悪な場合は別フローで再作成する事態にもなりかねません。

また、バックアップ業務などでバックアップ対象だけ異なる場合も実行時変数を用いることで同じフローで実現できます。

このように運用業務のフローの整理では、運用業務のフローを統一した1つのジョブフローを作成し、そのジョブフローの振る舞いを実行時変数で変更させる方式が一般的になります。

COLUMN　Hinemosにおける運用業務のフローの整理

Hinemosのジョブ機能では、本節で解説した「実行時変数」を「ジョブ変数」にて実現しています。ジョブ変数については「Hinemos ver.7.0 基本機能マニュアル 7.1.3.20 ジョブ変数」を参照してください。ジョブ変数はユーザが独自の変数を定義できるほか、システムジョブ変数としてあらかじめ用意されたジョブ変数があります。このシステムジョブ変数にはFACILITY_IDというジョブの実行サーバを指定できる変数があり、この変数を使って作成したジョブフローを異なるサーバ上で動作させることもできます（**図9.5**、**図9.6**）。

図9.5　実行サーバのジョブ変数設定（ジョブ）

図9.6　実行サーバのジョブ変数設定（実行契機）

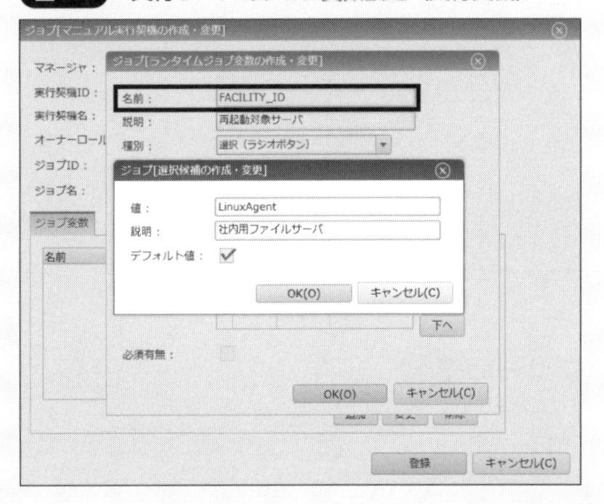

また、特定の実行サーバだけフローを分岐させるという条件もジョブフローの中の待ち条件にFACILITY_IDを指定することにより、作成できます（**図9.7**、**図9.8**）。

図9.7　実行サーバを待ち条件に設定①

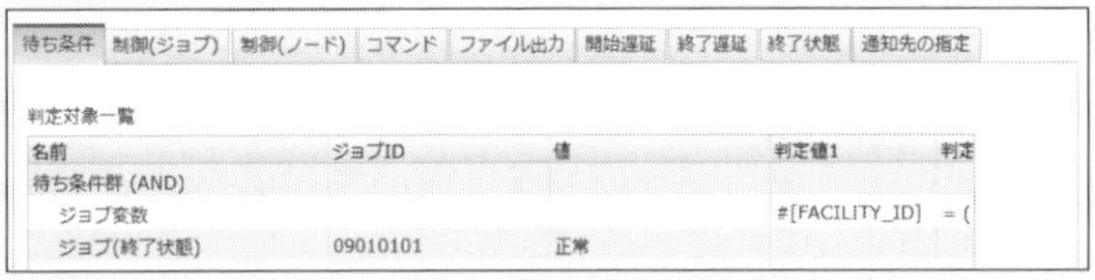

待ち条件 | 制御(ジョブ) | 制御(ノード) | コマンド | ファイル出力 | 開始遅延 | 終了遅延 | 終了状態 | 通知先の指定

判定対象一覧

名前	ジョブID	値	判定値1	判定
待ち条件群 (AND)				
ジョブ変数			#[FACILITY_ID]	= (
ジョブ(終了状態)	09010101	正常		

図9.8　実行サーバを待ち条件に設定②

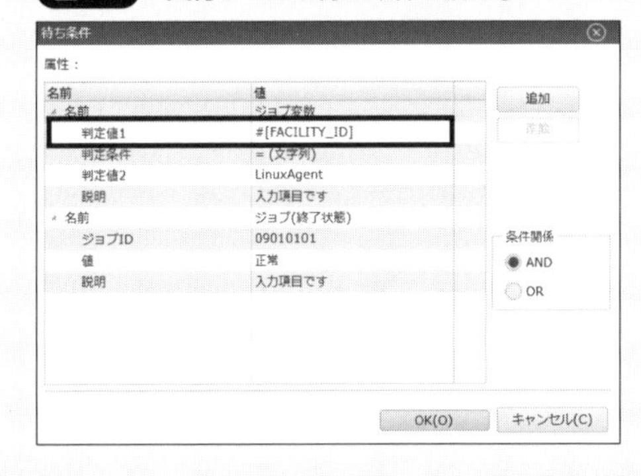

運用業務の対話的プログラムの置き換えを検討

運用業務の中にはコマンドを実行し、そのコマンドの結果を人が判断して次の業務を行うといった流れがあります。運用業務の自動化を行う際にはこの人の判断をプログラムに置き換える必要があります。代表的な手法はコマンド実行後の実行結果や、標準出力の中の特定の文字列を判断材料として使用する方法です。

Hinemosではコマンドジョブ実行後にジョブ終了時のメッセージをジョブ変数の値に格納する機能があります。この機能を使い、コマンドジョブ実行後の標準出力の値をジョブ変数の値に格納し、そのジョブ変数を待ち条件に設定することにより判断させることができます。

この機能の詳細は「Hinemos ver.7.0 基本機能マニュアル 7.1.4.3 コマンドジョブの設定」を参照してください。

また、コマンドジョブ実行後にサーバやアプリケーションのログをチェックして特定の文字列が出力されていることを判断材料にする方法も考えられます。これを実現する監視ジョブについては、「7.6 監視をジョブに組み込む(監視ジョブ)」を参照してください。

9.3.2 ジョブの汎用部品化の方針検討

運用業務の整理の後にジョブの汎用部品化の方針を検討します。

ジョブの汎用部品化とは、複数の個所で使用するジョブを汎用的なジョブとして切り出し、切り出したジョブを参照ジョブにすることを意味します。

ジョブの汎用部品化のメリットは次のようになります。

- **運用業務の中で同じ運用作業が行われていることが明確になること**
- **作成するジョブ数を少なくできること**
- **将来的にジョブの変更が行われた場合も複数個所の変更ではなく、汎用部品だけを変更すればよくなること**

このジョブの汎用部品化を行うことにより、運用業務のジョブの整理や将来的な変更に強いジョブ設計を行えます。

COLUMN Hinemosにおけるジョブの汎用部品化

Hinemosでは参照ジョブ/参照ジョブネットの機能を使い、汎用部品化を行えます(Hinemosの参照ジョブについては「7.3 ジョブ定義の流用(参照ジョブ)」を参照してください)。

汎用部品化に向けてのナレッジは次の3点です。

■ 参照されるジョブの独立した配置設計

参照ジョブから参照されるジョブ(コマンドジョブ)は、通常のジョブネットとは独立して参照ジョブだけを配置するジョブネットを用意し、その下に配置します。これにより、一目で参照されているジョブが把握でき、また誤って参照されていることに気付かず修正してしまうという誤操作の防止にも役立ちます。

■ 参照ジョブのジョブ名

参照ジョブのジョブ名の設計は、通常のジョブとは別に"参照ジョブ"というキーワードを入れておくことを推奨します。そうすることで、次の2つのメリットがあります。

1. ジョブ定義において、ジョブ一覧の中から実体のあるジョブと参照ジョブの区別が一目でできるようになる
2. ジョブ実行時において、ジョブセッションの参照ジョブは実体のあるジョブとして表示されるため、ジョブ名により参照ジョブであることを正しくできる

■ **参照ジョブのコマンドの引数**

コマンドジョブの起動コマンドは、コマンドの引数にジョブ変数を設定できます。そのため、ジョブ変数を介して実行ごとに異なる変数値をコマンドに渡すことによりコマンドの挙動を変えることができます。これを次のように参照ジョブで活用すると、より効果的な汎用部品化が可能になります(**図9.9**)。

1. 参照ジョブ／参照ジョブネットとして汎用部品化するコマンドのコマンドジョブにおいて、引数をジョブ変数を使用して変数化
2. 参照ジョブ／参照ジョブネットを使用する際にジョブ変数を介して引数に値を代入

図9.9　参照ジョブとジョブ変数

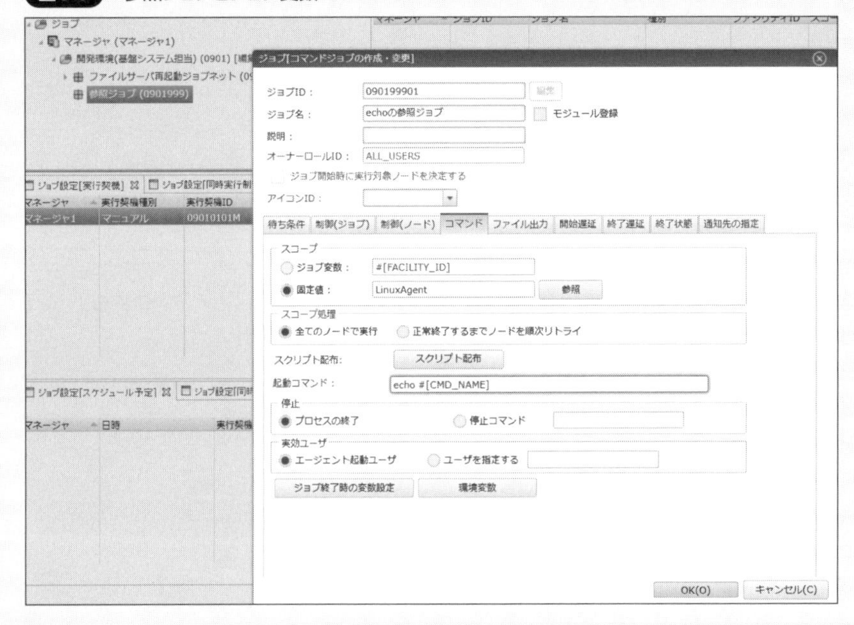

9.3.3 運用業務のグルーピング

運用業務の整理やジョブの汎用部品化の方針検討が完了したら、次に検討すべきことは運用業務のグルーピングです。

一般的には運用業務は業務種別によって担当者が異なり、ジョブを管理するユーザ、ジョブを実行するユーザが異なってきます。また、開発環境や本番環境によっても運用担当者が異なることがあります。

そのため、運用業務は一般的に次の要素でグルーピングすることが考えられます。

- **運用業務を行う担当グループ(基盤システム担当、ネットワーク担当など)**
- **運用業務の環境(本番環境、災対環境など)**

表9.1のように運用業務と環境でジョブユニットを作成し、そのジョブユニット配下に運用業務を自動化したジョブフローを作成していきます。

表9.1 運用業務のグルーピング

ジョブユニット	ジョブネット	
本番環境（基盤システム担当）		
	サーバ再起動ジョブ	
		ファイルサーバ再起動ジョブフロー
		・・・
	サーババックアップジョブ	
		ファイルサーババックアップジョブフロー
		・・・
	・・・	
本番環境（ネットワーク担当）		
	ネットワーク機器再起動ジョブ	
		ルータ再起動ジョブフロー
		・・・
	・・・	

Hinemosでは運用業務のジョブフローをグルーピングするためにジョブユニット、ジョブネットというジョブ種別が用意されています。運用業務で自動化を行うジョブをこれらのジョブ種別を使ってグルーピングしていきます。

表9.1の例を当てはめると**表9.2**のようになります。

表9.2 ジョブ種別とグルーピング

ジョブ種別	ジョブフロー
ジョブユニット	本番環境（基盤システム担当）、本番環境（ネットワーク担当）
ジョブネット	サーバ再起動ジョブ、ファイルサーバ再起動ジョブフロー、サーババックアップジョブ、ファイルサーババックアップジョブフロー、ネットワーク機器再起動ジョブ、ルータ再起動ジョブフロー

9.3.4 運用業務のアカウント設計

9.3.3では運用業務をグルーピングすることを説明しました。本節ではグルーピングされた運用業務に対して適切なアクセス権限を運用担当者に付与するためのアカウント設計について説明します。

たとえば、基盤システム担当の運用業務について考えてみます。まず、基盤システム担当のジョブフローは、基盤システム担当グループのユーザだけが編集、実行できるように設定すべきものになります。そして、基盤システム担当グループの中でも特定のユーザだけが編集できるようにする、承認できるようにするなどグループ内のユーザに対しても適切にアクセス権を付与する必要があります。

本節では、このように一般的なジョブ運用の管理者、作業者、承認者に対してどのようなアクセス権を付与すべきかを説明し、Hinemosではどのようにアカウント設計を行うべきかについて紹介します。Hinemosのアカウント機能については「Hinemos ver.7.0 基本機能マニュアル 4.3 アカウント機能」を参照してください。

ジョブ運用で設計すべきアカウントグループは**表9.3**のようになります。

表9.3　運用業務のジョブ運用アカウント

運用担当者用アカウント	ジョブユニット、ジョブの実行契機に設定するアカウントになり、一般的にジョブを変更できる管理者用、ジョブの実行だけができる作業者用アカウントを作成する。ジョブ用のアカウントは前節の担当グループごとに作成し、各担当で参照できるジョブの範囲を制限する 例： 基盤システム担当グループ（管理者） 基盤システム担当グループ（作業者）
運用承認用アカウント	ジョブフローの中で承認が必要なときに使用する承認ジョブ用のアカウントを作成する。一般的に承認を行う担当者は担当グループごとに異なるため、前節の担当グループごとに作成する 例： 基盤システム担当グループ（承認者）

Hinemosではログインするユーザアカウントとその権限を管理する機能としてアカウント機能が用意されています。このアカウント機能を使用してジョブ運用に必要なアカウントを設定していきます。

具体的なジョブ運用のアカウントの設計例を、基盤システム担当を対象に説明します。

- 基盤システム担当グループ(管理者)
- 基盤システム担当グループ(作業者)
- 基盤システム担当グループ(承認者)

各グループの役割は次のようになります(**図9.10**)。

- 基盤システム担当グループ(管理者)：担当するジョブユニットのフローを管理する
- 基盤システム担当グループ(作業者)：担当するジョブユニットのフローを確認し、ジョブを実行する
- 基盤システム担当グループ(承認者)：担当するジョブユニットのフローの中で承認を行う

図9.10　基盤システム担当のアカウント

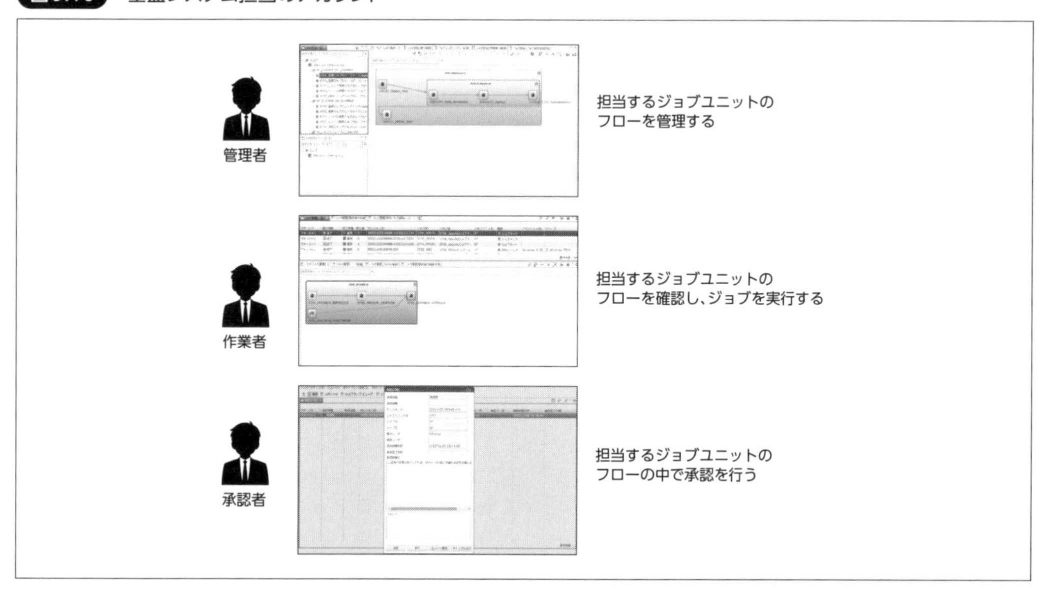

まず前述のグループの役割にあったロールを作成します。Hinemos Webクライアント上で[アカウント]パースペクティブを開き、[アカウント[ロール]]ビューにて作成できます(**図9.11**)。

図9.11　アカウント_ロールの権限設定①

[アカウント[ロール]]ビューの右上の[＋]ボタンをクリックすると、[アカウント[ロールの作成・変更]]ダイアログが表示されるので各グループ用のロールを作成します。ここでは次のロールを作成します(**図9.12**、**図9.13**)。

- システム参照用ロール：KIBAN_SYSTEM_GROUP
- システム承認用ロール：KIBAN_SYSTEM_APPROVE
- システム権限用ロール：JOB_ADMIN、JOB_APPROVE、JOB_USER

図9.12　アカウント_ロールの権限設定②

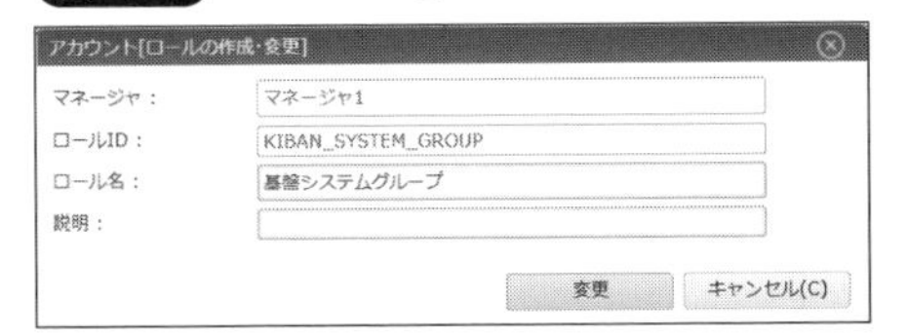

図9.13　アカウント_ロールの権限設定③

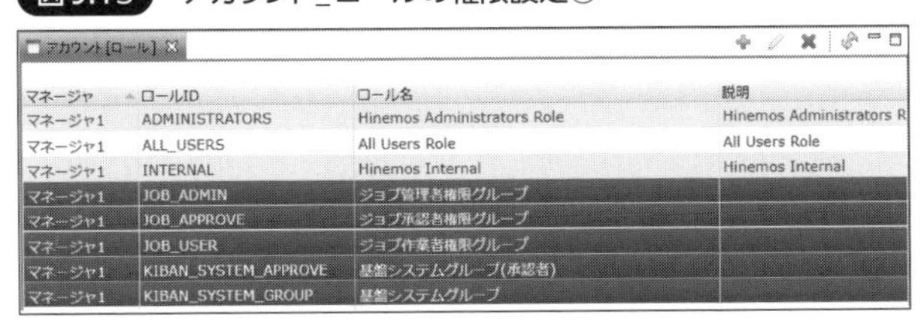

アカウント[ロール]

マネージャ	ロールID	ロール名	説明
マネージャ1	ADMINISTRATORS	Hinemos Administrators Role	Hinemos Administrators R
マネージャ1	ALL_USERS	All Users Role	All Users Role
マネージャ1	INTERNAL	Hinemos Internal	Hinemos Internal
マネージャ1	JOB_ADMIN	ジョブ管理者権限グループ	
マネージャ1	JOB_APPROVE	ジョブ承認者権限グループ	
マネージャ1	JOB_USER	ジョブ作業者権限グループ	
マネージャ1	KIBAN_SYSTEM_APPROVE	基盤システムグループ(承認者)	
マネージャ1	KIBAN_SYSTEM_GROUP	基盤システムグループ	

次に作成したロールに対して[アカウント[ロール設定]]ビューで権限を設定を行います。システム参照用ロールとシステム承認用ロールに権限は不要なためリポジトリの参照権限だけを設定します。システム権限用ロールのジョブ管理者、作業者、承認者には一般的に次の権限を設定します(**表9.4**)。

表9.4　運用業務のロールと権限

ロール		権限
システム参照用ロール		リポジトリ参照
システム承認用ロール		リポジトリ参照
システム権限用ロール	ジョブ管理者（JOB_ADMIN）	リポジトリ参照、ジョブ-作成、ジョブ-参照、ジョブ-変更、ジョブ-実行、カレンダ-作成、カレンダ-参照、カレンダ-変更
システム権限用ロール	ジョブ作業者（JOB_USER）	リポジトリ参照、ジョブ-参照、ジョブ-実行、ジョブ-変更、カレンダ-参照
システム権限用ロール	ジョブ承認者（JOB_APPROVE）	リポジトリ参照、ジョブ-参照、ジョブ-承認、カレンダ-参照

ロールに対する権限は[アカウント[ロール設定]]ビューで該当のロール上で右クリックし、[システム権限設定]をクリックし、必要な権限を割り当てます。ロールに対して設定した権限は[アカウント[システム権限]]ビューで確認できます(**図9.14**、**図9.15**)。

図9.14　アカウント_ロールの権限設定④

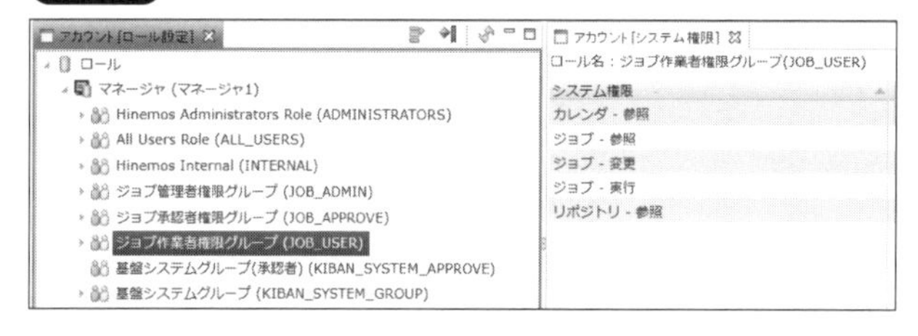

図9.15　アカウント_ロールの権限設定⑤

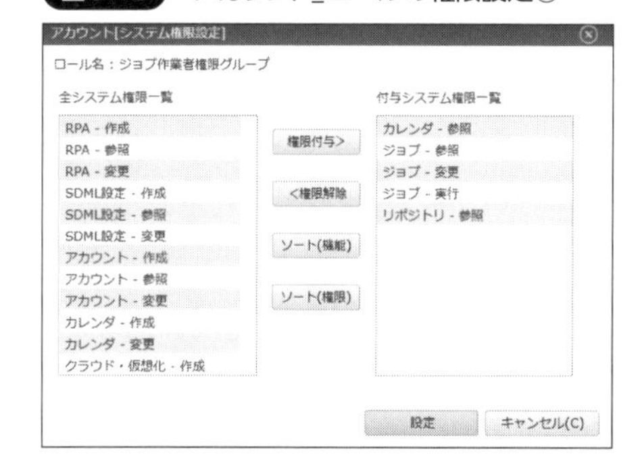

そして、ジョブ運用で使用するユーザを作成し、パスワード設定後にロールに所属させます。ユーザは[アカウント[ユーザ]]ビューで[+]ボタンをクリックし、ユーザを作成します(**図9.16**、**図9.17**)。

図9.16　アカウント_ロールの権限設定⑥

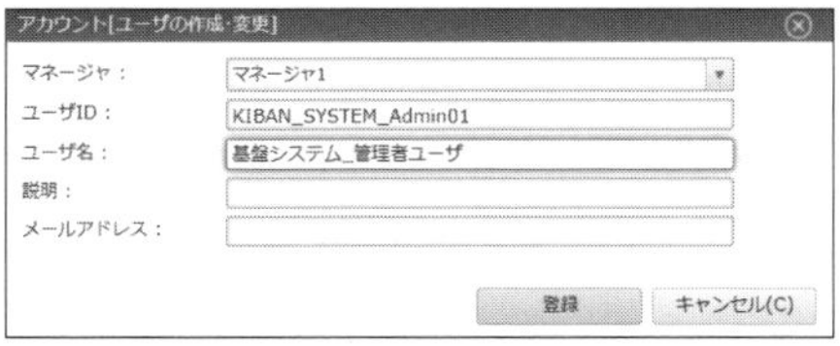

図9.17　アカウント_ロールの権限設定⑦

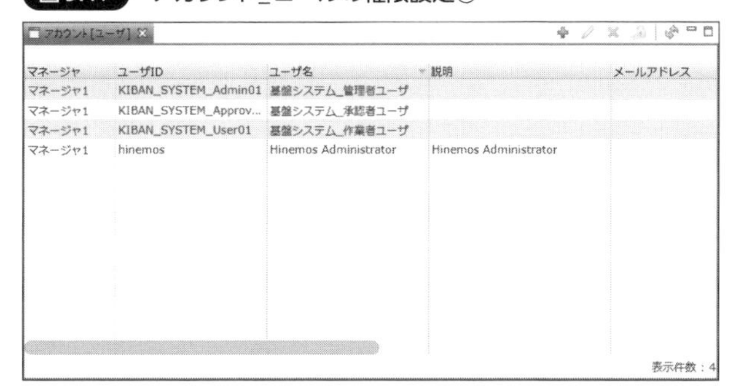

ロールへの所属は[アカウント[ロール設定]]ビューで該当のロール上で右クリックし、ユーザ所属設定をクリックし、ユーザを所属させます(**図9.18**)。

図9.18　アカウント_ロールの権限設定⑧

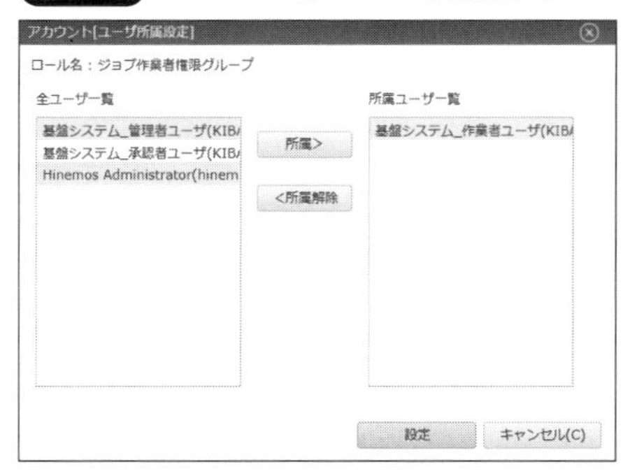

このときにユーザはシステム参照用ロールとシステム権限用ロールの両方に所属させるようにします。たとえば、基盤システム担当グループ(管理者)はKIBAN_SYSTEM_GROUPとJOB_ADMINの両方に所属します。

このときにユーザ作成時に自動で所属が行われる"All Users Role"から所属解除しておきます。"All Users Role"は多くのシステム権限を持っているため、その権限をユーザに持たせないためになります(**図9.19**)。

図9.19　アカウント_ロールの権限設定⑨

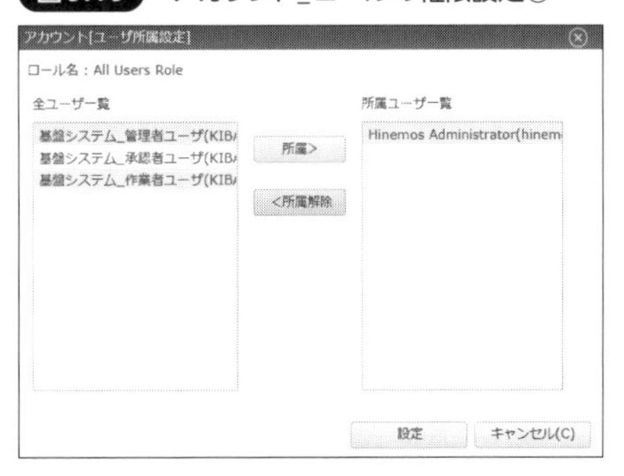

これでHinemosで使用するアカウントの用意と権限設定を行うことができました。

次にリポジトリで管理されているノードをシステム参照用ロールで参照できるように設定します。今回はシステム参照用ロールとしてKIBAN_SYSTEM_GROUPロールを作成しました。[リポジトリ]パースペクティブを開き、[リポジトリ[スコープ]]ビューで[+]ボタンをクリックし、オーナーロールがKIBAN_SYSTEM_GROUPでスコープを作成します(**図9.20**)。

図9.20　アカウント_ロールの権限設定⑩

スコープを作成後に、スコープ上で右クリックし、[割当て]をクリックしてこのロールで使用するノードをスコープに割り当てます(**図9.21**)。

図9.21　アカウント_ロールの権限設定⑪

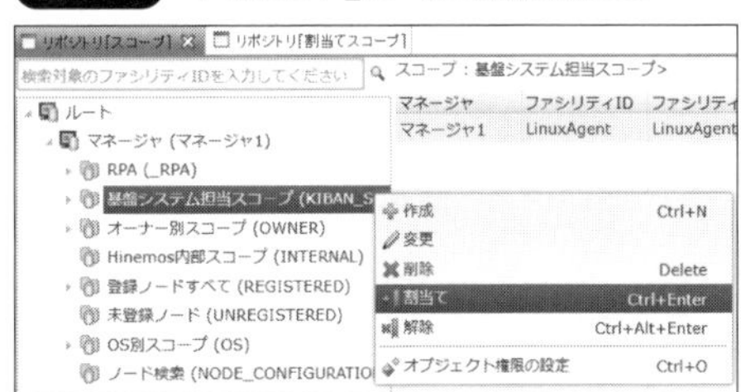

次にシステム参照用ロールをオーナーロールでジョブユニット、ジョブの実行契機を作成します(**図9.22**、**図9.23**)。

図9.22 アカウント_ロールの権限設定⑫

図9.23 アカウント_ロールの権限設定⑬

そして、ジョブユニットに対してシステム承認用ロールをオブジェクト権限で設定します。オブジェクト権限については「Hinemos ver.7.0 基本機能マニュアル 4.3.1.5 オブジェクト権限の概要」を参照してください。

[ジョブマップエディタ]パースペクティブを開き、該当のジョブユニット上で右クリックし、[オブジェクト権限の設定]をクリックします。[ジョブ管理[オブジェクト権限一覧]]ダイアログで[編集]ボタンをクリックします(**図9.24**、**図9.25**)。

図9.24　ジョブユニットのオブジェクト権限設定

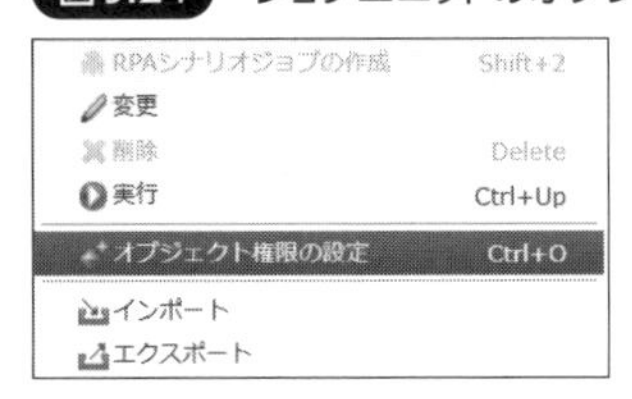

図9.25　ロールをジョブユニットに設定①

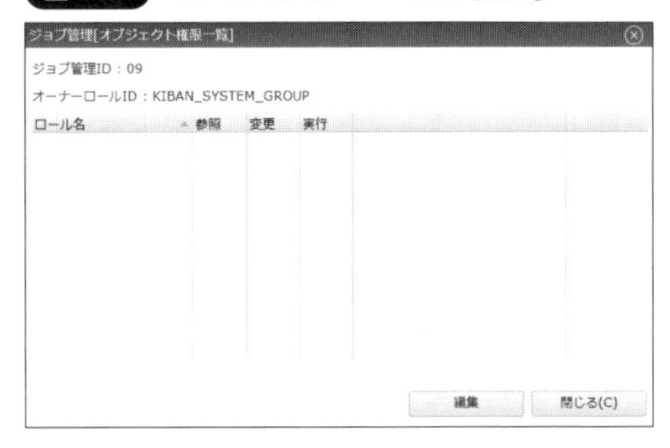

システム承認用ロールを参照権限で追加します(**図9.26**)。

図9.26　ロールをジョブユニットに設定②

承認者の権限設定は承認ジョブにて行います。ジョブフローの中で作成した承認ジョブの承認依頼先ロールを基盤システム担当グループ(承認者)のロールに設定します(**図9.27**)。

図9.27　ロールを承認ジョブに設定

以上で想定した各グループの役割を設定できます。

9.3.5 ID規約・命名規則化

本節の最後に検討すべきこととしてID規約・命名規則について説明します。

Hinemosのジョブ定義における主なIDは、ジョブユニットとジョブのIDと名前になります。これらにID規約・命名規則を設けることは、ジョブ定義の可読性を上げ、それにより運用性やメンテナンス性の向上にダイレクトに繋がる重要な要素です。

ID規約・命名規則により、IDや名前を規則性を持った文字列で統一する具体的なメリットを次に示します。

- **Hinemosクライアント表示**

  Hinemosクライアントでジョブツリーを表示する際、ジョブIDに従って表示順が決定されます。これにより、ジョブ定義の数が多くなった際も、ID規約・命名規則に従って探しやすくなります。

- **編集Excelによる操作**

  設定インポートエクスポート機能によりジョブ定義をエクスポートし、編集Excelでジョブ定義をメンテナンスすることが可能です。編集Excelについては、9.4節のコラム「編集Excel」を参照してください。Excelで編集等を行う際も、ジョブの可読性が向上します。

- **将来的なジョブ定義の追加**

  新たなジョブ定義を追加する際に、ジョブIDや名前を機械的に決定できます。また、ジョブ運用の管理者や作業者が、当該ジョブが何かを正しく把握できます。

ここでは、HinemosにおけるジョブIDの命名規則の例を紹介します。**表9.5**の例のようにジョブユニットの名前や実行契機の種別で命名規則を決定するなどを検討します。

表9.5 ジョブIDの命名規則

項番	項目	ID設計	例	備考
1	ジョブユニット	業務別に業務名称にて定義する。基盤業務であればKB、ネットワークであればNWと定義し業務ごとに番号を振り分ける 次に本番環境等の環境ごとに定義する。本番環境はPROD、開発環境はDEVと定義する	業務01の本番環境 KB01PROD	
2	第一階層 ジョブネット	実行契機の種別で付与する。種別ごとに複数の実行契機を定義することを考慮し、ジョブユニットのジョブIDに連番（[NNN]）を付与する ・スケジュール実行： S[F][NNN] [F]：頻度（D：日次、W：週次、M：月次） ・ファイルチェック実行： F[K][NNN]F[K][NNN] [K]：（C：生成、D：削除、M：更新） ・マニュアル実行： M[NNN] ・ジョブ連携受信実行： J[NNN]	日次のスケジュール実行契機 KB01PRODSD001	No.1の配下のジョブネットを想定
3	第二階層 ジョブネット、 ジョブ	・ジョブネット 第一階層ジョブネットのジョブIDに、連番（[NN]）を付与する ・ジョブ 第一階層ジョブネットのジョブIDに区切"_"と連番（[NN]）を付与する	ジョブネットの場合） KB01PRODSD00101 ジョブの場合） KB01PRODSD001_01	No.2の配下のジョブネット、ジョブを想定
4	第三階層 ジョブネット、 ジョブ	・ジョブネット 第二階層ジョブネットのジョブIDに、連番（[NN]）を付与する ・ジョブ 第二階層ジョブネットのジョブIDに区切"_"と連番（[NN]）を付与する	ジョブネットの場合） KB01PRODSD0010101 ジョブの場合） KB01PRODSD00101_01	No3の配下のジョブネット、ジョブを想定

9.3.6 ジョブ運用の検討ポイント

本節の実施内容は**表9.6**のような設計書にまとめられ、ジョブ運用の仕様になっていきます。

表9.6 ジョブ運用の検討結果のまとめ

設計書名	設計書の内容
アカウント設計書	Hinemosアカウントの設計書。9.2.4で整理したユーザ、グループ、役割等のアカウントの設計を記載する
ジョブ基本設計書	運用業務を整理した後のジョブフローの一覧。9.2.1と9.2.3で整理した内容を記載する。この内容はジョブフロー名と概要だけになる。ジョブフローの詳細や各ジョブが記載される詳細設計書はHinemos Utilityにてエクスポートした編集Excelを利用する
ジョブ実装方針書	ジョブ実装の方針書。9.2.1で整理した対話的プログラムの置き換え方針や、9.2.2で検討した汎用部品の一覧を記載する。ジョブはこの方針書を参照しながら実装を進めていく
ジョブの命名規則	ジョブ実装の命名規則。9.2.5で整理したジョブの命名規則になる。ジョブのIDはこの命名規則を参照し決定する

9.4 ジョブ定義のリリース

本節では、ジョブ定義のリリース方法とそのリリース管理におけるポイントを説明します。

新たな業務フローの追加や既存の業務フローに変更があった際に、対応するジョブ定義を開発環境で作成し、試験環境にいったんジョブ定義をリリースして動作確認の試験を行います。その試験をクリアした後に、本番環境へジョブ定義をリリースします。

このときに重要となるのは、試験環境へのジョブ定義のリリースと、本番環境へジョブ定義をリリースを同じ手順で実施したい、という点です。まず、この点を「9.4.1　ジョブ定義のリリース方法」として押さえます。

次に本番環境へジョブ定義をリリースを行う上で重要となるのは、すでに運用が始まっている中で、いつから新しいジョブ定義を反映するのか、そのためにいつジョブ定義をリリースするかの決定です。この点を、「9.4.2　ジョブ定義のリリース管理」の中で紹介します。

9.4.1 ジョブ定義のリリース方法

ここでは、Hinemosにおけるジョブ定義のリリース方法について、詳しく解説していきます。ここでいう“リリース”とは、ジョブ定義をHinemosに登録することそのものを指します。

これまで説明してきましたジョブ定義をHinemosに登録する方法は、「3.3　ジョブ定義の作成」「3.4　ジョブ定義の登録」で紹介したとおり、Hinemosクライアントでジョブ定義を作成し、それをそのまま登録ボタンをクリックして登録するというものでした。このほかに、ジョブ定義のリリースに適した機能が用意されています。次のとおり、概要を記します。

ジョブ定義のリリースに適した機能

■ 設定インポートエクスポート機能（GUI）

Hinemosの設定（監視やジョブ定義）をXMLファイル形式のファイルで入出力（インポート・エクスポート）できます。この操作をHinemosクライアント（GUI）から行えます（**図9.28**）。

図9.28　設定インポートエクスポート機能（GUI）の画面

■ 設定インポートエクスポート機能（CLI）

インポート・エクスポートの操作をコマンドラインツール（CLI）で行えます。コマンドラインツールについては、6.1節のコラム「外部からのジョブ実行方法」でも紹介しています。

設定インポートエクスポート機能はGUIとCLIの両方があるため、ユーザがGUI経由でジョブ定義のリリースの操作が行えるほか、ジョブ定義のリリースジョブをCLIの方を使って実現して指定の日時にリリースを行うことも可能です。

これを踏まえると、各環境へのジョブ定義のリリースは、**図9.29**のような形で実現できるようになります。つまり、設定インポートエクスポート機能を使用することで、試験環境へのジョブ定義のリリースと、本番環境へジョブ定義をリリースを同じ操作手順で実現できます。

図9.29　ジョブ定義のリリース

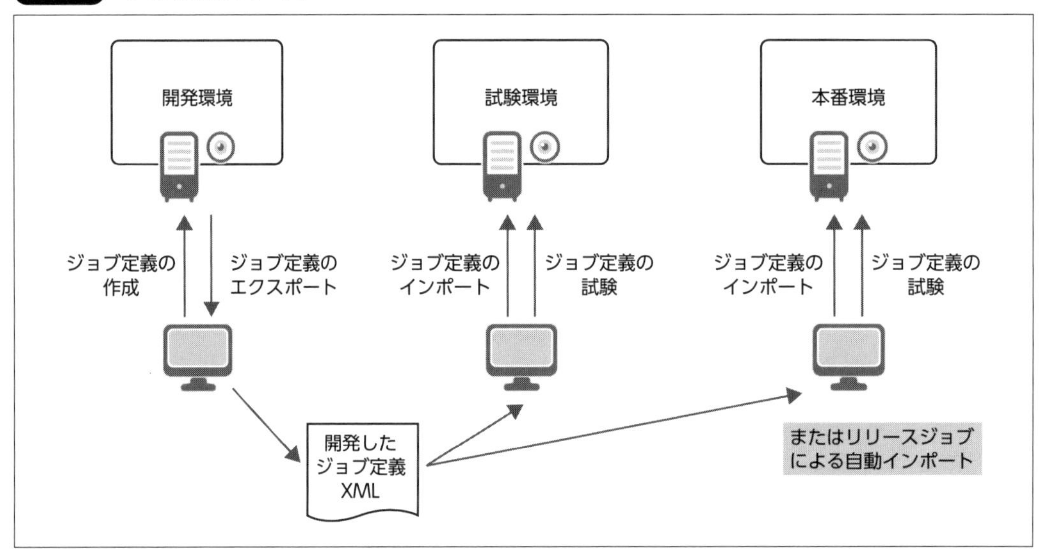

試験環境や本番環境にジョブ定義をリリースした後に、そのジョブ定義の試験を行いますが、まだ環境の準備が整っていない場合や本番環境では試験を実施することの敷居が非常に高いという問題はあります。その際は、「6.7　ジョブのテスト実行」で紹介したジョブのテスト実行を活用することで、ジョブ定義のすべてではないですが、試験を進めることが可能になります。

補足になりますが、設定インポートエクスポート機能でHinemosに入出力するXMLファイル形式のファイルは、専用のExcelで編集できます。詳細は、コラム「編集Excel」を参照してください。

COLUMN 編集 Excel

設定インポートエクスポート機能でエクスポートしたXMLファイル形式のファイル(設定)は、編集Excelという Excelツールで操作が可能です。

- **XMLファイル形式のファイルは編集Excelに読み込みが可能で、監視やジョブ定義をExcel上で編集が可能になる**
- **編集Excelで編集した監視やジョブ等の定義を再びXMLファイルに出力できる**

これにより、Hinemosの設定をExcelのブックとして管理でき、そのままパラメータシートとして活用することが可能です(**図9.30**)。

図9.30 編集Excel

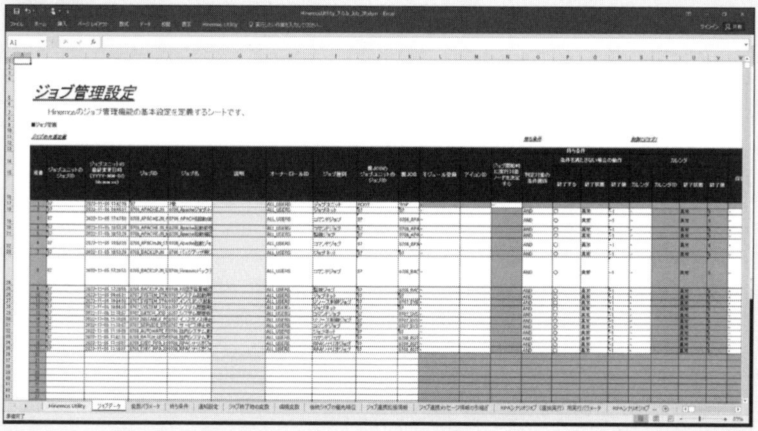

9.4.2 ジョブ定義のリリース管理

ここでは、ITILでいうリリース管理におけるリリース管理プロセス、といった難しい話ではなく、Hinemosのジョブ定義をリリースするに当たり重要な点を説明します。

前節では、開発環境で作成したジョブ定義を本番環境にリリースするまでの流れを確認しました。次に重要になるのが、次のポイントの決定です。

- **いつから新しいジョブ定義を反映するのか**
- **そのためにいつジョブ定義をリリースするか**

新規に作成したジョブ定義の場合は、初回実行までにジョブ定義のリリースを行っておけば問題ありません。問題は、すでに運用中のジョブ定義を変更するようなケースです。

たとえば、日次実行しているジョブ定義を、2日後の実行から"新しいジョブ定義"に差し替えたいという要件があったとします。具体的には、Hinemosの設定として、日次で実行するスケジュール実行契機の設定はそのままで、実行対象のジョブIDの中身が変わるというものです。異なるスケジュール実行契機を用意するという案も思いつきますが、リリースのたびに新たな設定を追加することは、各種の規約に基づき、一般的には受け入れられません。

この場合、1日後の実行までは“現行のジョブ定義”で動作し、2日後の実行から“新しいジョブ定義”で動作するように、ジョブ定義を反映させる必要があります(**図9.31**)。

図9.31　適切なタイミングでのジョブ定義を反映

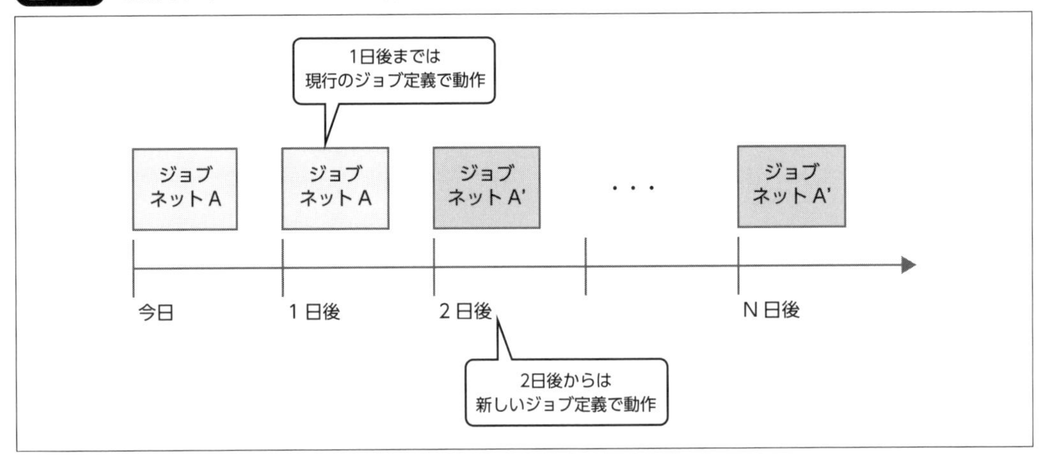

つまり、いつジョブ定義をリリースできるかは、新しいジョブ定義の反映タイミングを制御できるか否かに関わります。そのため、まず最初にどのようなジョブ定義の反映の制御ができるかを紹介します。

ジョブ定義の反映のタイミングの制御

ジョブ定義の反映は、即時と計画的な制御の2つがあります。

■ 即時反映

これはHinemosのデフォルトの動作になります。ジョブ定義をリリースし、その次の実行のタイミングから新しいジョブ定義を元にしたジョブセッションが生成され、ジョブネットが動作します。

この場合は、現行のジョブ定義の最後の実行タイミングと、新しいジョブ定義の最初の実行タイミングの期間の中で、ジョブ定義をリリースする必要があります。この期間が短かったり、人の対応が難しい夜間や休日といった場合は、前節で説明したジョブ定義のリリースジョブにより、リリースの自動化が重要になります。

■ 計画的な制御

通常はジョブ実行時にジョブセッションが生成されますが、ジョブセッション事前生成という機能を使用すると、“現行のジョブ定義”を元にしたジョブセッションを指定の未来の時点まで事前に用意しておくことができます。

これを活用することで、“現行のジョブ定義”は指定の未来の時点まで実行する準備を終えて、その未来の時点までにジョブ定義をリリースすればよい、という運用が可能になります(**図9.32**)。

図9.32 計画的な制御のイメージ

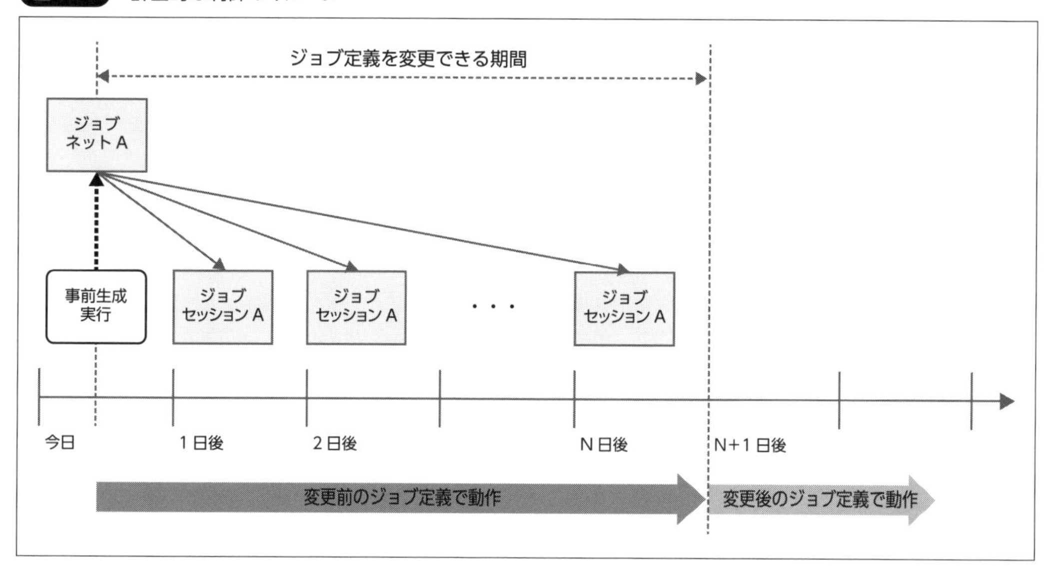

COLUMN ジョブセッション事前生成の用途

ジョブセッション事前生成の機能をジョブ定義のリリースに絡めて紹介しましたが、他にも有用な使い方があります。

■ 有用な使い方

● **ジョブ定義のリリースタイミングの制御**

本節で紹介している内容です。

● **同時刻に実行するジョブが多い場合の負荷分散**

デフォルトの動作では、ジョブ実行時にジョブ定義を元にしたジョブセッションが生成されます。内部的な動作で言うと、ジョブ定義の情報が複製（コピー）されます。ジョブ定義の数が少ない（たとえば、100個程度のコマンドジョブからなるジョブネット）場合には、このジョブセッション生成の負荷は非常に少ないのですが、ジョブ定義の数が多くなると（たとえば、数千から数万）、ジョブセッション生成の負荷は大きくなります。また、同時刻に実行するジョブが多い場合には、同時に起動する数分の負荷がかかります。

これをジョブセッション事前生成の機能により、実行するより前にジョブセッションを生成しておくことで、負荷の分散が可能になります。

ジョブセッション事前生成を活用したジョブ定義リリース

ここでは、より理解を深めるために、ジョブセッション事前生成を活用した具体的なジョブ定義リリースの例を見ていきます。

■ ジョブセッション事前生成

ジョブセッション事前生成の機能を使用すると、“指定した日時”までに実行するジョブセッションを“任意のタイミング”で作成しておくことができます。

たとえば、次のようなジョブセッションの事前生成が可能です(図9.33)。

図9.33　ジョブセッション事前生成のイメージ

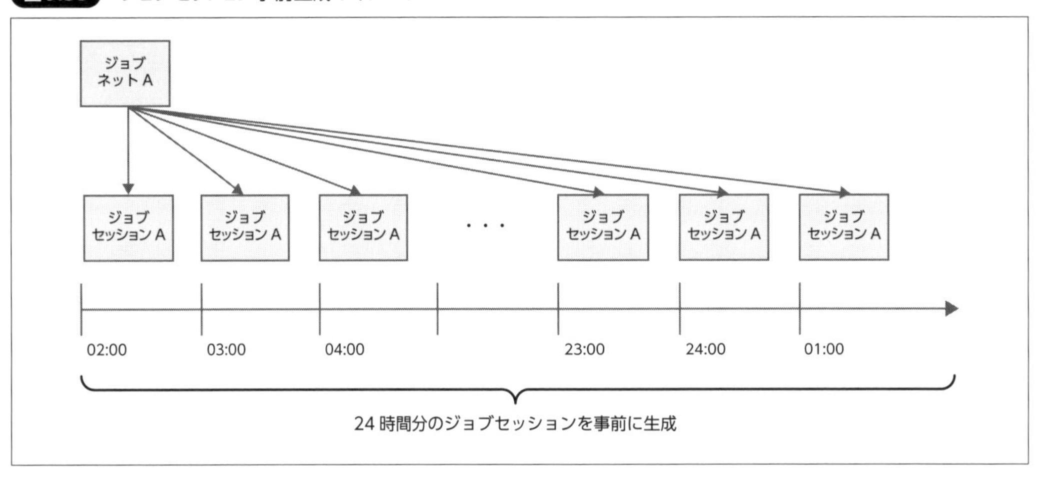

- **毎日午前1時に当日中に実行するジョブのジョブセッションを事前に生成する**
- **毎週月曜日午前2時にその週に実行するジョブセッションを事前に生成する**

そこで、本機能を使用したジョブ定義のリリースの具体例を解説します。

- 具体例：
  - 日次でジョブをスケジュール起動
  - 4/8(日)から新しいジョブ定義で実行したい
  - 前日4/7(土)は休日のためオペレータが不在

- ジョブ定義のリリースまでの手順：
  1. 4/8のジョブ実行前までの任意のタイミングでジョブ定義を変更したいジョブを実行するスケジュール実行契機にジョブセッション事前生成を設定する(図9.34の例に合わせ3/31とする)
     ・事前生成を行うタイミング：3/31
     ・4/7実行分までのジョブセッションを事前生成する
  2. 事前生成を行った後に変更後のジョブ定義をインポートする
     ・3/31のジョブセッション事前生成実行後から4/8のジョブ実行前までの任意のタイミングでインポート可能

図9.34　ジョブセッション事前生成を使用したジョブリリースのイメージ

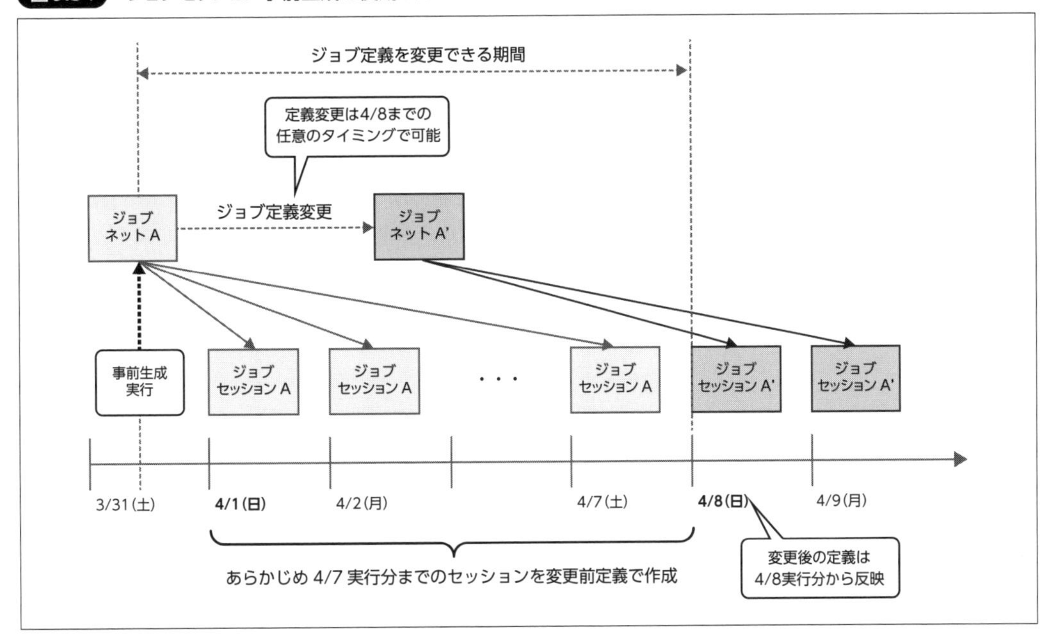

前述のようにあらかじめ指定のタイミング分までのジョブセッションを作成しておくことにより、ジョブ定義のリリースを任意のタイミングで行うことができます。

COLUMN　事前生成したジョブセッションの確認方法

ジョブセッション事前生成を使用して事前生成したジョブセッションは、[ジョブ履歴[一覧]]ビューに実行状態「実行予定」として一覧に表示されます。

実行予定のジョブセッションを一覧から選択することにより、未来に実行されるジョブの定義を確認することが可能です(図9.35)。

図9.35　実行予定のジョブ定義の確認

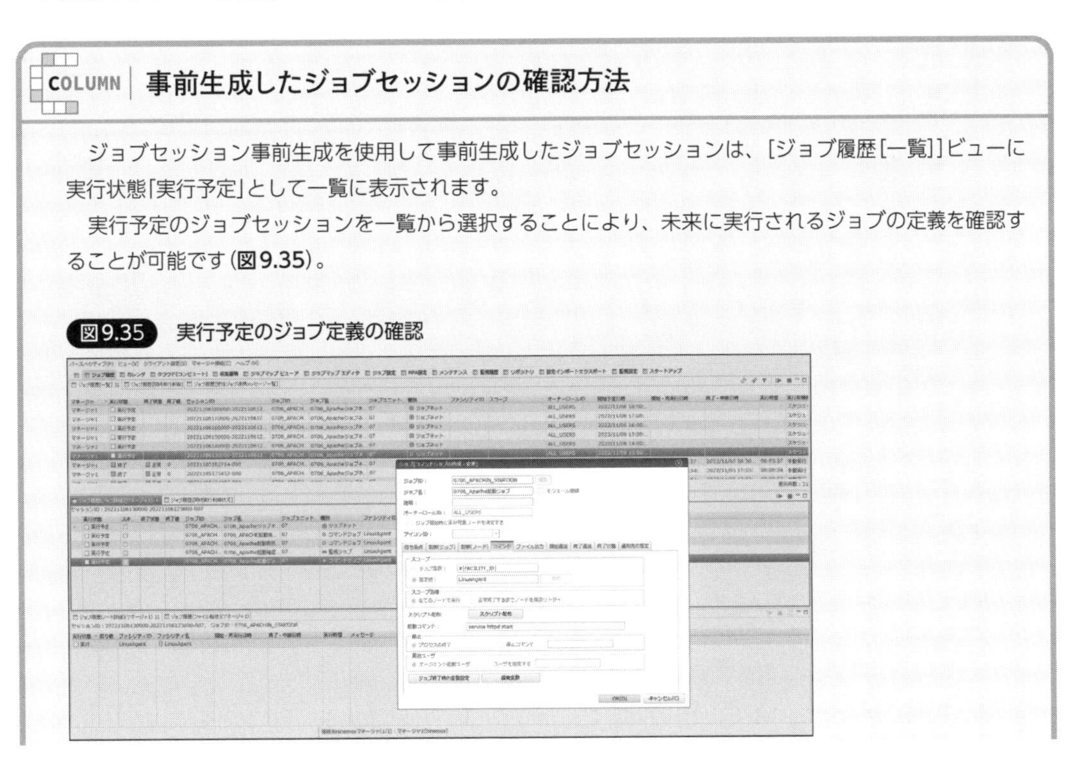

このようにジョブセッション事前生成機能を使用すると、未来に実行予定のジョブのスケジュールだけではなく、そのタイミングで実行されるジョブの定義まで確認できます。

9.5 ジョブの可用性

ミッションクリティカルなシステムにおいては、さまざまな機能(システム)に可用性が求められており、サーバには冗長化構成が採用されています。ジョブ管理をミッションクリティカルなシステムに適用するには、冗長化環境に対してジョブ管理を行えることと、ジョブ管理を担う運用管理システム自身にも高可用性が求められます。

本節では、冗長化環境へのジョブ実行の実現方法と、運用管理システムであるHinemosマネージャの冗長化を実現する「ミッションクリティカル機能」を紹介します。本節に関しては実践形式ではありませんが、読むことで、冗長化環境へのジョブ実行の実現方法と、Hinemosマネージャの冗長化の仕組みが理解できますので読み物としてご覧ください。

9.5.1 冗長化環境へのジョブ実行

冗長化環境を採用しているサーバに対して、Hinemosでジョブ実行を行うことが考えられます。

なお、冗長化環境を採用しているサーバの構成例は**図9.36**のようになります。

図9.36 冗長化環境を採用しているサーバの構成例

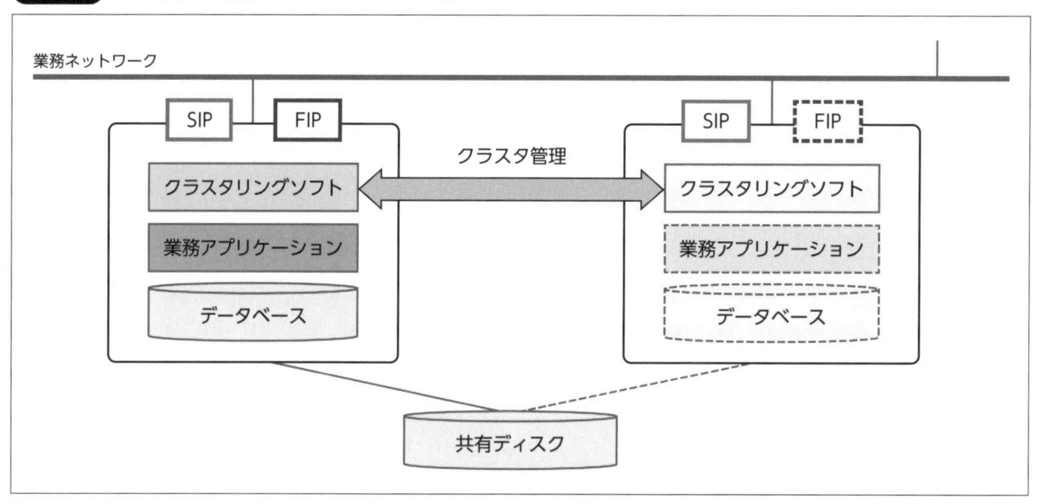

構成例のように、一般的には、Active-Standbyの2つのサーバに、クラスタリングソフトを導入して、業務アプリケーションやデータベースのプロセスと仮想アドレス(フローティングIPアドレス)の制御を行う構成となります(Active-Standbyの各サーバは起動している状態になります)。

冗長化環境を採用しているサーバに対するジョブ実行は、次の3パターンの方式が求められます。各々のパターンの主な使い方と、その実現方法について解説します。

① Activeサーバでジョブを実行したい場合
② Standbyサーバでジョブを実行したい場合
③ 物理サーバごとにジョブを実行したい場合

先ほどの冗長化環境を採用しているサーバの構成例において、ジョブ実行を行うための条件は次のとおりです(**図9.37**)。

図9.37 冗長化環境へのジョブ実行の構成例

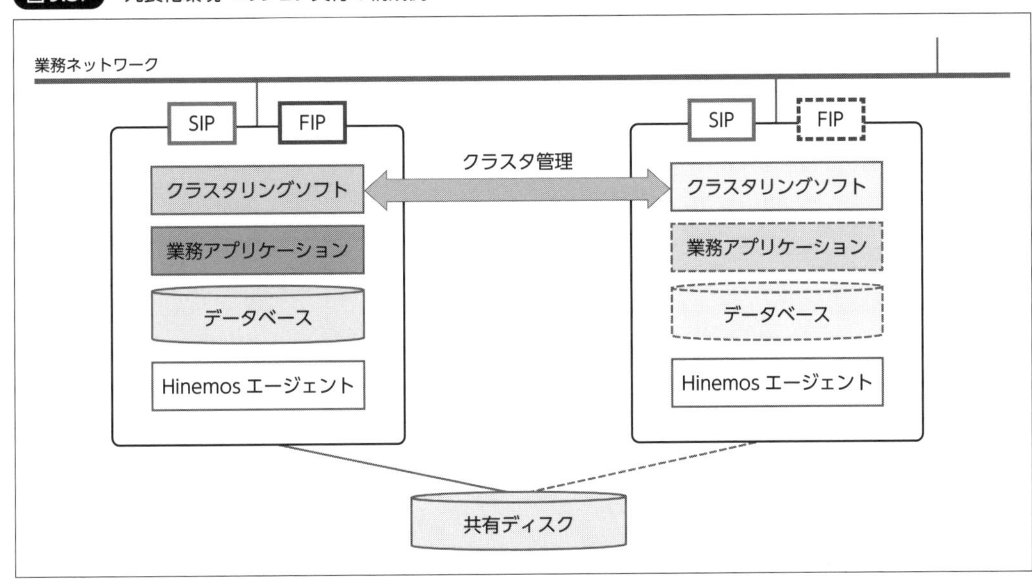

- Active-Standbyの各サーバにて、Hinemosエージェントが起動していること
- サーバの物理アドレス(Active-Standbyの2台)のノードをHinemosのリポジトリに登録しておくこと
- 冗長化環境の仮想アドレスのノードをHinemosのリポジトリに登録しておくこと
- Active-Standbyの各サーバのHinemosエージェントの設定ファイル(hinemos_agent.cfg)のHOSTNAMEを<Hinemosに登録した仮想アドレスノードのノード名>で固定させること

Hinemosのリポジトリへのノード登録の例は、**表9.7**のようになります。ここでは、<Hinemosに登録した仮想アドレスノードのノード名>は「hostX」としています。

表9.7 冗長化環境へのジョブ実行のノード登録例

項目名	仮想アドレスのノード	物理アドレスのノード①	物理アドレスのノード②
IPアドレス	192.168.0.21 (FIP)	192.168.0.11 (SIP)	192.168.0.12 (SIP)
ノード名	hostX	hostX	hostX

① Activeサーバでジョブを実行したい場合

冗長化環境へのジョブ実行としては、Activeサーバでジョブ実行する場合が一番多いです。主な使い方としては、データベースへのバッチ処理の実行などが考えられます。

■ 仮想アドレス（フローティングIPアドレス）を使用する場合

Activeサーバに対してジョブを実行したい場合は、仮想アドレス(フローティングIPアドレス)ノードに対してジョブを実行します(**図9.38**)。

図9.38　冗長化環境へのジョブ実行の構成例①-1

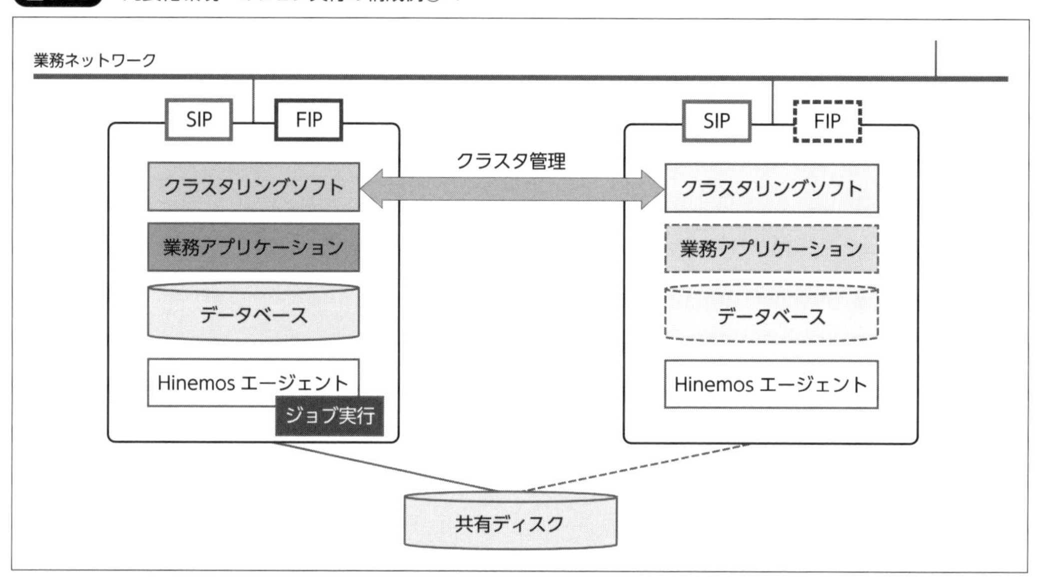

TIPS 注意事項

系切替動作が発生した際にジョブが実行されていると、ジョブが実行中のままになってしまい、そのジョブを待ち条件に設定している後続ジョブが実行されないことがあります。また、系切替動作に時間がかかる場合、Hinemosエージェントが仮想アドレスのノードと認識するのに時間がかかり、ジョブ実行に失敗することがあります。そのため、系切替動作の前後に実行されたジョブはクライアントから確認し、状況に応じて、手動で再実行する、もしくは停止する等の処理をしてください。

■ 物理アドレス（Active-Standbyの2台）を使用する場合

Activeサーバに対してジョブを実行したい場合は、コマンドジョブのスコープにActive-Standbyの両ノードを持つスコープを設定し、このスコープに対しジョブを実行します。その上で、コマンドジョブに設定するスクリプトにサーバがActiveのときだけコマンドを実行するように作成することで、Activeサーバでだけ実行するジョブを作ることが可能です(**図9.39**)。

図9.39 冗長化環境へのジョブ実行の構成例①-2

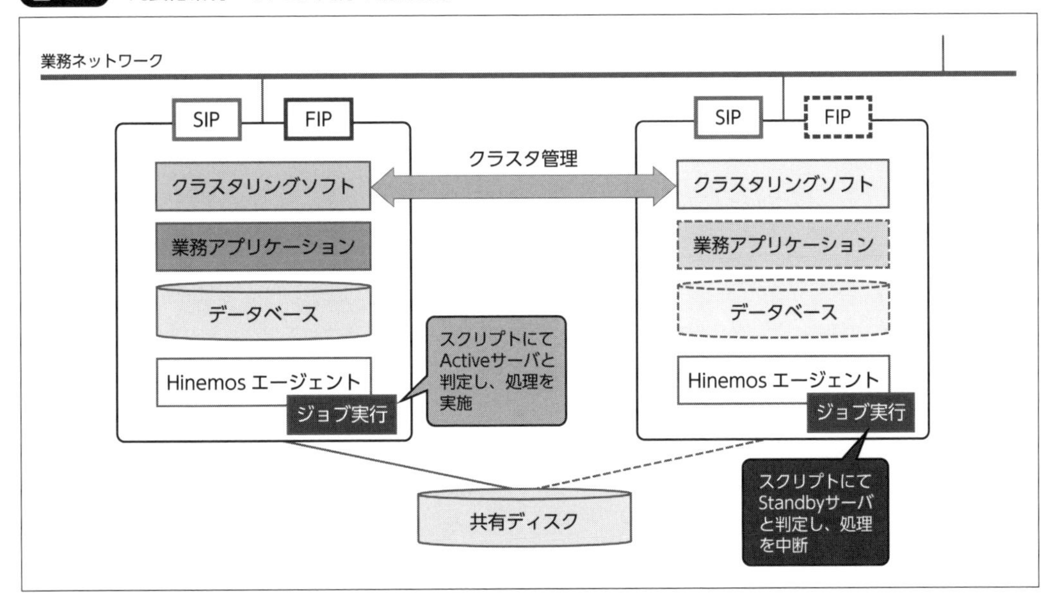

TIPS 注意事項

系切替動作に時間がかかる場合、スクリプトでのActive-Standbyの判定が正しく行われず、ジョブ実行に失敗することがあります。そのため、系切替動作の前後に実行されたジョブはクライアントから確認し、状況に応じて、手動で再実行する、もしくは停止する等の処理をしてください。

また、スクリプトにActive-Standbyの判定処理を追加できない場合は、Active-Standbyの判定だけを行うスクリプトを作成し、対象ジョブの先行ジョブとして登録することでも対応可能です。

② Standby サーバでジョブを実行したい場合

主な使い方としては、データベースのバックアップを外部に転送する処理などが考えられます。

まず、各サーバの物理アドレス(Active-Standbyの2台)のノードを登録しておきます。Standbyサーバに対してジョブを実行したい場合は、コマンドジョブのスコープにActive-Standbyの両ノードを持つスコープを設定し、このスコープに対しジョブを実行します。その上で、コマンドジョブに設定するスクリプトにサーバがStandbyのときだけコマンドを実行するように作成することで、Standbyサーバでだけ実行するジョブを作ることが可能です(**図9.40**)。

図9.40　冗長化環境へのジョブ実行の構成例②

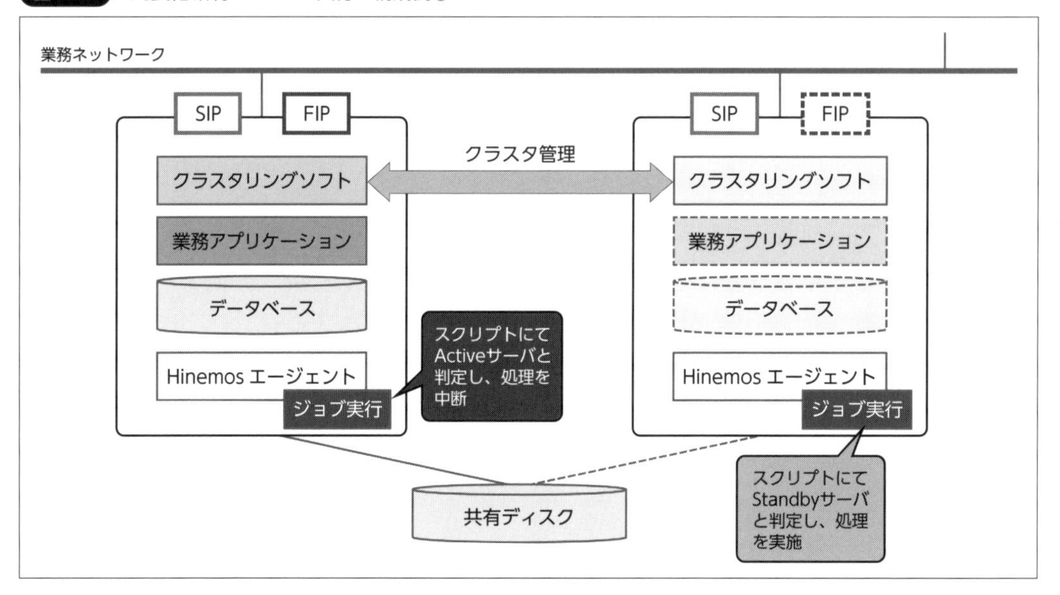

TIPS 注意事項

「①Activeサーバでジョブを実行したい場合」の「物理アドレス（Active-Standbyの２台）を使用する場合」を参照してください。

③物理サーバごとにジョブを実行したい場合

主な使い方としては、OS上のログファイルのバックアップなどの全サーバで実行したい処理が考えられます。

まず、各サーバの物理アドレス（Active-Standbyの２台）のノードを登録しておきます。各物理サーバに対してジョブを実行したい場合は、物理アドレス（Active-Standbyの２台）のノードに対しジョブを実行します。同じジョブをまとめて実行したい場合は、コマンドジョブのスコープにActive-Standbyの両ノードを持つスコープを設定し、このスコープに対しジョブを実行します（**図9.41**）。

図9.41　冗長化環境へのジョブ実行の構成例③

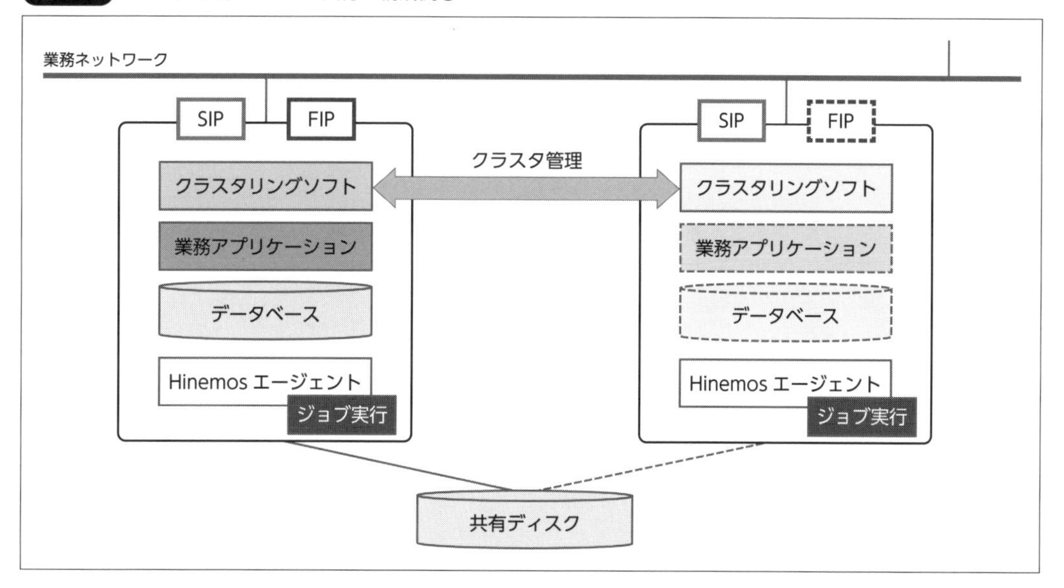

冗長化環境のサーバに対するジョブ実行の詳細については、「Hinemos ver.7.0, 6.2, 6.1, 6.0, 5.0, 4.1, 4.0 FAQ 第14版 11.1.8 冗長化構成のサーバの監視・ジョブ実行をしたい」を参照してください。

9.5.2 Hinemos マネージャの冗長化

ここではHinemosマネージャの冗長化構成を簡易に実現できる、Hinemosのミッションクリティカル機能について解説しますが、非常に高度な機能となっていますので、どのような仕組みで、どのようなことが実現できるのかについて、ポイントを絞って解説します。

Hinemosのミッションクリティカル機能では、2台の異なるサーバで稼働するHinemosマネージャをクラスタリングします。これにより、Hinemosマネージャのサーバのハードウェア、OS、ネットワーク、データベース、プロセスなどに障害が発生した場合でも自動でHinemosによるジョブ運用を継続できるようになります。

ミッションクリティカル機能のアーキテクチャ

ミッションクリティカル機能の動作イメージは次のようになります(**図9.42**、**表9.8**)。

図9.42　ミッションクリティカル機能のアーキテクチャ

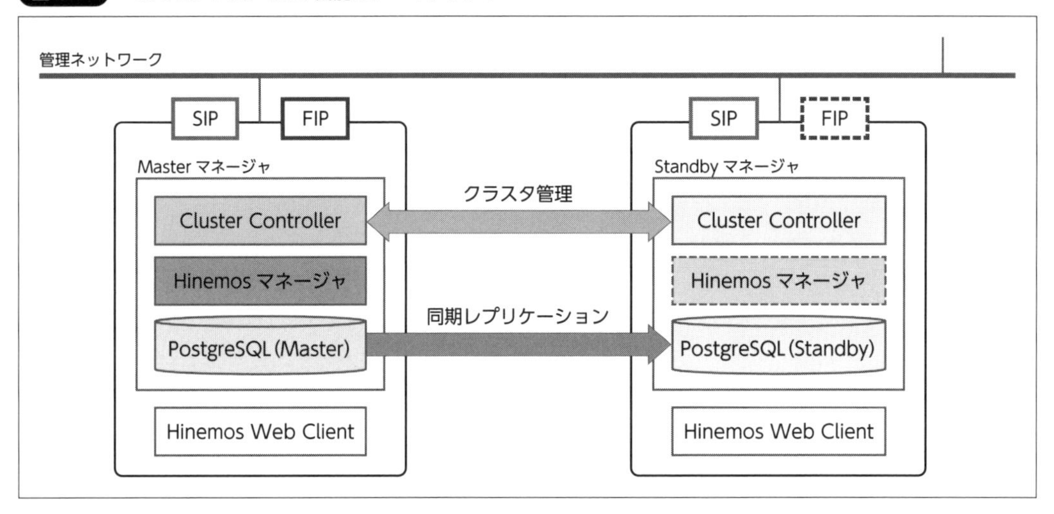

表9.8　Hinemosのミッションクリティカル機能

Hinemosコンポーネント	機能概要
Hinemosマネージャ	Hinemosの運用管理機能の中枢となるアプリケーションプロセスであり、Master サーバだけで動作する
PostgreSQL	Hinemosの内部DBでMaster/Standbyの両系で動作する。Masterサーバ上で主系が動作し、同期レプリケーションによってStandbyサーバにデータ同期する
Cluster Controller	Master/Standbyの両系で動作するミッションクリティカル機能の管理プロセス。詳細は次のコラムを参照
SIP (Static IP Address)	Master/Standbyの両系のネットワークインタフェースに付与された固定IPアドレス
FIP (Floating IP Address)	Masterに付与されるフローティングIPアドレス
Hinemos Web Client	Hinemosの管理クライアント

COLUMN

Cluster Controller の役割

Cluster Controllerは、Hinemosマネージャ専用のクラスタリングソフト相当の機能に該当します。Cluster Controllerは次の機能を持ちます。

- **HA構成管理**
- **マネージャ上のリソース管理**
- **監視機能の可用性向上**

各機能の概要は次のとおりです。

- **HA構成管理**
  Masterサーバおよび Standbyサーバを決定し、再起動時には最後にMasterサーバとして停止したマネージャをMasterとして起動するように制御します。また、Master/Standbyサーバの間でハートビート通信およびステートフルセッションを用いた障害検知を行い、Standbyサーバが Masterサーバの異常を検知した場合、フェイルオーバを発動します。

- **マネージャ上のリソース管理**
  Master/Standbyサーバのプロセス制御およびFIPの付与・解除を行います。また、ネットワーク、ファイルシステム、PostgreSQL、マネージャのヘルスチェックを実施し、正常に機能しているかを判断します。

- **監視機能の可用性向上**
  ジョブ機能ではありませんが、Hinemosの監視機能の可用性向上を行います。監視対象から送信されるsyslog、snmptrapおよびカスタムトラップを取りこぼさないように、Cluster Controllerが一時的な受信機構としてバッファリングし、Hinemosマネージャ(JavaVM)に確実に転送します。

ミッションクリティカル機能の特徴

ミッションクリティカル機能の特徴は次のとおりです。

- **クラスタリングソフトの追加費用が不要**
  ミッションクリティカル機能は、Hinemosに最適化された独自の方式となっていますので、クラスタリングソフトは不要となります。

- **共有ディスクの追加費用が不要**
  ミッションクリティカル機能は、ソフトウェアにより、データベースのデータ同期を行うため、共有ディスクは不要となります。

- **基盤要件がHinemosマネージャが稼働するサーバを2台用意するだけ**
  ミッションクリティカル機能は、Hinemosマネージャが稼働する2台のサーバ(物理サーバまたは仮想サーバ)があれば構成可能です。

- **設計・構築時のSE・CEコストを削減**
  ミッションクリティカル機能では、クラスタリングソフトや共有ディスクの設計・構築が不要であり、ミッションクリティカル機能のインストーラを実行するだけで、Hinemosマネージャの冗長化構成の構築が可能です。

- **障害発生時にもワンストップサポート**
  ミッションクリティカル機能では、クラスタリングソフトや共有ディスクが不要となるため、それぞれのサポートに問い合わせる必要がなく、Hinemosのサポートでのワンストップの対応が可能です。

- **マルチプラットフォーム対応**
  ミッションクリティカル機能では、オンプレミス環境、Amazon Web Services(AWS)環境、Microsoft Azure環境、VMware vSphere環境、Hyper-V環境などのプラットフォームに対応しています。

一般的なクラスタリングソフトと共有ディスクによる冗長化構成と比較した場合、ミッションクリティカル機能は、ソフトウェア・ハードウェアの追加費用とエンジニアの作業工数を大幅に削減することが可能です。

ミッションクリティカル機能で対応可能な障害

ミッションクリティカル機能ではさまざまな障害を検知し、自動切替が可能です。対応可能な障害は**表9.9**のとおりです。

表9.9　ミッションクリティカル機能で対応可能な障害

障害種別	障害パターン例
サーバ障害	サーバの電源OFF、OSシャットダウン、OS再起動、OS機能不全
ネットワーク障害	ネットワーク切断、ネットワークインタフェース停止、ネットワークインタフェース再起動、ネットワークインタフェース故障
ディスク障害	ファイルシステム容量不足、ファイルシステム故障
プロセス障害	PostgreSQL応答なし、Hinemosマネージャ（JavaVM）応答なし、Cluster Controllerの異常停止

復旧（切り戻し）が簡易に実施可能

Hinemosのミッションクリティカル機能では、障害発生後の片系運転からの両系運転への切り戻しをオンラインで実現可能です。片系運転状態から両系運転に復旧する場合も、復旧コマンドを実行するだけです。複数の障害パターンに対して、提供している復旧コマンドが1つだけとなっているため、シンプルな手順で復旧可能です。

COLUMN　Amazon Web Services環境での注意事項

Hinemosのミッションクリティカル機能は、Amazon Web Services（AWS）のアベイラビリティゾーン（AZ）障害にも対応すべく、MasterとStanbyのマネージャを異なるAZに配置できます。AWS環境では、FIPは自身が存在するVPCのVPC CIDRアドレス範囲外を指定し、自身が存在するVPCのルーティングテーブルによってFIPとの通信をMasterのネットワークインタフェースへルーティングしています。

複数のVPC環境をVPCピアリング接続したりAWS Direct Connectによって接続しているような環境では、Hinemosマネージャと同じVPCに存在する管理対象ノードではFIPに接続できますが、Hinemosマネージャとは異なるVPCに存在する管理対象ノードではFIPへのルーティングが行われず接続できません。このため、このようなVPCをまたがるAWS環境ではFIPを利用するような冗長化方式を取ることができないため、利用できないクラスタリングソフトも存在します。

Hinemosのミッションクリティカル機能では、SIP方式によりこのような環境でも利用できます。SIP方式はMaster/Standbyの固定IPアドレスを接続先として設定するため、異なるVPC環境間での接続も可能となります。

COLUMN **Microsoft Azure 環境での注意事項**

Microsoft Azureにて、ミッションクリティカル機能でFIPを管理する場合、Azure CLIによる「IP構成」の変更が必要になります。しかし、この「IP構成」の変更を実行するAzure CLIの動作が遅いため、切り替えに長い時間がかかってしまいます。そのため、Microsoft Azure環境では、Azure CLIを実行する必要のないSIP方式となっています。

9.6 さまざまなメンテナンス作業

Hinemosを長期間安定して使用するためには、定期的なメンテナンスが重要です。本節では、次の主要な3つのメンテナンス運用について、その目的と設計の考え方を説明します。

① 履歴情報の管理
② 性能劣化の対応
③ ログファイルの管理

9.6.1 履歴情報の管理

Hinemosマネージャでは、監視結果、性能情報、ジョブ実行結果などの履歴情報は内部データベースに蓄えられます(内部データベースはPostgreSQL)。システム運用に課される要件として履歴情報を1年間保存するケースが多く見受けられますが、履歴情報を内部データベースに保存すると、Hinemosマネージャサーバのディスク容量を圧迫することになります。また、データベースの性質上、大量のデータが蓄積された状態ではアクセス性能が少しずつ劣化しますし、内部データベースのバックアップのファイルサイズが大きくなり、バックアップやリストアに要する時間も長くなることが考えられます。

しかし、Hinemosクライアントから即時性を持って参照する必要があるのは概ね直近3ヵ月くらいの履歴情報となるため、内部データベースには一定期間(3ヵ月程度)の履歴情報だけを保存し、定期的なバックアップや、レポーティング機能の利用、履歴情報のエクスポート、転送機能による外部ツールへの転送などで、内部データベースへの保存を別途補完し、トータルで「履歴情報の1年間保存」を達成する運用が多いです。

上記を踏まえた履歴情報の運用イメージは次のとおりです。

履歴情報の内部データベースでの保存期間
保存期間：3ヵ月

Hinemosマネージャの履歴情報の保存期間については、履歴削除機能で設定することになります(**図9.43**)。

図9.43　［履歴削除［作成・変更］］ダイアログ

履歴削除機能で作成できる履歴情報削除のメンテナンス種別や処理内容、保存期間の詳細は、「Hinemos ver.7.0 基本機能マニュアル 4.5.1.1 履歴削除の概要」を参照してください。

履歴情報のバックアップ
取得間隔：日次取得
保存期間：１週間〜1ヵ月

Hinemosでは、履歴情報は内部データベースに保存されます。そのため、履歴情報のバックアップとして、内部データベースのバックアップを取得することになります。また、内部データベースのバックアップは、Hinemosマネージャ動作中に取得できます。つまり、オンラインバックアップが可能です。

バックアップの取得間隔ですが、故障発生時にどの時点までのデータの損失を許容するのかの要件によりますが、あまり高頻度でバックアップを取得しても管理の手間となるため、日次で取得する運用が多いです。

Hinemosの内部データベースのバックアップを取得する方法として、メンテナンススクリプトにてデータベースのバックアップ機能が用意されています(以降、バックアップスクリプト)。このバックアップスクリプトを実行することでバックアップの取得が可能です。バックアップの取得時間は内部データベースのサイズにもよりますが、数秒から数分かかります。

オンラインバックアップが可能なため、Hinemosによる運用管理業務の状況を意識せずに、ジョブ等を利用し自動的にバックアップを取得できます。

バックアップスクリプトの実行方法の詳細は、「Hinemos ver.7.0 基本機能マニュアル 4.5.3.3.3 データベースのバックアップ」を参照してください。

なお、バックアップをリストアすると、履歴情報＋設定をセットでリストアできます。設定のバックアップについては、バックアップの取得だけに頼るのではなく、設定インポートエクスポート機能を利用して定義情報を別途管理(変更管理)することが重要となります。

履歴情報のエクスポート
エクスポート間隔：月次(月初2日あたりに、前月分の履歴情報をエクスポート出力)

Hinemosでは、内部データベースに保存された履歴情報をエクスポートすることが可能です。また、履歴情報のエクスポートは、Hinemosマネージャ動作中に実行できます。

Hinemosでは、履歴情報のエクスポート方法として、メンテナンススクリプトにてデータのエクスポート機能が用意されています(以降、エクスポートスクリプト)。このエクスポートスクリプトを実行することで履歴情報のエクスポートが可能です。

オンラインでエクスポートが可能なため、Hinemosによる運用管理業務の状況を意識せずに、ジョブ等を利用し自動的に履歴情報のエクスポートができます。

エクスポートスクリプトの実行方法の詳細は、「Hinemos ver.7.0 基本機能マニュアル 4.5.3.3.9 データのエクスポート」を参照してください。また、エクスポートスクリプトおよび履歴情報の外部保存方法については、「8.3　外部への出力」も参照してください。

COLUMN **バックアップの対象ファイル**

Hinemosマネージャを動作させているサーバのOSやハードウェアの障害に対して、定期的にHinemosマネージャのバックアップを取得するのは非常に有効です。また、バックアップを取っていれば、設定データを以前の状態に戻す場合にも便利です。

Hinemosマネージャのバックアップの対象ファイルとしては主に次の3つがあります。

- 内部データベースのバックアップ
  hinemos_pgdump.YYYY-MM-DD_HHmmss

- 設定ファイル
  Linux：/opt/hinemos/etc/配下のファイル一式
  Windows：C:\Program Files\Hinemos\manager7.0\etc\配下のファイル一式

  ※設定ファイルはHinemosマネージャインストール時に設定されるものを後日利用者が編集するものになるため、ファイルの設定変更を行ったタイミングに加えて、月単位などの長いローテーション期間でファイルのバックアップを取得するだけで問題ありません。

- ログファイル
  Linux：/opt/hinemos/var/log/配下のファイル一式
  Windows：C:\ProgramData\Hinemos\manager7.0\log\配下のファイル一式

9.6.2 性能劣化の対応

Hinemosマネージャの内部データベースは、履歴情報の蓄積や古い履歴情報の削除を繰り返していると、インデックスやテーブルのフラグメントが発生し、徐々にアクセス性能が劣化していきます。また、障害発生時のメッセージラッシュでイベントが突発的に大量に出力され、履歴削除機能によりそれらが一度にすべて削除された場合は、データファイルのフラグメントが大量に発生します。このような、データベースがフラグメントした状態では、アクセス性能が低下してしまいます。

そのため、半年、もしくは1年に1回程度の頻度で、Hinemosの内部データベースの再構成を実施してください。Hinemosマネージャでは内部データベースの再構成を行う方法として、メンテナンススクリプトにてデータベースの再構成機能を提供しています(以降、再構成スクリプト)(**表9.10**)。

表9.10 再構成スクリプト

OS	スクリプト名
Linux	hinemos_cluster_db.sh
Windows	hinemos_cluster_db.ps1

Linux環境で再構成を実行する手順は次のようになります(**図9.44**)。

図9.44 再構成スクリプトの実行例(Linux)

```
(root)# /opt/hinemos/sbin/mng/hinemos_cluster_db.sh
input a password of Hinemos RDBM Server (default 'hinemos') :
executing reorganize tables for Hinemos RDBMS Server (PostgreSQL).
successful in executing reclaim database.
```

Hinemosマネージャの内部データベースの再構成は無停止で実施することが可能です。そのため、Hinemosのジョブとして再構成を行うジョブを作成し、定期実行を管理することを推奨します。

内部データベースの再構成には、データベースサイズとフラグメントの状態によって、数分から数十分かかることもあります。また、実行時は、現在の内部データベース(/opt/hinemos/var/data配下)の2倍のディスク容量が必要になります。実行する際はディスクの空き容量に注意してください。

Hinemosマネージャの内部データベースの再構成の詳細は、「Hinemos ver.7.0 基本機能マニュアル 4.5.3.3.2 データベースの再構成」を参照してください。

COLUMN 再構成の仕組み

再構成スクリプトでは、内部データベース(PostgreSQL)の再構成に「pg_repack」を使用しています。pg_repackはPostgreSQLの拡張の1つで、肥大化したテーブルやインデックスの再編成を、オンライン中に効率的に実行することが可能です。

pg_repackの詳細については、次のURLを参照してください。

https://reorg.github.io/pg_repack/jp/

なお、再構成スクリプトを「-F」オプションを指定して実行することにより、VACUUM FULLによる再構成を行うことが可能です。ただし、「-F」オプションを指定する場合、Hinemosマネージャを停止する必要があります。

「-F」オプションを指定した場合と、同オプションを指定しない場合とでは、基本的に再構成の実行結果は同等の結果となります。

9.6.3 ログファイルの管理

Hinemosの各コンポーネントでは、動作中に各種ログファイルが出力されます。これらログファイルの管理方法を説明します。

Hinemos のログファイル

Hinemosの各コンポーネント(Hinemosマネージャ、Hinemosエージェント、HinemosWebクライアント)の各種ログファイルは**表9.11**のフォルダに出力されます。これらのフォルダに出力されるログファイルが管理対象となります。

表9.11 Hinemosのログ出力先一覧

Hinemosコンポーネント	ログの出力先
Hinemosマネージャ (Linux)	/opt/hinemos/var/log/
Hinemosマネージャ (Windows)	C:\ProgramData\Hinemos\manager7.0\log
Hinemosエージェント (Linux)	/opt/hinemos_agent/var/log/
Hinemosエージェント (Windows)	<Hinemosエージェントのインストールフォルダ>\var\log\
HinemosWebクライアント (Linux)	/opt/hinemos_web/var/log/
HinemosWebクライアント (Windows)	C:\ProgramData\Hinemos\web7.0\log\

Hinemosマネージャのログファイルには動作ログやログイン証跡等の監査証跡となるログなどが出力されます。Hinemosエージェントのログファイルにはジョブ実行時のコマンド等のログが出力されます。

Hinemosのログファイルの詳細は、「Hinemos ver.7.0 基本機能マニュアル 8.1 Hinemosが出力するログ」を参照してください。

ログローテートの仕組み

■ Hinemos マネージャおよび HinemosWeb クライアントのログローテート

HinemosマネージャおよびHinemosWebクライアントの各種ログはデフォルトで日次ローテートを行い、Linux版の場合、毎日ログファイルが/opt/hinemos/var/log/フォルダ配下および/opt/hinemos_web/var/log/フォルダ配下に作成され続けます。

HinemosマネージャおよびHinemosWebクライアントでは、最終更新日から一定の期間(31日)経過したログファイルを削除するスクリプトが用意されています。

Linux版のHinemosではcronに削除スクリプトを登録することにより定期的にログを削除します。Windows版のHinemosではタスクスケジューラに登録することによって定期的にログを削除するようにします(**表9.12**)。

表9.12　Hinemosのログファイル削除スクリプト

Hinemosコンポーネント	スクリプトの格納先
Hinemosマネージャ（Linux）	/opt/hinemos/contrib/hinemos_manager
Hinemosマネージャ（Windows）	C:\Program Files\Hinemos\manager7.0\contrib\hinemos_manager.ps1
HinemosWebクライアント（Linux）	/opt/hinemos_web/contrib/hinemos_web
HinemosWebクライアント（Windows）	C:\Program Files\Hinemos\web7.0\contrib\hinemos_web.ps1

HinemosマネージャおよびHinemosWebクライアントのログファイルの削除については、「Hinemos ver.7.0 基本機能マニュアル 4.5.3.4 ログファイルの削除」を参照してください。

■ Hinemos エージェントのログローテート

Hinemosエージェントのログはlog4jの機能を利用してローテーションしております。デフォルトでサイズ上限(20MB)が定められており、カレントログを含めて最大5世代をローテーションします。Hinemosエージェントのログの定期削除を設定する必要はありません。また、ログの長期保存などの運用要件がある場合は、**表9.13**の設定ファイルを修正して、ログの保存期間や出力方法を変更できます。

表9.13　Hinemosエージェントのログファイル設定ファイル

OS	プロパティファイル
Linux	/opt/hinemos_agent/conf/log4j2.properties
Windows	<Hinemosエージェントのインストールフォルダ>\conf\log4j2.properties

Hinemosエージェントのログファイルのローテートの変更については、「Hinemos ver.7.0 基本機能マニュアル 8.1.3.2 Hinemosエージェントのログファイルの設定を変更する」を参照してください。

COLUMN ｜ ログローテーションのデフォルトの動作の違いの理由

Hinemosマネージャと異なり、Hinemosエージェントのログがデフォルトでローテーションで管理する方式になっているのは、まさに「エージェント」として多種多様な環境にインストールする必要があるからです。

Hinemosマネージャは運用管理サーバとして設計をしっかり進めることができますが、いわゆる「エージェント」は、いかに手間がなく安全に導入できるかが求められます。たとえば、ログ削除運用の設定漏れがあったり、想定より大容量のログファイルが生成されたとすると、システムに多大な影響を与える可能性があります。

一方で、正しくログ運用が行われる環境の場合は、要件に定められた保存期間のログを残すため、日単位でログを切り替え、一定の期間を経過したログファイルを削除するような設定を推奨します。

ログファイルのバックアップ

Hinemosの各コンポーネントが出力するログファイルを1年間保存する要件がある場合、Hinemosの各コンポーネントのフォルダに1年間保存すると、サーバのディスク容量を圧迫します。そのため、Hinemosの各コンポーネントのフォルダには短期間(31日など)の保存とし、長期間の保存は定期的にログファイルをバックアップボリュームに退避するなどサーバのディスク容量を圧迫しない方法をご検討ください。

9.7 クラウドの運用管理

本節では、Amazon Web Services(AWS)やMicrosoft Azure(Azure)といったパブリッククラウド環境の運用管理の課題と解決方法について説明します。本節も実践形式ではなく、読み物としてご覧ください。

今や一般的になったパブリッククラウドは非常に便利ですが、オンプレミス環境のときと同じ運用機能・運用体制のままでは運用コストが増大し、それが原因でクラウドの特長を活かせなくなるという本末転倒な事態に陥る可能性があります。

これがどういったことなのかを、次の3つのステップを踏んで解説します。

- **運用管理製品の課題**
- **クラウドの特徴**
- **クラウド運用の課題と解決**

9.7.1 運用管理製品の課題

これまでオンプレミス環境を対象としてきた既存の運用管理製品は、クラウド対応において次の4つの技術的な課題を抱えています。この課題はクラウド運用を考える上で非常に重要なので1つ1つ解説します(**図9.45**)。

図9.45 クラウド環境の運用管理製品の課題

クラウド上の動作サポート	運用管理製品が対象クラウド上で**動作サポートされていない**
クラウド上の可用性構成	運用管理製品が対象クラウド上で**クラスタ構成を組めない**
クラウド上のライセンス費用	リソースを柔軟に変更できるのに**ライセンスが複雑・高額**
クラウドの特徴への対応	オンプレミス・仮想化環境と違う**クラウド専用の運用が必要**

課題①動作サポート

オンプレミス環境では意識することが無かったことですが、運用管理製品がパブリッククラウド上で動作サポートされるか、という点が課題になります。これは運用管理製品が、動作OSやネットワークといったさまざまなインフラ的な要件をクリアする必要があるという特長的な製品だからです。そのため、運用の効率化・自動化や機能の有無といった話以前で、当該製品が採用できるか否かという非常に大きな問題に直結します。実際に、パブリッククラウド登場当時は、クラウド対応を謳う運用管理製品が非常に少なく、結果としてパブリッククラウド採用を見送る案件も多く存在しました。

Hinemosは、AWSやAzureを始めとするさまざまなクラウドでの動作をサポートしています。

課題②クラウド上の可用性構成

ジョブ管理の停止はシステム運用に大きな影響を与えるため、パブリッククラウド上のジョブ管理においても高可用性が求められます。しかし、古典的なクラスタ構成と運用管理製品の製品特性の2つを根本とする問題により、パブリッククラウドにおいて運用管理製品の可用性をとることは非常に難しいです。これは、前述の①の動作サポートと合わせて、パブリッククラウド登場当時の運用管理製品の採用が見送られる大きな課題でした。

この課題の原因となる4つの問題を紹介します(図9.46)。

図9.46　クラウド上の可用性構成の問題

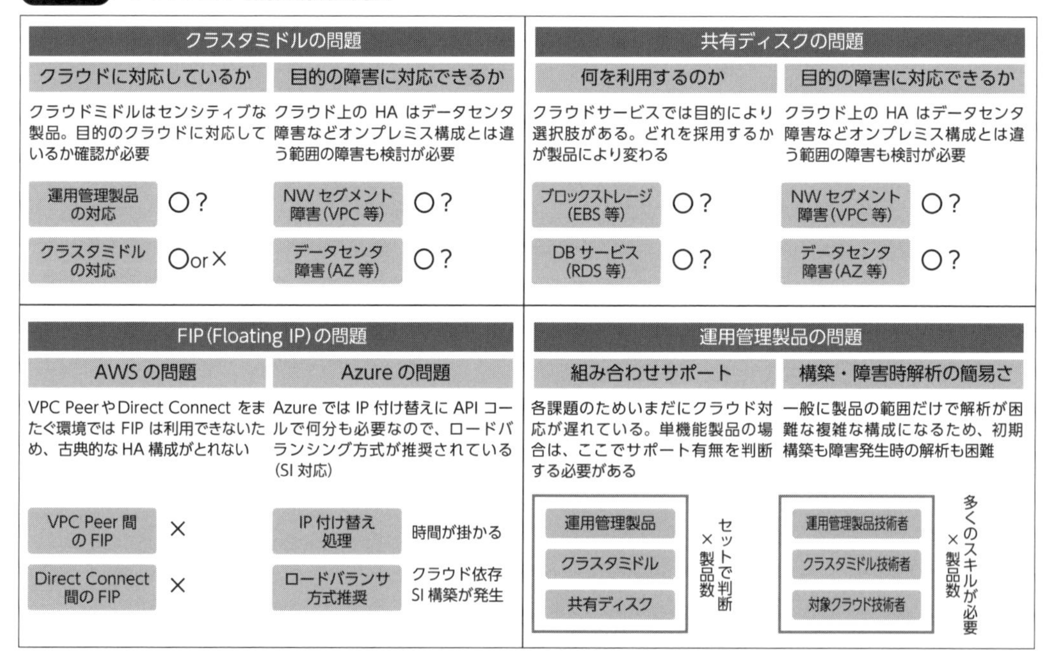

(1)クラスタミドルの問題

古典的なクラスタ構成では、可用性構成を採用するにはクラスタミドルウェアが必要になります。つまり、運用管理製品をクラスタ化するクラスタミドルウェアが、“パブリッククラウド上で動作サポートされており”、そして“パブリッククラウド特有の障害(データセンタ障害等)にも対応している”

必要があります。

(2)共有ディスクの問題

古典的なクラスタ構成では、共有ディスクが必要になります。つまり、パブリッククラウドでこの構成を採用するには、この共有ディスクをどのクラウドサービス(ブロックストレージやデータベース等)で実現するのかという問題が出てきます。

(3)FIPの問題

古典的なクラスタ構成では、フローティングIPアドレス(FIP)を使用して、外部からの通信をマスタサーバに対して行います。また、運用管理製品の製品特性として、システムのあらゆるネットワーク上のサーバにある運用管理エージェントから、運用管理マネージャと通信するというものがあります。これだけ見ると当たり前のようですが、これがパブリッククラウド上ではクラスタ構成の実現が困難な問題になります。詳しくは、9.5節のコラム「Amazon Web Services環境での注意事項」と「Microsoft Azure環境での注意事項」に記載しています。

(4)運用管理製品の問題

これは古典的なクラスタ構成がトータルで持つ問題そのものです。古典的なクラスタ構成を組むためには、運用管理製品だけではなく、クラスタミドルと共有ディスクをそれぞれ別で用意し、これらを組み合わせて構築する必要があります。

つまり、この構成全体がサポートされるのかという問題、そして何か障害が発生した際にパブリッククラウドを含めてどこが故障原因かを調査することが非常に難しいという問題が存在します。

Hinemosは、"9.5.2 Hinemosマネージャの冗長化"で紹介したHienmosミッションクリティカル機能により、これらの課題をすべて解決します。

課題③クラウド上のライセンス費用

パブリッククラウドのメリットの1つにサーバ(インスタンス)のスケールアップ・ダウンやスケールアウト・インが簡易に行えるという点があります。しかし、既存の運用管理製品のライセンス体系は、このメリットに逆行しています。いわゆる監視製品は監視対象台数に、いわゆるジョブ管理製品はCPUコア数にライセンス費用がスケールします。つまり、スケールアップ・ダウンやスケールアウト・インにより運用管理製品のライセンス費用が変動します。こんな条件では、クラウドのメリットを活用し辛くなります。

Hinemosサブスクリプションの費用は、監視対象台数やCPUコア数に影響しないため、パブリッククラウドのメリットを安心して活用できます。

課題④クラウドの特徴への対応

パブリッククラウドではオンプレミス環境とは異なり、さまざまな機能的な特徴があります。そのため、この特徴に対応する運用機能がないと、運用そのものが煩雑化し運用コストの増大に繋がります。これについては、次節「9.7.2　クラウドの特徴」で紹介します。

COLUMN **クラウド専用 OS への対応**

クラウド環境においてはOSベンダが提供しているOSはアップデートやセキュリティパッチの提供がオンプレミス環境よりワンテンポ遅くなります。OSベンダによるアップデートやセキュリティパッチを提供後、クラウドベンダが検証してからクラウド環境のOSにアップデートやセキュリティパッチが適用されるためです。

クラウド環境で一番早くアップデートやセキュリティパッチが提供されるのはクラウドベンダが提供しているクラウド専用OS(例：AWSではAmazon Linux)です。そのため、高いセキュリティ要件のある場合には、積極的にこのクラウド専用OSを採用したりします。

こういったシステムの運用管理を行うには、運用管理製品の動作OSとしてもクラウド専用OSに対応する必要がありますが、Hinemosはこういった OSにも積極的に対応を進めています。

9.7.2 クラウドの特徴

次に、運用管理製品の課題の1つでもあり、クラウド運用の課題に大きく関わる"クラウドの特徴"を紹介します。パブリッククラウドを採用することによるメリットを享受するためには、このクラウドの特徴を踏まえた運用管理が必達です。

クラウドの特徴は**図9.47**の4つからなります。少し概念的な内容になりますが、ポイントとなる部分を解説します。

図9.47 クラウドの特徴

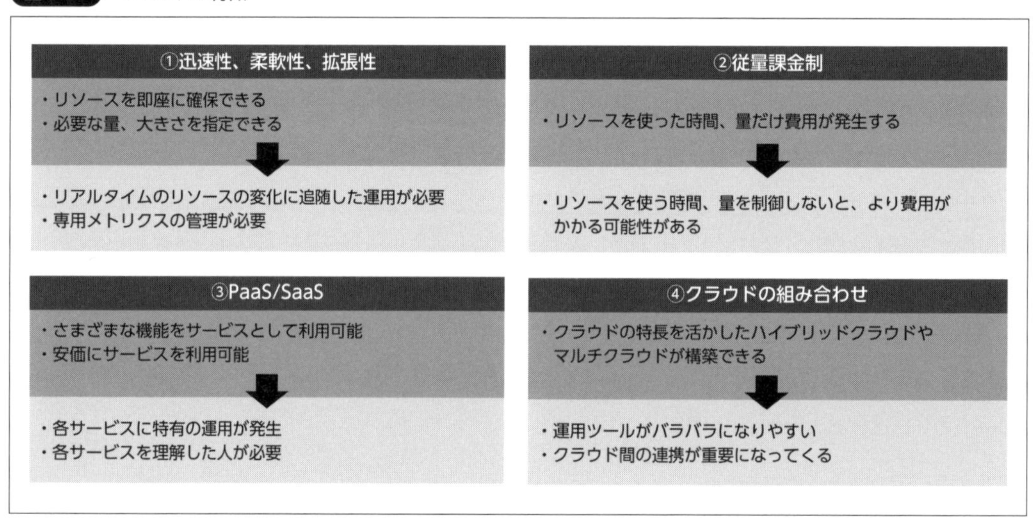

- **特徴①迅速性、柔軟性、拡張性**

  サーバなどのリソースを即座に確保し、それも必要な量、大きさを指定できることが特徴です。そのため、リアルタイムのリソースの変化に追随した運用が必要であり、またクラウド専用リソース向けの専用のメトリクスの管理が必要になります。

- 特徴②従量課金制
  サーバなどのリソースを使った時間、量だけ費用が発生することが特徴です。そのため、リソースを使う時間、量を制御しないと、クラウド費用が大きくかかる可能性があります。

- 特徴③PaaS/SaaS
  さまざまな機能をPaaS(Platform as a Service)やSaaS(Software as a Service)として安価に利用可能です。そのため、各サービスを理解し、そして各サービスに特有の運用にも対応が必要となります。

- 特徴④クラウドの組み合わせ
  各クラウドの特長を活かしたハイブリッドクラウドやマルチクラウドが構築できるメリットがあります。その結果、クラウドごとに運用管理製品がバラバラになったり、クラウド間の連携の仕組みが必要になります。

Hinemosは、このクラウドの特徴に対応するクラウド管理機能を提供しています。

9.7.3 クラウド運用の課題と解決

最後に、クラウドの特徴を踏まえたクラウド運用の課題と、Hinemosにより簡単に解決できることを紹介します。Hinemosによる解決は、クラウド管理機能が担います。

クラウド運用においては監視も重要なファクターですが、本書はジョブ管理・自動化がメインのターゲットのため、今回は自動化に絞って解説します。

クラウド環境の自動化に関する課題は、次の3点です。

①変化する環境への自動対応

先ほど特徴①で紹介したとおり、サーバなどのリソースをスケールアウト・インが簡単に可能です。環境の変化のたびに1つ1つこれを確認し、監視やジョブの実行対象として手動で運用管理製品に設定することは、運用コストの増大に直結します。そのため、環境変化の自動検出が求められます(図9.48)。

図9.48 環境変化の自動検出

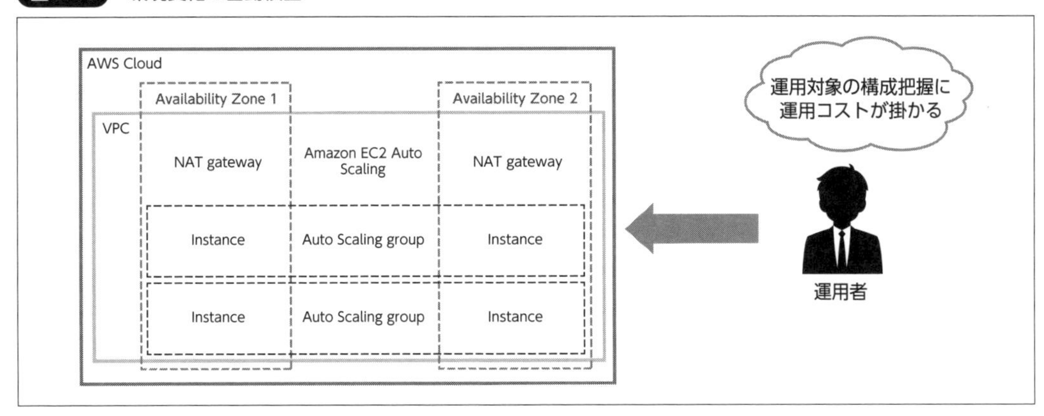

ただ、自動検出できたからといって直ちに監視やジョブが実行できるわけではありません。検出したものが、WebサーバなのかAPサーバなのかといったサーバの属性の識別がなされないと、どういった監視やジョブを行うべきか判断できません(**図9.49**)。

図9.49　検出対象の識別

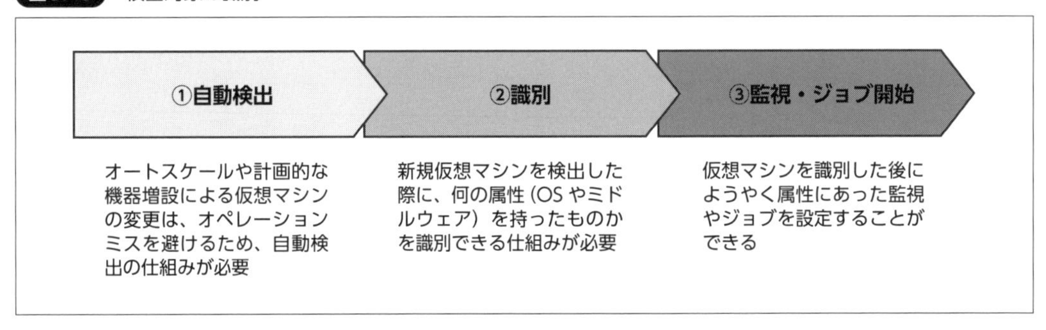

Hinemosでは、変化したリソースを自動検出し、それを識別することで、変化したリソースに対する監視やジョブの実行を自動化できます。変化したリソースの自動検出や識別はクラウド管理機能で行いますが、監視やジョブの実行の自動化を実現するのに大きく貢献するのがリポジトリ機能です。Hinemosの特徴は、監視やジョブの実行対象をスコープでグルーピングやカテゴライズできることです。スコープに割り当てられるノード数(サーバ数)が変化しても、監視やジョブの設定をスコープを対象にしておくことでその設定を変更する必要がなくなります。自動検出後の識別は、検出したリソースをタグを使って任意のスコープに割り当てることで実現しています(**図9.50**、**図9.51**)。

図9.50　リソースの自動検知機能

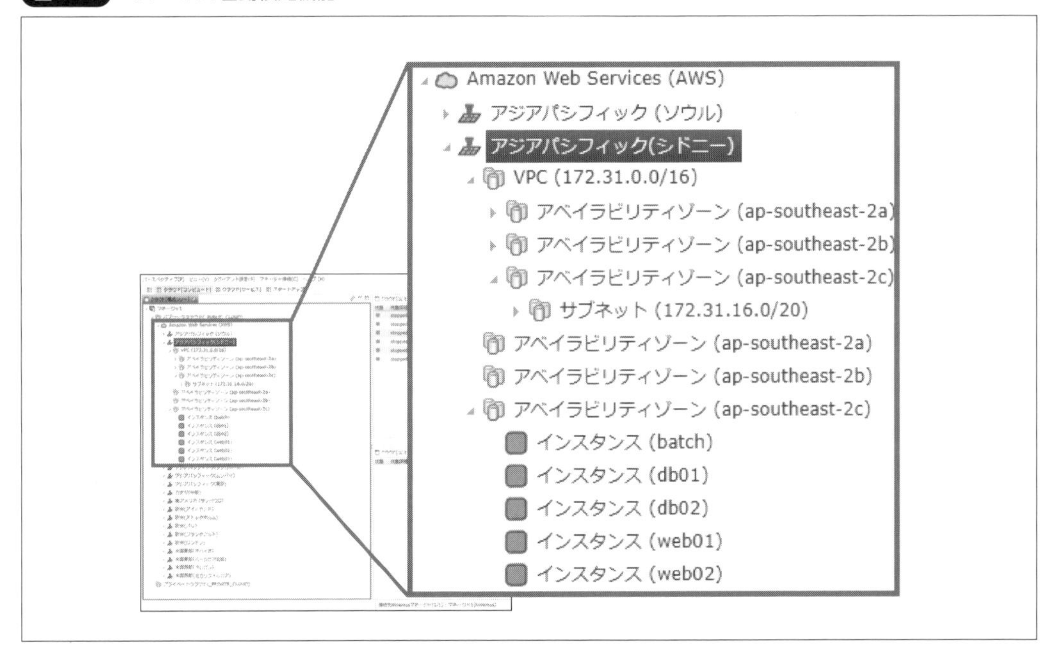

図9.51 タグ情報による自動割り当て

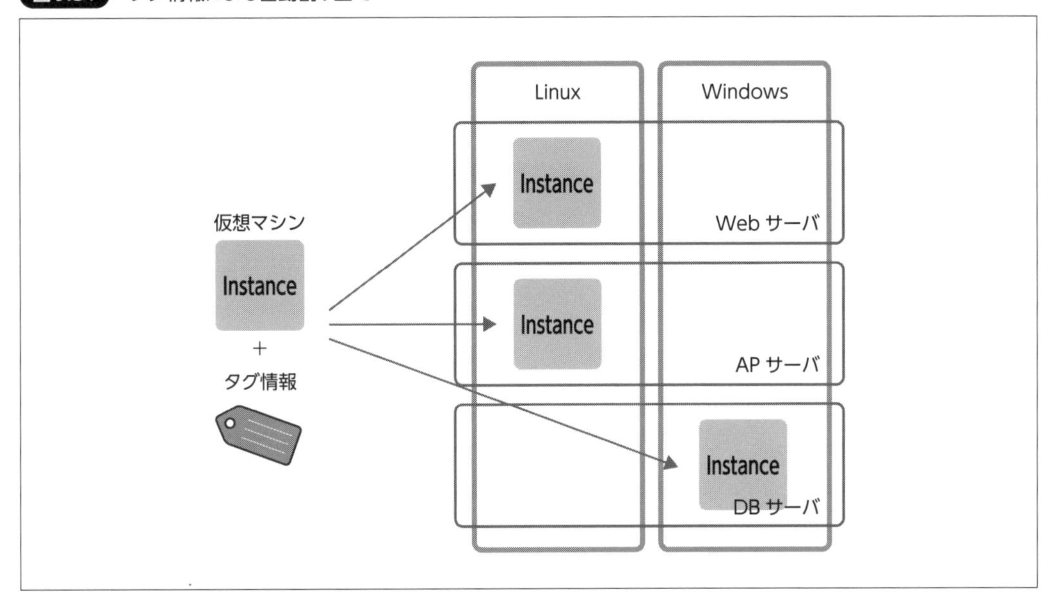

1
2
3
4
5
6
7
8
9

②業務フローの中でのリソース制御

先ほど特徴②で紹介したとおり、クラウドではリソースを使った時間と量だけ費用が発生するため、不要な時間にサーバを停止するなどして無駄な支出を抑えることを考えます。

クラウド上のサーバをスケジュール的に起動・停止する仕組みはいろいろとありますが、一般にはこういった処理は単発で実施するものではなく、サービス閉塞に伴うバックアップ等のメンテナンス処理や、サービス開放に伴うネットワークの開放などの基盤運用や業務フローの制御とセットになります。

Hinemosでは、仮想マシンやストレージ操作の操作を簡易にジョブネットに組み込むことができます。この詳細は、「7.7 クラウド制御（リソース制御ジョブ）」で紹介しています。

③ハイブリッドクラウドの運用自動化

1つのクラウド内に閉じた連携であれば、クラウドの機能だけを使用した自動化の選択肢があります。しかし、先ほど特徴④で紹介したとおり、クラウドをまたがる運用自動化には、クラウドをまたがっての双方向の連携を、不要な運用管理製品の乱立を行わずに行う必要があります。

Hinemosでは複数のクラウドをまたがっての双方向の連携が可能です。**図9.52**はAWSとAzureをまたがった双方向の通知の例ですが、各クラウドからの通知をHinemosに集約し、Hinemosがクラウド間のブリッジを行うことでシームレスな自動化を実現可能です。

図9.52　クラウド双方向通知

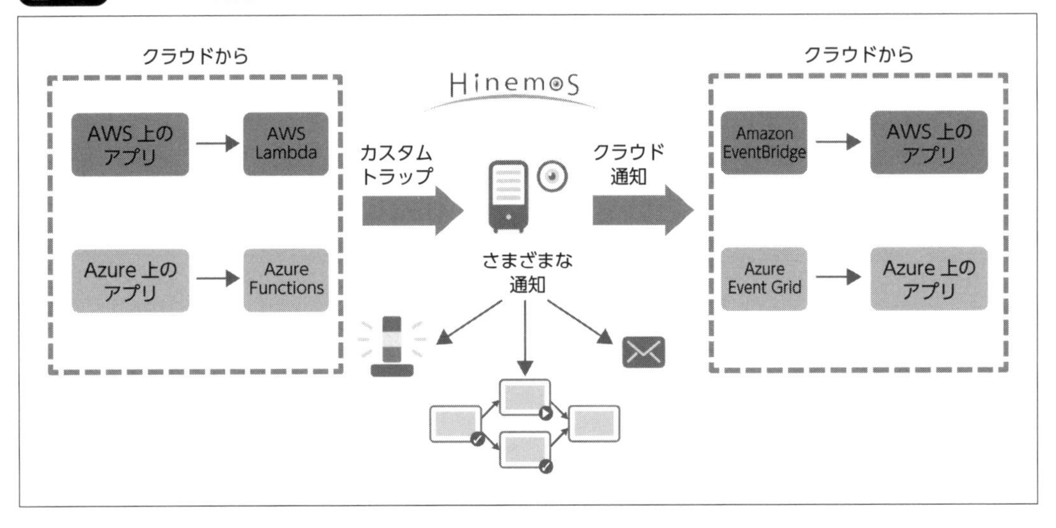

COLUMN　リソース制御によるコスト削減効果

AWSやAzureをIaaS用途で使用すると、そのクラウドのコストの多くはサーバ(EC2や仮想マシン)の使用料金になります。サーバ使用料金の仕組みは、おおよそ次の計算式で算出します。

サーバ使用料金の仕組み(概算)＝インスタンス数×インスタンスタイプ×時間

では、リソース制御を行って、不要な時間にサーバを停止することができると、どの程度クラウドのコストに影響するか見てみましょう。

- **土日に停止できれば約70%に料金削減**
  月〜金の利用＝5日÷7日≒70%
- **さらに営業時間を8時〜24時に限定すれば約50%の料金削減**
  月〜金＆8:00〜24:00の利用＝5日÷7日×16時間÷24時間≒50%

これはクラウドのコストが月額100万円かかるようなシステムの場合、月額50万円程度まで削減が可能なことを示しています。クラウドのリソース制御を導入するだけで、大きな費用削減効果が得られます。

9.8 RPAの運用管理

本節では、RPA環境の運用管理における、運用業務の自動化の課題とその課題にどのように対応すればよいかを説明します。

RPAとは、ロボティック・プロセス・オートメーション(Robotic Process Automation)の略で、ソフトウェアロボットによりPCのGUI操作も含む業務プロセスの自動化を実現する技術です。日本では、WinActorやUiPathが代表的な製品として名前が挙がります。特にWinActorはオフィス作業の自動化に向けても簡単に導入できることから、爆発的に普及しました(**図9.53**)。

図9.53　WinActorの導入の加速

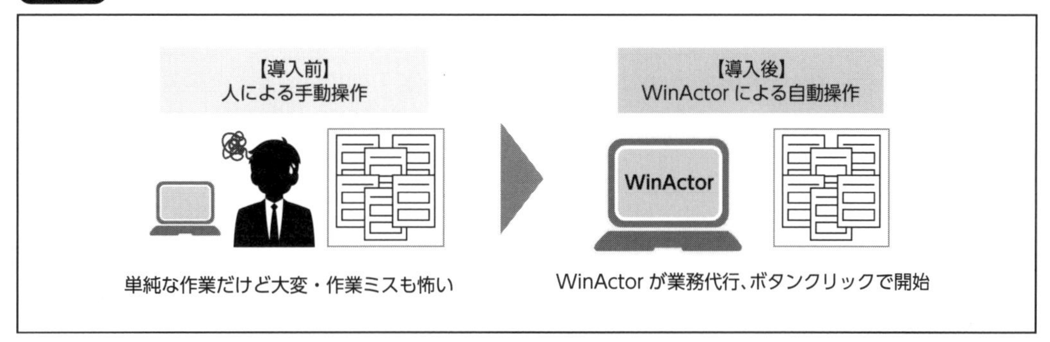

WinActorがオフィス現場で爆発的に普及したことにより、RPA管理には新しい課題が出てきました。それが次の3つの運用管理の負荷です(**図9.54**)。

図9.54　RPA導入の次の悩みは運用管理の負荷

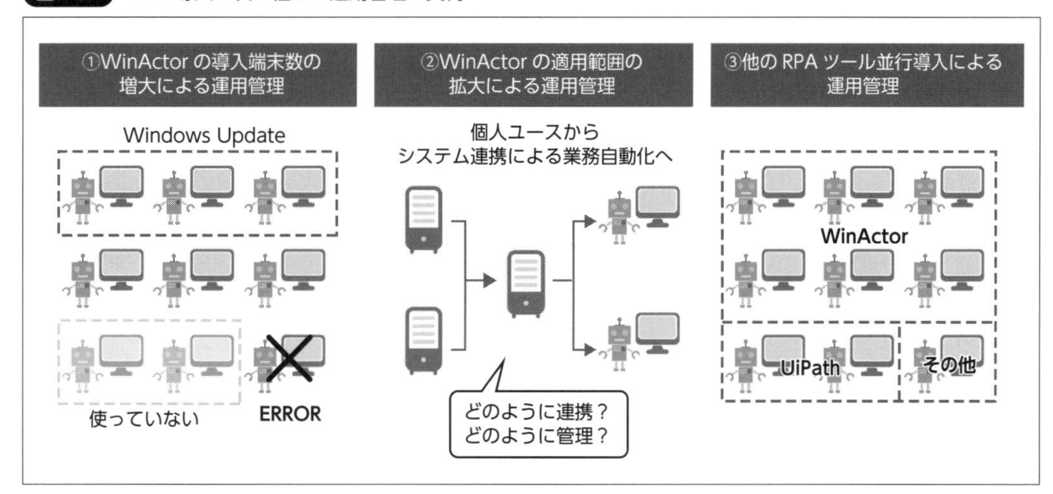

① WinActorの導入端末数の増大による運用管理の負荷
端末数が多くなるだけでシナリオの監視、PC端末の構成情報管理、適正なライセンス数把握が難しくなります。

② WinActorの適用範囲の拡大による運用管理の負荷
個々人の便利ツールとして利用されていたWinActorを業務全体の自動化・効率化のためへと発展させるためにはとても負荷がかかります。

③ 他のRPAツール並行導入による運用管理の負荷
部署や用途の違いによりWinActor以外のRPAツールが混在すると環境を統括的に管理することが難しくなります。

Hinemos自身がRPAの機能を有していませんが、WinActorやUiPathが数多く導入された環境（肥大化したRPA環境）の運用をHinemosが効率化することにより、運用管理の負荷を削減できます。これには、次の3つのステップで実現します（**図9.55**）。

図9.55　肥大化したRPA環境の運用管理の負荷削減のステップ

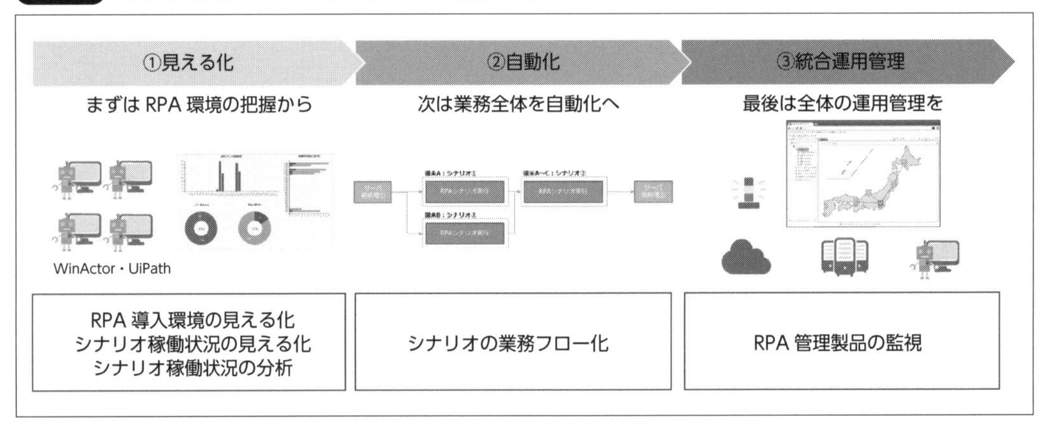

このステップ順に、RPA環境の運用管理の負荷を削減する方法をHinemosのRPA管理機能を使って説明します。すでに肥大化したRPA環境の運用に困っている方だけでなく、これからRPA導入を検討している方もぜひ参考にしてください。

COLUMN | **WinActorとは**

WinActorはNTTアドバンステクノロジ株式会社が開発する日本製のRPA（Robotic Process Automation）ツールです。人間のPC操作（GUIによる操作）を"シナリオ"として記録・自動操作でき、Microsoft Officeなどのソフトウェアとの連携も可能です。

9.8.1 RPA環境の見える化

肥大化したRPA環境の運用改善の最初のステップは「見える化」です。計画外にRPAの導入数を増やしてしまった場合、1つ1つの知りたい情報はシンプルなものであっても、数の暴力によりそれが作業工数的に実施が困難になります。その「今まさに何が起きているか」を簡易に知ることが、具体的な運用改善のアクションに繋がります。

この「見える化」も次の3つの観点で考える必要があります。

(1) RPA導入環境の見える化

ロボットが動作するPC端末の見える化と構成情報管理が重要です。

■ PC端末の見える化（自動検出）

当たり前ですが、どのPC端末にどの製品（WinActorやUiPath）が入っているか、そのバージョンは何か、野良ロボット（想定外の製品やバージョン、ライセンス超過）はないか、といった現状把握が最優先です。

PC端末が増えたり導入する製品が増えると、これを把握するだけも時間がかかりますし、日々の変化を管理するだけでも、非常に多くの時間を使ってしまいます。

Hinemos のRPA管理機能を使用すると、WinActor Manager on CloudやWinDirector、UiPath Orchestratorといった WinActorやUiPathを管理する製品（RPA管理製品）と連携し、RPAロボットが導入されているPC端末の情報を自動で取得し、リポジトリで管理できます（**図9.56**）。

図9.56 PC端末の見える化（自動検出）

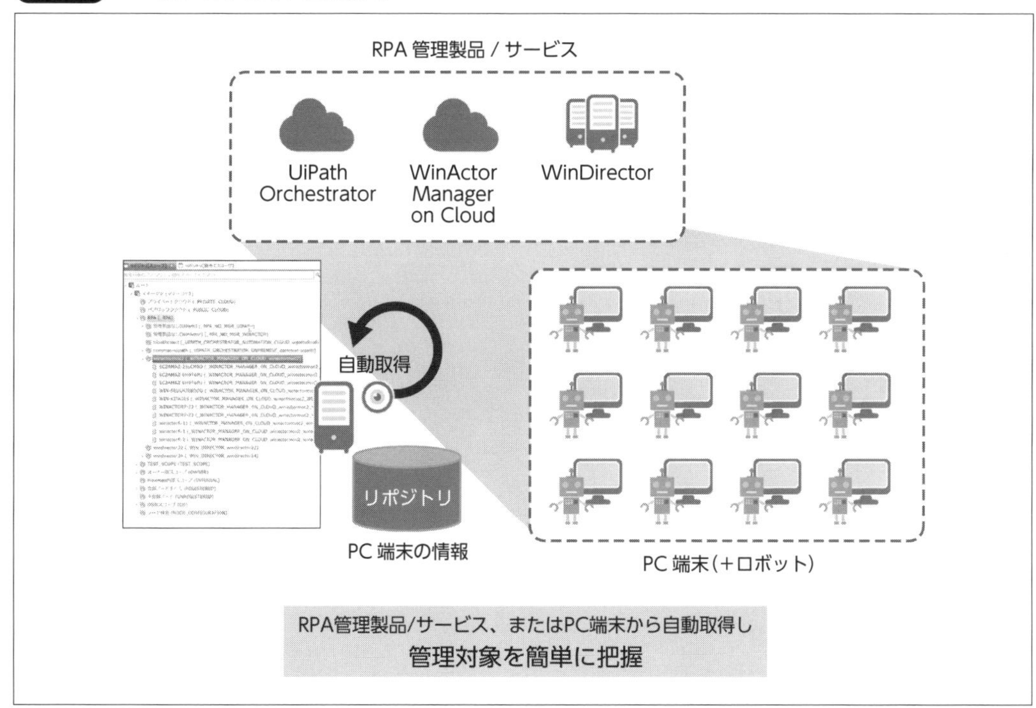

■ PC端末の構成情報の見える化（構成情報管理）

RPA管理製品で管理されていない野良ロボットの検出や、RPAによるGUI操作の自動化の失敗（止まる）のよくある原因としての環境変化の見える化も運用管理において重要になります。

Hinemosは、PC端末の構成情報、具体的にはWindowsプログラム一覧に登録されるようなアプリケーションやバージョン情報も自動で取得し、構成情報管理をします。日々の構成情報を記録することで、野良ロボットの検出や、障害切り分けが簡易になります（**図9.57**）。

図9.57　PC端末の構成情報の見える化（構成情報管理）

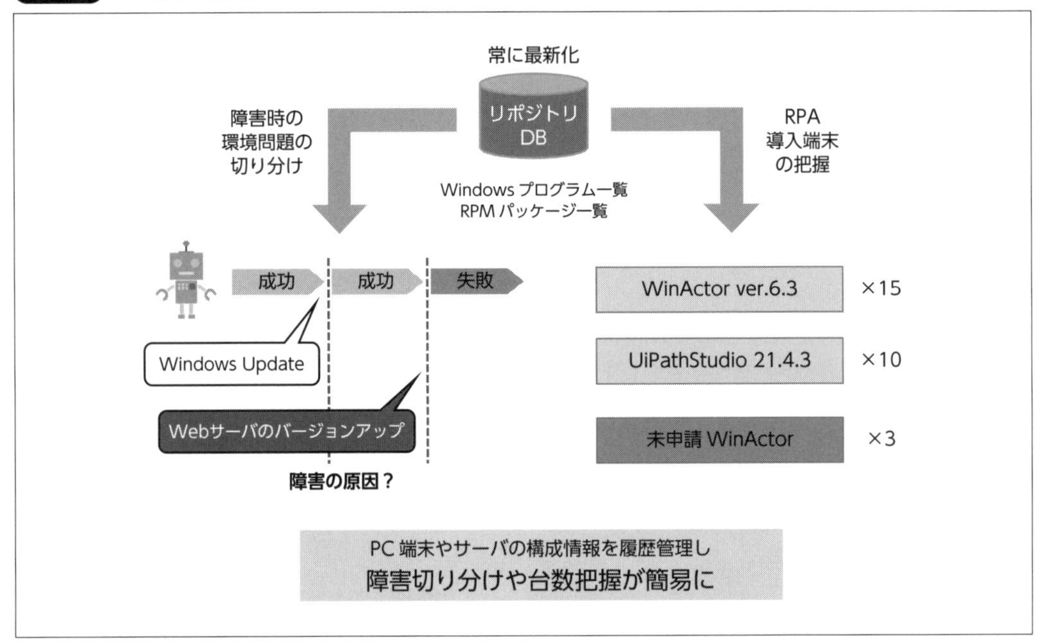

(2) シナリオ稼働状況の見える化

どのPC端末にどのRPAツールが導入されたかが簡単に把握できるようになった次は、RPAツールで実行するシナリオの見える化です。

■ シナリオ検出

最初からRPA管理製品を導入し、シナリオ管理を行っている場合は問題ないのですが、スモールスタートで導入して拡大していく際に出てくる課題です。どの端末でどのようなシナリオを実行しているのか、複数のPC端末で同一シナリオを実行しているケース、同名シナリオが複数のPC端末で実行しているケース、さまざまです。

Hinemosは、RPAロボットのログを介してRPA環境にて実行されているシナリオを見える化します。

■ シナリオ実行エラーの監視

単にシナリオが見えるだけではなく、実行中のシナリオが失敗した場合に、そのシナリオ実行エラーを見える化（監視）したいというケースもあります。1台のRPAロボットだけならともかく、PC端末の台数が多いと、その確認だけで多大な作業が発生します(業務フローに組み込んでのシナリオ実行の監視は「9.8.2 RPAシナリオの自動化」で解説します)。

Hinemosは、これもRPAロボットのログを介してRPA環境にて実行されているシナリオ実行エラーを監視します(**図9.58**)。

図9.58 シナリオ検出とシナリオ実行エラーの監視

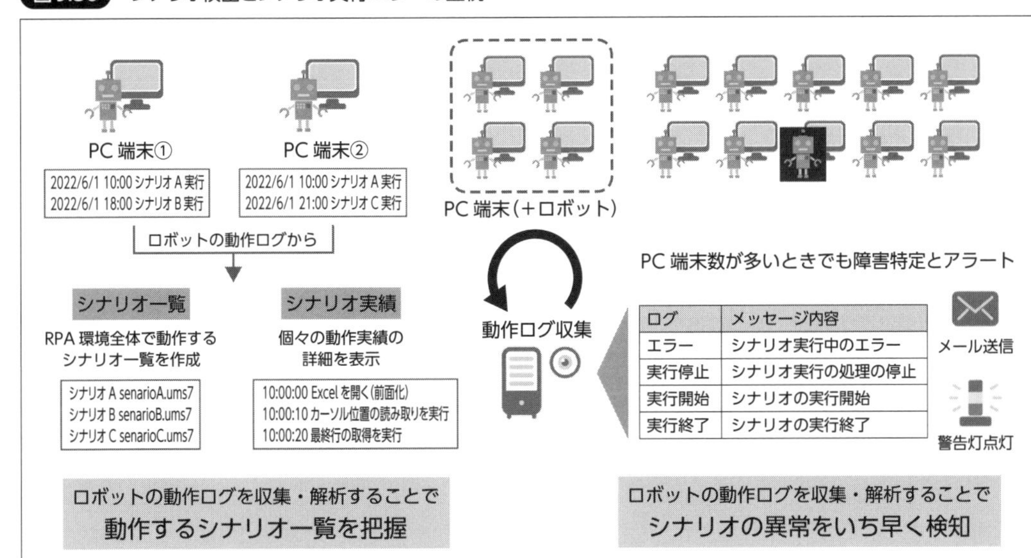

(3) シナリオ稼働状況の分析

最後に重要なのは、シナリオ実績を多角的に集計することによる、RPA導入効果やライセンス数見直しに必要な情報の見える化です。

■ 稼働状況の分析・見える化

費用をかけてRPAを導入した結果、定期的にどの程度の効果があったのかの報告を求められるケースがあります。また、日々の導入効果の改善に向けても、この情報の把握は重要な内容です。これも、対象のPC端末が増えることで非常に多くの工数が掛かります。

Hinemosでは、シナリオ検出により得られた情報を基に、稼働状況ダッシュボードとして削減工数とエラー数の見える化を、同時実行数分析として日別と時間別の最大同時実行数の見える化を実現します。

削減工数を見るにはRPAシナリオを手動で実行した場合と比較する必要がありますが、シナリオの内容から自動計算したり、ユーザが定義することで、これを簡易に行います。また、シナリオの失敗(エラー数)を、シナリオのカテゴライズにより、どのPC端末(ノード)でエラーが多いのか、どの部署・業務のシナリオでエラーが多いのかという品質の傾向を把握し、対策を打つことが可能になります。

また、日別と時間別の最大同時実行数を把握することでフローティングライセンスで購入したWinActorにおいて、「購入したけどあまり活用できていない」や「ライセンス超過が近い」などの傾向を把握することが可能になります(**図9.59**)。

図9.59　稼働状況の分析・見える化

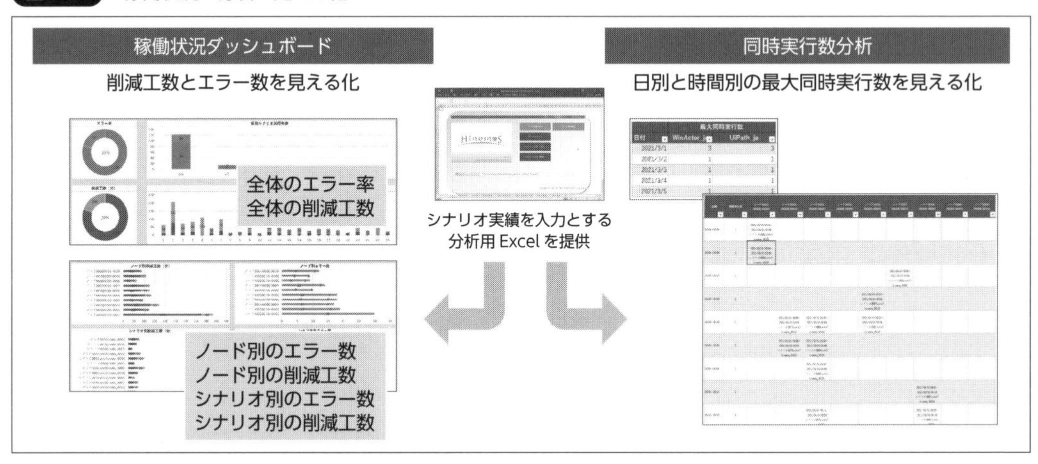

COLUMN　**フローティングライセンス**

フローティングライセンスとは、WinActorなどで導入されるライセンス形式で、ソフトウェア自体は何台でも導入でき、ライセンス数の範囲で同時に起動できるものです。

9.8.2 RPAシナリオの自動化

RPA環境の「見える化」の次は、シナリオの業務フロー化による自動化です。PC操作(GUIによる操作)の自動化はRPAの一端であり、オフィス業務だけではなくサーバ処理などさまざまな処理全体の自動化が目指すべき姿です。

(1) シナリオの業務フロー化

RPAのシナリオの業務フロー化は、RPAの実行を業務フローつまりジョブネットに組み込むことで実現できます。これは簡単そうに見えますが、実は非常に難しく一般の(RPAに対応していない)ジョブ管理製品では実現できません。

そのため、ここではRPAの特徴と合わせて、RPAの実行をジョブネットに組み込むことが難しい点を紹介してみます。

● Windowsログイン

RPAはPC操作(GUIによる操作)を自動化するものです。そのため、RPAを使用する際には操作対象のPC端末(WindowsPC)はログインされており、操作対象のアプリケーションを起動できる状態である必要があります。しかし、RPAを使用する期間すべてをログインしたままでPC端末を放置することは、第三者が対象のPC端末を直接操作できることにもなり、セキュリティ的に危険です。

● RPAシナリオのリモート実行

複数のPC端末をまたいで複数のRPAシナリオをジョブとして実行制御するには、対象のPC端末に対してリモートからRPAの起動が必要になります。しかし、Linuxサーバでコマンドを実行するのとは異なり、リモートからのRPAの直接起動ができません。これは、GUI操作を行うためという仕組みが制約となったものです。

● 止まらないシナリオ

RPAシナリオをジョブネットに組み込むということは、RPAシナリオを起動し、もし異常があればそれを検知してアラートを上げることが重要になります。RPAのシナリオの異常は、「止まる(異常終了)」だけではなく「止まらない」といったことも含まれます。

これは何かしらの環境変更等の要因にて、GUI操作の自動化が条件を満たせず先に進まないといったケースで、よく聞く問題です。

Hinemosでは、これらの問題をすべてクリアします。RPAシナリオの専用ジョブによりWindowsログインを行ってRPAシナリオのリモート実行し、止まらないシナリオも終了遅延監視により異常として検知します(指定の時間・時刻からの遅延だけではなく、普段より遅いといった点でも監視が可能です)。もちろんジョブネットに組み込みということで、複数のサーバやPC端末にまたがった、直接・並列実行など、さまざまなフロー管理ができます(図9.60)。

図9.60 シナリオの業務フロー化

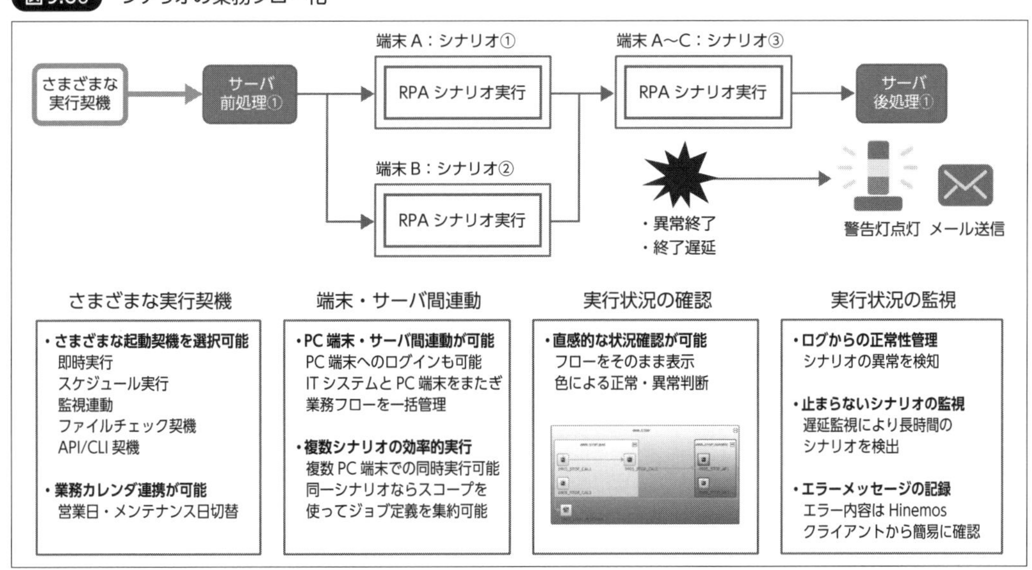

これによりユーザがHinemosのクライアントからの操作だけで、RPAシナリオを簡単にジョブネットに組み込むことができます。アーキテクチャの詳細は、「7.8 RPAツールの実行(RPAシナリオジョブ)」を参照してください。

9.8.3 RPA環境の統合運用管理

RPAシナリオの自動化まで完了すると、最後はRPA環境を含むITシステムの統合運用管理です。RPAシナリオは、PC端末上のアプリケーションだけはなく、社内システムや社外のサービスの操作なども含むケースも多くあり、関係するPC端末、サーバ、サービスなどのITシステム全体を把握した運用管理が必要です。

Hinemosは統合運用管理ソフトウェアとして、ITシステムの統合運用管理に必要な機能を充足しています。RPA環境の監視も従来のサーバやネットワークの監視と同様に行えます。さらにRPA環境固有の監視として、RPA管理製品の監視も行えます。

(1) RPA管理製品の監視

RPA管理製品とは、繰り返しになりますが、WinActor Manager on CloudやWinDirector、UiPath OrchestratorといったWinActorやUiPathを管理する製品を指します。これらが正常に動作していない場合、RPA管理製品によるRPAの管理が正しく行われなくなります。

Hinemosでは、RPA管理製品の専用の監視機能を用意し、RPA管理製品の正常性を合わせてITシステムの統合運用管理を実現します(**図9.61**)。

図9.61 RPA管理製品の監視

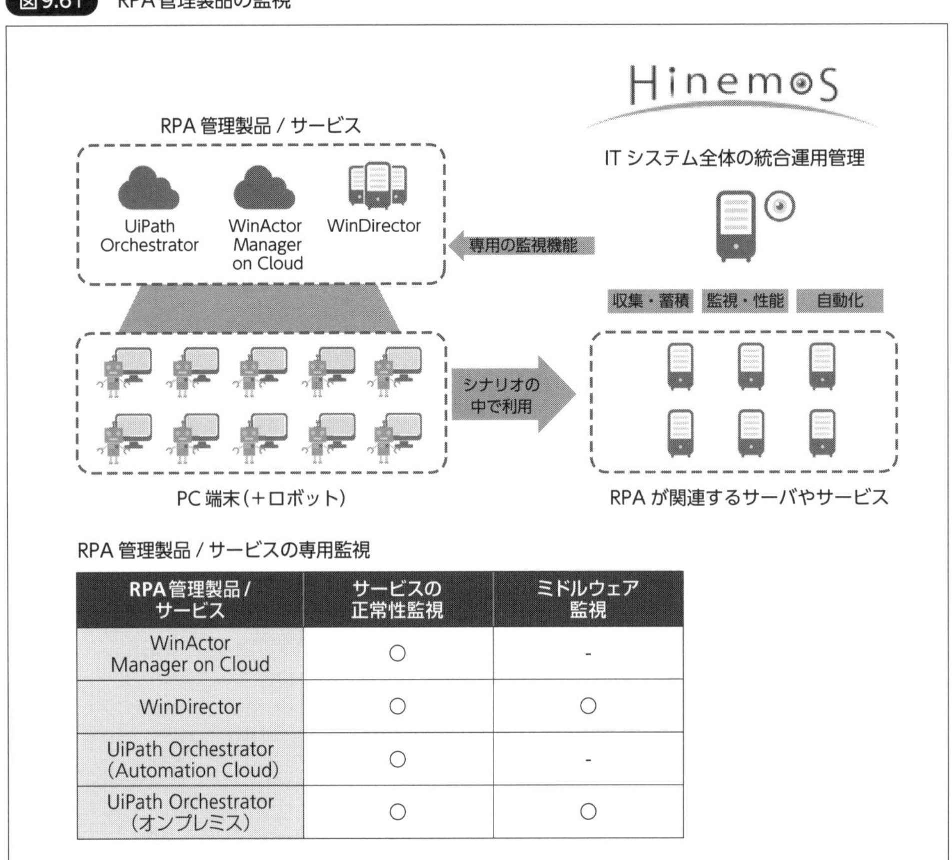

RPA管理製品 / サービス	サービスの正常性監視	ミドルウェア監視
WinActor Manager on Cloud	○	-
WinDirector	○	○
UiPath Orchestrator (Automation Cloud)	○	-
UiPath Orchestrator (オンプレミス)	○	○

9.9 高度なメッセージフィルタ

障害が発生した際の自動対処(復旧処理を自動で実行する等)は、運用の自動化や効率化でよく要望として挙がる内容です。しかし、実際の運用現場では、障害が発生したというシンプルなイベントだけを契機にして、対処する処理を自動的に起動することは難しく、人による現状把握や判断が入るケースが多くあります。これは、ITシステムのオープン化によりシステム構成の複雑さが増し、さまざまな周辺の状況を踏まえての判断が重要になるからです。

本節では、高度なフィルタにより、本質的なイベントを見つけることができるHinemosメッセージフィルタについて紹介します。本質的なイベントを見つけることで、人による現状把握や判断抜きの障害対処の自動化(インテリジェントな自動化)が可能になります。

まず、Hinemosメッセージフィルタの概要と、インテリジェントな自動化のユースケースを紹介します。最後に、HinemosとHinemosメッセージフィルタ、そしてITILツールを用いた統合運用管理について解説します。本節も実践形式ではなく、読み物としてご覧ください。

9.9.1 Hinemosメッセージフィルタ

Hinemosメッセージフィルタは、ルールエンジンを活用したインテリジェントなアラートと自動化を実現する製品です。

Hinemosメッセージフィルタのコアコンポーネントは、Hinemosフィルタマネージャです。Hinemosが検知するイベントを"Hinemosメッセージ"として受信し、ユーザが定義するルールに従って処理を行う、いわゆるイベントをゲートウェイする仕組みになります。今後はHinemos以外の製品からのメッセージも受信できるような拡張やルールアクションのバリエーションの拡大も計画されています(**図9.62**)。

図9.62　Hinemosフィルタマネージャ

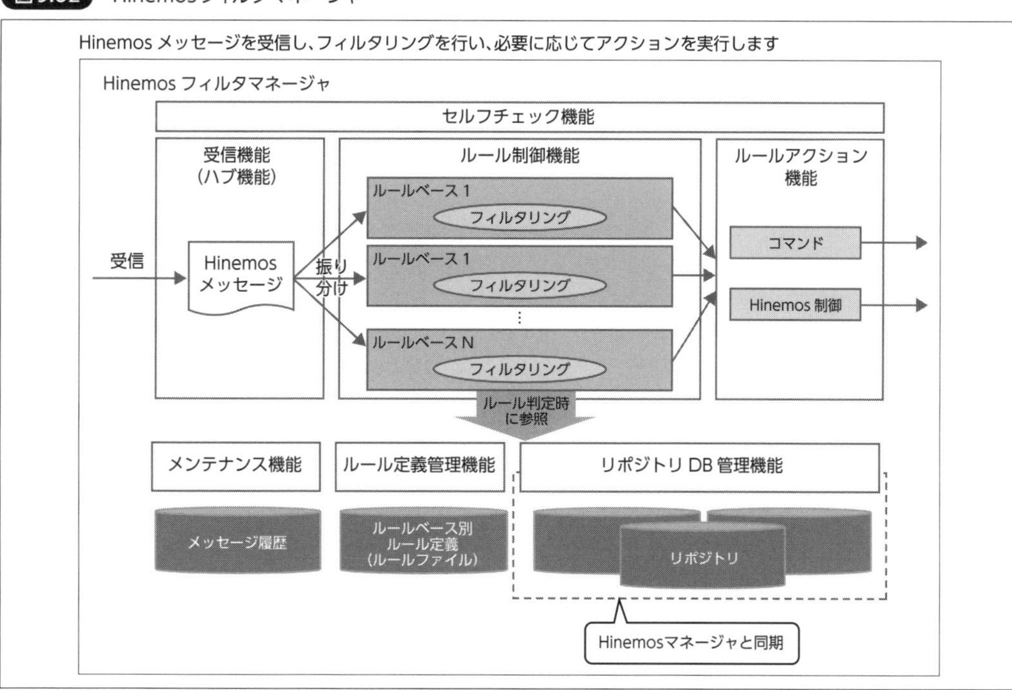

COLUMN　AIとルールエンジン

ルールエンジンとは第2次AIブームの頃に主役であった技術です。そのため、広義のAIとして語られることもあります。

ルールエンジンは、言葉のとおり、インプットを定義したルールのとおりに処理を実行するシステムです。本節の内容で言うと、インプットがHinemosで検出したイベント(ジョブの異常終了であったり、CPU高騰の過負荷の情報)、処理が自動化したい対処に相当します。

ルールエンジンの特徴は、まさに“ルール”そのものです。ルールは、When/Thenで定義するロジックそのものであり、ユーザに見え、そしてユーザが定義できる形式です。そのため、次のようなメリットがあります。

- **ナレッジの蓄積**
  ユーザの運用ノウハウをルールという形で追加し蓄積していくことが可能です。最初はナレッジが少ない状況でも、時間経過に伴い、インテリジェントなフィルタの効果が高まります。

- **ロジックの説明可能性**
  最近のAIではあらゆる精度が上がっていますが、なぜそう判断したかのロジックは説明できません。判断ロジックが説明できないとすると、参考情報にはなりますが障害対処の自動化までは怖くて行えないというユーザもいます。ルールエンジンはロジックがそのまま見えるため、説明可能というメリットがあります。

COLUMN　ルールエンジン Drools

Hinemosメッセージフィルタで採用するルールエンジンは、OSSとして古くから知られるDroolsです。

https://www.drools.org/

DroolsのルールはDRL(Drools Rule Language)というルール言語に従って記述します。

Hinemosメッセージフィルタの中で重要なDroolsの機能は、複合イベント処理(CEP：Complex Event Processing)への対応です。複合イベント処理とは、複数のイベントの関係をルールの条件(When)に指定できることです。具体的には、サーバの障害検知イベントAの前後5分以内にNW機器の障害イベントBが発生したら、本質の障害イベントはNW機器だ、と判断するものです。これにより、複雑化するITシステムで発生する複雑イベントをうまく判断し、適切な自動対処に繋げることができます。

9.9.2 インテリジェントな自動化

インテリジェントな自動化を行うためには、高度な(インテリジェントな)アラートが必要不可欠です。つまり、本質的なイベントを見つけることが、そのままインテリジェントな自動化に繋がります。なぜなら、Hinemosにはイベントから自動化へ繋げる機能(通知)や自動化そのものを実現する機能がすでに備わっているからです。

ここでは、Hinemosメッセージフィルタのインテリジェントなアラートの具体的なユースケースを紹介します。

インテリジェントなアラート

インテリジェントなアラートとして、「不要なメッセージの抑制」と「関連メッセージの集約」の2つのユースケースを紹介します。

■ 不要なメッセージの抑制

障害検知の例になりますが、スイッチ等のNW機器の故障が発生すると、そのNW機器を経由する通信はすべて繋がらない可能性があります。たとえば、HinemosがこのNW機器を介して監視を行っていた場合、該当のNW機器(Switch S2)とその配下のサーバ(ServerB、C)のすべてを"危険"として判断します。

Hinemosメッセージフィルタを使用すると、これらの危険イベントの関連を見て、"Switch S2"を本質的なイベントとしてフィルタ(抑制)することができます(図9.63)。

図9.63　不要なメッセージの抑制

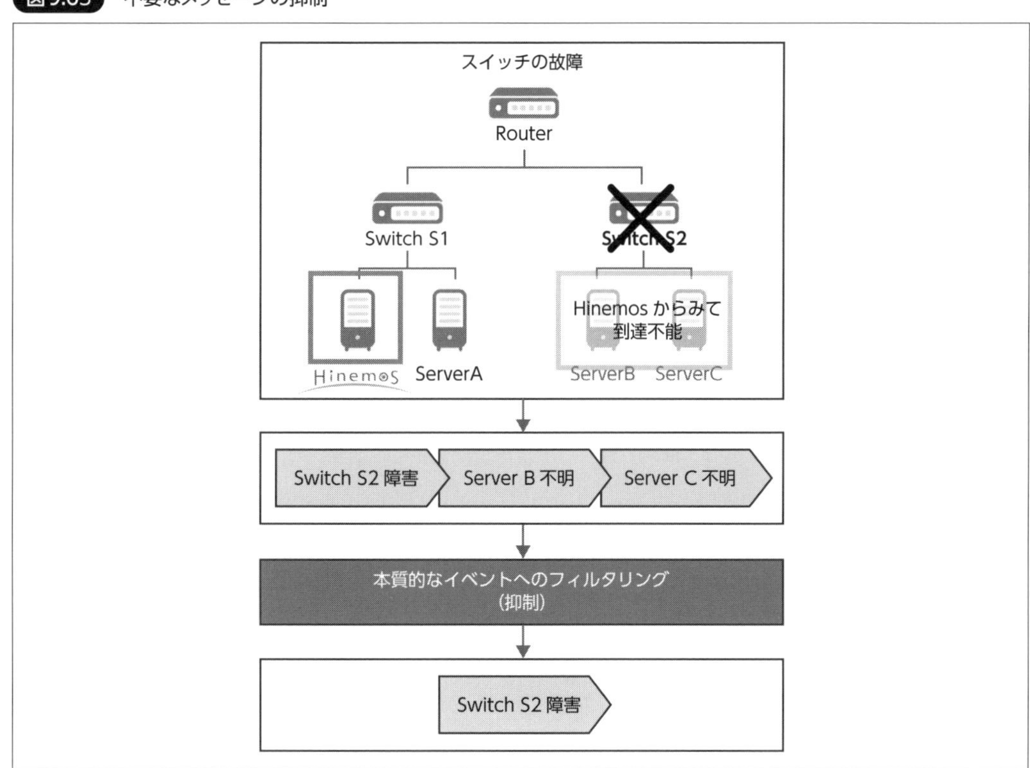

■ 関連メッセージの集約

毎時であるジョブを動作させ、その結果イベント(正常か異常か)を外部に通知する運用を行っていたとします。ただ、運用を行うにつれ、ほとんどのケースで正常になることがわかり、イベントを1日1回に集約したいと考えるケースがあります。

Hinemosメッセージフィルタを使用すると、正常イベントを1日1回でまとめて通知するようにし、しかし危険イベントが発生したら直ちに通知するというフィルタ(集約)をすることができます(**図9.64**)。

図9.64　関連メッセージの集約

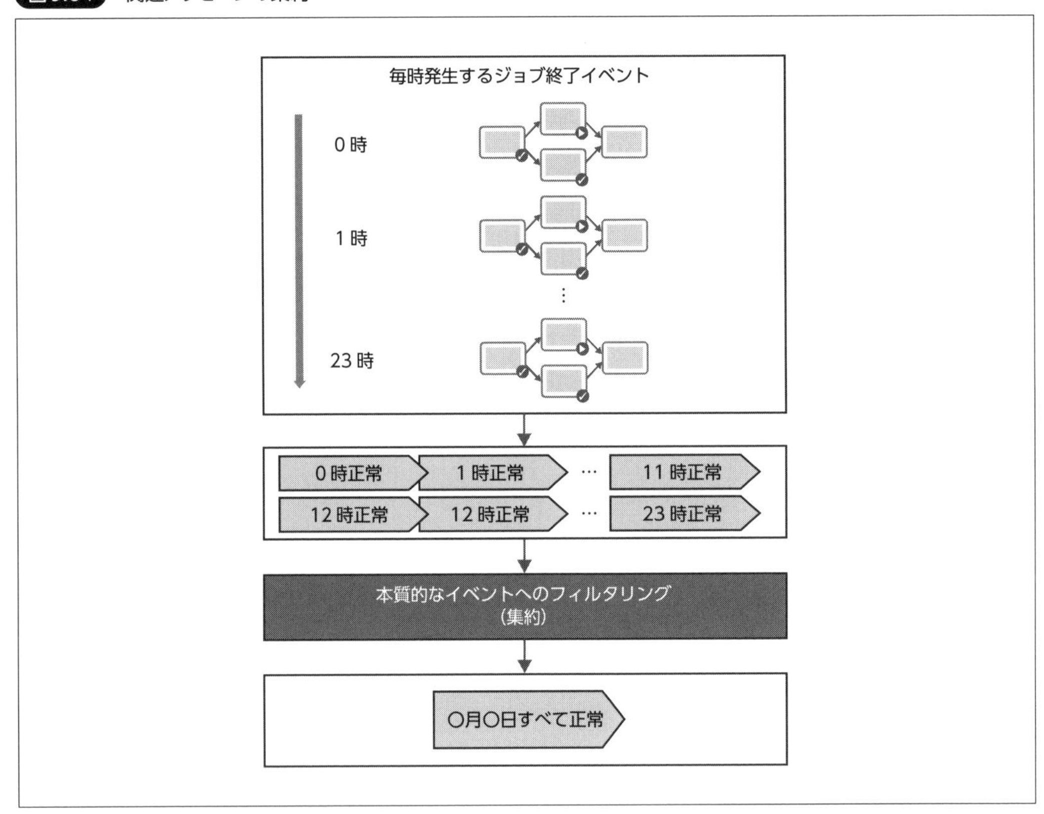

開発キット

Hinemosメッセージフィルタのルール開発をサポートするための開発キットを提供しています。

Hinemosメッセージフィルタ開発キットには、ルールデベロッパーとルールサンプル、ルールテンプレートが含まれます。

- **ルールデベロッパー**
  - **ルールシミュレーション機能**
    ルール開発をするPC上で、ルールの実行シミュレーションをします(単体試験用)。
  - **メッセージ送信機能**
    Hinemosメッセージフィルタに対してメッセージを送信します(結合試験用)。

- **ルールサンプル**
  ルールの作成の参考になるサンプル集です。

- **ルールテンプレート**
  ルールを作成するための雛形です。

これを使用することで、初めての方でもルール開発の概要を知り、試すことが簡単にできます。

9.9.3 ITILツールと連携した統合運用管理

前節までは、HinemosとHinemosメッセージフィルタに閉じた範囲でのユースケースを紹介しました。ここでは少し視野を広げて、ITILツールを用いた統合運用管理におけるユースケースを紹介します。

Hinemosで検知したイベントをHinemosメッセージフィルタを介して本質的なイベントにフィルタし、直ちに自動対処を行うのではなく、これをいわゆる"インシデント"としてITILツールに自動起票するといったユースケースがあります。つまり、イベントとインシデントを仲介するのがHinemosメッセージフィルタ、という形になります(**図9.65**)。

図9.65 イベントとインシデントの仲介

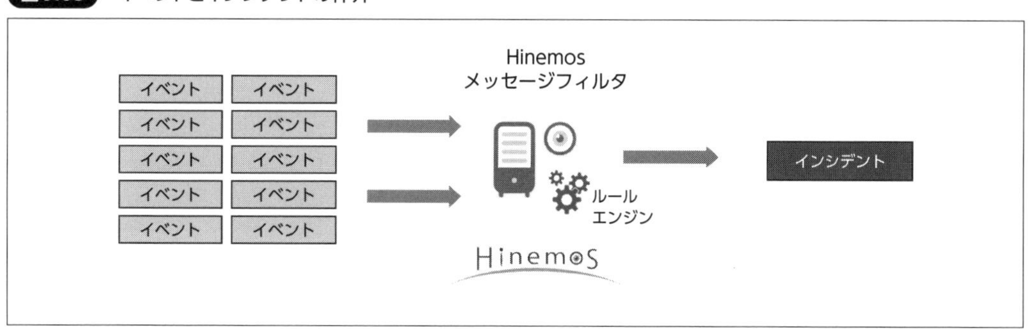

たとえば、このITILツールがServiceNowとすると、HinemosとServiceNowを連携することで、インシデント連携だけでなく、CMDBの同期から、発生したインシデントを基に運用ワークフローを回す際にServiceNowからHinemosのAPIをシームレスに連携してServiceNowの操作からHinemosの障害復旧ジョブを起動するといったことも可能になります。この場合は、Hinemos + Hinemosメッセージフィルタが、ITシステムとServiceNowをつなぐハブとして、システム全体の統合運用管理を実現する重要な基盤となります(**図9.66**)。

図9.66　Hinemosを使用したServiceNow連携

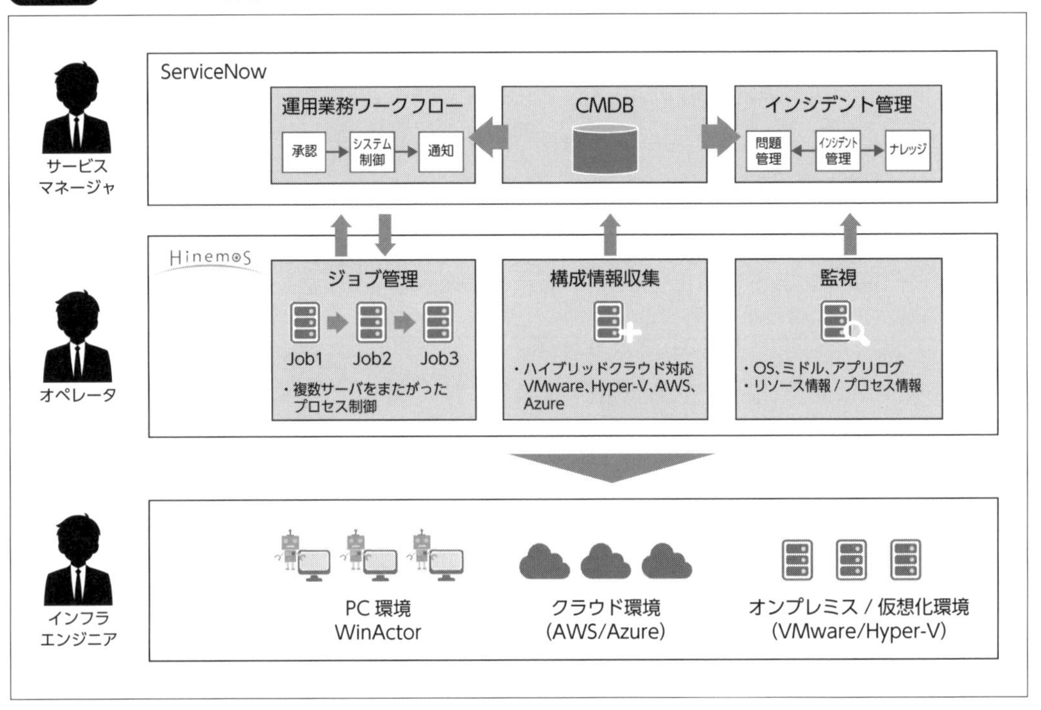

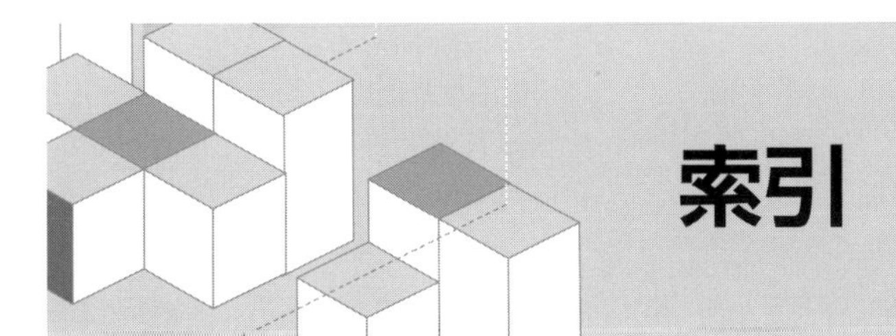

索引

R

S

U

V

W

あ

い

う

え

か

き

く

け

こ

さ

し

す

せ

そ

た

ち

つ

て

と

な

ね

の

は

ゆ

り

る

れ

ろ

筆者プロフィール

澤井　健(さわい　たけし)(NTTデータ先端技術株式会社)

1978年生まれ、富山県高岡市出身。株式会社NTTデータに入社後、PostgresForestやHinemosの企画、開発に携わる。本書の監修を行う。普段は、宝塚をはじめとするさまざまなミュージカル・舞台にお金と時間を注ぎ込んでいる。

清水　克則(しみず　かつのり)(NTTデータ先端技術株式会社)

1984年生まれ、滋賀県彦根市出身。ソフトウェア開発会社を経て、NTTデータ先端技術株式会社に入社。Hinemosメッセージフィルタの責任者として活動し、Hinemos開発業務にも携わる。ラーメンが大好物で週1回はラーメンを必ず食べている。

中島　洋祐(なかじま　ようすけ)(NTTデータ先端技術株式会社)

1994年生まれ、北海道北広島市出身。NTTデータ先端技術株式会社入社後、Hinemosトレーニングコースの講師、プロモーション業務を経て、現在はHinemosの開発に携わる。ジャンクパーツをかき集め、特に使い道もないPCを組み立てるのが趣味。

上園　翔平(うえぞの　しょうへい)(NTTデータ先端技術株式会社)

1995年生まれ、鹿児島県出水市出身。NTTデータ先端技術株式会社入社後、Hinemosの保守サポート業務を経て、現在はHinemosの開発に携わる。日々の細々したタスクを自動化するのを好み、自宅サーバの上では長年作り続けてきた多数のスクリプトが動いているという。

近松　綾乃(ちかまつ　あやの)(NTTデータ先端技術株式会社)

1996年生まれ、熊本県熊本市出身。NTTデータ先端技術株式会社入社後、Hinemosの保守サポート業務を経て、現在はHinemosの導入支援に携わる。パーソナルジムと24時間営業のジムに通い、筋トレをするのが好き。

PRADHAN ASHISH MAN SINGH(プラダン　アシシュ　マン　シング)(NTTデータ先端技術株式会社)

1995年生まれ、ネパール出身。NTTデータ先端技術株式会社入社後、Hinemosの導入支援を経て、現在はHinemosの開発に携わる。趣味で、週1ペースでジムのプールで泳いでいる。

設楽　貴洋(しだら　たかひろ)(株式会社アトミテック)

1977年生まれ、神奈川県横浜市出身。制御・計測機器メーカー(アズビル株式会社、旧株式会社山武)に入社後、工場やビル等の制御システムの開発・導入支援に携わる。Hinemosには2005年のver.1.0.0リリース時から携わり、株式会社アトミテックに入社後の現在は、Hinemosの保守、導入支援を中心に活動している。

小泉　界(こいずみ　かい)(株式会社アトミテック)

1990年生まれ、埼玉県入間市出身。株式会社アトミテックに入社後、Hinemosの保守サポートや開発を中心に携わっている。趣味でヴィオラを弾いていて、年に数回アマチュアオーケストラでの演奏にも参加している。

青木　悠一(あおき　ゆういち)(株式会社アトミテック)

1988年生まれ、東京都日野市出身。2012年にIT業界に入り、開発・構築などを経て現在はHinemosの保守サポートを中心に携わる。主にコスタリカコーヒーとグアテマラコーヒーを愛飲する。

石黒　淳（いしぐろ　じゅん）（株式会社クニエ）

1980年生まれ、千葉県市原市出身。ソフトウェア開発会社（株式会社KSK）、ソフトウェアベンダ（ビトリア・テクノロジー株式会社）を経て、株式会社クニエに入社。クニエに入社後、Hinemosに関するコンサルティングや導入支援などに携わっている。

新川　陽大（しんかわ　たかひろ）（株式会社クニエ）

1993年生まれ、富山県射水市出身。製造メーカー（千代田インテグレ株式会社）を経て、株式会社クニエに入社。クニエに入社後、Hinemosに関するソリューション開発などに携わっている。週末に行く居酒屋と音楽が好き。

執筆協力者

林　憲亨（NTTデータ先端技術株式会社）

内山　勇作（NTTデータ先端技術株式会社）

加藤　達也（NTTデータ先端技術株式会社）

吉川　かいり（NTTデータ先端技術株式会社）

石田　純一（NTTデータ先端技術株式会社）

西川　裕恵（NTTデータ先端技術株式会社）

石崎　智也（株式会社アトミテック）

■Staff

装丁・本文デザイン●轟木 亜紀子（トップスタジオデザイン室）

編集●三島 絵美（株式会社トップスタジオ）

本文レイアウト●木内 利明（株式会社トップスタジオ）

担当●池本 公平

Webページ　https://gihyo.jp/book/2023/978-4-297-13374-0

※本書記載の情報の修正・訂正については当該Webページおよび著者のGitHubリポジトリで行います。

Software Design plus（ソフトウェア デザイン プラス）

Hinemos（ヒネモス）ではじめる 実践（じっせん）ジョブ管理（じょぶかんり）・自動化入門（じどうかにゅうもん）

2023年 3月22日 初 版 第1刷発行

著 者 NTT（エヌティティ）データ先端技術株式会社（せんたんぎじゅつかぶしきかいしゃ）
設楽 貴洋（しだら たかひろ）、小泉 界（こいずみ かい）、青木 悠一（あおき ゆういち）／
株式会社（かぶしきかいしゃ）アトミテック
石黒 淳（いしぐろ じゅん）、新川 陽大（しんかわ たかひろ）／株式会社（かぶしきかいしゃ）クニエ
監 修 澤井 健（さわい たけし）

発行者 片岡 巌
発行所 株式会社技術評論社
東京都新宿区市谷左内町 21-13
電話 03-3513-6150 販売促進部
03-3513-6170 雑誌編集部
印刷／製本 日経印刷株式会社

定価はカバーに表示してあります。

造本には細心の注意を払っておりますが、万一、乱丁（ページの乱れ）や落丁（ページの抜け）がございましたら、小社販売促進部までお送りください。送料小社負担にてお取り替えいたします。

ISBN978-4-297-13374-0 C3055
Printed in Japan

■お問い合わせについて

- ご質問は、本書に記載されている内容に関するものに限定させていただきます。本書の内容と関係のない質問には一切お答えできませんので、あらかじめご了承ください。
- 電話でのご質問は一切受け付けておりません。FAXまたは書面にて下記までお送りください。また、ご質問の際には、書名と該当ページ、返信先を明記してくださいますようお願いいたします。
- お送りいただいた質問には、できる限り迅速に回答できるよう努力しておりますが、お答えするまでに時間がかかる場合がございます。また、回答の期日を指定いただいた場合でも、ご希望にお応えできるとは限りませんので、あらかじめご了承ください。

【宛先】
〒162-0846
東京都新宿区市谷左内町21-13
株式会社 技術評論社 雑誌編集部
「Hinemosではじめる 実践ジョブ管理・自動化入門」係
FAX 03-3513-6179